图 4-84

图 5-68

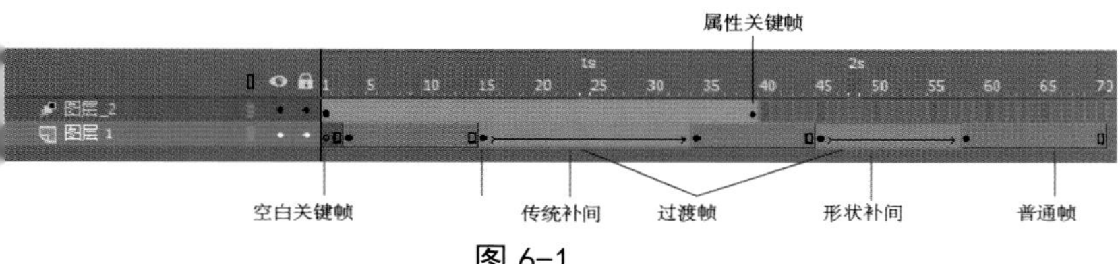

图 6-1

按钮弹起
蓝绿色

指针经过
橙红色

按下
棕色

点击

图 7-5

图 4-87

图 8-7（a）

图 8-7（b）

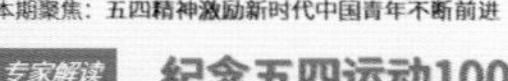

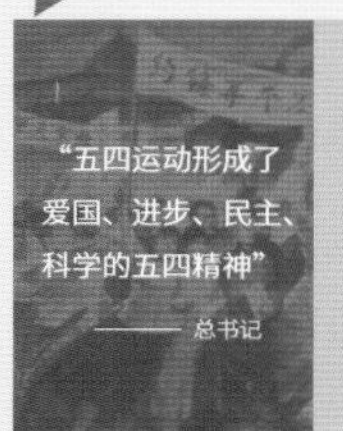

图 8-9（a）

图 8-9（b）

图 8-25（b）

图 8-55（a）

图 8-55（b）

图 8-55（c）

图 8-55（d）

图 8-57（a）

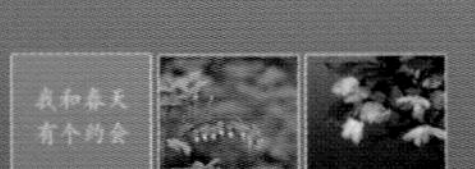

图 8-57（b）

图 9-8（b）

图 9-26（a）

图 9-26（b）

曲阜师范大学资助

多媒体资源设计与制作教程

(Photoshop + Illustrator + Animate + PPT)

主　编　李晓飞
副主编　贾成净　陈　燕

北京理工大学出版社
BEIJING INSTITUTE OF TECHNOLOGY PRESS

内容简介

本教材以培养学生的多媒体资源的设计与制作相关知识和技能为核心，以设计实例为导向，讲解图文处理、动画设计和PPT页面设计的方法和技巧，一共包括9章，分为上、中、下三篇。上篇是图文设计，共4章，包括图形图像数字化概述、数字图像的设计与制作、数字图形的绘制和文字设计与编排；中篇是二维动画设计，共3章，包括动画的场景画面绘制、An基础动画设计、交互动画设计；下篇是PPT课件设计，共2章，包括PPT课件的素材设计与应用和PPT课件页面的版式设计。每章后面附有课后练习，使学习者及时回顾并强化本章的内容。

本教材以讲解Photoshop、Illustrator、Animate、PPT等软件为基础，重视设计理念的养成。教材围绕设计实例进行讲解，不求软件操作的面面俱到，但求通用常用、简洁精练，在软件学习的过程中关注设计的相关理论和设计思维的训练，最终培养学习者具备图形图像素材加工处理、图文编排、PPT课件设计、动画设计的知识、技能和素养。

本教材适合高等院校教育技术学专业的“多媒体设计与制作”“数字化学习资源设计与开发”等课程使用，同时也能为各类社会培训机构和学校学习Photoshop、Illustrator、Animate、PPT等软件推广使用。

图书在版编目（CIP）数据

多媒体资源设计与制作教程 / 李晓飞主编 . —北京：北京理工大学出版社，2020.9

ISBN 978-7-5682-9033-3

Ⅰ. ①多…　Ⅱ. ①李…　Ⅲ. ①多媒体技术-教材　Ⅳ. ①TP37

中国版本图书馆CIP数据核字（2020）第173484号

出版发行 / 北京理工大学出版社有限责任公司
社　　址 / 北京市海淀区中关村南大街5号
邮　　编 / 100081
电　　话 / （010）68914775（总编室）
（010）82562903（教材售后服务热线）
（010）68948351（其他图书服务热线）
网　　址 / http://www.bitpress.com.cn
经　　销 / 全国各地新华书店
印　　刷 / 三河市华骏印务包装有限公司
开　　本 / 787毫米×1092毫米　1/16
印　　张 / 22.5
彩　　插 / 2
字　　数 / 528千字
版　　次 / 2020年9月第1版　2020年9月第1次印刷
定　　价 / 48.00元

责任编辑 / 陈莉华
文案编辑 / 陈莉华
责任校对 / 周瑞红
责任印制 / 李志强

图书出现印装质量问题，请拨打售后服务热线，本社负责调换

前　言

多媒体资源包括文字、图形、图像、动画、声音、视频等素材形式，本教材着重讲解图文设计、PPT 版面设计及动画设计的内容。本教材运用理论与实践相结合的方法，向学习者系统地讲述多媒体资源的设计与制作的方法与技能，使学习者掌握图形图像的绘制与编辑方法，理解图文设计的规律，二维动画的分类、特点及设计规律，掌握 PPT 多媒体课件页面的制作方法和原则，能够正确解读各类平面及动画作品，并能够设计制作出教学领域、广告领域等所需要的数字化作品。

本教材结合编者们十多年的教学经验，体现了学习的渐进过程，具有以下五大特色。

（1）立足设计理念：各类设计软件功能强大，操作命令丰富多样。本教材针对软件的使用不求大而全，但求少而精，以培养学习者的创新思维。主要要求能完成设计主题，可以自行选择最合适的软件和操作技法。

（2）采用实例教学：在实例的选择与设计方面，注重其针对性和实用性。通过典型实例的学习与讲解，引导学习者掌握软件的使用技术、方法和技巧，且每一个实例都与本节知识密切相关。在实例中把技术与艺术相结合，把设计理论和实践相结合。

（3）重视分析思路：设计思路是制作的前提，每种效果可能有多种实现方法，殊途同归。本教材把设计实例中的思路列举出来，引导学习者思考，培养解决问题的能力。

(4) 注重总结技巧：在讲解中穿插了大量的提示和技巧，以引起学生重视，少走弯路，融会贯通。

（5）资源丰富便于学习：本书实例有配套教学微视频，扫描二维码即可观看（二维码在对应的实例后面）。同时，其他的素材、源文件、效果图、字体请读者扫描下面的二维码下载。

其他在资源下载二维码
（请用网页打开）

本教材中图文要素的编辑设计、基础动画设计、PPT 页面设计是重点。参考学时为 34 ~ 51 学时，建议采用理论实践一体化教学模式，使学生多观察、勤思考、多模仿，最终走向创新。各教学内容板块的参考学时见下面的学时分配表：

学时分配表

分　类	课程内容	学　时
基础知识	图形图像数字化概述	2 ~ 3
图形图像编辑处理	数字图像的设计与制作	8 ~ 10
	数字图形的绘制	4 ~ 6
文字设计	文字设计与编排	4 ~ 6
动画设计	动画的场景画面绘制	2 ~ 4
	An 基础动画设计	6 ~ 8
	交互动画设计	2 ~ 4
PPT 页面设计	PPT 课件的素材设计与应用	4 ~ 6
	PPT 课件页面的版式设计	2 ~ 4
课时总计		34 ~ 51

对于初学者，可以任意选择本教材的三个内容版块开始学习。建议每位学习者都要学习第 1 章，这是数字化设计的基础知识。

本教材由李晓飞主编，贾成净、陈燕副主编。李晓飞负责第 1、2（2.6 ~ 2.8 节）、3、4、5、6 章的编写，贾成净负责第 7、8、9 章的编写，陈燕负责第 2 章的 2.1 ~ 2.5 节的编写，还负责第 8、9 章的修订，最后由李晓飞、贾成净统稿。在写作过程中，感谢多位老师提供的素材，感谢提供作业的各年级同学。设计理论部分涉及一些网络下载的图片，PPT 部分有的实例参考了网络上的课件培训案例，在此向各位素材及案例的原作者表示衷心感谢！

由于编者知识背景和编写经验有限，虽然倾注了大量心血，但书中难免有欠妥和错误之处，恳请各位读者和专家批评指正。本书的出版终于可以将我们多年来从教学和交流中得到的一点点经验与大家分享，感谢大家对于本教材的关注与支持！感谢曲阜师范大学对本教材编写的资助。

编　者

2020 年 5 月于日照

CONTENTS 目录

上篇　图文设计篇

中篇　二维动画设计篇

下篇 PPT 课件设计篇

上　篇

图文设计篇

第1章 图形图像数字化概述

学习目标

- 掌握点阵图与矢量图的特点与应用领域。
- 掌握分辨率的概念，了解常用输出设备的分辨率。
- 掌握各种色彩模式的特点和用途。
- 掌握常用的图形图像文件格式的特点和用途。
- 了解常用的平面设计软件。

当我们阅读报纸杂志、浏览网页的时候，当我们逛街购物的时候，我们会发现生活已经被各种各样的平面设计作品包围了。报纸、杂志、网页、海报、传单、包装、墙体、站牌等媒介上的精美画面在吸引着我们的目光，也让我们体会到图像在信息传达方面的快速、高效和感染力。要掌握这些图片的设计与制作，不仅需要掌握平面设计的基本知识，还要掌握常用软件的功能操作，而其中图形图像数字化的相关概念和理论是作图的基础。如果掌握了这些知识，则能够运用软件制作出满足需要的作品，否则会事倍功半。

1.1 数字化图形图像的分类

在利用计算机进行视觉设计时，为了与“计算机图形学（Computer Graphics）”和“数字图像处理（Digital Image Processing）”区分开来，把通过计算机技术绘制生成、处理、存储的“图”分为点阵图和矢量图。平时所说的“图像”通常指的就是点阵图；而“图形”

指的就是矢量图。点阵图和矢量图各有自己的特点和用途。

1.1.1 点阵图

1. 点阵图的组成

点阵图也叫位图、光栅图、像素图，是由像素组合而成的二维矩阵。“像素”是一个纯理论的概念，它没有形状也没有尺寸，只存在于理论计算中，但它有颜色，颜色值由一组二进制数值来表现。当放大点阵图时，可以看见构成整个图像的无数个方块，它们以水平和垂直的方式排列成矩阵。

如图 1－1 所示，把图 1－1（a）中的树叶放大之后就会出现图 1－1（b）的效果，可以看到锯齿状的边缘和块状结构的过渡，我们可以把这些正方形的色块设想为“像素”。

(a)　　　　　(b)

图 1－1　点阵图的放大效果

（a）原图；（b）放大后的树叶局部

2. 点阵图的特点

水平和垂直方向上像素的多少影响着点阵图的大小和质量。每平方英寸（1 英寸＝2.54 厘米）中所含像素越多，颜色之间的混合越平滑，图像也就越清晰。在计算机中存储点阵图实际上是存储点阵图的每个像素的颜色信息，在相同文件格式和位深度的条件下，图像包含的像素越多，所占用的存储空间也越大。

点阵图的每个像素都有颜色值，适合表现比较细致、层次和色彩比较丰富、包含大量细节的图像，比如人像图、风景图等。我们用数码相机拍摄的照片都是点阵图，其原始的像素数量是固定的，如果想放大照片，就需要添加像素，而添加的这些像素的位置和颜色是由计算机内部运算得到的，图像的显示效果就会变粗糙。如图 1－2（a）所示，原始照片较小，在反复缩小又放大多倍之后，图像就是模糊不清的，如图 1－2（b）所示。

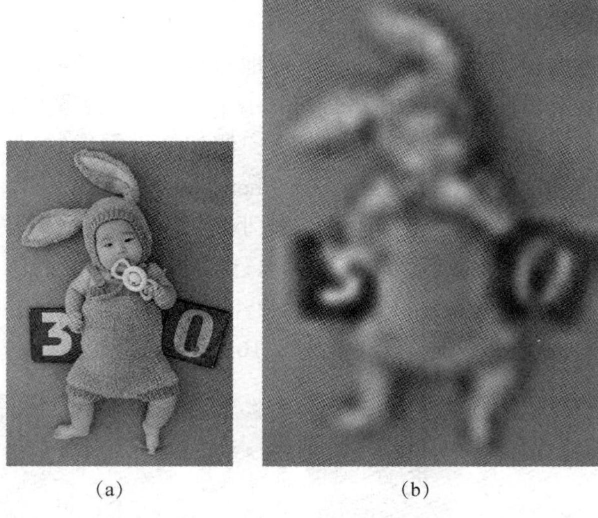

（a）　　　　（b）

图 1－2　点阵图的放大

（a）小照片原图；（b）小图反复缩小放大后的效果图

同理，大图也不能随意缩小，缩小就是减少原有的像素数。如图 1－3 所示，大图是计算机的桌面，呈现了很多小文字，包含细节，缩小之后如图 1－3（b）所示，图片就看不清了。如果大图中没有丰富的细节，例如把大大的红苹果图片缩小 2 倍，还具有一定的可视性，可以为人们所接受。

（a）　　　　（b）

图 1－3　点阵图的缩小

（a）屏幕原图；（b）屏幕缩小效果图

3. 点阵图的分辨率

点阵图的分辨率称为图像分辨率。为了更好地对点阵图中像素的位置进行量化，图像的分辨率便成了重要的度量手段，通常用 PPI（pixels per inch）来衡量，即每英寸长度范围内所包含的像素点的多少。在分辨率已知的情况下，假如知道图像的尺寸，就可以精确算出图像中具有多少像素。如图 1－4（a）所示，在 Photoshop 中打开“烟台路风景 .jpg”文件，利用【图像】|【图像大小】命令，打开“图像大小”对话框，图像宽度的像素数 = 宽度的英寸数 × 分辨率，即 34 × 72 = 2 448。同理，可以计算出图像高度的像素数为 3 240。如果不选中“重新采样”选项，则保持图像的像素数 2 448 × 3 240 不变，如果把分辨率改为 300 PPI，则图像的输出宽度由原来的 34 英寸变为 8.16 英寸，如图 1－4（b）所示。

（a）　　　　　　（b）

图 1－4　“图像大小”对话框

（a）分辨率是 72 PPI；（b）分辨率是 300 PPI

无论是新建文件还是编辑处理现有的点阵图，都需要考虑分辨率的设置。不同的品质、不同的输出需求，图像的分辨率也要设置恰当，这样才能准确高效地设计出作品。

4. 点阵图的尺寸和大小

点阵图的尺寸是指它的宽度和高度包含多少像素，输出尺寸是像素数与图像分辨率的比值。我们要明确点阵图的像素数、输出尺寸和图像分辨率之间的关系。

点阵图的大小是指占用的存储空间，其原始的大小是由像素数、颜色模式和位深度来决定的。例如图 1－4（a）中最上面的信息显示“图像大小：22.7M”，这个数值是怎么得来的呢？此图的像素数一共是 2 448 × 3 240 = 7 931 520。此图的颜色模式是 RGB，位深度是 8，则说明每个通道的颜色由 8 位二进制数（即 1 个字节）表示，每个像素的颜色包括 RGB 三个通道，则每个像素的颜色值是 3 个字节。根据公式 7 931 520 × 3 ÷ 1 024 ÷ 1 024 计算，得到近似值 22.7M，这个数值就是当前的点阵图原始的图像大小。然而我们在资源管理器中发现文件“烟台路风景 .jpg”并不是 22.7M，只有 2.10M，这是该图最终保存为 JPG 格式的缘故，JPG 格式对颜色数值进行了压缩处理。因此，点阵图最终占用的存储空间，即点阵图的大小，不仅与像素数有关，而且与色彩模式、位深度以及最终保存的文件格式有关。

特别提示：

网页设计、课件设计等都是基于显示器屏幕的输出，其中采用的图片大多是点阵图，尺寸以像素作单位。单位像素的大小与图像的色彩模式有关。例如最常用的 RGB 模式中 1 个像素对应 3

个字节，CMYK 模式中 1 个像素对应 4 个字节，而灰阶模式和索引模式中 1 个像素对应 1 个字节。

5. 点阵图的常用处理软件

常用的点阵图处理软件有 Adobe Photoshop、Corel Painter 以及美图秀秀、光影魔术手等软件，不同的软件各有其功能优势。简单来说，Adobe 公司的 Photoshop 的优势在于图像编辑、图像合成、校色调色，绘图功能也超强；Corel 公司的 Painter 是艺术级的绘画软件，它完全模拟了现实中作画的自然绘图工具和纸张的效果，并提供了电脑作画的特有工具，为艺术家的创作提供了极大的自由空间，为数字绘画提高到一个新的高度；而美图秀秀、光影魔术手等都是老少皆宜、方便快捷的小工具，能够利用集成命令快速高效地一键改变图片的大小、设置特效等。

1.1.2 矢量图

1. 矢量图的构成

矢量图是用一系列计算机指令集合的形式来描述的图形，构成这些图形的元素是点、直线、曲线以及闭合线条构成的面等。描述的对象包括点、线、面的位置、大小、形状、轮廓、颜色、光照、阴影、材质等。如图 1－5 所示，利用大量的点连成曲线构成花朵和枝叶的轮廓，设置轮廓的颜色和样式，然后在闭合的轮廓线内部填充颜色，由轮廓线和填充色决定着最终的显示效果。

图 1－5 矢量图

2. 矢量图的特点

矢量图可以进行任意移动、旋转、放大、缩小、调色等，不会丢失细节或影响清晰度，因为矢量图与分辨率无关，可以自动适应输出设备的最大分辨率，因此显示精度高，操作的灵活性大，任意缩放都会保持清晰的边缘。如图 1－6 所示，右边的荷花是根据左侧的荷花照片描绘而成的矢量图，线条和颜色都比较简单。

(a)

(b)

(c) (d)

图 1－6 荷花点阵图和矢量图的比较

(a) 荷花照片；(b) 荷花照片放大局部；(c) 荷花矢量图；(d) 荷花矢量图放大

设想一下，如果在网页中采用点阵图来设计社团的标志，设计完成之后，在网页上显示很适合。但如果需要将这个标志图放置在A3宣传海报上打印输出，标志则需要放大几十倍，这时标志就会模糊了。如果当初采用矢量图设计标志，则既能够导出较小的点阵图放到网页中，也能够放大多倍用于打印海报，标志都会保持完美的状态。

在矢量图形中，文件大小取决于图形中所包含对象的数量和复杂程度。虽然矢量图占用较小的存储空间，且能任意放大和缩小，但矢量图并不是在任何情况下都能适用。对于由无规律的像素点组成的图像（风景图、人像图等），难以用数学形式表达，不宜使用矢量图格式，矢量图也很难绘制出色彩丰富、逼真的图像。比如苍翠葱茏的草坪，最好用点阵图，成千上万根小草如果用矢量线条来体现也会大大增大矢量图的大小。即便用矢量图来表现草坪，也是用线条简单地勾勒。因此，如果图像的线条、颜色比较简单，如商标、卡通图、插画等，就可以采用矢量图。

3. 矢量图的常用处理软件

处理矢量图常用的软件有Adobe Illustrator、CorelDraw、AutoCAD等。Adobe Illustrator简称“AI”，广泛应用于印刷出版、海报书籍排版、专业插画、多媒体图像处理和互联网页面的制作等方面，也可以为线稿提供较高的精度和控制，适合生产任何小型设计到大型的复杂项目；CorelDraw是Corel公司的矢量图形制作工具软件，提供了矢量动画、页面设计、网站制作、点阵图编辑和网页动画等多种功能；AutoCAD也是一款矢量工具，多用于室内设计、建筑工程图、工艺流程图等。

特别提示：

本教材中所说的“图像”指的是点阵图，而“图形”指的是矢量图。

1.2 分辨率

分辨率是图像处理中的重要术语，它指一个图像文件中包含的细节和信息的多少，以及输入、输出或显示设备能够产生的细节程度，是衡量图像细节表现能力的技术参数。前面介绍过图像的分辨率。那如何恰当地设置图像的分辨率呢？通常是为了使输出的图像显得清晰，一定考虑图像的用途和图像的输出介质。下面讲述常用的分辨率设置。

1.2.1 常用的分辨率

1. 屏幕的物理分辨率

屏幕物理分辨率是指LED液晶显示屏的最佳分辨率、原始分辨率，也叫真实分辨率，即屏幕实际存在的像素行数乘以列数的数学表达方式，是显示屏固有的参数，不能调节，其含义是指显示屏最高可显示的像素数。在LED液晶板上通过网格来划分液晶体，一个液晶体为一个像素点。那么，输出分辨率为1 920×1 080时，就是指在LED液晶板的水平方向划分了 1 920 个像素点，竖直方向划分了 1 080 个像素点。物理分辨率越高，而且可接收分辨率的范围越大，则显示屏的适应范围越广。物理分辨率决定着图像显示的清晰程度。

比如一款 19 英寸笔记本电脑的显示屏，其物理分辨率为 1 440 × 900。在桌面的空白区域单击右键，在出现的快捷菜单中选择【屏幕分辨率】命令，可以看到推荐的最佳分辨率，如图 1 - 7 所示。

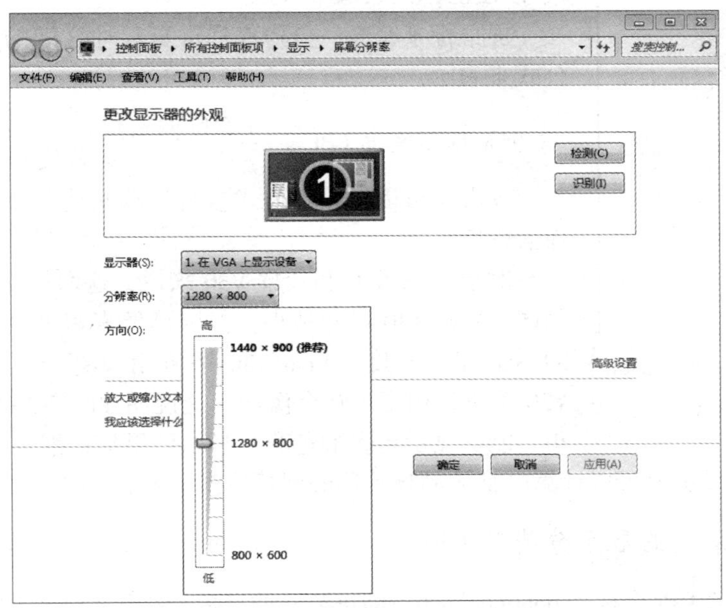

图 1 - 7　电脑显示器的屏幕分辨率

图 1 - 7 中电脑的显示器也可以设置为较低的分辨率，如 800 × 600，此时屏幕上的文字、图标、图片的外观都会变大。为什么呢？因为每一台显示器的物理尺寸是固定的，设置为较低的屏幕分辨率时，系统会通过内部运算，把原来的像素数重新整合，使之看起来在水平方向上有 800 个色块，垂直方向上有 600 个色块，即像素数量变少，那么可以想象每个像素就会变大。而屏幕上文字、图标、图片等元素各自的像素数不变，每个像素变大，则最终的视觉效果就会相应变大，但屏幕空间内显示的项目数量变少了，不符合比例的会在两侧添加黑屏，像 Photoshop 等软件的操作界面都无法显示完整。

2. 屏幕像素密度（PPI）

网购手机的时候，会在手机的规格中看到“屏幕像素密度”这个参数。表 1 - 1 中列出了三款手机的屏幕规格。

表 1 - 1　手机的屏幕规格比较

项目	Vivo X30 型号	Vivo X27	荣耀 V30
分辨率/像素	2 400 × 1 080	2 340 × 1 080	2 400 × 1 080
屏幕像素密度/PPI	409	401	400
主屏幕尺寸/英寸	6. 44	6. 39	6. 57

其中，分辨率就是指屏幕的物理分辨率。主屏幕尺寸指的是手机屏幕的对角线长度。而屏幕

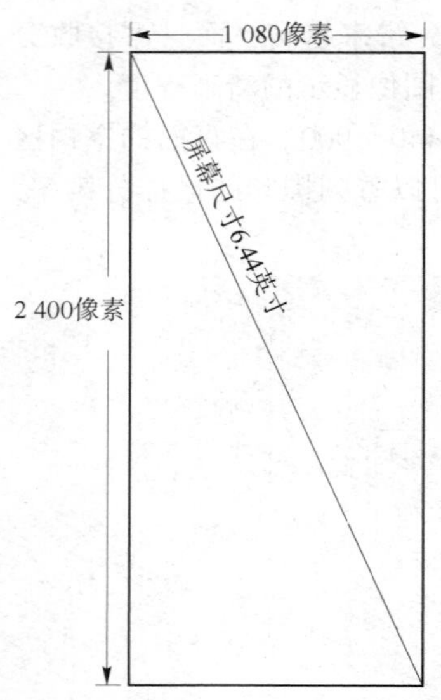

图1－8　手机屏幕尺寸和分辨率的关系

像素密度，就是每英寸屏幕上所拥有的像素数，也简称PPI。屏幕像素密度、分辨率和屏幕尺寸之间有什么关系呢？以Vivo X30为例，根据图1－8所示，矩形对角线的像素数 $=\sqrt{1\,080^2+2\,400^2}=2\,631.8$，屏幕尺寸是6.44英寸，其屏幕像素密度＝像素数÷屏幕尺寸 $=2\,631.8\div6.44\approx409$。

屏幕像素密度、分辨率和屏幕尺寸之间的关系可以用下列公式来表示：

$$\text{屏幕像素密度 PPI}=\frac{\sqrt{(\text{宽度像素数})^2+(\text{高度像素数})^2}}{\text{屏幕尺寸}}$$

读者们可以根据该公式自行计算其他两种手机型号的屏幕像素密度。

对于Vivo X30和荣耀V30来说，这两种手机的屏幕分辨率相同，Vivo X30尺寸稍小，但屏幕像素密度高。这说明了同样的一英寸的长度，Vivo X30手机用409个像素来显示，荣耀V30手机只用了400个像素。这说明Vivo X30屏幕上的像素较小，能够显示更多的色彩，显示效果更精细一些。采用同样的方法也可以计算电脑液晶显示器的屏幕像素密度。

3. 计算机系统的显示分辨率DPI

计算机系统的DPI全称是dots per inch，即每英寸的点数，在显示器上就是每英寸的像素数。Windows系统中一般默认是96 DPI作为100%的缩放比率，但是要注意的是该值未必是真正的显示器物理值，只是Windows里的一个参考标准。如图1－9所示，Windows 7系统中，采用【控制面板】|【个性化】|【显示】|【自定义文本大小】命令，可以打开“自定义DPI设置”对话框，默认设置如图1－9（a）所示，单击并拖动，可以设置自定义文本大小。

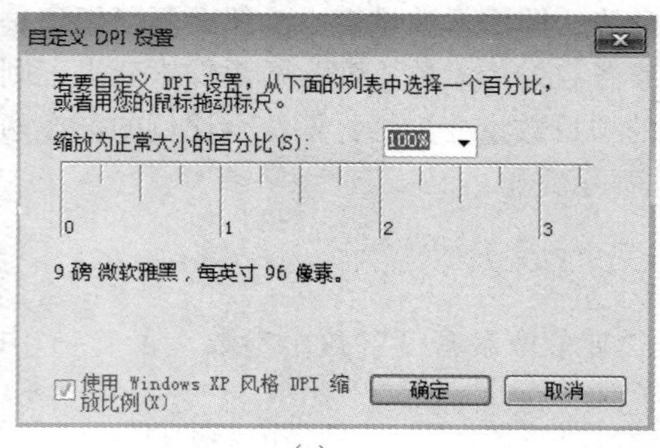

（a）

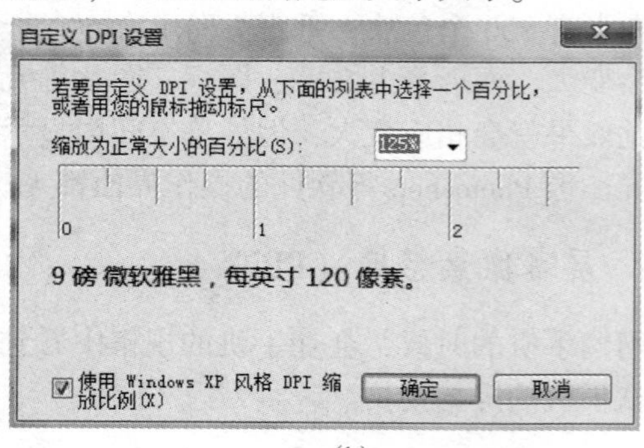

（b）

图1－9　“自定义DPI设置”对话框

（a）DPI为96；（b）DPI为120

当把DPI设置高了之后，重新进入系统，字体会变大，这是因为系统字体是以固定大小（9磅微软雅黑，每英寸96像素）设计的。如图1－9（b）所示，当DPI提高之后，说明该字体在每英寸上要120像素，在屏幕分辨率不变的前提下，看起来也就大了。所以，如果我们设置高DPI，通常也意味着显示器是高分辨率，横向像素数通常超过2 000，系统文字看起来比较小，需要提高 DPI 来把内容放大。如果屏幕物理分辨率是 1 440 × 900 以下，DPI 保持不变就可以了。

在为网页、课件、动画等制作图像素材的时候，是基于显示器的屏幕输出，通常把图像的分辨率设置为系统显示器的分辨率，即 96 PPI，这样图像显示比较清晰。Photoshop 等软件默认网页图像素材分辨率为 72 PPI，也可以显示清楚。

4. 打印、数码冲印的分辨率

打印设备的类型很多，原理也不一样，有喷墨打印、激光打印、热敏打印、热升华打印等，比如说，热升华照片打印机分辨率只有 300 DPI，但是打印效果看起来比 2 400 DPI 的彩喷还要好。这里的 D（点），指的是什么呢？

对于数码冲印、热升华打印、热敏打印三种方式输出的数码图片而言，这个“点”就是激光或打印头扫描定位的一个点。这个点有一种真实的颜色，这个颜色是青、品、黄三种颜色按照适当的比例混合出来的，这个点取名“色点”，如图 1 – 10 所示，色点 1 的颜色取值是 $C=95$，$M=73$，$Y=26$，$K=9$。我们已经知道了这个像素点的色值，希望在输出过程中能够真实还原这个点的颜色，以得到最好的显示效果。当原始数字图像的“像素点”与输出设备的“色点”相吻合，即 PPI = DPI 的时候，一个像素对应一个色点，图像输出最清晰。当前数码冲印设备的分辨率通常在 300 DPI 以上，所以图像的分辨率也要设置为 300 PPI，冲印效果最清晰。

喷墨打印机的 DPI 是另外一个概念。比如喷墨打印机的分辨率是 2 400 DPI，是指墨点的直径小到 1/2 400 英寸，也就是说可以在一英寸的长度上排列 2 400 个墨点，这个墨点不对应像素的颜色，而是 CMYK 中一种墨水的颜色。喷墨打印机在表现同一个颜色的浓淡时，并不能像激光数码输出那样通过激光的强弱直接生成浓淡不同的颜色，而是通过墨点数量的多少来体现。如图 1 – 11 所示，需要浓的颜色，就多喷几个墨点，需要淡的颜色就少喷几个墨点。在其他颜色时，比如在表现图 1 – 10 中的蓝色时（$C=95$，$M=73$，$Y=26$，$K=9$），喷墨打印机并不能生成这样特定的一种颜色，而是通过大量不同颜色的墨点来组合表现，如图 1 – 12 所示，这种组合也是基于 CMYK 色系，主要利用青、品、黄三色来合成其他各种色彩，用黑墨辅助调和明暗以及打印纯黑色。所以喷墨打印机的打印分辨率都比较大。

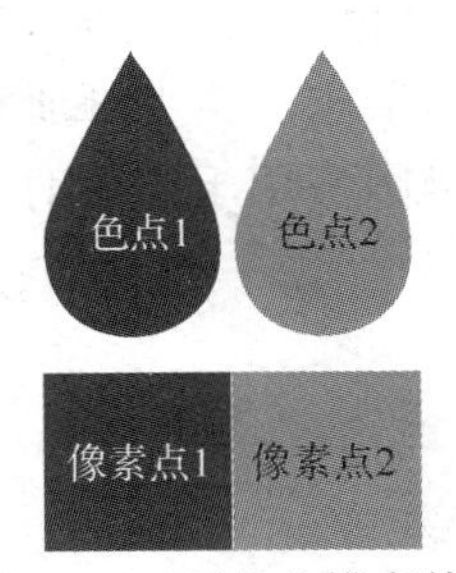

图 1 – 10　图像分辨率等于输出设备分辨率

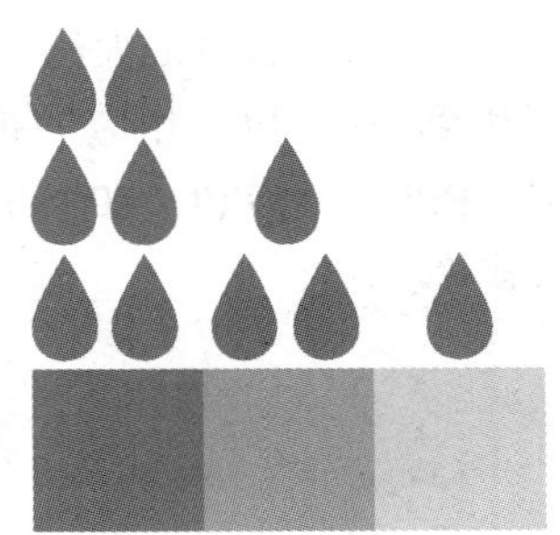
图 1 – 11　喷墨打印的颜色浓淡

图 1 – 12　喷墨打印某个颜色

5. 扫描分辨率

扫描仪本身有一个分辨率指标，这个扫描仪本身的分辨率要从三个方面来确定：光学部分、硬件部分和软件部分，也就是说扫描仪的分辨率等于其光学部件的分辨率加上其自身通过硬件及软件进行处理分析所得到的分辨率。光学分辨率是扫描仪的光学部件在每平方英寸面积内所能捕捉到的实际的光点数，是指扫描仪 CCD 的物理分辨率，也是扫描仪的真实分辨率，它的数值是由 CCD 点数除以扫描仪水平最大可扫尺寸得到的数值。分辨率为 1 200 DPI 的扫描仪，其光学部分的分辨率只占 400 ~ 600 DPI。扩充部分的分辨率（由硬件和软件所生成的）是通过计算机对图像进行分析，对空白部分进行科学填充所产生的（这一过程也叫插值处理）。光学扫描与输出是一对一的，扫描到什么输出的就是什么。经过计算机软硬件处理之后，输出的图像就会变得更逼真，分辨率会更高。目前市面上出售的扫描仪大都具有对分辨率的软、硬件扩充功能。有的扫描仪广告标明分辨率是 9 600 DPI，这只是通过软件插值得到的最大分辨率，并不是扫描仪真正光学分辨率。

在使用扫描仪的时候，其扫描分辨率怎么设置呢？这个分辨率的设置与扫描图片的用途有密切的关系。例如，要扫描一张 5 寸的老照片，该用多大的分辨率扫描呢？如果想扫描以后重新数码冲印 5 寸照片（数码冲印需要的图像分辨率是 300 PPI），要设置 300 DPI 的扫描分辨率。如果想冲印 10 寸照片，即尺寸变为原来的 2 倍，则要设置 600 DPI 的扫描分辨率。所以扫描仪分辨率的选择公式如下：

$$扫描分辨率 = 放大倍数 N \times 图像输出所需要的分辨率$$

设想一下，如果想扫描图片制作课件，且比原图放大一倍，则扫描分辨率应该是多少？制作课件是基于显示器的输出，显示器的分辨率是 96 DPI，所以，扫描分辨率是 $2 \times 96 = 192$ DPI。

通常在扫描的时候可以采用稍大一点的分辨率，建议最低为 300 PPI，得到数字图像以后可以采用 Photoshop 等软件调整大小。当然也不能太大，扫描分辨率设置的数值越大，则扫描速度越慢，占用的存储空间也越多。

6. 印刷分辨率

印刷分辨率 LPI（line per inch），即单位长度上具有的印刷线数。图像如果要用来印刷，则需要设置的图像分辨率 PPI =（1.5 ~ 2） LPI。比如，准备用 150 LPI 的印刷分辨率进行印刷时，要把图像分辨率设置为 225 ~ 300 PPI 才行。前面的系数指的是印刷的加网系数。

不同媒介要求不同的印刷分辨率，例如普通报纸大约为 85 LPI，彩色杂志大约为 150 LPI，美术画册、精美的艺术书籍则可能用到 300 LPI，相应的报纸、色彩杂志、美术画册和精美画册中图像的分辨率就要设置为 170 PPI、300 PPI、600 PPI。在扫描图像用于印刷时，也需要根据印刷的精度要求确定扫描分辨率。

1.2.2 分辨率小结

为了确保数字图像输出的效果清晰，需要在新建或者编辑图像的时候设置恰当的图像分辨率。对于屏幕显示、数码冲印、写真等输出方式，图像的分辨率 PPI 要等于相应输出

设备的分辨率 DPI。如果是印刷输出，则图像的分辨率要设置为印刷分辨率的 1.5 ~2 倍。如表 1 –2 所示，是常用设备的输出分辨率。

表 1 –2　常用设备的输出分辨率

设备	用途	输出的分辨率	相应的图像分辨率
计算机显示器	网页图片、动画素材等	72 或 96 DPI	72 或 96 PPI
数码冲印设备	冲印照片、小型海报	300 DPI	300 PPI
写真机	制作海报等	200 DPI 以上	200 PPI
印刷机	印报纸	85 LPI	170 PPI
	印杂志、画册、宣传单等	150 LPI	300 PPI
	印精美杂志、画册等	300 LPI	600 PPI

这是常用的一些分辨率的设置。其实图像最终的输出效果与很多因素有关，比如图像本身的内容、采用的输出介质的质量等。例如用来写真的图像中只有空旷的蓝天或大海，那么图像采用稍低的图像分辨率也不会极大影响输出质量。如果图像的细节丰富，比如有很小的文字或者五颜六色的细线条，则分辨率稍低就会显得很模糊。

注意，不同品牌的相机拍摄的照片其默认的图像分辨率各不相同，有的是 72 PPI，有的是 180 PPI。网上下载的图像文件的分辨率大多都是 72 PPI。在使用这些图像素材的时候要关注分辨率数值。

1.3　色彩模式

色彩模式即色彩的表达形式。一定的颜色对应着计算机里一定的数值，这种对应关系就是色彩模式。

1.3.1　色彩模式的种类

色彩模式有 RGB 模式、CMYK 模式、Lab 模式、HSB 模式、索引模式、灰度模式、位图模式等。

1. RGB 模式

RGB 模式是基于显示器原理形成的色彩模式。RGB 色彩就是常说的三原色，R 代表 Red（红色），G 代表 Green（绿色），B 代表 Blue（蓝色）。之所以称为三原色，是因为电脑屏幕上的所有颜色，都由这红色、绿色、蓝色三种色光按照不同的比例混合而成。屏幕上的任何一个颜色都可以由一组 RGB 值来记录和表达，色光叠加在一起，亮度越来越强，因此也称为加色模式。计算机定义颜色时，R、G、B 三种成分的取值范围是 0 ~255，0 表示没有刺激量，255 表示刺激量达最大值，可以表示 256 ×256 ×256 种颜色。R、G、B 均为 255 时就合成了白色，R、G、B 均为 0 时就形成了黑色。

按照计算，256 级的 RGB 色彩总共能组合出约 1 678 万种色彩，即 256 × 256 × 256 = 16 777 216。通常也被简称为 1 670 万色，或称为 24 位色（2^{24}）。在 Photoshop 中新建文件时，可以看到颜色模式后面有“位”数值的选择，最开始只有 8 位，Photoshop CC 2019 版本支持 16 位和 32 位通道色，如图 1－13 所示，这就意味着可以显示更多的色彩数（即 48 位色和 96 位色）。但是由于人眼所能分辨的色彩数量还达不到 24 位的 1 670 万色，所以更高的色彩数量在人眼看来并没有区别。

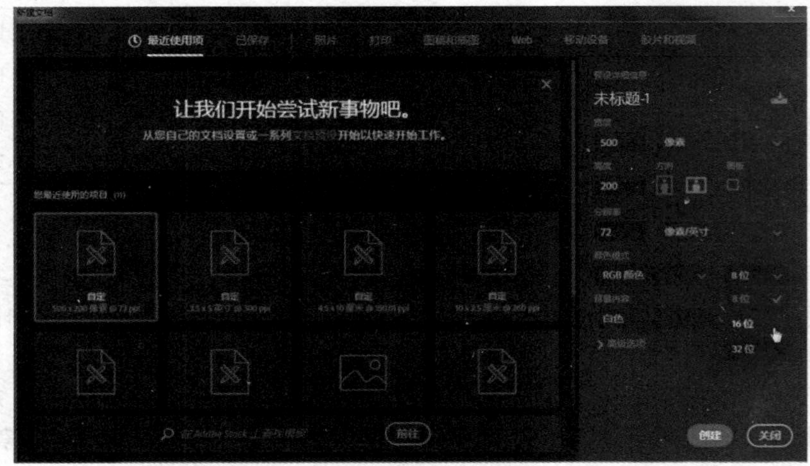

图 1－13　Photoshop 新建文件对话框

最常见的颜色其 RGB 值如表 1－3 所示。

表 1－3　常见颜色的 RGB 值

颜色	R 值	G 值	B 值
黑色	0	0	0
白色	255	255	255
纯红	255	0	0
纯绿	0	255	0
纯蓝	0	0	255
纯黄	255	255	0

当 R、G、B 三个值相等时，得到的是没有任何颜色倾向的中灰色。纯黑色是因为屏幕上没有任何色光存在，RGB 三种色光都没有发光，所以屏幕上纯黑色的 RGB 值都是 0。调整滑块或直接输入数字，会看到色块变成了黑色，如图 1－14（a）所示。而纯白色正相反，是 RGB 三种色光都发到最强的亮度，所以纯白的 RGB 值都是 255，如图 1－14（b）所示。纯红色，意味着只有红色光存在且亮度最强，绿色和蓝色都不发光。因此纯红色的数值是 255、0、0，如图 1－14（c）所示。同样的道理可以得到纯绿色和纯蓝色的数值。

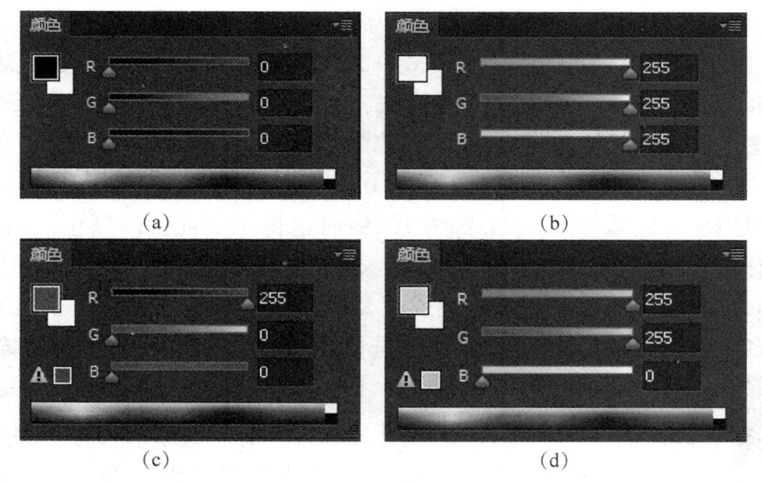

图 1－14 RGB 模式的颜色取值

(a) 纯黑色；(b) 纯白色；(c) 纯红色；(d) 纯黄色

纯黄色取值如图 1－14 (d) 所示。针对黄色来说，RGB 中并没有包含黄色。根据如图 1－15 所示的色相环，位于 180°夹角的两种颜色（也就是圆的某条直径两端的颜色）称为反转色或互补色。互补的两种颜色之间是此消彼长的关系。例如从中心原点开始，往蓝色移动就会远离黄色，如果接近黄色同时就远离蓝色。还可以根据颜色的叠加生成颜色，如图 1－16 所示，三色光的叠加可以生成黄色、品红、青色。

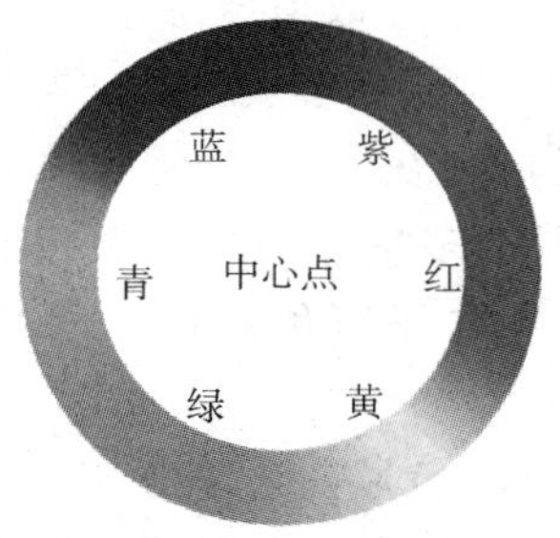

图 1－15 色相环

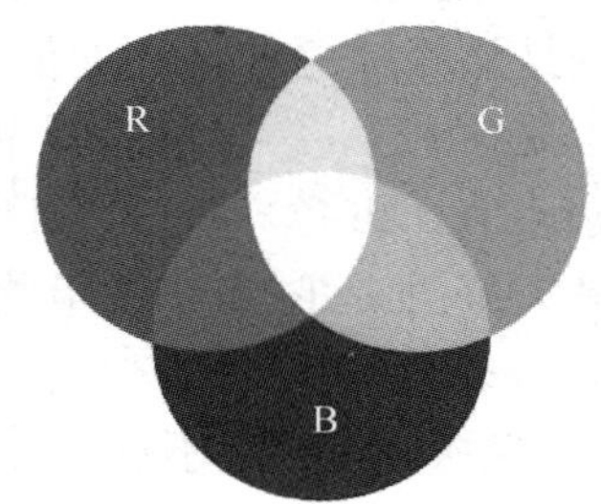

图 1－16 三原色的叠加

使用 Photoshop 处理图片时，采用 RGB 模式的操作速度最快，因为电脑不需要处理额外的色彩转换工作，而且 RGB 模式支持 Photoshop 的所有命令。尽管 RGB 是标准颜色模式，但是所表示的实际颜色范围仍因应用程序或显示设备而异。Photoshop 中的 RGB 颜色模式会根据【编辑】|【颜色设置】对话框中指定的工作空间设置而不同。

在制作多媒体课件、动画素材、设计网页时，用到的图像素材都是基于显示器屏幕的输出，都是色光显示方式，因此其色彩模式都使用 RGB 模式。

2. CMYK 模式

CMYK 模式是基于印刷油墨的减色色彩模式，是印刷出版界最常用的模式。比如期刊、杂志、报纸、画册等都是印刷品，这些印刷介质上的图像都用 CMYK 模式呈现。其中 CMY 是 3 种印刷油墨名称的首字母：青色 Cyan、洋红色 Magenta、黄色 Yellow。而 K 取的是

Black 最后一个字母，之所以不取首字母，是为了避免与蓝色（Blue）混淆。

RGB 模式是加色模式，是屏幕显示模式，采用光的透射原理，即便在黑暗的空间里也能看到发光的屏幕。而 CMYK 模式是减色模式，人们依靠印刷介质对光的反射来看到颜色，在黑暗的房间里是没办法阅读报纸杂志的。所谓减色模式，就是两种油墨混合在一起，越混合就越暗。CMY 以白色为底色，即 CMY 均为 0 是白色，均为 100% 是黑色。但在实际应用时，由于油墨的纯度等问题导致 CMY 都为 100% 时也得不到纯正的黑色，因此引入黑色 K。每一种色彩都有 0～100% 的浓淡变化，共 100×100×100 种颜色。

Photoshop CC 2019 版本中，CMYK 模式有 8 位和 16 位两种位深度，与 RGB 模式相比颜色种类要少很多。我们可以想象一下，RGB 是色光的混合，那些特别明亮耀眼的颜色是很难用油墨表现出来的。比如 RGB 模式中的纯红、纯绿、纯蓝都是无法印刷的颜色。如图 1－17 所示，当在拾色器中选择一种亮度较高的颜色时，取色框中会出现“颜色溢出”警告标志，表示这个颜色已经超出了印刷色域，如果使用这个颜色，则在印刷时会用下方的颜色加以替换。因此在印刷品设计时不要选特别浓艳耀眼的颜色。

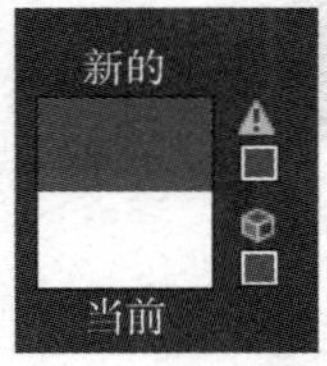

图 1－17　拾色器中的“颜色溢出”警告

3. Lab 模式

Lab 颜色模式基于人眼对颜色的感觉，弥补了 RGB 和 CMYK 两种色彩模式的不足，它既不依赖色光，也不依赖颜料，与设备无关。Lab 颜色模式由三个要素组成，L 指亮度，a 和 b 是两个颜色通道，调色时，亮度和颜色可以分开调整。a 取值范围是 +127～－128，包括的颜色是从深绿色（低亮度值）到灰色（中亮度值）再到亮粉红色（高亮度值）；b 取值范围也是 +127～－128，是从亮蓝色（低亮度值）到灰色（中亮度值）再到黄色（高亮度值）。在 Lab 色彩模式下工作，其速度与 RGB 差不多快，但比 CMYK 要快很多。这样做的最大好处是它能够在最终的设计成果中，获得比任何色彩模式都更加优质的颜色。

Lab 模式色域最广，它不仅包含了 RGB 和 CMYK 的所有色域，还能表现它们不能表现的色彩。肉眼能感知的色彩，都能通过 Lab 模式表现出来。色彩管理系统使用 Lab 作为色标，将颜色从一个色彩空间转换到另一个色彩空间。

4. HSB 模式

前面所说的 RGB 模式和 CMYK 模式是最重要和最基础的颜色模式。其他的颜色模式，实际上在显示的时候都需要转换为 RGB，在打印或印刷的时候都需要转为 CMYK。虽然如此，但这两种色彩模式都比较抽象，都是计算机对颜色的认知，不符合我们对色彩的习惯性描述。如果我们去选择或者识别某种颜色，不会去想这种颜色的 RGB 值是多少，CMYK 值是多少。我们考虑的是颜色的种类、纯度和亮度。比如是红色还是绿色？是深红还是浅红？是亮红还是暗红？这种模式就是 HSB 模式，这是人眼对颜色的识别方式。

色相 H（Hue）：色彩的相貌，简称色相，也叫色彩的种类，例如红、橙、黄、绿、青、蓝、紫等。在 0～360°的标准色环上，每种颜色对应着相应的角度值，这个角度值就是色相值。常见颜色的 H 值如表 1－4 所示。

表 1－4 常见颜色的色相值

颜色	红	橙	黄	绿	青	蓝	紫红
H 值/（°）	0	30	60	120	180	240	300

饱和度 S（Saturation）：是指颜色的强度或纯度。饱和度表示色相中彩色成分所占的比例，用 0（灰色）~100%（完全饱和）的百分比来度量。

亮度 B（Brightness）：是颜色的明暗程度，通常是用 0（黑）~100%（白）的百分比来度量的。

假如我们想选择一种樱桃红色，则 H 值要在 300°以上，在紫色和红色之间，H 取值为 344°；饱和度取 49% 时，不浓不淡；亮度取值 93% 时，是比较明亮的颜色，效果如图 1－18（a）所示，拖动滑块，可以得到相应的数值。除了使用【颜色】面板，也可采用 Photoshop 的“拾色器”来设置颜色。如图 1－18（b）所示，在色带右侧上下拖动滑块可以调整 H 值，选中了 H＝344 之后，左侧出现一个二维平面，饱和度 S 是水平轴，亮度 B 是垂直轴。在这个平面中从左往右颜色越来越浓，从下往上颜色越来越亮。采用取色的小圆圈在二维平面中选择自己想要的颜色即可。使用 HSB 模式取色最为直观和方便。

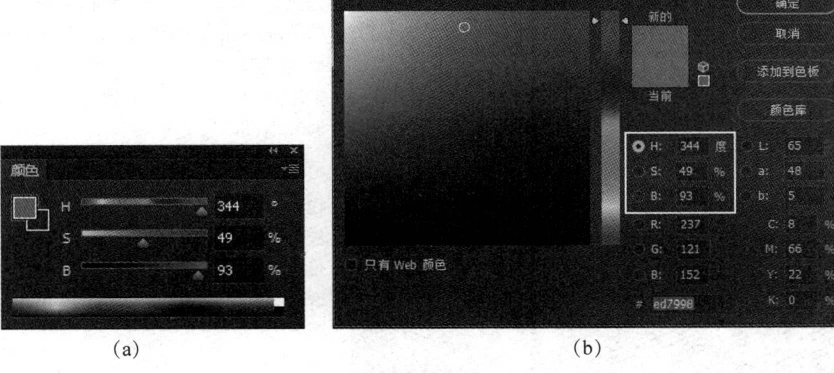

(a) (b)

图 1－18 HSB 颜色的设置

（a）颜色面板；（b）拾色器

5. 索引模式

索引颜色模式采用一个颜色表存放并索引图像中的颜色，最多使用 256 种颜色。当图像转换为索引颜色时，Photoshop 将构建一个颜色查找表，用以存放并索引图像中的颜色。颜色表可在转换的过程中定义或在生成索引图像后修改。如果原图像中的某种颜色没有出现在该表中，则程序将选取现有颜色中最接近的一种，或使用现有颜色模拟该颜色。它只支持单通道图像（8 位/像素），这样可以减小图像文件的尺寸。如图 1－19 所示，图 1－19（a）是 RGB 模式，图 1－19（b）是转换成的索引模式。从图 1－19（b）中可以看出，颜色出现了颗粒。

如果在 Photoshop 中编辑索引模式的图片文件，打开【编辑】、【图层】、【滤镜】等菜单，会发现仅能使用有限的编辑功能。如图 1－20 所示，【滤镜】命令全部变灰，不能使用。如需进行有效的编辑，就应该先暂时转换到 RGB 模式（RGB 模式支持所有的命令）。索引模式文件可以储存成 Photoshop、BMP、GIF、Photoshop EPS、PNG 或 TIFF 等格式。

(a)　　　　　　　　　　　　(b)

图 1－19　RGB 模式转换成索引模式

（a）RGB 模式的图像（b）索引模式的图像

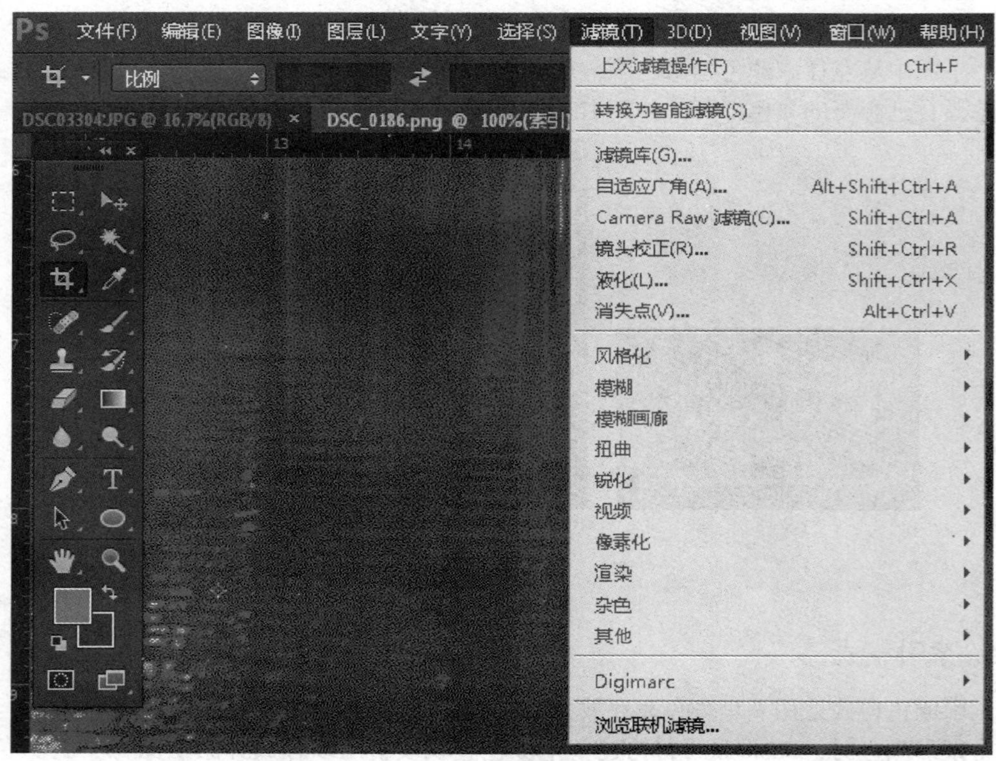

图 1－20　【滤镜】菜单命令不支持索引模式

索引模式的图片不能用于打印、印刷，这种模式的图像文件数据量较小，可以用于网页浏览或者课件、动画等基于屏幕的输出。

6. 灰度模式

灰度模式是用单一色调表现图像，从纯白到纯黑，中间有一系列过渡的灰色，一共可表现 256 阶（色阶）的灰色调（含黑和白），也就是 256 种明度的灰色。灰度的通常表示方法是百分比，范围从 0 到 100%。注意这个百分比是以纯黑为基准的百分比。与 RGB 正好相反，百分比越高颜色越偏黑，百分比越低颜色越偏白。灰度最高相当于最高的黑，就是纯黑，灰度最低相当于最低的黑，那就是纯白。

我们平时所说的黑白照片，实际上应该称为灰度照片才确切，效果如图 1－21 所示。

图 1－21　灰度模式的照片

在灰度模式中，一个像素的颜色通常用 8 位来表示，最多 256 种颜色，因此文件所占的数据量较少，占据较小的存储空间。如果是用扫描仪扫描灰度图片，则在扫描设置里选择灰度扫描即可（无须选择默认的 RGB 模式），这样会得到灰度模式的图片文件，扫描速度较快。

灰度模式的图像不能添加彩色，即便在 Adobe 拾色器中选择了彩色，在编辑图像时呈现的也是相应的灰度值。如果想在灰度图输入彩色文字或者部分添加彩色，则需要把灰度模式再次转为 RGB 模式。

7. 位图模式

位图模式的“位”就是 bit，是使用黑白两种颜色中的一种表示图像中的像素，只有黑白两色。位图模式的图像也叫作黑白图像，如图 1－22 所示，它包含的信息最少，因而图像也最小。要把 RGB 模式的图像转变为位图模式，则需要先转换成灰度模式，然后转换为位图模式。

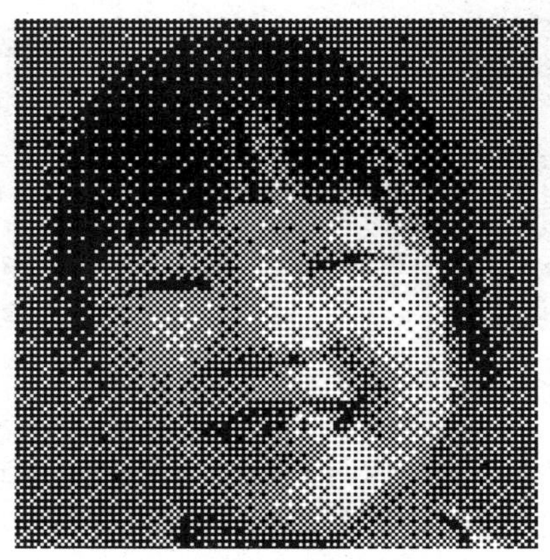

图 1－22　位图模式的图像

表 1－5 中对各种颜色模式的特点进行了列举和比较。

表 1－5　各种颜色模式的特点

项目	颜色范围	输出设备	用途	文件大小
RGB	256×256×256	屏幕显示器	课件、网页、动画素材	较大
CMYK	100×100×100	印刷机	印刷输出的介质	最大
Lab	100×256×256	不依赖设备	模式转换	
HSB	100×100×100	不依赖设备	选择颜色	
索引	256	屏幕显示器	网页素材、动画素材	较小
灰度	256			较小
位图	2			最小

读者们可以打开一张 RGB 格式的图像文件，转换成灰度模式，另存；再转换成位图模式，另存；然后比较这三个文件所占磁盘空间的大小。

1.3.2　色彩模式之间的转换

面对不同的设计需要，我们可以将图像从一种色彩模式转换成另一种色彩模式。当转变模式时，原来色彩模式中的颜色值将被调整到新颜色模式的色域中，将永久更改图像的颜色值，因此转变之前要做好原有文件的备份。

在 Photoshop 中，可以通过菜单命令【图像】|【模式】来转换色彩模式，如图 1－23 所示。

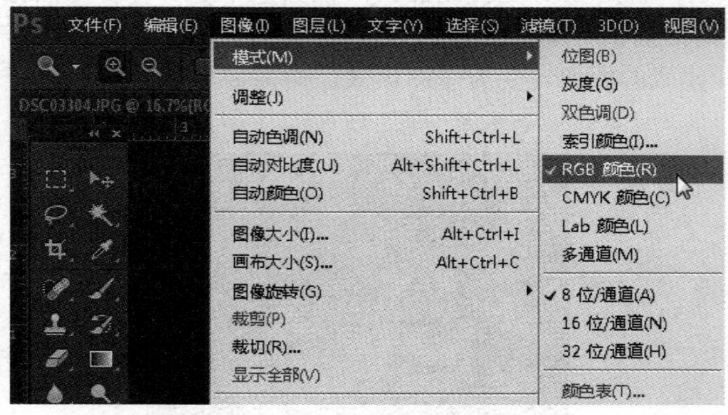

图 1－23　色彩模式的转换

例如在 Photoshop 中，准备印刷图像时，应使用 CMYK 模式。最初图像的编辑处理可以采用 RGB 模式，因为这种模式能够使用所有的 Photoshop 命令。但如果以 RGB 模式输出图片直接印刷，印刷品实际颜色将与 RGB 预览颜色有较大差异。因此 RGB 模式的图像设计完成之后，要再转换为 CMYK 模式。转换的时候，会出现图 1－24 所示的对话框，建议选择

“不拼合”，这样可以再次修改颜色以满足设计需要。

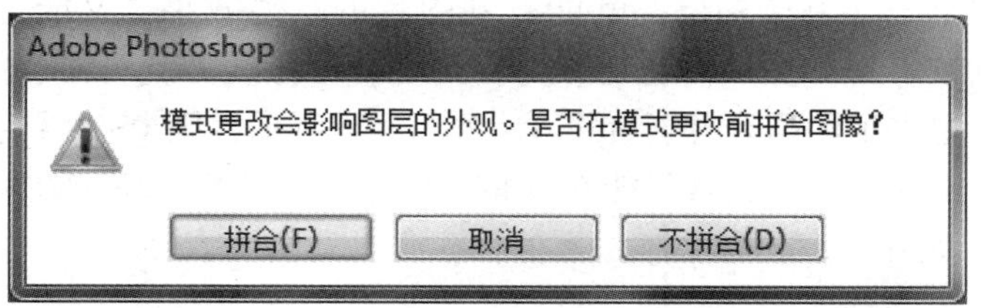

图 1 – 24　多图层的文件转换颜色模式时出现的对话框

当把 RGB 模式转变为索引模式时，要指定索引颜色的调板和颜色数量，并能够在“颜色表”中查看或修改这些颜色值，如图 1 – 25 所示。

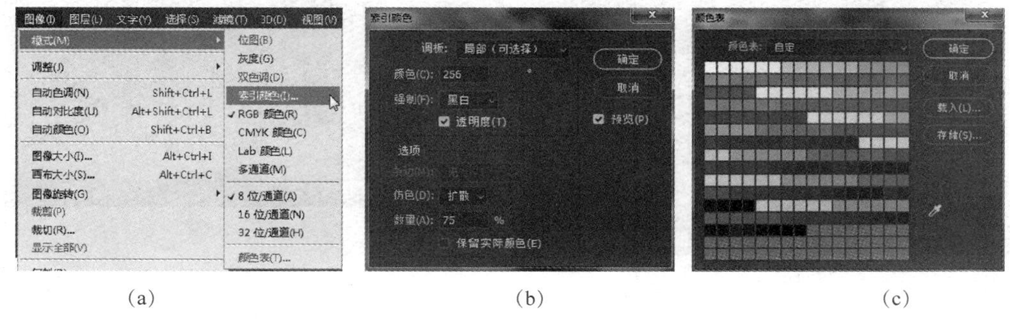

(a)　　(b)　　(c)

图 1 – 25　RGB 模式转换为索引模式

(a) 转换模式菜单；(b) 索引颜色面板；(c) 颜色表

1.4　图形图像的文件格式

在平面设计中，涉及不同软件和多种多样的图形图像文件格式。图像文件往往指的是点阵图文件，图形文件往往指的是矢量图文件。图形图像文件格式是记录和存储图形图像信息的格式。文件格式决定了应该在文件中存放何种类型的信息，文件如何与各种应用软件兼容，文件如何与其他文件交换数据。图形图像格式数不胜数，每一种图形图像文件格式通常会有一种扩展名加以区分和识别。在此列举并讲解最常用的一些文件格式，如图像文件格式 PSD、JPEG、GIF、PNG、TIFF、BMP 等，矢量图形文件格式 AI、CDR、WMF、EPS、PDF 等。

1.4.1　常用的文件格式

1. PSD 格式

PSD 格式是 Photoshop 软件的源文件格式。这种格式能够存储图片设计过程中所有的图层、通道、参考线、注解和颜色模式等信息。在保存图像时，若图像中包含有多个层，那么要先保存为 PSD 格式。这是设计的源图，在源图基础上可以进一步编辑修改。如图 1－26（a）所示，这个 PSD 图包含十几个图层，既能看到图片的最终效果，又能方便修改。PSD 格式包含图像数据信息较多（如图层、通道、剪辑路径、参考线等），因此比其他格式的图像文件要大得多。如果把多个图层合并，如图 1－26（b）所示，则 PSD 就失去了设计草稿图的功能。PSD 格式通用性较差，通常只能在 Adobe 的平台上使用，不能在网上显示，也不能在大多数排版软件上使用。

（a）　　　　（b）

图 1－26　PSD 格式的多图层与单图层

（a）多个图层的 PSD 格式；（b）单个图层的 PSD 格式

2. JPEG 格式

JPEG 格式是由联合照片专家组（Joint Photographic Experts Group）开发的，JPEG 文件的扩展名为．JPG 或．JPEG，采用 JPEG 国际标准对图像进行压缩存储，它用有损压缩方式去除冗余的图像和彩色数据，在取得极高压缩率的同时能展现十分丰富细腻的图像。换句话说，就是可以用最少的磁盘空间得到较好的图像质量。同样尺寸的图片，JPEG 格式的数据量大约是 PSD 格式的十分之一。但这种图像格式的显示方式比较慢，在网速较低的时候尤其突出。

JPEG 格式是一种很灵活的格式，具有调节图像质量的功能，允许用不同的压缩比例对这种文件进行压缩。如图 1－27 所示，JPEG 格式的图像品质在 0～12 的范围内变化，如果要打印普通的数码照片或者写真等，要把图像品质设置为 12，即最佳品质。如果只是在屏幕上输出，比如用作网页素材、动画素材或者制作 PPT 课件，则 JPEG 格式的品质设置为 9 就很清晰了。当然品质越高，图像文件的数据量就越大。

JPEG 格式的应用非常广泛，尤其是在网络和光盘读物上，特别适用于基于屏幕的输出。当前我们用数码相机或者手机拍的照片多数都是 JPEG 格式的，如果不要求专业级的数码冲印，家用级别的数码照片冲印用 JPEG 格式也能满足要求。因为 JPEG 格式采用的是有损压缩，即便图像品质设置为 12 也依然无法准确还原颜色。如果要对照片精美印刷，则不能采用这种格式。

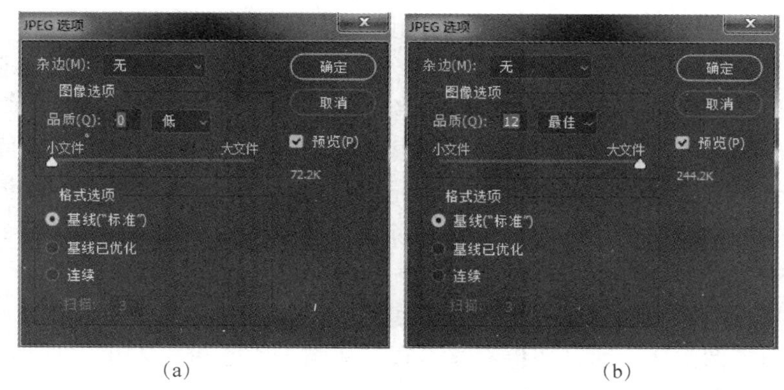

(a) (b)

图 1-27 JPEG 格式的图像文件保存选项

(a) 图像品质为 0；(b) 图像品质为 12

JPEG2000 格式比 JPEG 格式的压缩比更高，得到的文件更小，支持有损压缩和无损压缩，在有损压缩时，不会出现 JPG 压缩中的马赛克失真效果。这种格式的扩展名有 *. JPF、*. JPX 等。

3. GIF 格式

GIF 是英文 Graphics Interchange Format（图形交换格式）的缩写，是世界上最大的联机服务机构 Compu Serve 所开发的，目的是便于在不同的平台上进行图像的交流和传输。GIF 格式的特点是压缩比高，使用 LZW 压缩，磁盘空间占用较少。GIF 只能保存最大 8 位色深的数字图像，所以它最多只能用 256 色来表现物体。如果图像采用的是 CMYK 色彩模式，则不能保存为 GIF 格式。

GIF 格式既能存储单幅静止图像，也能保存指定的透明区域，还能同时保存动画，还增加了渐显方式。也就是说在图像传输过程中，用户可以先看到图像的大致轮廓，然后随着传输过程的继续而逐步看清图像中的细节部分。

4. PNG 格式

PNG 的名称来源于“可移植网络图形格式（Portable Network Graphic Format，PNG）”，也有一个非官方解释叫作“PNG’s Not GIF”，其设计目的是试图替代 GIF 和 JPG 文件格式，同时增加一些 GIF 文件格式所不具备的特性。PNG 用来存储灰度图像时，灰度图像的深度可多到 16 位；存储彩色图像时，彩色图像的深度可多到 48 位，并且还可存储多到 16 位的 α（Alpha）通道数据。

PNG 格式的图像文件数据量小，使用无损数据压缩算法，压缩率比较高且能保证图片的清晰和逼真。它利用特殊的编码方法标记重复出现的数据，因而对图像的颜色没有影响，颜色无损失，这样就可以重复保存而不降低图像质量。

执行 Photoshop 的菜单命令【文件】|【存储为 Web 所用格式】可以选择 PNG-8 和 PNG-24。PNG-8 格式与 GIF 图像类似，同样采用 8 位调色板将 RGB 彩色图像转换为索引模式的图像。图像中保存的不再是各个像素的彩色信息，而是从图像中挑选出来的具有代表性的颜色

编号，每一编号对应一种颜色，图像的数据量也因此减少，这对彩色图像的传播非常有利。但颜色丰富的图片会因此失色，所以比较适用于颜色简单的标志图片等。

PNG 格式能够进一步优化网络传输显示。PNG 图像在浏览器上采用流式浏览，使经过交错处理的图像会在完全下载之前提供浏览者一个基本的图像内容，然后再逐渐清晰起来。它允许连续读出和写入图像数据，这个特性很适合于在通信过程中显示和生成图像。

PNG 格式还能够支持透明效果。可以为原图像定义 256 个透明层次，使得彩色图像的边缘能与任何背景平滑地融合，从而彻底地消除锯齿边缘。这种功能是 GIF 和 JPEG 没有的。PNG 同时还支持真彩和灰度级图像的 Alpha 通道透明度。例如在制作 PPT 课件、网页或动画时，PNG 格式的透明图片能够很好地融合到底色中，而 JPG 格式默认带有白底，GIF 的透明图边缘会带有白色像素残留而且颜色不够逼真。从图 1-28 可以看出三种格式的对比结果，PNG 格式显示效果最好，文件占用的存储空间也最大。

(a)

(b)

(c)

图 1-28　三种格式的对比

(a) JPG 格式；(b) GIF 格式；(c) PNG 格式

5. TIFF 格式

TIFF 格式（Tag Image File Format）是标签图像文件格式。通过在文件头中包含“标签”，能够在一个文件中处理多幅图像和数据。“标签”能够标明图像大小、定义图像数据的排列方式、图像压缩选项等信息。例如 TIFF 可以包含 JPEG 和行程长度编码（RLE）压缩的图像。TIFF 文件也可以包含基于矢量的裁剪区域（剪切或者构成主体图像的轮廓）。使用无损格式存储图像的能力使 TIFF 文件成为图像存档的有效方法。与 JPEG 不同，TIFF 文件可以编辑然后重新存储而不会有压缩损失，还可以包括多层或者多页。

TIFF 格式复杂、存储信息多，数据量较大，图像质量较高，和 PSD 文件大小基本相近。该格式有压缩和非压缩两种形式，其中压缩可采用 LZW 无损压缩方案存储，非常有利于原稿的复制。图像处理应用软件、桌面印刷和页面排版应用软件，扫描、传真、文字处理、光学字符识别和其他一些应用等都支持这种格式。TIFF 文件格式适用于在应用程序之间和计算机平台之间的交换文件，它的出现使得图像数据交换变得简单。

这种格式主要用来存储包括照片和艺术图在内的图像，或者印刷用的素材图像。

6. BMP 格式

BMP 格式（全称 Bitmap）是 Windows 操作系统中的标准图像文件格式，在 Windows 环境中运行的图形图像软件都支持 BMP 图像格式。这种文件格式可以分成两类：设备相关位图（DDB）和设备无关位图（DIB），使用非常广泛。它采用位映射存储格式，除了图像深度可选以外，不采用其他任何压缩，因此 BMP 文件所占用的空间很大，不适合网上浏览。在 Photoshop 中保存 BMP 格式时可以设置不同的位深度。

BMP 格式是通用格式，但通用的格式往往不得已才使用。特定领域都有其最常用最适用的文件格式。BMP 格式最经常的用法是用作计算机系统桌面的背景图像。

7. AI 格式

AI 格式是 Adobe 公司的矢量软件 Adobe Illustrator 的源文件格式，是矢量图形的保存格式。它的优点是占用硬盘空间小，打开速度快，格式之间的转换比较方便。在正常的情况下 AI 文件也可以通过 Photoshop 打开，但打开后的图片就只是位图而非矢量图，并且背景层是透明的。至于打开后的精度，可以在打开时弹出的对话框上修改图片的分辨率。AI 文件本身没有分辨率。它也可以直接用 Acrobat 阅读器等软件打开，但仅限于查看。

AI 格式的文件可以另存为 PDF、EPS 等矢量文件格式，也可以导出为 JPG、PSD 等位图文件格式。

8. CDR 格式

CDR 格式是功能强大的图形设计软件 CorelDraw 的源文件格式，是矢量文件格式。AI 格式与 CDR 格式的转换仅用于 Illustrator 与 CorelDraw 之间的转换。如果是低版本的 AI 格式文件，可以不用转换，用高版本的 CorelDraw 可以直接打开。如果不满足前面的条件，那么就只能先存为 EPS 格式，用 CorelDraw 打开，然后再转换为 CDR 格式。CDR 格式文件可以直接另存为 AI 格式。

9. EPS 格式

EPS 文件格式是 Encapsulated PostScript 的缩写，采用 PostScript 语言进行描述。PostScript 语言已经成为印刷行业的标准，并广泛得到应用程序、操作系统以及输出设备的支持。PostScript 可以保存数学概念上的矢量对象和光栅图像数据。把 PostScript 定义的矢量对象和光栅图像存放在组合框或页面边界中，就成了 EPS 文件。EPS 格式还可以保存其他一些类型信息，例如多色调曲线、Alpha 通道、分色、剪辑路径、挂网信息和色调曲线等，因此 EPS 格式常用于印刷或打印输出。

Photoshop 中的 EPS 格式有 Photoshop EPS、Photoshop DCS 1.0 和 Photoshop DCS 2.0，扩展名都是 .eps。Photoshop EPS 文件可以支持除多通道之外的任何图像模式，DCS 格式可以支持 Alpha 通道和专色通道。DCS 是英文 Desktop Color Separations（桌面分色）的缩写，有 DCS 1.0 及 DCS 2.0 格式之分。最初是由 Quick 公司从 EPS 格式演变而来的，这个格式可以将输入的图形作分色打印，如果 EPS 文件是 CMYK 模式，Photoshop 会显示一个额外的“Desktop Color Separation”选项，如果选择了“多文件 DCS”，则会分别储存 C、M、Y、K 四色网片文件及主文件共五个图片文档。如图 1-29 所示，呈现了保存“Photoshop EPS”的选项，可以指定预览的方式、编码的方式以及是否包含一定的印刷要素。图 1-30 则呈现了保存 Photoshop DCS 2.0 时的选项。

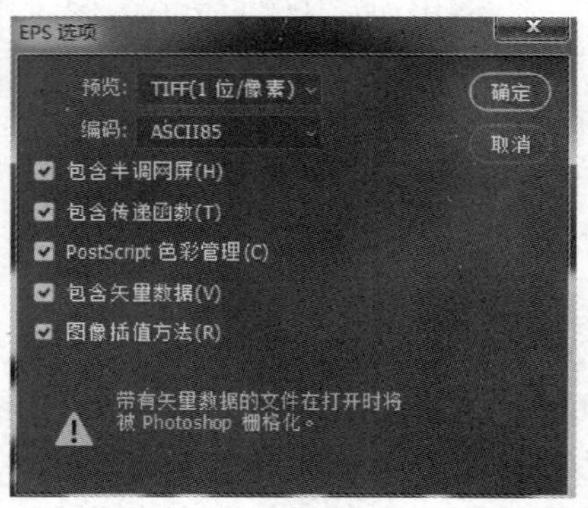

图 1－29　Photoshop EPS 选项对话框

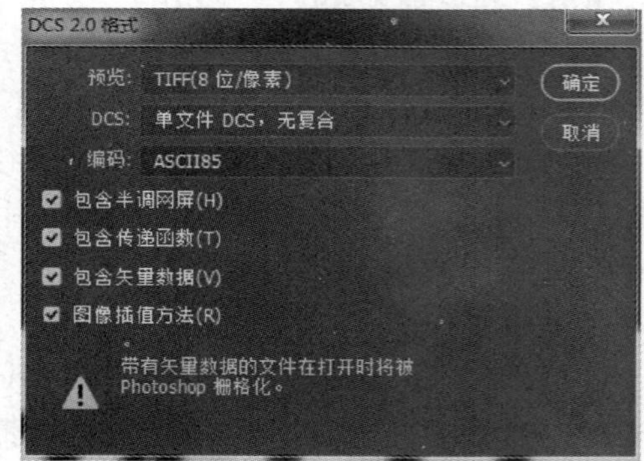

图 1－30　Photoshop DCS 2.0 选项对话框

10. PDF 格式

PDF（Portable Document Format）意为“便携式文档格式”，是由 Adobe 公司所开发，拥有绝对空前超强的跨平台功能（适用于 MAC/WINXX/UNIX/Linux/OS2 等所有平台）。PDF 可把文档的文本、格式、字体、颜色、分辨率、链接及图形图像等所有的信息封装在一个特殊的整合文件中，以 PostScript 语言为基础，无论在哪种打印机上都可保证精确的颜色和准确的打印效果，即 PDF 会忠实地再现原稿的每一个字符、颜色以及图像。PDF 不依赖任何系统的语言、字体和显示模式，和 HTML 一样拥有超文本链接，可导航阅读，它具有极强的印刷排版功能，可支持电子出版的各种要求，并得到大量第三方软件公司的支持，拥有多种浏览操作方式。

PDF 格式与其他传统的文档格式相比体积更小，更方便在 Internet 上传输。在“兼容性”中从 PDF 1.4 到 1.7 +，能够支持颜色的平滑渐变，支持透明、多层、字体嵌入等。在保存 PDF 格式时，保存的版本尽量高一些。可以用 Adobe Reader 阅读器、福昕 PDF 阅读器等软件来浏览 PDF 文件。

1.4.2　格式的保存和转换

在使用软件设计新建图片的时候，通常采用菜单命令【文件】|【保存】来保存为软件的源文件格式，比如 Photoshop 可以保存成 PSD 格式，Illustrator 可以保存成 AI 格式。如果是编辑处理已有的文件，则会保存为原有的文件格式。

采用【文件】|【存储为】命令，则可以保存为本软件支持的其他格式。比如 Photoshop 可以另存为 JPG 格式，Illustrator 可以另存为 PDF 格式等。

在 AI 中采用【文件】|【导出】命令，可以输出成 PSD 或 JPG 等位图文件。在输出时要注意分辨率的设置。

转换某种文件格式的时候，首先要根据文件格式的特点选择特定的软件打开该文件，然后利用菜单命令【文件】|【存储为】或者【文件】|【导出】，保存为另一种格式。

特别提示：

一定不能随意修改文件原有的扩展名，也不能通过这种方式来转换文件的格式。

1.5 图形图像的常用处理软件

数字化图形图像的文件格式多种多样，绘制、编辑、加工处理图形图像的软件也很多。其中，Adobe 是世界领先的数字媒体公司，在数码成像、设计和文档技术方面都有无与伦比的优势。Photoshop 和 Illustrator 分别是处理点阵图和矢量图的强大软件。

1.5.1 Photoshop CC 2019 简介

Adobe Photoshop，被人们简称为“PS”，是由 Adobe Systems 开发和发行的图像处理软件。Photoshop 主要处理数字图像，使用其众多的编辑与绘图工具，可以有效地进行图片编辑工作。1990 年 2 月，Photoshop 版本 1.0.7 正式发行，到 2019 年 1 月 Adobe 推出 Photoshop CC 2019，中间历经近 30 年之久，版本经过了 20 多次更新改进，功能越来越完善、越来越强大。

1. Photoshop CC 2019 的界面和功能

在本书中，采用 Photoshop CC 2019 版本，启动界面如图 1－31 所示。

图 1－31　Photoshop CC 2019 启动界面

Photoshop 可以对图像做放大、缩小、旋转、镜像、透视、倾斜等各种变换，可以修补、修饰图像的缺陷，进行图像的合成，调色校色，创造各种唯美的色彩效果。Photoshop 提供各种特效滤镜，结合通道、蒙版等功能，可以创造出令人惊叹的特效创意图像。

因为 Photoshop 的强大功能，因此广泛应用在图像合成、影像创意、平面设计、人像摄影、广告摄影、网页制作等领域，如表 1－6 所示。

表 1－6　Photoshop 的应用领域

应用领域	Photoshop 的功能
平面设计	平面设计是 Photoshop 应用最为广泛的领域，如海报、传单、画册等，这些平面印刷品通常都需要 Photoshop 软件对图像进行处理和整体设计
摄影	广告摄影和人像摄影，都需要 Photoshop 的细节修饰、调色、合成等
影像创意	通过 Photoshop 的处理可以将不同的对象合成，创造新的视觉形象
网页制作	用 Photoshop 来处理网页图片，整体设计网页界面并切图
后期修饰	在制作建筑效果图包括三维场景时，人物与场景包括场景的颜色常常需要在 Photoshop 中增加并调整
界面设计	多媒体软件的界面设计等
动画制作	用于动画素材的设计，以及定格动画画面的修饰

Photoshop CC 2019 的工作界面如图 1－32 所示，包括菜单栏、属性栏、工具栏以及各种面板。如果界面乱了，可以通过菜单命令【窗口】|【工作区】|【复位基本功能】，恢复初始的位置。

图 1－32　Photoshop CC 2019 的工作界面

需要注意的是，Photoshop CC 2019 的工具栏是可以自己编辑的。单击“编辑工具栏”按钮 ••• ，稍作停顿，则出现 ••• 编辑工具栏... ，单击此命令，则出现“自定义工具栏”对话框，如图 1－33 所示，用户可以自定义工具的快捷键，将自己不常用的工具放入附加列表，附加的工具将显示在工具栏底部的槽位中。如图 1－33 中，将“画板工具”移入“附加工具”，单击“完成”之后，在图 1－34 所示的工具箱下部的“编辑工具栏”的位置出现了“画板工具”。

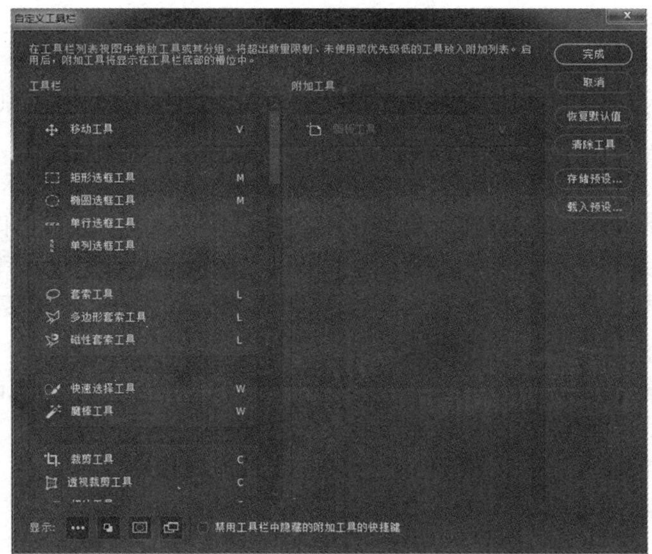

图 1－33 “自定义工具栏”对话框

图 1－34 附加工具

2. Photoshop 新建文件设置

使用 Photoshop 往往有两种情形，一是新建一个我们需要的图片文件，二是修改已有的图片文件。新建文件时，利用菜单命令【文件】|【新建】，会打开如图 1－35 所示的对话框。在这里除了可以快速找到“最近使用项”“已保存”文件之外，还可以采用一些预设尺寸，如“照片”“打印”“图稿和插图”“Web”“移动设备”“胶片和视频”等，已经预设了文件的尺寸、单位、颜色分辨率和颜色模式等。当然也可以自定义，或者在预设的基础上进行修改，其中最重要的是一定要设置文件的尺寸、单位、分辨率、分辨率单位、颜色模式、颜色位深度以及背景颜色。

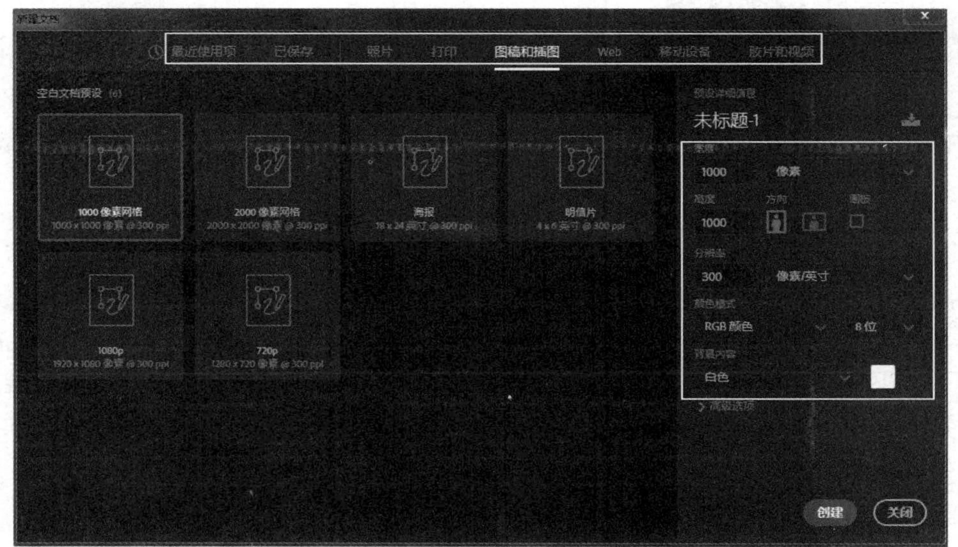

图 1－35 “新建文件”对话框

（1）文件宽度和高度及单位：这里要根据设计要求来输入数值并采用合适的单位。比如我们要设计网页中的图片素材，则需要根据网页的布局来判断图片文件的大小，例如最上顶的 Banner 可以设置为 1 000 像素 ×110 像素。比如我们要设计 3 m×2 m 的宣传板，则需要把宽度和高度设置成 300 cm×200 cm。

（2）分辨率及单位：关于分辨率前面已经讲了很多，最主要的是根据输出的要求来设置分辨率。比如网页图片，分辨率可以设置为 96 像素/英寸或 72 像素/英寸；数码冲印的图片，要设置为 300 像素/英寸。分辨率的单位有“像素/英寸”和“像素/厘米”，分辨率 PPI 指的就是每英寸的像素数，因此即便宽度和高度采用厘米作单位，分辨率的单位也要选择“像素/英寸”。

（3）颜色模式：根据前面讲的颜色模式的适用领域，基于屏幕的输出采用 RGB 模式，印刷采用 CMYK 模式。照片冲印、普通打印也采用 RGB 模式。

（4）颜色位数：颜色位数是指图像中每个像素的颜色所占的二进制位数，单位是“位/像素”，即 b/p。屏幕上的每个像素都占有一个或多个位，用于存放与它相关的信息。颜色位数决定了构成图像的每个像素可能呈现的最大颜色数，因此较大的颜色深度意味着每个像素的信息用更多的位来表示，即数字图像具有较多的可用颜色和较精确的颜色，但存储空间也大。

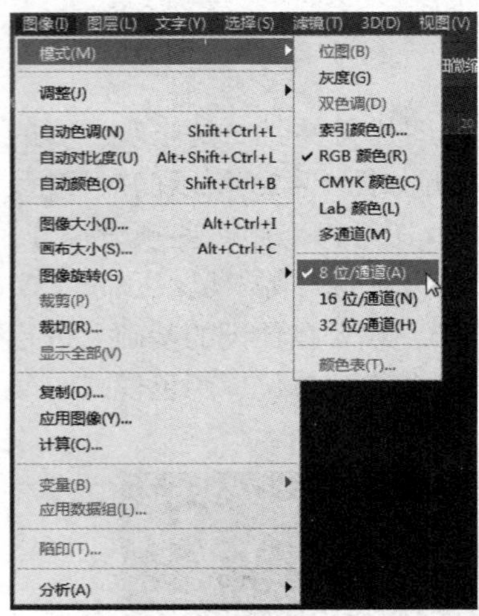

图 1-36　位数转换

例如，颜色位数为 1 的像素有两个可能的值：黑色和白色，而颜色位数为 8 的像素有 256 个可能的值，颜色位数为 24 的像素有 2^{24} 个可能的值。

①颜色位数与通道有关。RGB 模式、灰度模式和 CMYK 模式的图像，在大多数情况下其每个颜色通道包含 8 位数据，于是相应地可以转换为 24 位 RGB 图（8 位 × 3 个通道）、8 位灰度图（8 位 × 1 个通道）和 32 位 CMYK 图（8 位 ×4 个通道）。Photoshop CC 2019 也可以处理每个颜色通道包含 16 位及 32 位数据的图像。

②位数可以转换。采用菜单命令【图像】|【模式】，如图 1-36 所示，可以把原有的 8 位/通道改成 16 位/通道或 32 位/通道。

1.5.2　Illustrator CC 2019 简介

Adobe Illustrator 是 Adobe Systems 公司推出的基于矢量图形制作软件，简称 AI。最初是 1986 年为苹果公司麦金塔电脑设计开发的，1987 年 Adobe 公司推出了 Adobe Illustrator 1.1 版本，到 2019 年推出 Illustrator CC 2019，经历了 30 多年的发展与改进，其主要功能是矢量绘图，但它还集排版、图像合成及高品质输出等功能于一体，主要用于平面广告设计、包装设计、标志设计、书籍装帧、名片设计、网页设计以及排版等方面。

1. Illustrator CC 2019 的界面和功能

在本书中，采用 Illustrator CC 2019 版本，启动界面如图 1-37 所示。

图 1－37 Illustrator CC 2019 启动界面

Illustrator 软件的最大特征在于“钢笔工具”的使用，使得操作简单功能强大的矢量绘图成为可能。它还集成文字处理、上色等功能，不仅在插图制作，在印刷制品（如广告传单、小册子）设计制作方面也广泛使用，事实上已经成为桌面出版（DTP）业界的默认标准。它的主要竞争对手是 CorelDraw。

Illustrator 与 Photoshop 有类似的界面，如图 1－38 所示，并能与 Photoshop 共享一些插件和功能，实现无缝连接，同时它也可以将文件输出为 Flash 格式，还可以与 Flash 连接。

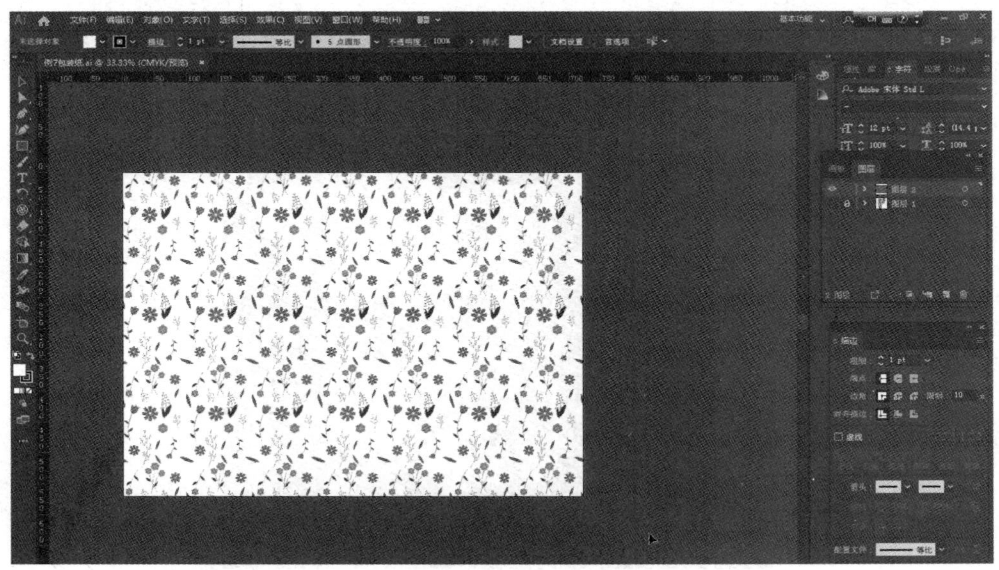

图 1－38 Illustrator CC 2019 的工作界面

2. Illustrator 新建文件设置

采用菜单命令【文件】|【新建】，会打开“新建文档”对话框，如图 1－39 所示。

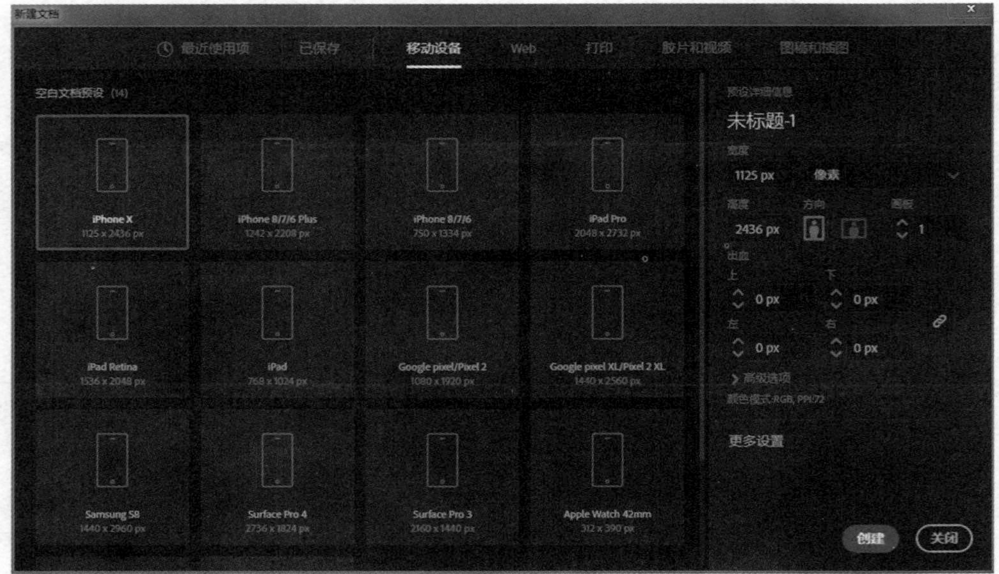

图 1－39　“新建文档”对话框

像 Photoshop CC 2019 一样，Illustrator CC 2019 也提供了“移动设备”“Web”“打印”等预设类别，设置了文件的尺寸、单位、画板数量、出血值等参数。用户可以此为基础进行修改，也可以自定义。如果在“新建文档”对话框中单击“更多设置” 更多设置 ，则会出现“更多设置”对话框，如图 1－40 所示，用户可在此进行更加详细的参数设置。

图 1－40　“更多设置”对话框

1）文件宽度和高度及单位

这里的宽度和高度的设置与 Photoshop 是一样的，要根据设计的用途来设置文件的尺寸。这里的尺寸可以是任意数值。然而针对基于印刷的输出，还要选择合适的纸张大小。为了在设定页面大小的时候能够更加经济、减少浪费，我们常常会尽量利用现有的纸张规格。这样，我们就有必要了解一下比较常见的纸张大小的标准。ISO 国际标准按照纸张幅面的基本面积，把幅面规格分为 A 系列、B 系列和 C 系列。幅面规格为 A0 的幅面尺寸为 841 mm × 1 189 mm，幅面面积为 1 平方米；B0 的幅面尺寸为 1 000 mm × 1 414 mm，幅面面积为 2.5 平方米；C0 的幅面尺寸为 917 mm × 1 297 mm，幅面面积为 2.25 平方米。若将 A0 纸张沿长度对开成两等份，便成为 A1 规格，将 A1 纸张沿长度方向对开，便成为 A2 规格，如此类推。任何一张纸的面积正好是比它大一号的纸的一半，如表 1－7 所示。

表 1－7　纸张 ISO 国际标准

ISO 216 纸张尺寸/（mm × mm）					
A 系列（ISO 216）		B 系列（ISO 216）		C 系列（ISO 269）	
A0	841 × 1 189	B0	1 000 × 1 414	C0	917 × 1 297
A1	594 × 841	B1	707 × 1 000	C1	648 × 917
A2	420 × 594	B2	500 × 707	C2	458 × 648
A3	297 × 420	B3	353 × 500	C3	324 × 458
A4	210 × 297	B4	250 × 353	C4	229 × 324
A5	148 × 210	B5	176 × 250	C5	162 × 229
A6	105 × 148	B6	125 × 176	C6	114 × 162
A7	74 × 105	B7	88 × 125	C7/6	81 × 162
A8	52 × 74	B8	62 × 88	C7	81 × 114
A9	37 × 52	B9	44 × 62	C8	57 × 81
A10	26 × 37	B10	31 × 44	C9	40 × 57
				C10	28 × 40
				DL	110 × 220

图 1－41 以 A 系列为例更直观地展示出纸张的尺寸以及不同规格之间的关系。

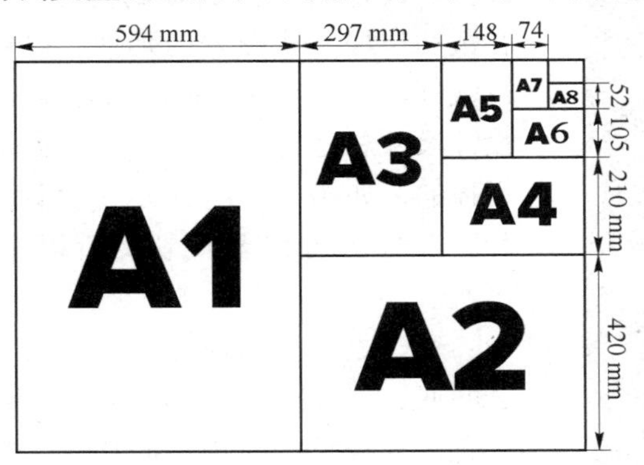

图 1－41　A 类纸张规格

我国按国家标准规定生产的纸张称作全开纸，把一张全开纸裁切或折叠成面积相等的若干小张，叫多少开数，装订成册，即为多少开本。各种开本的规格，全国有统一的标准，所以全国各地印制出来的图书，同一规格都是同样大小的。由于各种规格的纸张幅面大小不一样，虽然都裁折成同一开数，其大小规格也不一样，订成书后，如统称为多少开本就不确切了。我国目前以 787 mm × 1 092 mm 的纸为标准印张，用它来印成 16 开的书，叫作 16 开本。若以 850 mm × 1 168 mm 的纸来印成 16 开的书，因纸张幅面比标准印张大，故要冠一个“大”字，称为大 16 开本。

纸张不仅有大小，还有材质、重量、厚度等，不同的用途采用不同的纸张，价位也不同。

2）画板数量

默认的 Illustrator 新建文件时只新建一个画板，也就是一页。采用【画板】面板，可以增加画面，即增加文件的页面，这样可以设计多页。如图 1－42 所示，增加了 4 个画板，此文件包括 5 个页面。

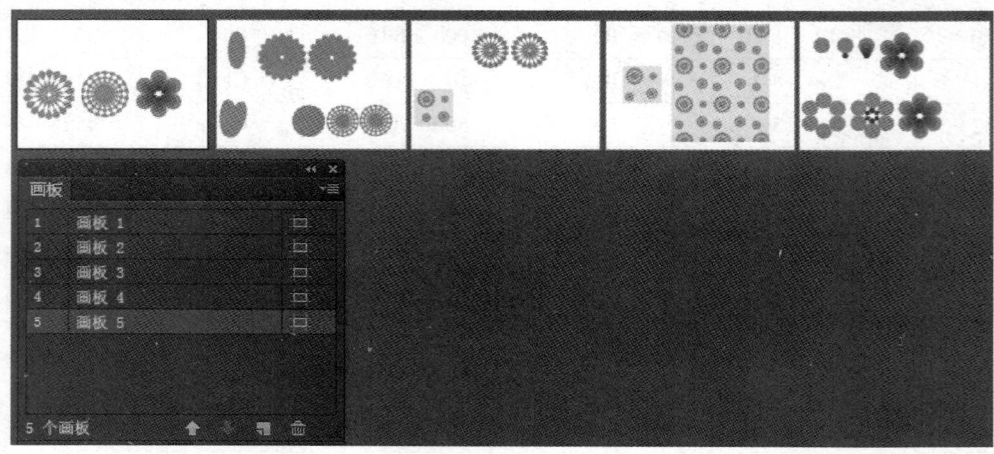

图 1－42　添加画板

3）出血值

“出血”是一个常用的印刷术语，是指印刷时为保留画面有效内容预留出的方便裁切的部分。设置出血值的目的是为了加大产品外尺寸的图案，在裁切位加一些图案的延伸，以避免裁切后的成品露白边或裁到内容。在作图的时候通常分为设计尺寸和成品尺寸，设计尺寸总是比成品尺寸大，大出来的边是要在印刷后裁切掉的。如图 1－43 所示，设计一个 90 mm × 50 mm 的名片，因为四边都要裁切，所以上下左右各留出 2 mm 的出血。

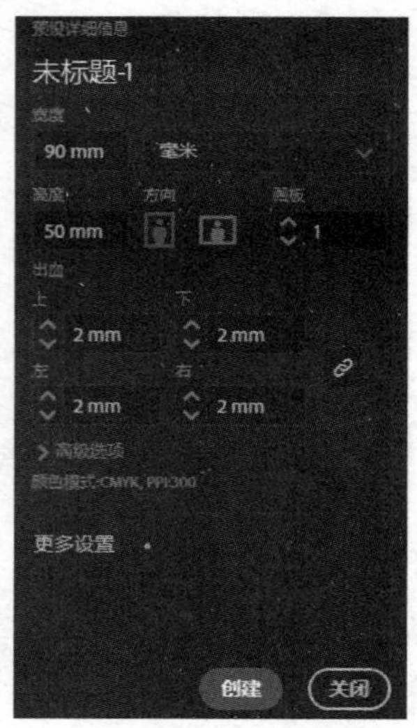

图 1－43　新建文件设置出血值

新建之后，出现的效果如图 1－44 所示，白底实际是透明底，是 90 mm × 50 mm，外圈的线就是出血线的裁切位置。在设计的时候，添加一个矩形作底，这个底图不能是 90 mm × 50 mm，其大小要对齐出血线的位置，也就是 94 mm × 54 mm，如图 1－45 所示。还需注意，重要的信息不要太靠边，以免被裁切。

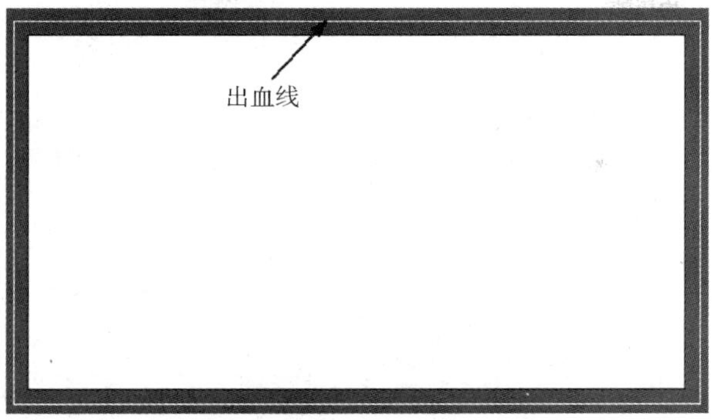

图 1-44　新建空白文件

图 1-45　添加底图对齐出血线

本章小结

本章内容是平面设计的基础，涉及了图形图像的分类、概念、特点和适用范围。常用的一些概念，例如像素、分辨率、颜色模式都是我们必须理解和掌握的。学完本章之后要能够根据设计要求来选择设计软件，并能够设置图片的尺寸、单位、颜色模式、分辨率，并选择恰当的文件格式进行保存。

课后练习

1. 用数码相机或手机拍摄一张照片，查看默认的分辨率。在不改变像素数值的情况下修改其分辨率以满足冲印的要求。

2. 从网上下载宽度在 500 像素以下的小图片，然后把像素增大到 5 000，观察图片的变化。

3. Word 文档和 PPT 课件中的图片尺寸单位是什么？其中的图片分辨率设置为多少？

4. 分别拍摄天空和树木两张照片，保存为同样尺寸的 JPG 格式文件，图像压缩品质也相同，然后比较这两个图片文件的数据量是否相同。

5. 翻看各种尺寸书籍的开本信息，了解不同出版物的尺寸以及表示方法。

第 2 章

数字图像的设计与制作

学习目标

- 了解数字图像的表现形式和特点。
- 能够利用 Photoshop 软件修改图像尺寸、添加边框。
- 能够根据图像的实际情况采用 Photoshop 中合适的工具选择主体，去除原有背景。
- 能够利用 Photoshop 设计图像的呈现轮廓。
- 能够利用 Photoshop 设计图案，并添加滤镜和融合效果制作背景素材。
- 能够利用 Photoshop 美化图像、调整颜色。

人们常说“一张图胜过千字文”，这说明数字图像作为视觉语言的基本词语，在信息传达方面具有直接、准确、迅速、高效等特性。本章主要介绍多媒体资源设计中数字图像的类别及特征，多图排版方式，常用的设计与制作方法，以期在各类多媒体资源的设计与开发中能够合理地使用数字图像，从而更好地发挥其特点，利用其优势。

2.1　数字图像的表现形式

多媒体资源设计中使用的图像通常有方形图、退底图、轮廓图、边框图等形式，我们要根据不同的设计情境选择恰当的形式。

2.1.1 数字图像的分类及特点

1. 方形图

方形图是以直线边框来限定面积的一种图像表现形式，宽高比可以根据需要进行设定。照相机的取景框是方形，绘画的纸张是方形，软件绘画编辑窗口也是方形的。在真实再现方面，方形图可以更好地保留图像的全貌。在版式设计方面，利用方形图可以划分版面的结构。对于方形图的剪裁，需要兼顾图像内容的展现、图像尺寸和比例。如图 2－1 所示的画册页面中采用的都是方形图，中规中矩，整齐而有秩序，整个页面的版式比较稳定。当方形图较小时，可以采用网格版式排列，或者采用不同的尺寸，或者散点排列，如图 2－2 所示，这样给刻板规整的版式增加些许随意感。

图 2－1 画册页面中的方形图

当方形图较小时，我们也可以把方形图当成“点”，用多个方形图组成新的图形或者文字，如图 2－3 所示，多张春天的小图组成一个心形。

如果方形图占满整个画面，则称为满版图，有效增强图像的视觉冲击力，更好地表达设计主题。图 2－4（a）画面中文字较少，主要依靠图像来表达主题；图 2－4（b）画面中背景的玉兰花添加了渐变融合效果，图像右侧淡出，图文相互补充，互不干扰。

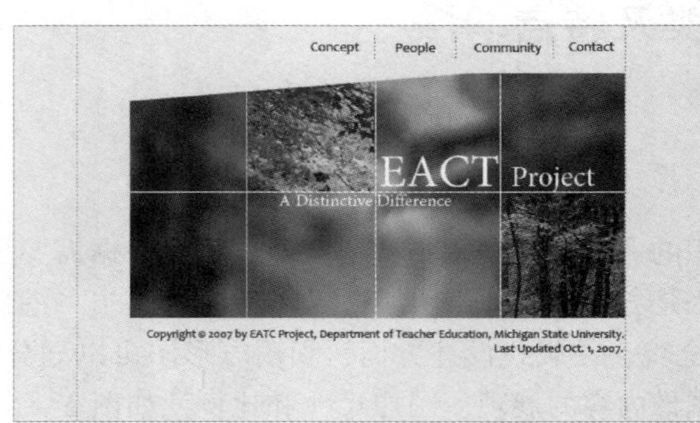

图 2－2　方形图的网格版式

图 2－3　多个小方形图的重组

(a)

(b)

图 2－4　方形图到达页面边界

(a) 满版图；(b) 添加渐变融合效果

不管是哪种图像类型，如果图像内容超出文件的页面边界，用于印刷输出就是印刷“出血图”，就要考虑留出“出血”值（通常是 2 mm 或 3 mm），以备裁剪。

很多国际大牌的平面广告或者时尚类杂志的页面很多都采用产品或代言人的满版图，既引人注目、博人眼球，又能够表现逼真的细节，塑造画面的强大气场。

2. 退底图

退底图也叫抠底图，是将画面中主题图形图像沿着边线进行抠取，删掉原有的背景。使用退底图，一方面可以把图像中的重要信息从烦琐的背景中分离出来，以强调主体部分；另一方面，退底图比较活泼、自由，能够与画面中的文字、色块等其他视觉元素形成互动，使得整体效果更加和谐统一。如图 2－5（a）的词典和女孩都删掉了图片原有的背景进行重新组合，放大的词典和缩小的女孩构成生动的对比画面，传递出知识无涯的主题。图 2－5（b）的女孩和举重的杠铃都是退底图，重新组合之后表达了北京奥运会是全民奥运会的主题。

(a)

(b)

图 2－5 退底图

（a）改变尺寸；（b）创意重组

方形图和退底图各有其特点，方形图稳重，退底图活泼，在设计中应根据信息传达的需要和主题思想来选择图像的表现形式。在画册设计、多媒体界面设计、照片设计中往往都是综合利用这两种形式，依据不同形式图像的特点和属性做出合理选择。如图 2－6 所示的照片设计页面，图 2－6（a）中抱小孩的女生是退底图，形式感比较丰富，突出了各自的外形特点。三张小照片采用方形图，起到稳定整体画面的作用。图 2－6（b）中抱小孩的女生是方形图做了渐变融合处理，在制作时不需要另外添加背景。

很多在影楼拍摄的照片是人像的摆拍，其背景是人为创设的，这跟用退底人像进行合成有相似之处，虽然环境各有特色，但缺少了真实感。各领域中的大咖最常用方形图，甚至满版图，不适合用退底图来表现。因为退底图体现出的自由轻快的印象，不够严肃庄重，会减轻他们的存在感。我们回想一下时政、军事、经济等各类报纸、杂志的图像排版就能进一步理解这么做的原因。娱乐明星在适当的页面中可以采用退底图。

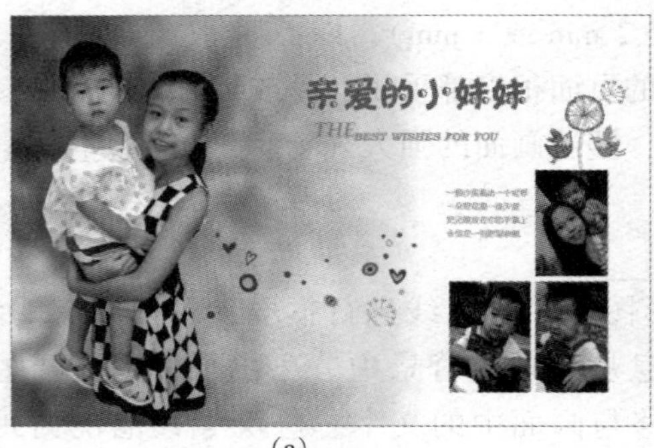

(a)

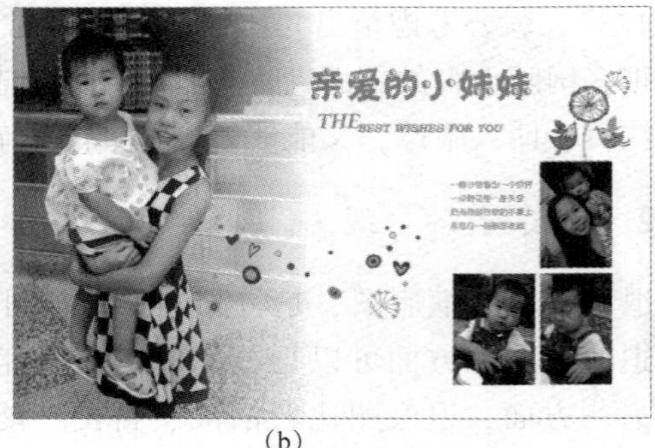

(b)

图 2－6　人像设计排版页面

(a) 退底图和小方形图组合；(b) 渐变方形图和小方形图组合

3. 轮廓图

轮廓图的图形边界既不是方形，也不是退底图所呈现的图像的自由外形，而是居于这两者之间的多种特殊的轮廓形式，既无须抠图，又具备丰富的形式感，比如圆形、多边形等几何形，也可以是树叶、人形、文字等有机形，还可以是喷溅、撕裂等偶然形。如图 2－7（a）所示人像照片的边界是圆形，图 2－7（b）中图像的外形是正六边形，画面形式比方形图丰富。

(a)

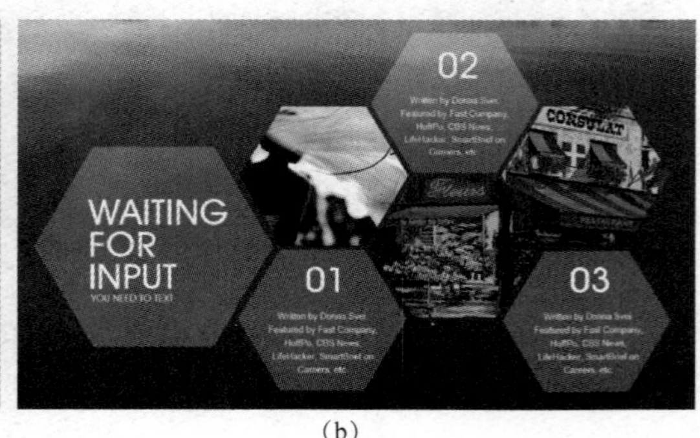

(b)

图 2－7　几何轮廓外形

(a) 人像外形是圆形；(b) 图像外形是正六边形

图 2－8 是温哥华冬奥会的海报，以加拿大标志性的枫叶为主元素，体育的韵律美通过线条的变化体现出来。

在电影或音乐会的海报设计中经常会用人物的轮廓作为主体图像的外形。如图 2－9 所示，海报的主体轮廓都是迈克尔·杰克逊的招牌动作，具有超强的视觉冲击力。

图像主体采用偶然形的边界会增加画面的随意和自由感觉。如图 2－10 所示，图 2－10（a）中照片边缘是墨滴形，结合主题，仿佛呈现出蒙尘已久的记忆；图 2－10（b）演示文稿页面中的图形采用了水墨边缘，具有蓝印花的艺术韵味。

图 2-8　枫叶轮廓

图 2-9　人形轮廓

(a)

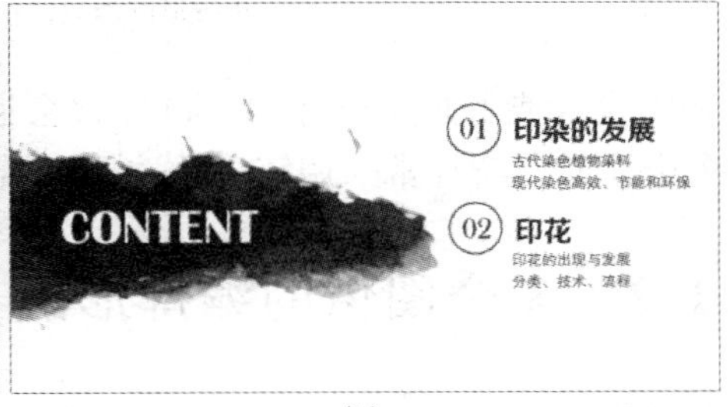

(b)

图 2-10　偶然形轮廓

(a) 人像外形是墨滴形；(b) 背景图呈现水墨任意形

4. 边框图

方形图和轮廓图的外面都可以添加边框，增加画面的层次感，与在墙壁上挂相框类似。如图 2－11 所示，人像照片添加了边框，边框的颜色和样式使得主体人像与背景产生了分离，从而在背景中突显出来。

图 2－11　边框图

添加边框还可以使图片具备统一的外观特征，统一的表现风格，体现相似的功能性。如图 2－12（a）所示的三张小照片都是方形图加边框，地位平等。图 2－12（b）的三个圆形小图都添加了边框，虽然大小各不相同，但同样颜色的边框消减了它们之间的差异性。

(a)

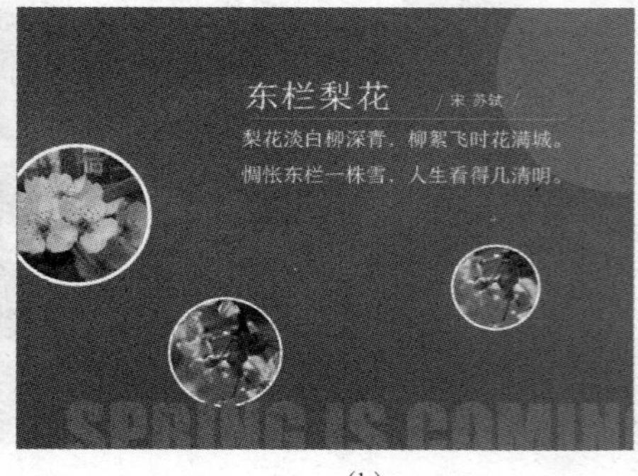

(b)

图 2－12　图像添加边框使外观趋于统一

（a）小方形图加边框；（b）圆形轮廓图加边框

在 PPT 设计或者画册设计中，也经常会遇到多个元素的处理和排列问题。对于同类或同级的多个元素，就经常采用统一的边框以增强画面的整体感。

2.1.2　多个图像的编排形式

多个图像的编排形式主要有对齐、叠压、散点排列等，在具体的设计中要根据主题表达和尺寸需要进行选择。

1. 图像对齐排列

对齐是指在设计版面中以一定的结构线为基准，使图像对齐基线的编排方法。多个图像的对齐会呈现出整齐、有序的视觉效果。图像之间的对齐关系主要是针对方形图来说的。如图 2－13 所示，阅读型课件页面中的小图和下方的圆形按钮图标尺寸一致，且在水平方向或者垂直方向上保持对齐，使这两个页面呈现出统一的外观和较为一致的风格。

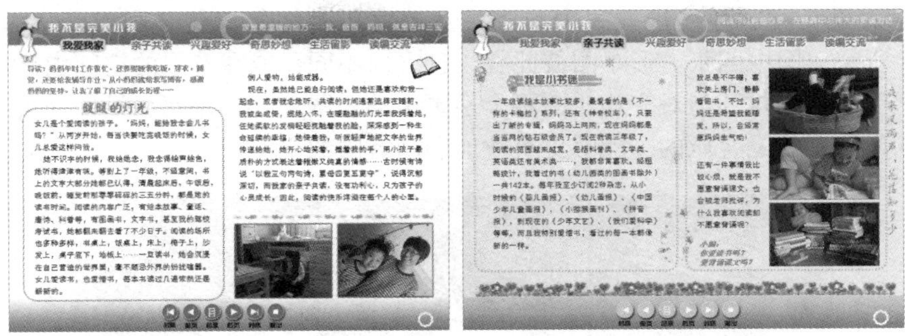

图 2－13　多个图片的对齐

在设计时，要注意各种图像形式的配合使用，在统一之中体现变化。如图 2－14 所示，小图之间保持对齐，与大图形成了对比，画面也形成了轻与重、空与满的对比。要注意，横向排列的多个小图其高度要一致，竖直排列的小图片其宽度要保持一致。

图 2－14　局部对齐与整体对比效果

在 Photoshop 或者 Illustrator 中制作多图之间的对齐，可以采用参考线，也可以利用【对齐】面板。有时候图像之间对齐不一定是水平或者垂直对齐，可以在对齐的基础上倾斜排列。如图 2－15 所示，这两个图中的多个小图都是倾斜排列，既能削减水平对齐带来的刻板整齐的感觉，也能增加自由与动感。

图 2－15　对齐并倾斜排列

2. 图像叠压排列

把图像叠压摆放，可在版面中形成图像之间的前后空间关系，增加层次感，形成轻松随意的视觉效果。在这种编排方式中应当注意，叠压时切勿掩盖住图像信息的重要部分。如图 2－16 所示，图中四张方形小图彼此叠压且方向不同，能在有限的空间内呈现出活泼轻快的视觉感受。这种排列与对齐相比，更个性更生动。图 2－17 是网页设计的素材图，其中的文件图和人像图都是叠压的，能够更有效地利用有限的空间。

图 2－16　图片的叠压体现层次感

图 2－17　图片的叠压节省空间

3. 图像散点排列

散点排列也叫作分散排列，是指多个小图以散点的形式分布在设计版面中。这种排列方式可以增强版面的动感和随意效果。运用散点排列方式，需要注意图像的大小和间距的疏密关系，以及排列的方向是否形成了清晰的视觉传达流程。如图 2－18 所示，多个小图就是画面中随意摆放的点，不管是方形图、退底图，都率性排列，打破了常规、理性、规则的排列方式，充分体现了自由、活力，使得整个画面更具动态感和空间感。这些分散的元素虽然无序，但也要精心设计，主次搭配，才能使得形散神不散。

图 2-18 散点排列

2.2 修改图像的尺寸

Photoshop 在处理数字图像方面具有无与伦比的优势，因此本章利用 Photoshop 学习处理图像的各种方法和技巧。修改图像文件的尺寸通常采用【图像大小】菜单命令进行修改，或者采用“裁剪工具”修改成特定的比例和尺寸，也能裁剪局部调整画面构图。如果在图像设计的过程中针对某个图层修改尺寸，则采用【自由变换】菜单命令。

2.2.1 利用菜单命令修改图像尺寸

使用 Photoshop 菜单命令【图像】|【图像大小】，可以改变原图的尺寸，如图 2-19 所示，原图的像素数是 3 264 ×1 836。如果把原图缩小成为 1 080 ×608，则需要选中“重新采样” ☑重新采样，原图片中原有的某些像素就被删除，如图 2-20 所示。改小之后，在资源管理器中查看图像文件存储的数据量，发现文件的数据量也会相应变小，如图 2-21 所示，花朵图像文件的数据量由原来的 1.45 MB 变为 456 KB。如果不讲究细节，则大图可以改为小图依然保持清晰。但如果画面中有很多细节（比如细小的文字等），则不要随意改变原图的大小，否则图片的清晰度会明显降低。同理，如果画面中细节丰富，也不可以随意放大。总之，数字图像的尺寸不能随意改变，这是点阵图的特点，我们在第 1 章已经讲过。

图 2－19 "图像大小"对话框

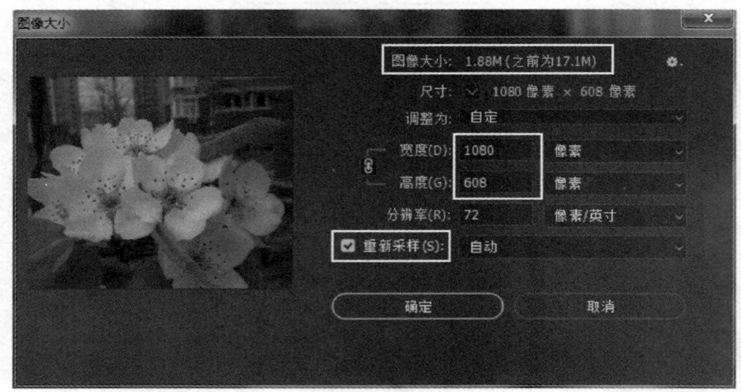

图 2－20 把原图像素改小

图 2－21 资源管理器中图片文件存储大小的比较

2.2.2 利用"裁剪工具"修改图像尺寸

在生活中拍摄的许多照片，有时会附带一些不相关的人或物，我们可以使用"仿制图章工具" 仿制图章工具 去掉不相关的人或物（具体做法见 2.7 节）。如果这些不相关的人只是在照片的边缘上，将其裁剪掉的做法就更加简单。如果我们制作冲洗用的照片，往往也需要先对照片进行裁剪，裁剪成合适的尺寸后再做进一步的处理。

1. 任意尺寸裁剪

在 Photoshop 中可以使用“裁剪工具” 根据需要对处理的图像进行任意裁剪，主要用来修改构图。“裁剪工具”任意尺寸裁剪时的选项面板如图 2－22 所示。

图 2－22　“裁剪工具”任意尺寸裁剪时的选项面板

这时只需要拖动图像的四个边，调整到自己感觉合适的大小，或者当光标变为 时，直接在图中绘制一个裁剪范围，按【Enter】键确定裁剪就可以了。如图 2－23 所示，在原本的横版照片中绘制一个裁剪区域，并调整裁剪边框的位置，删掉周围不相关的景物，按【Enter】键确定裁剪效果。这样使得构图更加合理。

图 2－23　任意尺寸裁剪

2. 固定比例裁剪

在“裁剪工具”选项面板中，其“比例”选项如图 2－24 所示。我们可以根据需要把“比例”的选项设置为“原始比例”，可以按照图像原始的比例对其进行裁剪。也可以设置为其他特定比例裁剪图片。比如要制作宽屏 PPT 课件的背景图，则可以把裁剪比例设置为 16∶9。

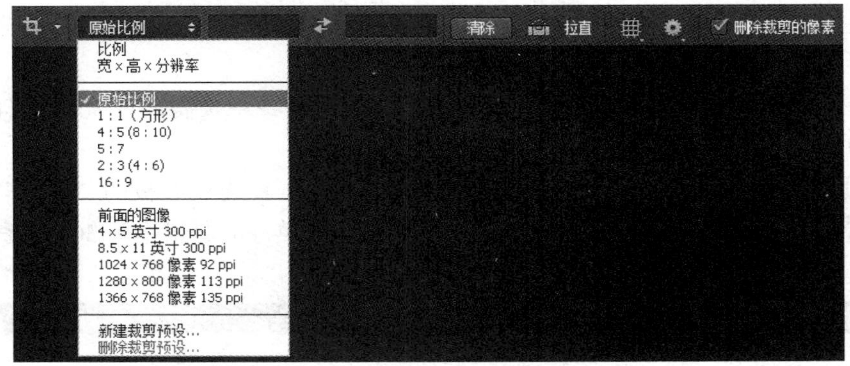

图 2－24　裁剪的比例选项

3. 固定尺寸裁剪

有时候需要把图像处理成固定的尺寸，比如处理成固定的像素数放到网页的特定位置，或者设置为固定英寸去冲洗照片等。这些需求可以使用“裁剪工具”的固定尺寸裁剪实现。在“裁剪工具”选项面板中，在相应的文本框里写上尺寸、单位、分辨率，可以进行固定尺寸的裁剪。

实例 1　把照片设置为 7 英寸的冲印尺寸

视频二维码

设计思路：判断照片最大的冲印尺寸，使用“裁剪工具”设置固定尺寸裁剪。

实现步骤：

（1）判断照片的最大冲印尺寸：打开要处理的照片“实例 1 原图 . jpg”。使用菜单命令【图像】|【图像大小】，打开如图 2－25 所示的对话框，在图 2－25（a）中可以看到该图默认的分辨率是 72 PPI，默认的单位是厘米。在第 1 章中学过，数码冲印照片的分辨率通常设置为 300 PPI，因此在取消“重新采样”的情况下（保持当前的像素数 5 184 × 3 456 不变），把分辨率调整为 300 像素/英寸，宽度和高度的单位都设置为英寸，则如图 2－25（b）所示，得到图片的宽度为 17. 28 英寸，高度是 11. 52 英寸。这个冲洗尺寸超过了本例要求的 7 英寸，也就是说这个数码照片冲洗 7 寸是完全没问题的。

（a）

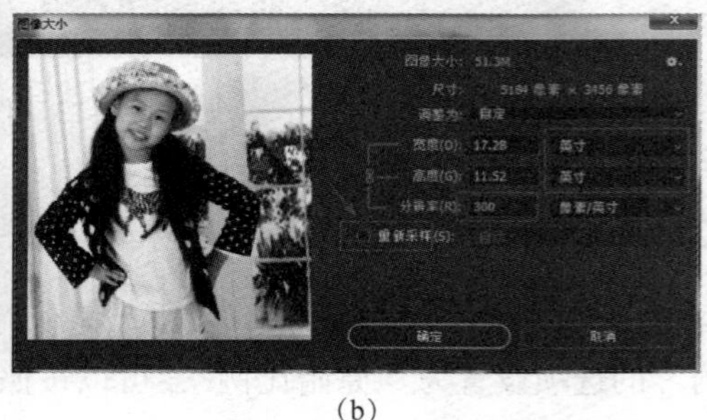

（b）

图 2－25　查看“图像大小”

（a）图像大小原始数值；（b）重新设置分辨率和单位之后的尺寸

特别提示：

如果能在资源管理器中得到该照片文件的像素数值，每个边长除以 300，就能判断出该照片文件的最大冲印尺寸。

（2）设置“裁剪工具”选项：选择“裁剪工具”，在其选项面板的“比例”下拉选项中选择 宽 × 高 × 分辨率 项，设置宽度为 7 英寸，高度为 5 英寸，分辨率为 300 像素/英寸，其余采用默认值，如图 2－26 所示。

图 2－26　“裁剪工具”的“宽 × 高 × 分辨率”设置

（3）设置裁剪的区域：在图像上拖动四个边，选择合适的区域，如图 2－27 所示，使人物面部位于九宫格右上角的交点位置，即位于画面的视觉中心，以保证构图的合理性。按【Enter】键确定裁剪，裁剪后图片如图 2－28 所示。

图 2－27　选择照片的区域

图 2－28　裁剪后的效果

（4）观察裁剪后的图像大小：使用菜单命令【图像】|【图像大小】，打开如图 2－29 所示的对话框，可以看到此图的像素数变为 2 100 × 1 500，分辨率是 300 像素/英寸，输出尺寸是 17. 78 cm × 12. 7 cm，换算成英寸就是 7 英寸 × 5 英寸，满足冲印要求。把文件另存为“实例 1效果图 . jpg”。

图 2－29　裁剪之后的“图像大小”对话框

自由剪裁，可以删除一些图像中与主题无关的信息，从而更加突出图像的重点部分，有利于信息的传达；裁剪为固定尺寸，能够使图像更加适合页面所需要的形状和尺度比例。

2. 2. 3　自由变换图层大小

Photoshop 是基于图层的软件，图层是 Photoshop 的基础和核心应用，Photoshop 中的很多操作与应用都是基于图层的。图层相当于承载着文字、图像等元素的透明胶片，上面的层会遮挡住下面的层，画面最终的设计效果是所有图层交叠在一起的综合效果。一般情况下，各个图层之间的操作互不影响，可以方便地对各个图层进行修改与编辑。如图 2－30 所示，这件作品就是由“背景”“宝宝”“西贝工作室”三个图层构成。

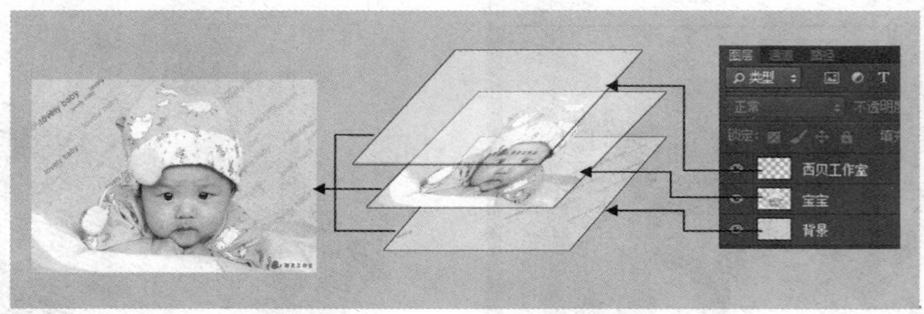

图 2－30　图层间的关系

Photoshop 中对图层的管理与操作是通过【图层】面板来实现的。如果看不到【图层】面板，可以采用【窗口】|【图层】命令打开【图层】面板。如图 2－31 所示，【图层】面板包括所有图层、图层组、图层效果等信息，可以进行创建图层、删除图层、隐藏图层、添加图层效果等操作。

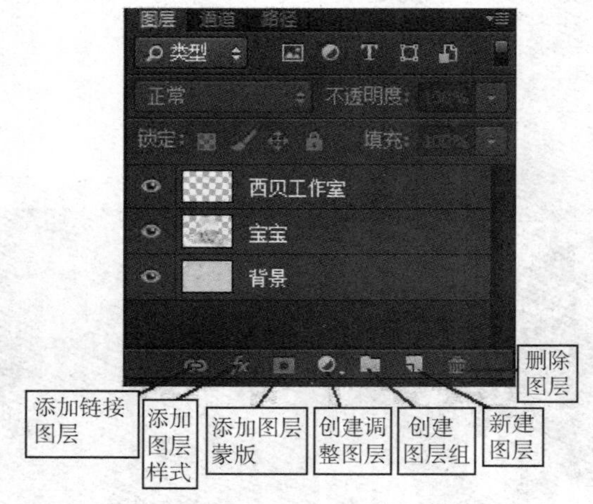

图 2－31　图层面板

1. 图层的类型

Photoshop 中图层有多种类型，常见的有背景图层、普通图层、文字图层、形状图层、调整图层等，不同的类型有不同的创建方法。此处只讲背景图层和普通图层，其他类型的图层会在后面讲解。

（1）背景图层：在 Photoshop 中打开 *. jpg 格式、*. bmp 等格式的图片后，在【图层】面板只有一个背景层，如图 2－32（a）所示，此层带有锁定标志🔒，处于锁定状态，不能移动，不能删除，也不能改变透明度和模式。如果文件有多个图层，那么在【图层】面板中处于最底层的就是背景图层，如图 2－32（b）所示。但起到背景作用的图层不一定非要加“背景”二字，只要位于主体的下方，普通的填充图层也能起到背景的作用。如图 2－32（c）

所示，将背景图层双击转换为普通的“图层0”时依然发挥背景图层的衬托作用。

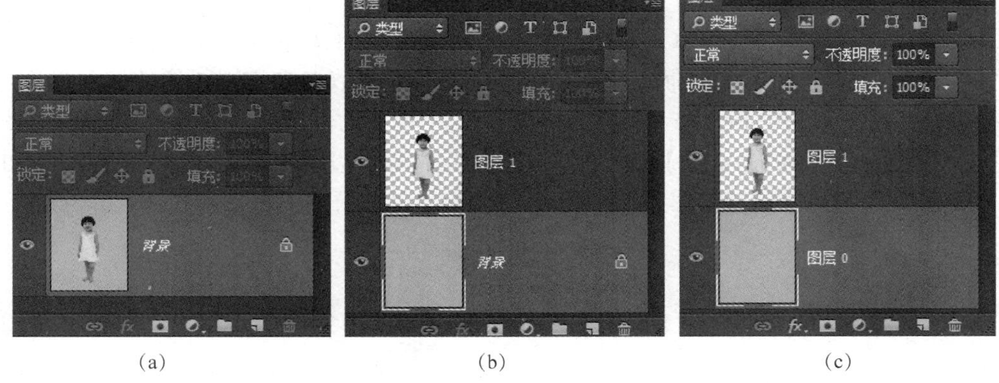

(a) (b) (c)

图2-32 背景图层

(a) 唯一的“背景”图层；(b)“背景”图层位于最底层；(c) 普通图层充当背景的作用

(2) 普通图层：普通的填充图层是最常用的且由像素构成的图层。对于普通图层可以进行所有操作，比如设置图层不透明度、添加图层样式、改变尺寸、重新填色等。将背景图层双击，变成“图层0”，就把背景图层改变为普通图层。“新建图层”通常指的是新建普通图层。在【图层】面板下方单击“新建图层”图标，会新建“图层1”，如图2-33所示，双击图层名称“图层1”，可以任意修改图层名称。

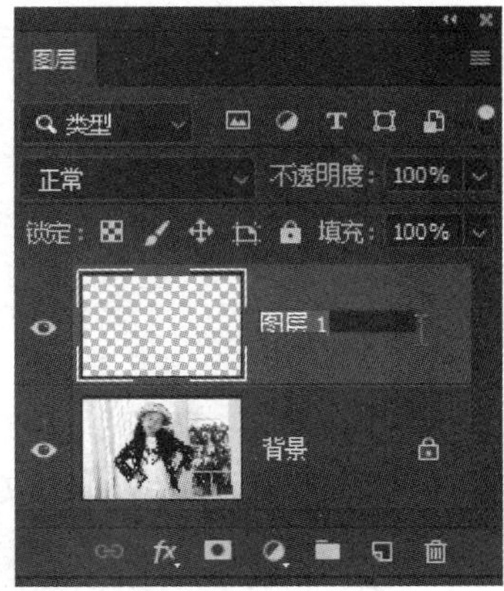

图2-33 新建图层1

特别提示：

图层的“缩略图”是指【图层】面板中图层名称前面的方形小图，是图层内容的压缩显示效果。不同类型的图层，其缩略图的外在形式也不同。缩略图的大小可以修改，如图2-34所示，打开【图层】面板右上角的折叠菜单，单击【面板选项】命令，可以打开如图2-35所示的“图层面板选项”对话框，较大的缩略图便于看清图层的内容，但所占内存也较大。

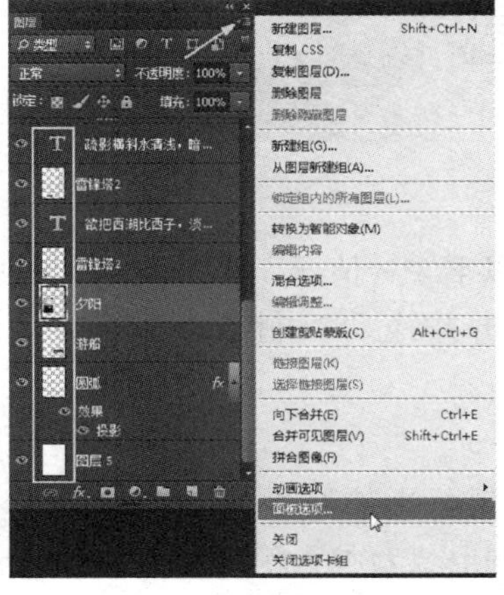

图2-34 图层的缩略图

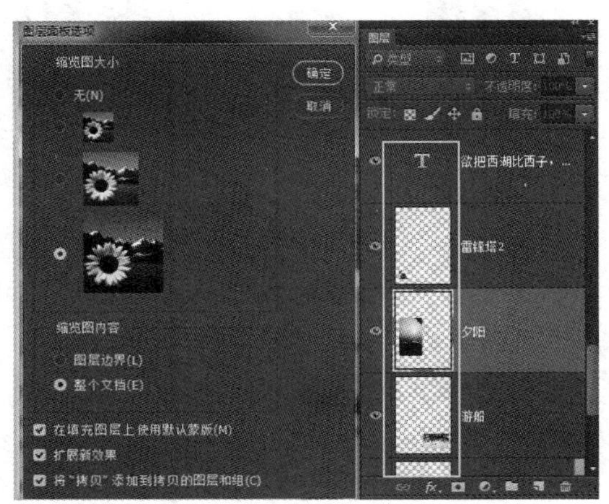

图2-35 在“图层面板选项”中修改缩略图大小

2. 自由变换图层

在对图像进行编辑的过程中，要把几张大图复制到新的文件中，可以使用【编辑】菜单下的【变换】与【自由变换】命令，通过拖动变换的控制节点来实现图像的缩放操作。默认的变换中心点是图形的中心，按【Alt】键单击，这个单击的位置就成为新的变换中心点。【自由变换】快捷键是【Ctrl】+【T】。按下快捷键之后，图层边缘出现控制节点，右键单击，会出现“变换”的快捷菜单，如图2-36所示，可以对图层进行缩放、旋转、斜切等操作。

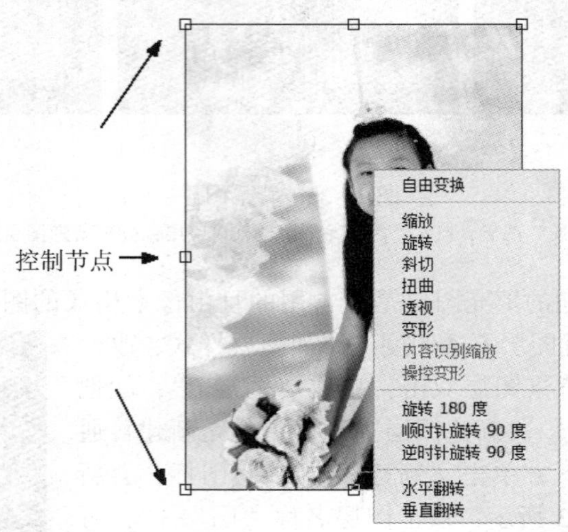

图2-36　自由变换的控制节点和快捷菜单

如图2-37所示，直接复制过来的两个图层尺寸较大，此时采用【变换】|【缩放】命令，拖动控制节点，可以改小，并对齐排列这两个小图层，使视觉上比较整齐。

图2-37　变换图层大小

按下快捷键【Ctrl】+【T】之后，常用的图层变换有以下5种情况：

(1) 缩放：实现图像大小按比例变化，可通过单击并拖动控制节点来实现。按住【Alt】键，则是从中心点开始保持比例缩放。

特别提示：

之前的Photoshop软件版本需要按【Shift】键才能做到等比例缩放。Photoshop CC 2019版本按下快捷键【Ctrl】+【T】之后，无论拖动哪个节点都会自动按比例缩放，按下【Shift】键反而会自由拖拽。

（2）旋转：以中心点为旋转中心进行任意角度的旋转，可通过单击并拖动边框外部实现。也可以利用【编辑】菜单下的【变换】命令进行固定角度的旋转，如180°、90°、垂直或水平旋转等。

（3）斜切：按住【Ctrl】键，单击并拖动每条边框中间的控制节点，可实现倾斜变形。如图2－38所示，将矩形调整为平行四边形效果。

图2－38　斜切效果

（4）扭曲：按住【Ctrl】键，单击并拖动每条变形边框四角的控制节点，可实现倾斜变形，如图2－39所示的顶面，它的变形就是扭曲。

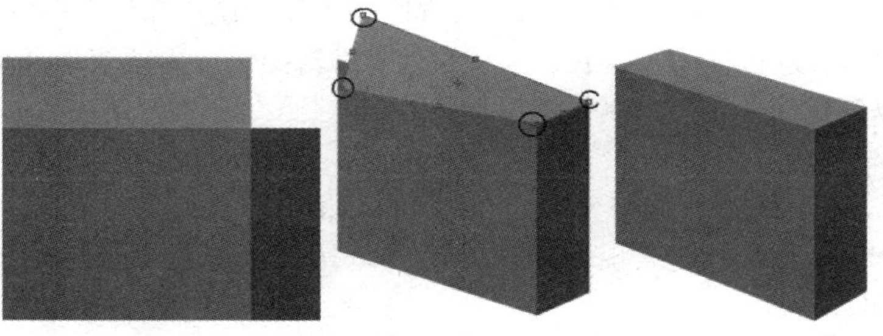

图2－39　顶面的扭曲效果

（5）透视：按住组合键【Ctrl】+【Shift】+【Alt】，单击并拖动变形边框四角的控制节点，可实现透视效果调整。如图2－40所示，如果想做文字的透视效果变形，则必须要把文字进行栅格化变成普通图层。

图2－40　透视效果

特别提示：

在做变换前，必须要选中需要变换的图层，并且所有的变换操作都需要回车确认，这时变换的控制边框会消失。如果要取消变换操作，则需要单击【Esc】键。

2.3 添加图像的边框

方形图和圆形图都可以添加边框以体现画面的层次感。图像的边框有单色边框、半透明边框和羽化边框等，较粗的边框可以灵活运用 Photoshop 的“矩形选框工具”和“椭圆选框工具”创建选区来制作。这两种选框工具都在工具箱的“矩形选框工具”组中，如图 2－41 所示。较细的边框可以利用图层样式中的“描边”样式来添加。

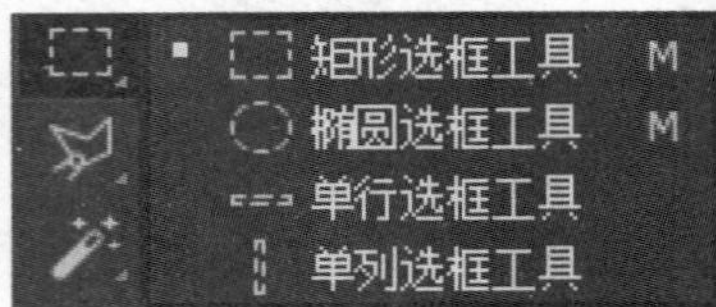

图 2－41 “矩形选框”工具组

2.3.1 创建选区

创建选区是 Photoshop 各项操作的前提。选区的主要用途是在图像中画出一个特定区域，以便对选区中的内容进行移动、复制、调整颜色等编辑操作。用“矩形选框工具”“椭圆选框工具”等可以创建简单选区来制作边框。

1. 矩形选框工具

“矩形选框工具”可以创建矩形选区。单击工具箱中的“矩形选框工具”，其工具选项面板如图 2－42 所示。

图 2－42 “矩形选框工具”的选项面板

在画面中单击“矩形选框工具”并拖动，可以创建矩形选区。

如果拖动的时候按住【Shift】键，可以创建正方形选区。

默认的选区样式为“正常”，如果设置“固定比例”为 1∶1，无须按住【Shift】键也可以创建正方形选区；如果选择“固定大小”，并输入选区的宽度和高度，则可以创建固定大小的矩形选区。

2. 椭圆选框工具

“椭圆选框工具”可以创建椭圆或圆形选区。单击工具箱中的“椭圆选框工具”，其工具选项面板如图 2－43 所示。

图 2－43 “椭圆选框工具”的选项面板

"椭圆选框工具"选项面板中的参数与"矩形选框工具"大致相同，只有"消除锯齿"参数是"椭圆选框工具"特有的，其作用是消除选区边缘的锯齿，使选区边缘平滑一些。选中与取消"消除锯齿"复选框的选区边缘，其对比效果如图 2－44 所示，默认情况下，"椭圆选框工具"采用"消除锯齿"功能。

(a)

(b)

图 2－44　椭圆选区消除锯齿的效果对比

(a) 未选择"消除锯齿"；(b) 选择"消除锯齿"

实例 2　添加半透明矩形边框

照片加边框是对照片常用的处理方法，可以增加照片的层次感，如图 2－45 所示。添加描述性的文字，可以使得照片的意境更加明晰。

图 2－45　照片添加边框

视频二维码

设计思路：在照片层上面添加一个图层，在此图层上创建一个边框选区，填充白色，制作出白色边框，并输入文字。

知识技能： 新建图层，制作边框选区，移动选区，颜色填充，调整图层不透明度，文字设置。

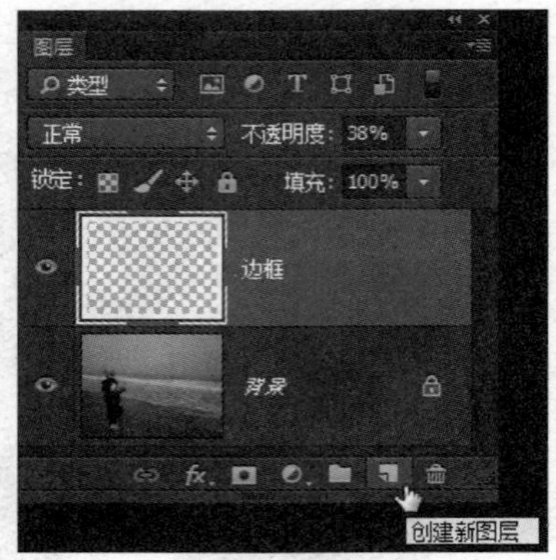

图 2－46　新建图层

- 新建图层：在本例中，把照片的白色边框放到新的图层中，这样照片和边框是彼此独立的，便于分别进行编辑操作。单击【图层】面板下方的“创建新图层”图标，如图 2－46 所示，新建图层，名为“边框”。
- 移动选区：针对已有的选区，可以用鼠标拖动来移动其位置，或者用键盘上的移动箭头“←”“↑”“↓”“→”来细微调整。无论采用光标移动还是箭头微调，都要保证一个前提，就是当前工具箱中选中的是选区工具，比如“矩形选框”“椭圆选框”“套索”等，这样光标才会处于“移动选区”状态 。如果当前单击的是“移动工具”，光标会相应变成像素移动状态，则这时移动的将不再是选区，而是选区中的内容了。
- 颜色填充：可以选择【编辑】｜【填充】命令，为当前的选区或活动的图层填充前景色、背景色、黑色、白色、50% 灰色或者任何其他的颜色。在选定了前景色情况下，用“油漆桶工具” 前景 可以填充前景色。在选定了前景色和背景色的情况下，使用快捷键【Alt】+【Delete】，可以给当前活动的图层或者选区填充前景色，使用快捷键【Ctrl】+【Delete】，可以填充背景色。
- 文字设置：使用文字工具输入文字。在文字工具组中包括“横排文字”工具、“直排文字”工具以及两个“文字蒙版”工具。“文字蒙版”工具是用来创建文字选区的。文字分为“点文字”“路径文字”和“区域文字”，具体讲解可以参看第 4 章。本章是 Photoshop 的初级用法，因此本章实例中所有的文字都采用“点文字”。输入文字之后，【图层】面板中会自动生成一个文字图层。

图 2－47　创建并移动矩形选区

实现步骤：

（1）新建图层：打开照片“实例 2 原图 .jpg”，创建“图层 1”。

（2）制作照片边框的选区：在“图层 1”中，用“矩形选框工具”拖拽出一个矩形，矩形的大小要比照片小一圈，如果选区的位置不对称，可以用鼠标或上下左右箭头调整，如图 2－47 所示。

在矩形选区中，单击右键，得到图 2－48（a）所示的快捷菜单，执行【选择反向】命令，得到图 2－48（b）所示的边框。选区的反向选择，也可以使用【选择】菜单中的【反选】命令。在当前图层的选区中采用右键快捷菜单的方式更加方便。

特别提示：

绘图区中，不同的工具其右键的快捷菜单也是不同的。在此实例中必须是针对选区工具的快捷菜单才有【选择反向】命令。

(a)　　　　　　　　　　(b)

图 2-48　创建图像的边框选区

(a)“矩形选区”工具的快捷菜单；(b) 反选得到边框

(3) 把边框选区的颜色填充为白色：单击工具箱中的“默认前景色和背景色”图标，把文件的前景色设置为纯黑色，背景色设置为纯白色。然后使用快捷键【Ctrl】+【Delete】，把边框选区填充为白色，如图 2-49 所示。在画面中单击右键，在快捷菜单中执行【取消选择】命令，取消浮动的选区边框（或按快捷键【Ctrl】+【D】）。

(4) 设置白色边框为半透明：白色边框是在“图层 1”中，是独立的图层。在【图层】面板中，调整图层的“不透明度”数值，可以改变该图层的不透明度，本例调整为 38%，如图 2-50 所示，使得白色边框变为半透明白色。

图 2-49　在边框选区中填充白色

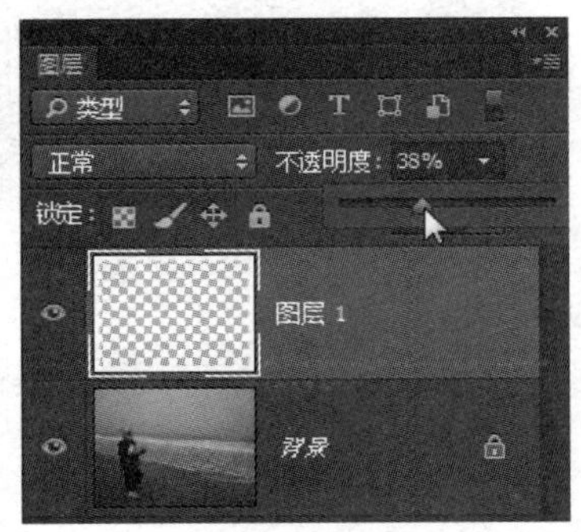

图 2-50　图层的“不透明度”调整

(5) 输入文字：使用“横排文字”工具 T 横排文字工具 在画面的右上部输入“遥望”二字。在文字工具的选项面板中设置字体为“仿宋”，文字大小为“15 点”，如图 2-51 所示。

仿宋　15 点　锐利　3D

图 2-51　文字选项设置

再次使用“直排文字”工具在画面的右上部输入“yaowang”，设置其字体为“Arial Bold Italic”，文字大小为 7 点。这样做的目的是为了增加文字形式的多样性。采用“移动工具”调整两个图层右侧对齐。最终【图层】面板如图 2-52 所示。

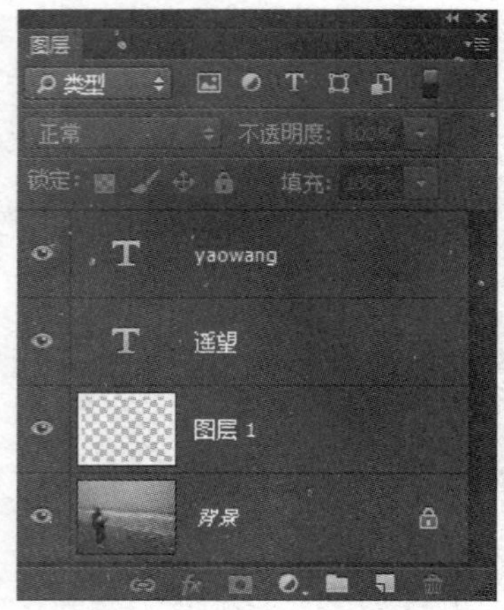

图 2－52　效果图的【图层】面板

特别提示：

在制作的过程中，要时刻关注【图层】面板。

(6) 保存：执行【文件】|【保存】命令，保存为“实例 2 原图 . psd”文件；并执行【文件】|【存储为】命令，保存为“实例 2 效果图 . jpg”。

特别提示：

文字的位置要根据画面中人物的位置来确定，以保证画面构图的均衡。边框的颜色不能随意填充，要根据画面的主体色调添加邻近色或者对比色，最常规的做法是把边框填充成白色或黑色等中性色。

如果画面中的主体是局部特写，靠近画面边缘，则不适合被遮盖或裁剪，可以拉大画布尺寸：采用【图像】|【画布大小】命令，打开“画布大小”对话框，如图 2－53（a）所示，改变画布的宽度或高度。图 2－53（b）所示照片中的梨花没有被遮盖，而是扩展了画布的高度，“画布扩展颜色”设置为黑色，则照片上下添加了黑色边框。

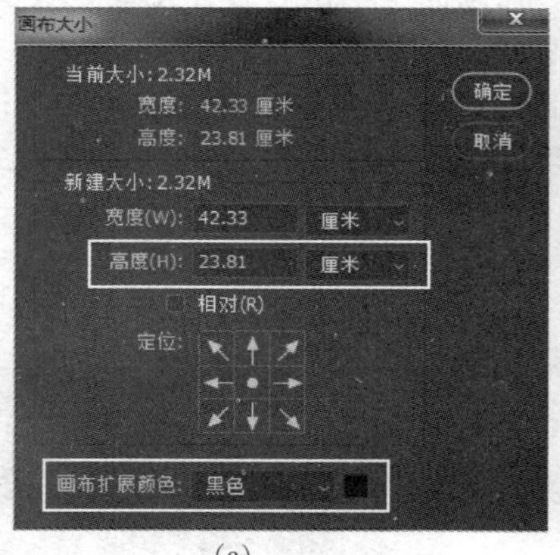

(a)

(b)

图 2－53　改变画布添加边框

(a)“画布大小”对话框；(b) 照片上下添加黑色边框

实例 2 中的图像是满版图，如果图像是方形图或者圆形轮廓图，只占画面的一部分，应该怎样制作图像边框呢？下面通过圆形边框的添加来讲解。

2.3.2　添加圆形边框

通常圆形轮廓图只占画面的一部分，下面有背景图层。为圆形轮廓图添加的边框就是圆形边框。圆形边框的添加有两种样式，本部分简略讲解制作思路，读者可以自行探索。

1. 边框在图像内侧

在圆形轮廓图内侧添加边框，其设计思路是：首先要创建与图像等大的圆形选区，填充白色，从白色圆中删掉一个小圆，得到白色圆环，调整圆环的透明度，得到半透明的白色圆环，即半透明白框。

怎样创建与轮廓图等大的圆形选区呢？最常用的办法就是按住【Ctrl】键，单击该图层的缩略图，即可选中该图层中所有不透明的像素。如图2-54中，按住【Ctrl】键，单击图层1的缩略图，即可选中该图层1中的圆形轮廓图梨花，即创建了圆形选区。新建图层2，填充白色，便得到与圆形梨花图等大的白色圆形。

图2-54 创建与轮廓图等大的圆形选区

怎样得到白色圆环呢？要想从白色圆中删掉一个同心小圆，得到白色圆环，需要对图2-54中的白色选区进行变换，同心缩小。具体做法是：按住【Ctrl】键单击“图层2”的缩略图，得到白色圆形选区，采用菜单命令【选择】|【变换选区】，或者利用任意一个选区工具在圆形选区中单击右键，在出现的快捷菜单中选择【变换选区】命令，如图2-55（a）所示，则圆形选区四周出现控制节点，按住【Alt】键向内拖动节点，得到图2-55（b）所示的小圆形虚线框，按【Enter】键确认变换。此时大圆形选区同心变小。按【Delete】键删除小圆形选区的白色，得到圆环，如图2-56（a）所示，按快捷键【Ctrl】+【D】取消选区，调整图层2的不透明度为42%，如图2-56（b）所示，圆环变成半透明。

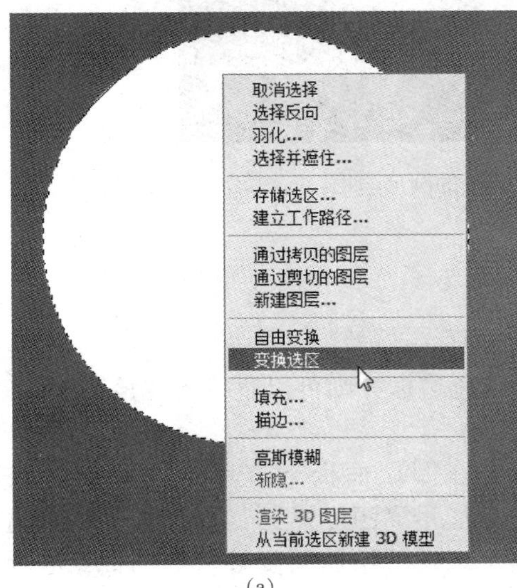

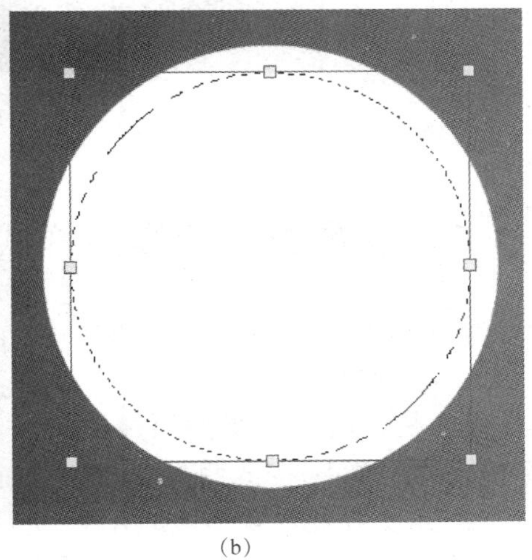

（a） （b）

图2-55 变换选区大小

（a）选区工具的快捷菜单；（b）拖动控制节点使选区变小

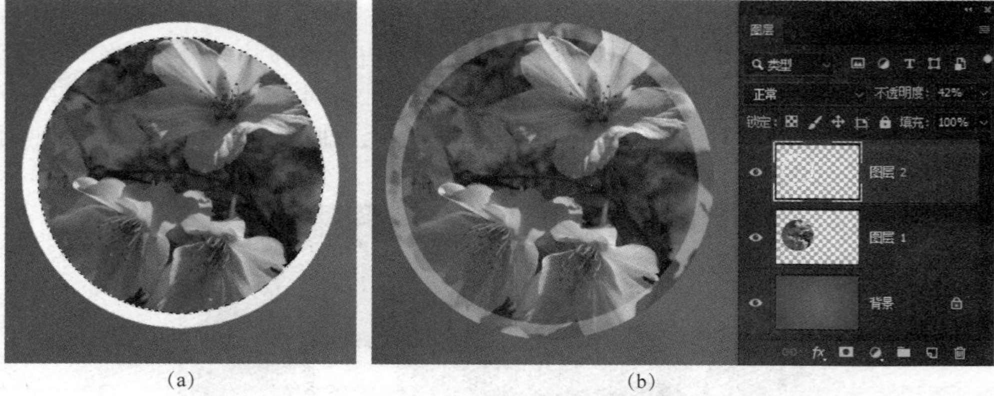

(a) (b)

图 2－56　改变圆环的透明度

(a) 删除小圆得到圆环；(b) 改变圆环图层的不透明度

这种添加边框的思路也可以用到实例 2 的边框制作中。

2. 边框在图像外侧

在圆形轮廓图外侧添加白色边框，如果是较宽的边框，其设计思路是在圆形图像下方建立一个白色大圆，如图 2－57 所示。

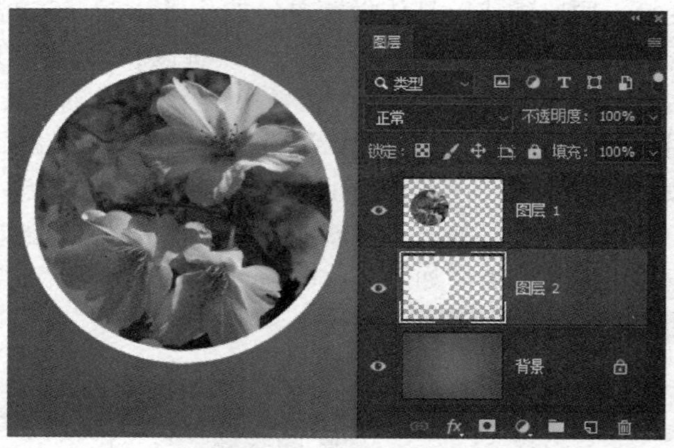

图 2－57　添加较宽的圆形边框

2.3.3　设置图层的描边样式

如果为方形图或者圆形轮廓图添加较细的纯色边框，则可以直接设置该图层的“描边”样式。

具体做法是：选中需要添加边框的图层，在图层面板下方单击“添加样式”图标 fx，在出现的菜单中选择“描边”选项，此时打开“图层样式”对话框，当前选中的样式就是“描边”。在此设置描边的大小、位置、颜色、不透明度等。如图 2－58 所示，设置描边粗细即大小为 6 像素，不透明度为 65%，颜色为白色，可以在图像外侧添加半透明的白色细边。

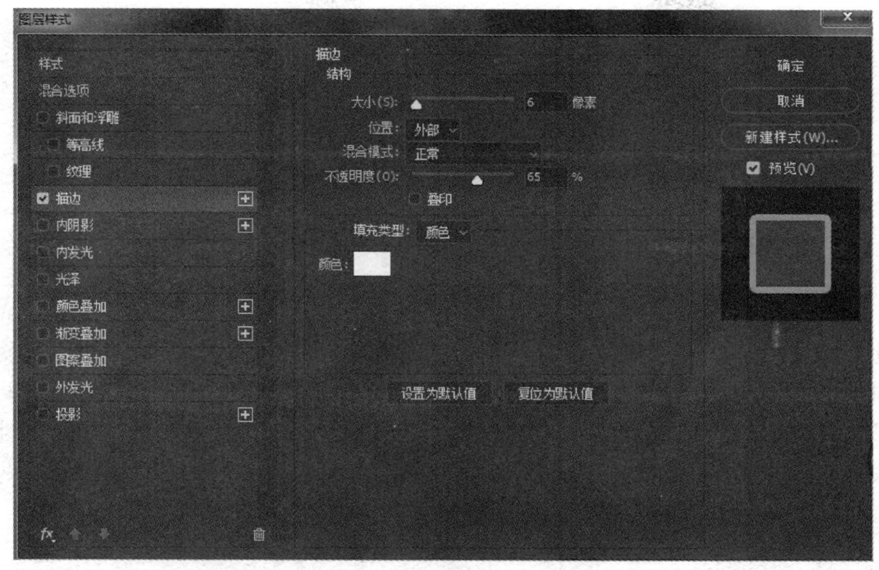

图 2－58 “图层样式”对话框

如果想为多个图层添加同样的边框，则可以选中已经设置样式的图层，单击右键，选择【拷贝图层样式】命令，然后单击目标图层，单击右键，选择“粘贴图层样式”选项。图 2－59 中为三个圆形轮廓图设置了相同的描边样式。

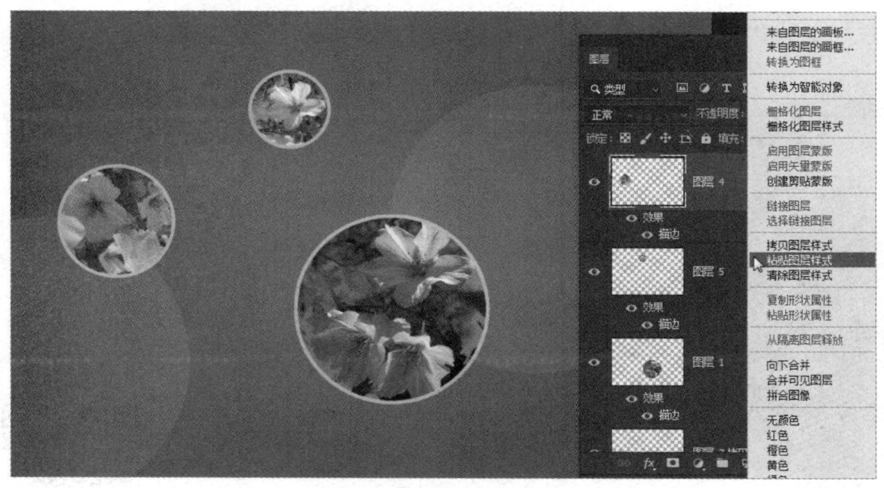

图 2－59 拷贝粘贴图层样式

如果要为方形图制作较宽的边框，则不能用“描边”样式，否则容易出现圆形边角，此时可以采用图 2－57 所示的方式。读者们可以自行尝试。

2.3.4 添加羽化边框

在 Photoshop 中对于选区通常可以直接填充，也可以羽化填充，还可以利用【描边】命令制作各种线框，如图 2－60 所示。

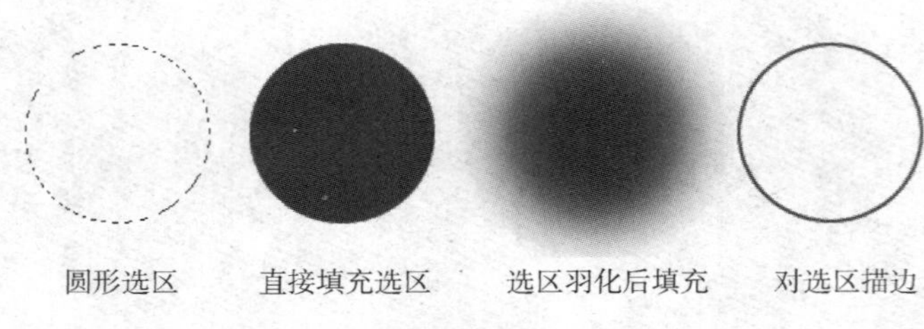

图 2－60　选区的填充和描边

“羽化”就是使选定范围的边缘达到朦胧的效果。羽化值越大，朦胧范围越宽，羽化值越小，朦胧范围越窄。要设置羽化，可以针对选区采用右键快捷菜单，执行【羽化...】命令，或者采用菜单命令【选择】|【修改】|【羽化...】。创建选区的各种工具的属性栏中也有“羽化”设置，以“椭圆选框工具”为例，如图 2－61 所示。这里的羽化值是预先羽化，在此设置了羽化数值之后，绘制出的选区自动带有羽化效果。

图 2－61　“椭圆选框工具”的选项面板

实例 3　添加柔化边框

图像添加柔化边框，会使得图像有一种梦幻、朦胧的意境，如图 2－62 所示。

视频二维码

图 2－62　柔化边框效果图

设计思路：在照片层上面添加一个白色图层，在白色图层上创建矩形选区，添加羽化效果，删除选区中的白色，剩下的就是白色的柔化边框。这种添加边框的思路也可以用到实例 2 的边框制作中。

知识技能：选区的羽化。

实现步骤：

（1）新建一个白色图层：打开照片“实例3原图.jpg”，单击【图层】面板下方的“新建图层”图标，创建“图层1”。单击工具箱中的“默认前景色和背景色”按钮，把文件的前景色设置为纯黑色，背景色设置为纯白色。然后使用快捷键【Ctrl】+【Delete】，把图层1填充为白色。

（2）在白色图层中创建一个羽化的矩形选区：单击“矩形选框工具”，在白色图层中拖出一个矩形选区，并调整其位置，单击右键，在快捷菜单中选择【羽化…】命令，在“羽化选区”对话框中设置羽化半径为30像素，如图2-63所示。

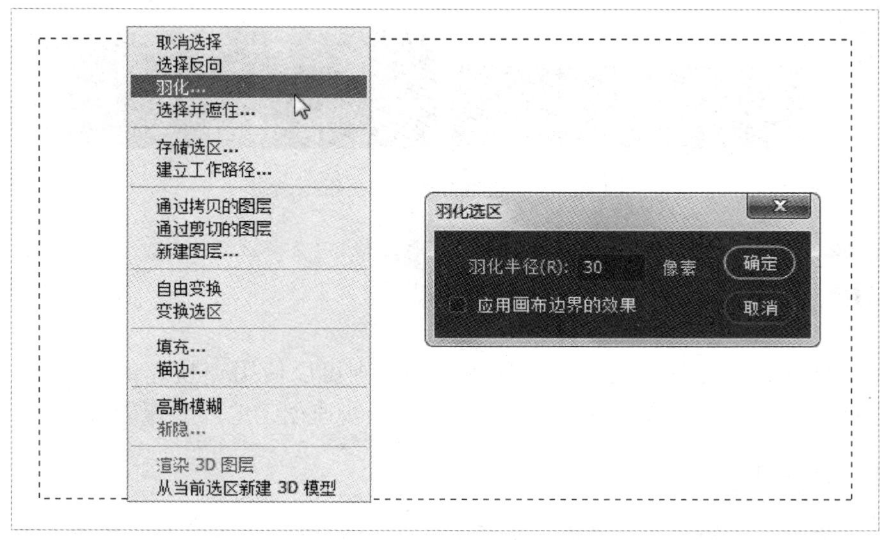

图2-63 设置羽化半径

（3）挖除羽化选区中的内容：按【Delete】键删除羽化选区内的白色，得到柔化的白色边框。

（4）输入文字：使用“直排文字”工具在画面的右上部输入“空水澄鲜”四个字，“空澄鲜”字体是“方正水柱体_GBK”，“水”字体是“方正黄草_GBK”，并调整各文字的大小。最终效果如图2-62所示。

特别提示：

羽化半径的大小要根据矩形选框的位置、大小以及柔化的效果而定义。如果选区范围较小，而羽化半径太大，已经超出了选区现有的尺寸，则会出现图2-64所示的对话框。

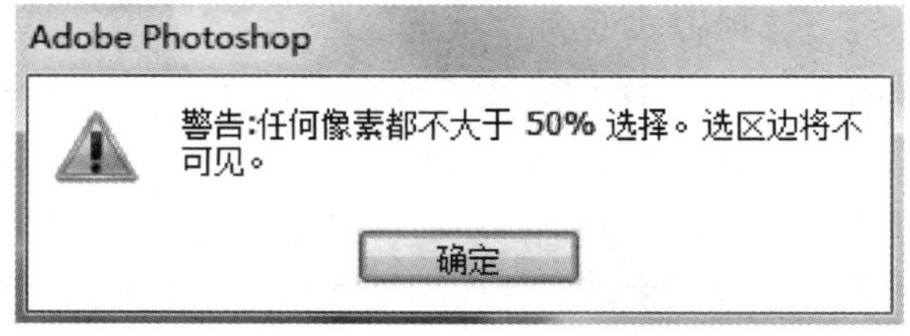

图2-64 羽化超值警告对话框

2.4　选择图像的主体

利用 Photoshop 选择图像中的主体，就是针对主体创建选区，保留主体，删掉图像原有的背景就得到了退底图。Photoshop 创建主体选区的办法有多种，比较简单的有魔棒工具组和套索工具组，如图 2－65 所示；比较复杂的有图层蒙版和通道等。下面分别讲述这些工具的使用情境和具体用法。

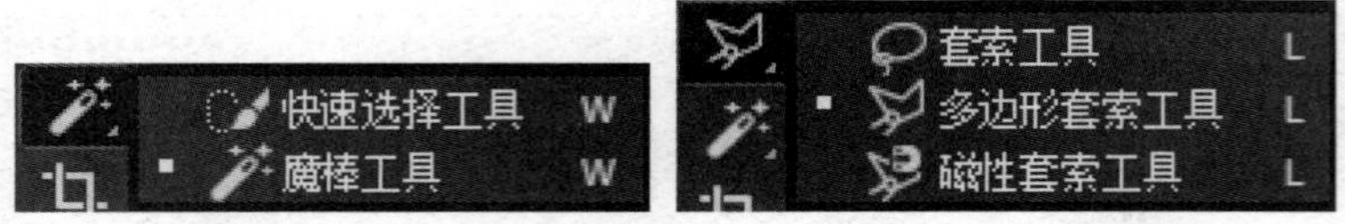

图 2－65　魔棒工具组和套索工具组

2.4.1　选择单色背景上的主体

如果要选择的图像主体原有的背景颜色单一，则可以使用“快速选择工具”和“魔棒工具”。这两个工具在工具箱的同一个位置，都属于快速创建选区的智能选择工具。

1. 快速选择工具

“快速选择工具”是基于画笔模式的工具，通过调整画笔的笔触、硬度和间距等参数，单击并拖动鼠标创建选区。也就是说，拖动“快速选择工具”，可以“画”出主体。拖动时，选区会向外扩展并自动查找和跟随图像中定义的边缘。它是一种基于色彩差别使用画笔智能查找主体边缘的方法，非常好用且操作简单。“快速选择工具”的选项面板如图 2－66 所示。

图 2－66　“快速选择工具”的选项面板

“快速选择工具”有三种状态：“新选区”“添加到选区”和“从选区中减去”。当画面上没有选区时，默认的选择方式是“新选区”；选区建立后，自动改为“添加到选区”。如果按住【Alt】键，选择方式变为“从选区中减去”。单击，打开“画笔”选项，该选项控制着“快速选择工具”的单次选择区域范围。初选离边缘较远的较大区域时，画笔尺寸可以大些，以提高选取的效率；当主体较小或修正边缘时则要换成小尺寸的画笔。总的来说，大画笔选择效率高，但选择粗糙，容易多选；小画笔一次只能选择一小块主体，选择速度慢，但得到的边缘精度高。更改画笔大小的简单方法：在建立选区后，按右方括号键【]】可增大画笔的大小；按左方括号键【[】可减小画笔大小。（如果采用的是“搜狗”输入法，则要转换为英文输入，才可以使用方括号来改变画笔大小。）

选中“自动增强”复选框后，能针对主体的边缘做出调整，可减少选区边界的粗糙度，一般应勾选此项。“对所有图层取样”指的是当图像中含有多个图层时，选中该复选框，将对所有可见图层的图像范围起作用；没有选中时，“快速选择工具”只对当前图层起作用，默认不勾选此选项。图 2－67 呈现了利用“快速选择工具”创建选区制作花朵退底图的过程：打开花朵素材文件，采用“快速选择工具”，设置画笔大小为 90，硬度为 90，在花朵内部单击一下鼠标，可以创建图 2－67（a）所示的选区。继续在花朵内部单击并拖动鼠标，直到花朵选区创建完成，如图 2－67（b）所示。得到花朵选区之后，反向选择得到花朵以外的背景部分，删除这部分，可得到花朵主体，如图 2－67（c）所示，花朵变成退底图。

（a）（b）（c）

图 2－67 “快速选择工具”创建花朵退底图

（a）选择一部分花朵；（b）选择全部花朵；（c）删除花朵背景

2. 魔棒工具

“魔棒工具”用来选取颜色比较相近的区域。“魔棒工具”的选项面板如图 2－68 所示。魔棒的“容差”参数是根据图像颜色情况而定的，容差值越小，选择的颜色范围就越小。

图 2－68 “魔棒工具”的选项面板

在图 2－69 中，图像是橙黄色的对称式渐变，如果容差为 0，用魔棒单击黄色，那也就只能选择黄色。容差值越大，则选择的颜色范围也就越大。例如容差值等于 20 的时候可以选择黄色到橙黄这个范围。以此类推，当容差等于 255 的时候，就可以选择全部的颜色了。

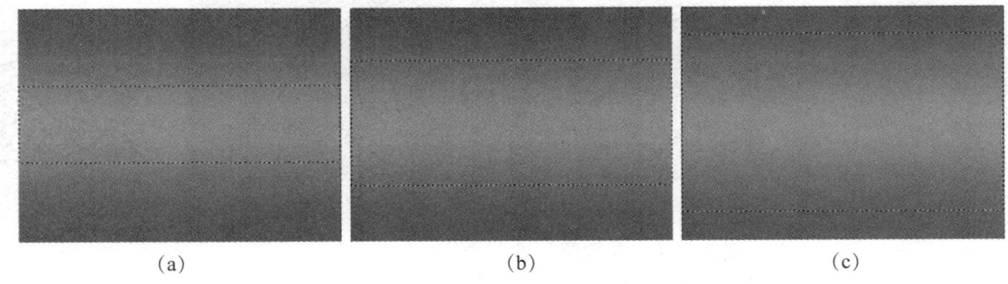

（a）（b）（c）

图 2－69 “魔棒工具”中“容差”参数的选择效果

（a）容差值 =20；（b）容差值 =50；（c）容差值 =80

如果选中了“连续”复选框，则只选择与鼠标单击的位置颜色相近的连续区域；如果不选中“连续”复选框，则会选择与鼠标单击的位置颜色相近的所有区域，效果如图 2－70 所示。

(a)　　　　　　　　　　　　(b)

图 2－70　“魔棒工具”中“容差”参数的选择效果

(a) 选中“连续”复选框的效果；(b) 未选中“连续”复选框的效果

3. “快速选择工具”和“魔棒工具”的比较

“快速选择工具”是“画”出主体的选区，“魔棒工具”是通过单击来获得颜色相近的选区。“快速选择工具”更像是一个“移动的魔棒”。在图 2－70 的图像中，花朵没法通过“魔棒工具”来选择，但可以采用“快速选择工具”来完成。

实例 4　为人像照片换背景

在设计 PPT 课件、网页时，有时为了更好地使主体融合到当前的环境，就需要改变主体原有的底色，或者删除主体以外的背景色使主体成为一张退底图。本实例中的人物位于颜色单一的背景色中，操作起来比较简单，然而有时候人物所处的背景色比较杂乱，这种情况的处理在后面的章节讲解。

设计思路：先选择背景，删除，就得到人像主体，把人物从原有的底色中抽离出来。新建图层，填充另外的颜色或风景图像，当作新的背景，如图 2－71 所示。

(a)

(b)

(c)

视频二维码

图 2－71　人像照片换背景

(a) 原图；(b) 背景改为蓝色；(c) 背景改为风景图

知识技能：了解背景图层的特性，用魔棒来创建选区，不同文件之间图层的复制。

实现步骤：

(1) 把背景图层变成普通图层：打开照片“实例 4 原图 . jpg”，打开【图层】面板，如

图 2－72（a）所示，只有一个背景图层。双击背景图层，出现图 2－72（b）所示的“新建图层”对话框，把背景图层变成图层 0。这时的图层就转变为普通的填充图层，可以进行编辑修改了。

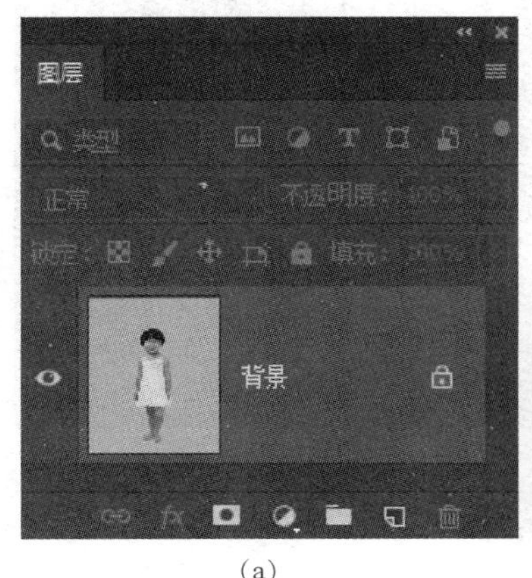

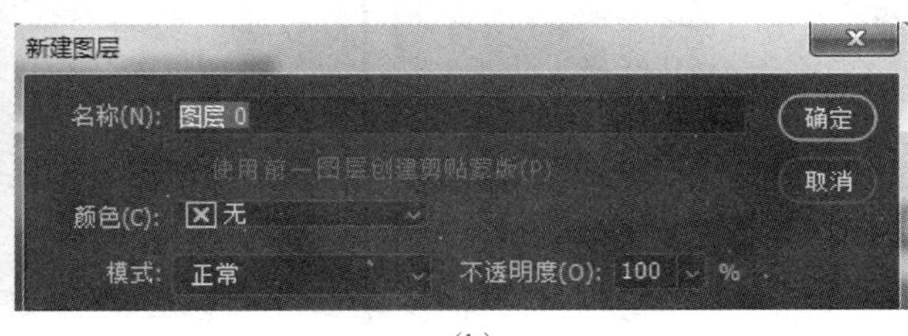

（a）　　（b）

图 2－72　把背景图层转变为“图层 0”

（a）初始的图层面板；（b）“新建图层”对话框

（2）利用魔棒删掉女孩之外的区域：因为女孩之外的区域是相近的粉色，因此在工具箱中选用“魔棒工具”，不要选中“连续”复选框，在画面中单击粉色，得到女孩周围所有的粉色选区，按【Delete】键删除选区中的粉色，则女孩周围呈现透明色，接下来按快捷键【Ctrl】+【D】取消选区。如图 2－73 所示。

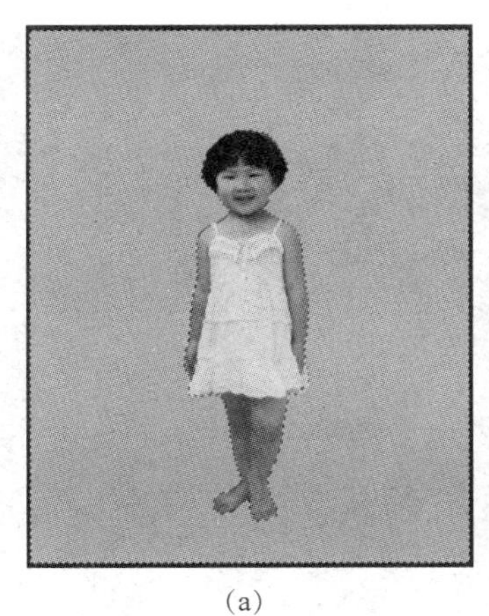

（a）　　（b）

图 2－73　选择并删除图层中的粉色区域

（a）选中所有的粉色；（b）删除粉色区域

（3）新建背景色：新建图层 1，把前景色设置为粉蓝色，按【Alt】+【Delete】键用粉蓝色填充图层 1，如图 2－74（a）所示，这时图层 1 在图层 0 的上方，因此，粉蓝色会遮挡住女孩。为了使得粉蓝色成为背景色，要调整这两个图层的上下关系，用鼠标把图层 1 拖动到图层 0 下方，原有的粉红色的背景变成了粉蓝色，粉蓝色图层 1 成为新的背景，如图 2－74（b）所示。保存文件为“实例 4 效果图 . psd”。

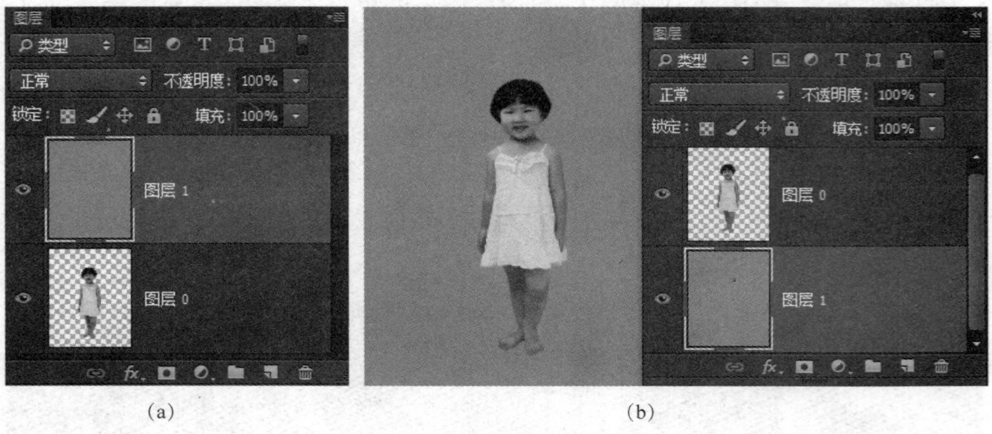

（a）　　　　（b）

图 2－74　添加新的背景色

（a）图层 1 在上方；（b）图层 1 在下方

特别提示：

背景色的选取不能太随意，要符合主体的情感特点和氛围，或可爱，或稳重，或活泼，或严肃，要首先确定画面信息传递的关键词，然后选择颜色，而且颜色不要过于鲜艳。

（4）把风景图用作背景：打开照片“实例 4 背景图 . jpg”，这是一张风景照片。用“移动工具”把风景图拖放入文件“实例 4 效果图 . psd”，调整图层的上下顺序，使得风景图在女孩图层的下方成为背景。调整女孩的位置和大小，最终效果如图 2－75 所示。

图 2－75　把背景替换成风景照片

选择出图像的主体制作退底图还有很多其他的做法，要根据每个图片和选取主体的具体情况进行分析，选择合适的方法。比如，当主体的边缘比较简单且由直线构成时，可以采用“多边形套索”工具来创建选区。如图 2－76 所示，用“多边形套索”工具选择书籍之后，反向选择，得到原来的背景并删除，就可以得到以书籍为主体的退底图。

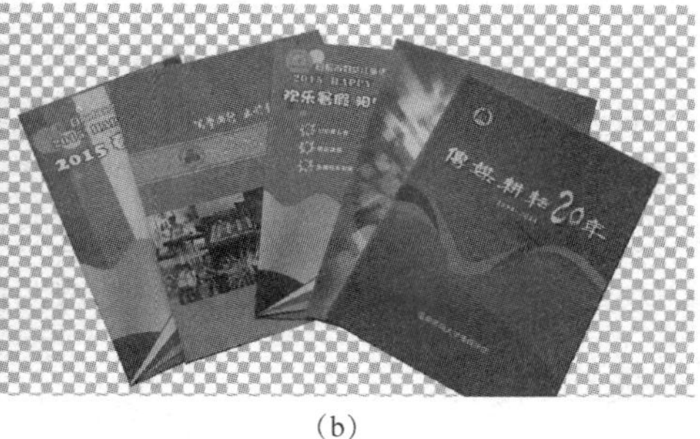

(a) (b)

图 2-76 利用“多边形套索”工具选择主体并删除背景

(a) 原图；(b) 退底图

2.4.2 选择繁杂背景上的主体

如果图像的主体自身边缘复杂，所处的背景又颜色多样，那么就不合适直接采用套索或者魔棒来创建选区。应用图层蒙版是常用的一种解决办法。

1. 创建图层蒙版

图层蒙版是一种控制图层混合的方法，它控制着本图层和其下图层的混合显示效果。图层蒙版上只有灰度的变化，灰度值的大小决定本图层对应区域的不透明度。利用图层蒙版，可以创建复杂的选区，可以制作无痕迹的渐变融合效果，还可以结合调整图层调整局部的颜色。

图层蒙版的创建分两种情况：

(1) 图层中没有选区，创建图层蒙版：选择要添加蒙版的图层，单击【图层】面板下方的“添加蒙版”图标，如图 2-77 (a) 所示。创建图层蒙版之后的图层面板如图 2-77 (b) 所示，在图层 0 中，图层缩略图右侧出现一个蒙版缩略图，其中用白色填充，而且两个缩略图之间有链接图标，存在“链接”关系，移动图层的时候，蒙版也随着移动。默认情况下，新建立的蒙版都是全白色蒙版，表明本图层的内容是全部显示出来的，或者说不透明度是 100%。

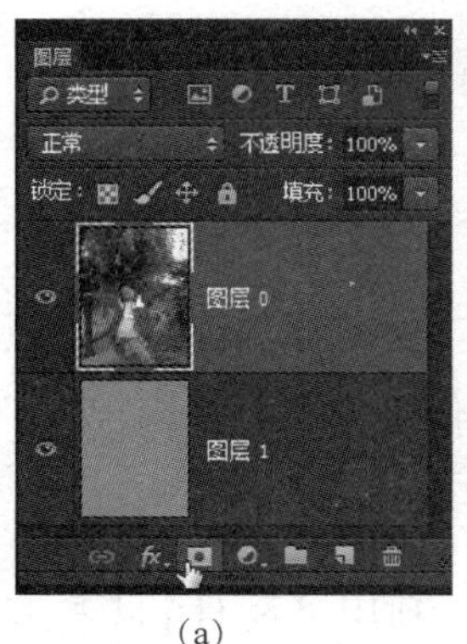

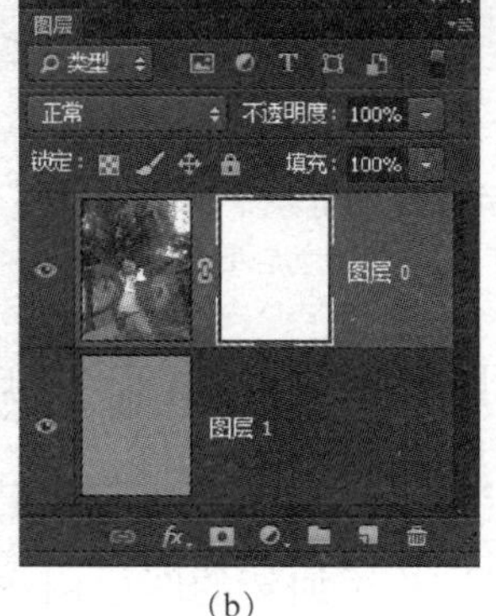

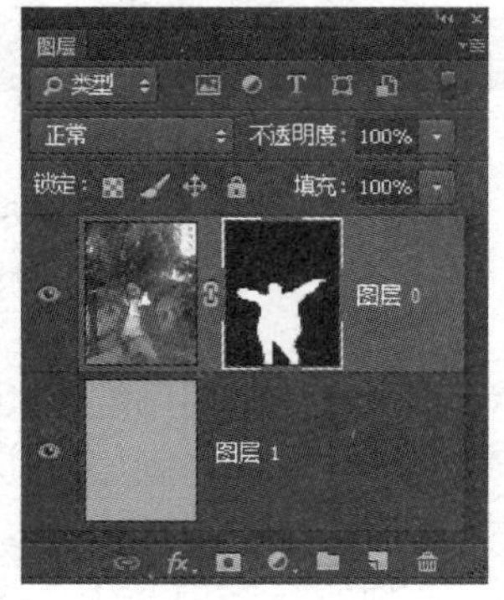

(a) (b) (c)

图 2-77 人像照片换背景

(a) 面板的“添加蒙版”图标；(b) 图层 0 直接添加蒙版；(c) 女孩选区添加蒙版

（2）图层中有选区，创建图层蒙版：选择要添加蒙版的图层，该图层中有选区，如果女孩事先被选中，单击“添加蒙版”图标，就会出现图2－77（c）所示的效果。选区在蒙版中的对应区域是白色，选区之外的区域在蒙版上呈现黑色。

从创建蒙版的结果来看，蒙版中的白色对应的图层区域是完全显示的，是100%的不透明，或者是该图层的选区。蒙版中的黑色对应的图层区域是完全透明的，或是选区之外的区域；蒙版中的灰色对应的图层区域是半透明的，透明的程度与灰色深浅有关。

2. 编辑图层蒙版

在图层蒙版中，可以绘制选区填充黑白灰，也可以用任意的绘图工具进行描绘。用黑色描绘，就是遮盖对应图层中的区域；用白色描绘，就是显现对应图层中的区域。蒙版可以采用各类工具进行多次编辑。按住【Shift】键，单击“蒙版缩略图”，可以停用／启用图层蒙版。

特别提示：

编辑图层蒙版前，一定要用鼠标单击“蒙版缩略图”，确认当前是在编辑图层蒙版，而不是编辑图层。

实例5　人像抠图重新合成

人像和其他图像的合成创作都是采用退底图，需要把人像主体从原来的背景中抠出来。然而多数图像的背景都不是实例4那样的纯色，比较繁乱，不可能利用“魔棒工具”或者“快速选择工具”一次完成。最好是采用图层蒙版来辅助选择，发挥蒙版的优势。图2－78（a）是背景杂乱的原图，图2－78（b）是去掉背景之后得到的退底图，重新和词典合成制作的效果。

(a)

(b)

视频二维码

图2－78　删除杂乱的背景重新合成

（a）人像原图；（b）抠图之后重新合成

设计思路：利用图层蒙版将原图中的人物抠出来，然后与其他图像重新合成。

知识技能：创建图层蒙版，利用蒙版抠图。

实现步骤：

（1）把背景图层变为普通图层，并添加新的图层用作背景：利用【文件】|【打开】命令，打开素材“实例5 人像原图”。在这个文件中，只有一个背景图层，如图2－79（a）所示。而背景图层是不能直接添加蒙版的，需要将背景图层转换为普通图层。可以双击“背

景”图层，使之变成“图层0”，并新建“图层1”，填充蓝色，把它放到“图层0”下方。把“图层0”改名为“女孩”，效果如图2－79（b）所示。

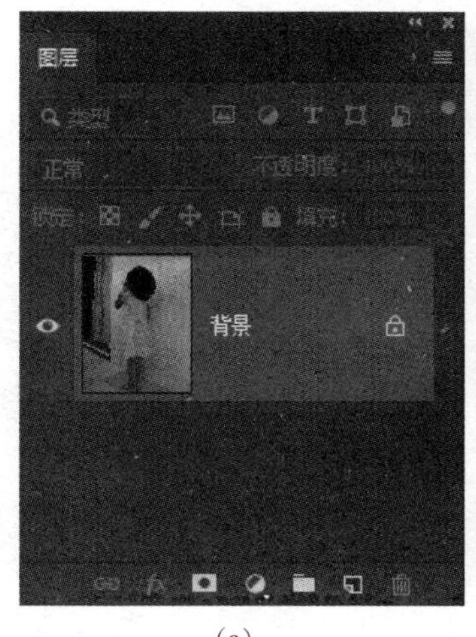

(a)

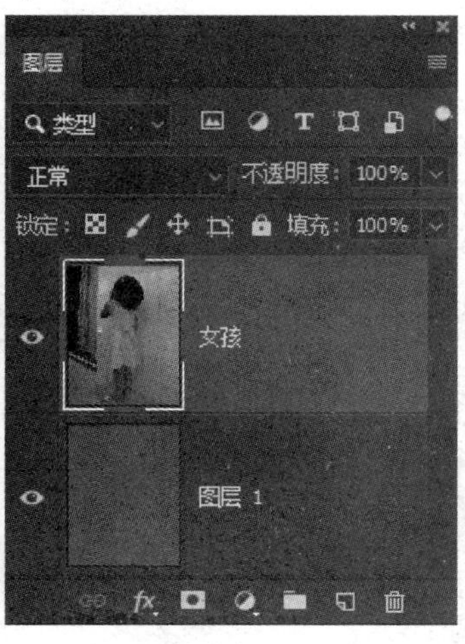

(b)

图2－79　背景图层的修改

（a）初始的图层；（b）修改后的图层效果

特别提示：

图层蒙版都是加在上一图层中的，控制这一图层和其下图层的混合显示。在本例中，图层1起到了背景色的作用，如果不加图层1，则抠图的时候是在透明底上，透明底的灰白方格会影响抠图的精细程度。图层1的颜色只是抠图时是否精细的对照，不要与人像的颜色重合（人像中有白色和粉色，底色就不能是白色和粉色），抠图完成之后可以直接删除。

（2）创建女孩的大致选区并添加图层蒙版：(这里不直接添加蒙版，而是先创建女孩的大致选区，然后添加蒙版，并在此基础上进一步细致地选择。）采用“快速选择工具”在女孩区域单击并拖动，可以得到女孩的大部分选区，然后单击【图层】面板中“添加蒙版”图标，添加蒙版后的图层变为如图2－80的显示状态。

图2－80　创建选区并添加蒙版

这时可以看到，人像的大部分已经选出来了，而且周围部分变为图层1中的颜色，但手臂、裙子、腿的局部还需要进一步精细选择。

（3）编辑蒙版，使女孩周围全黑：使用“缩放工具”放大胳膊和裙子，这样可以更清楚地观察细节。肢体的颜色和背景色差别明显，可以采用“快速选择工具”，如图2－81（a）所示，可以选中一部分背景。在工具箱中将前景色设置为白色，背景色设置为黑色。单击蒙版，按【Ctrl】+【Delete】键在选区中填充黑色，即蒙版上的这部分选区变黑，图层上的这部分选区就会相应变透明，露出底层的颜色，如图2－81（b）所示，然后按【Ctrl】+【D】键取消选区。这时发现左侧还留有浅灰色边框，右侧的衣裙有局部缺少，如图 2 – 81（c）所示。可以采用“画笔工具”，设前景色为白色，用画笔涂抹丢失的部分衣裙；设置前景色为黑色，用画笔涂抹左侧残留的浅灰色边框。如此反复，用“画笔工具”进行细微调整，这部分最终的效果如图 2 – 81（d）所示。

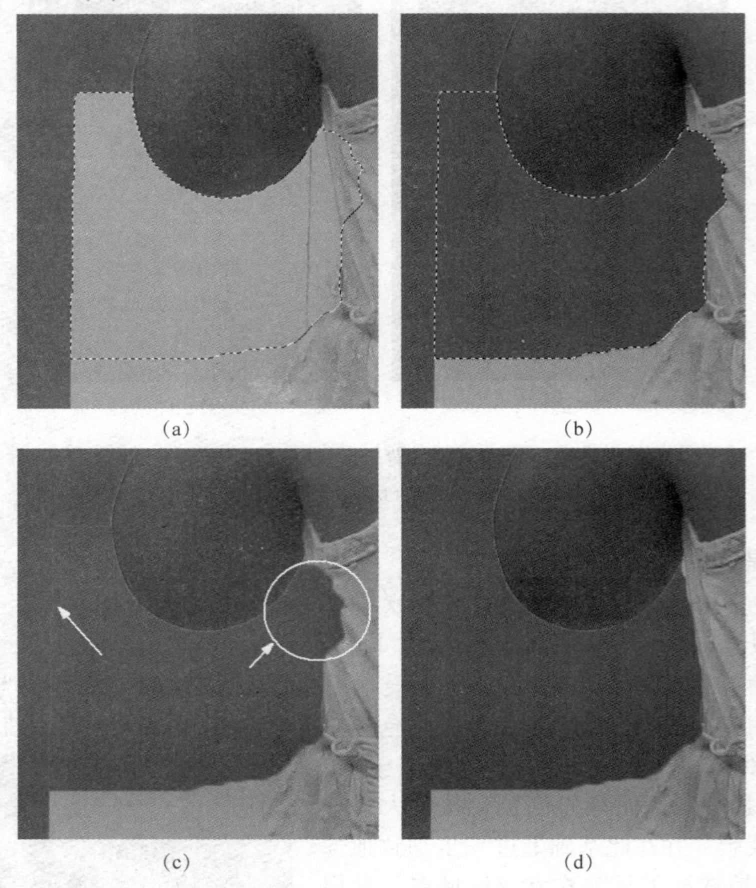
(a)　(b)　(c)　(d)

图 2 – 81　编辑蒙版

(a) 用“快速选择工具”创建选区；(b) 在蒙版的选区中填充黑色；
(c) 取消选区；(d) 用“画笔工具”微调

“画笔工具”设置如下：单击“画笔工具”图标，设置画笔大小为 45 像素，硬度为 70% 的柔边圆画笔。画笔的颜色自动会取前景色。单击蒙版缩略图，使用画笔在女孩衣裙部分进行涂抹描绘。

⚠ 特别提示：

使用“画笔工具”编辑蒙版时，主要考虑“画笔工具”的大小和硬度参数。距主体女孩较远的地方，可以使用较大的画笔绘制，女孩附近的地方，使用较小的画笔。按下键盘上的左方括号【[】键可以逐级减小笔触值，按右方括号【]】键可逐级增大笔触值。

衣裙的颜色和背景色差别小，可以采用“多边形套索”工具，如图 2 – 82 所示，把创建的背景选区在蒙版上填充黑色。画面上的其他部分同样采用这些编辑手法。

（4）应用蒙版：针对蒙版中的多个局部采用各种工具进行编辑，最终得到如图 2 – 83

所示的效果，这时女孩原有的背景已经看不到了，即女孩变成了退底图。仔细看“女孩”图层，其图层的缩略图没有发生改变，只是用蒙版上的黑白色来控制着该图层的显示。这时如果按住【Shift】键，单击蒙版缩略图，可以停用图层蒙版，女孩图层变为初始的状态。这说明采用图层蒙版来创建选区，修改显示效果，实际上是一种非破坏性的修改。

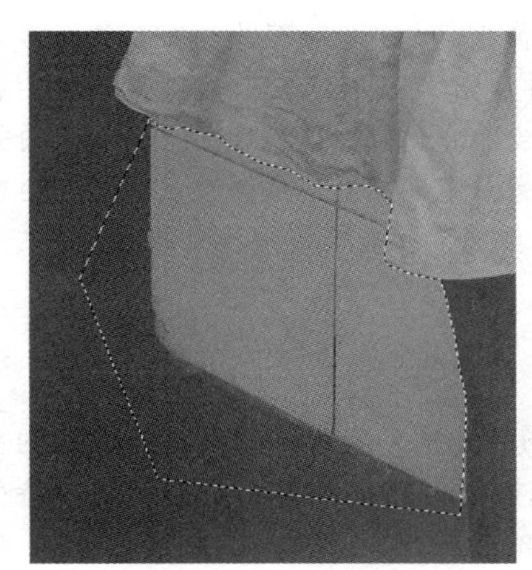

图 2－82　用“多边形套索”工具创建选区

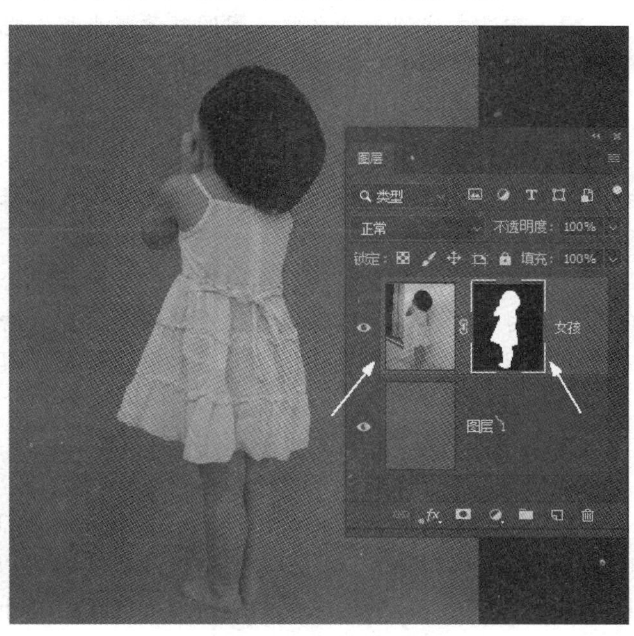

图 2－83　蒙版编辑的最终效果

蒙版编辑完成之后，右击蒙版的缩略图，在出现的快捷菜单中选择【应用图层蒙版】命令，如图 2－84（a）所示，可以把图层蒙版和本图层结合在一起，这样女孩图层的内容就真正发生了改变，如图 2－84（b）所示，只保留了女孩，周围的背景都被删除了。

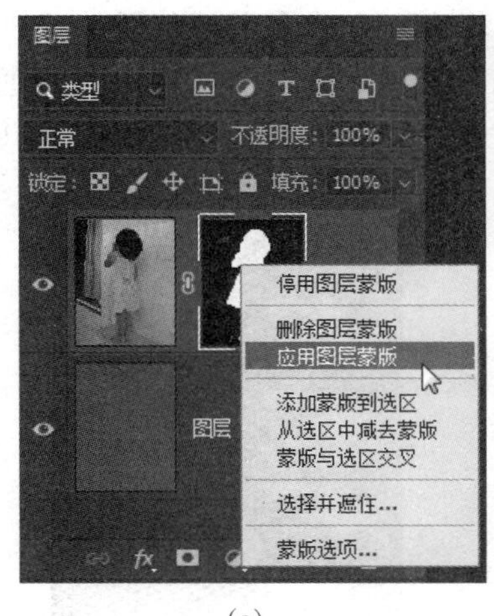

（a）

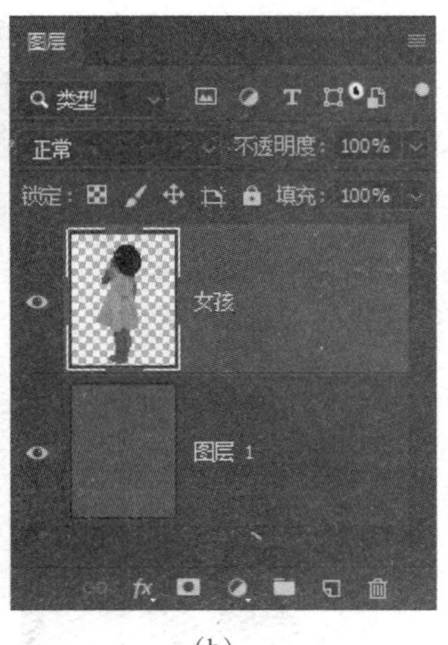

（b）

图 2－84　应用图层蒙版

（a）右击蒙版出现快捷菜单；（b）应用蒙版之后的图层

（5）合成创作：打开文件“实例5合成背景.psd”，采用“移动工具”把步骤（4）中的“女孩”图层拖进来，并使用【自由变换】命令（快捷键【Ctrl】+【T】）调整女孩的位置、大小等，并适当调整颜色，实现女孩和词典合成效果。然后将文件保存为“实例5合成效果.psd”和“实例5合成效果.jpg”。

想一想：本实例为什么要采用图层蒙版来抠图呢？为什么不直接采用选区工具一点点地删除呢？为什么不直接采用橡皮擦工具擦掉周围的背景呢？

特别提示：

单独使用“快速选择工具”“魔棒工具”“多边形套索”等工具创建选区，都是一次性的，一旦选错则影响选择效果，使用橡皮擦工具编辑图像也是如此，一旦出错难以恢复。如果结合图层蒙版采用这些工具创建选区，编辑蒙版，再加上“画笔工具”的细微调整，就可以实现精细抠图。在利用画笔涂抹时，如果不小心把女孩身体部分遮挡住了，可以将前景色设置为白色，再用画笔在蒙版上涂抹修复即可。借助蒙版抠图，更容易修改，而且不会破坏原有的图片。为了方便操作，通常采用“缩放工具”把文件的显示效果放大若干倍。

2.4.3 选择形状纤细的主体

当图像主体的形状比较纤细或者碎片化，比如飞扬的发丝、毛茸茸的发梢、植物的茎叶、纤细的笔触线条等，采用之前学过的方法都难以选择，而Photoshop的通道是极具特色的图像处理方法，能够根据色调的差异来创建这些纤细的选区。

1. 通道的分类

通道作为图像的组成部分，图像文件的格式和颜色模式决定了通道的类型和数量，在【通道】面板中可以直观地看到。在Photoshop中涉及的通道主要有4种。

（1）复合通道：复合通道不包含任何信息，实际上它只是一个同时预览并编辑所有颜色通道的快捷方式。它通常被用来在单独编辑完一个或多个颜色通道后使【通道】面板返回到它的默认状态，如图2－85所示，在RGB模式的图像中有RGB复合通道，在CMYK模式的图像中有CMYK复合通道。只有单击复合通道，才能看到图像的真实显示效果。

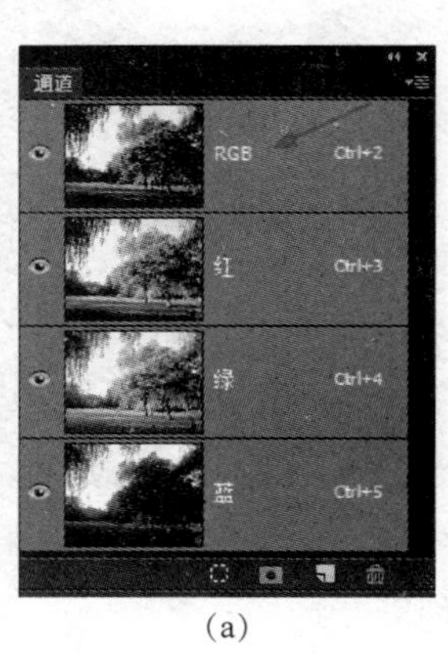

（a）

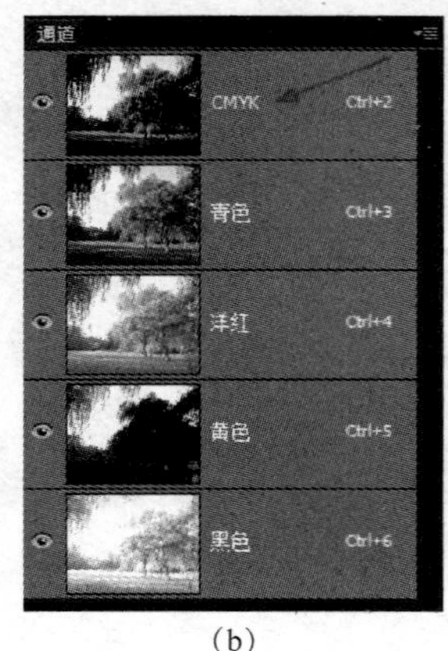

（b）

图2－85 复合通道

（a）RGB模式的【通道】面板；（b）CMYK模式的【通道】面板

（2）颜色通道：颜色通道把图像分解成一个或多个色彩成分，图像的模式决定了颜色通道的数量，RGB 模式有 3 个颜色通道，CMYK 模式有 4 个颜色通道，灰度模式、索引模式只有一个颜色通道，它们包含了所有将被打印或显示的颜色。图 2－85（a）中的“红”“绿”“蓝”通道，图 2－85（b）中的“青色”“洋红”“黄色”“黑色”都是颜色通道。

特别提示：

颜色通道不能改名。

（3）Alpha 通道：Alpha 通道是计算机图形学中的术语，指的是特别的通道。有时它特指透明信息，但通常的意思是“非彩色”通道。在 Photoshop 中制作出的各种特殊效果都离不开 Alpha 通道，它最基本的用处在于保存选取范围，并不会影响图像的显示和印刷效果。建立并编辑 Alpha 通道就是创建并编辑选区。当图像输出到视频，Alpha 通道也可以用来决定显示区域。如图 2－86 所示，Alpha 通道中的白色就是选区。

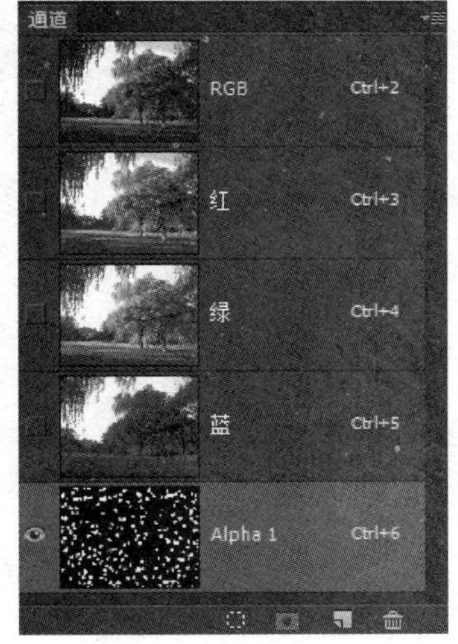

图 2－86　Alpha 通道

（4）专色通道：专色通道是一种特殊的颜色通道，它可以使用除了青色、洋红、黄色、黑色以外的颜色来绘制图像，一般与打印或印刷相关。在印刷中为了让印刷品与众不同，往往要做一些特殊处理。如增加荧光油墨或夜光油墨，套版印制无色系（如烫金）等，这些特殊颜色的油墨都无法用青色、洋红、黄色、黑色油墨混合而成，称其为“专色”，这时就要用到专色通道与专色印刷了。在图像处理软件中，都存有完备的专色油墨列表。在印刷时每种专色都要求专用的印版。如果要印刷带有专色的图像，则需要创建存储这些颜色的专色通道。由于大多数专色无法在显示器上呈现效果，所以其制作过程也带有相当大的经验成分。

2. 利用 Alpha 通道创建复杂选区

Alpha 通道主要用于存储图像的选区，它不会对图像的颜色产生任何影响。当需要修改选区时，可以对通道进行载入选区或增加选区、删除等操作。

在【通道】面板的下方，有四个控制图标，说明如下：

“将通道作为选区载入”：单击该图标，可以将通道图像作为选区载入，即把通道转变为选区；

“将选区存储为通道”：单击该图标，可以将图层中的选区保存为 Alpha 通道；

“创建新通道”：单击该图标，可以建立新通道，如果将某个通道拖拽到该图标上可以复制该通道；

“删除当前通道”：单击该图标，可以删除选定的 Alpha 通道。

创建 Alpha 通道的方法很简单。在【通道】面板的下方单击“创建新通道”图标，即创建一个全黑的 Alpha 通道，名为 Alpha1，如图 2－87 所示，其他颜色通道和复合通道全部呈现隐藏状态。在默认的情况下新创建的 Alpha 通道名称默认为 Alpha *N*（*N* 为按创建顺序依次排列的数字），Alpha 通道可以改名。

当图像中存在选区时，通过执行【选择】|【存储选区】命令，或者单击【通道】面板

底部的“将选区存储为通道”图标，可以把当前选区转换为Alpha通道以备进行更复杂的运算；如图2－88所示，图中的蓝色花朵选区被保存成Alpha1通道，而且原有的选区部分在通道中呈现白色，其他部分呈现黑色。可以看出Alpha通道只有256级灰度的变化，其中白色表示选区，黑色表示选区之外的区域，灰色表示半透明选区。

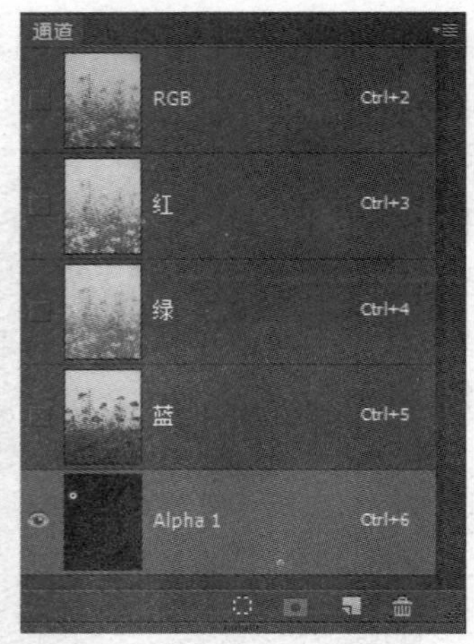

图2－87　新建Alpha通道

图2－88　把选区保存为Alpha通道

为了进一步了解选区和通道之间的关系，可以采用以下办法：先新建一个全黑Alpha通道，然后进一步修改这个通道，即在通道中利用“矩形选框工具”创建三个矩形，分别填充白色、浅灰（RGB都等于190）、深灰（RGB都等于90），如图2－89所示。这时，单击“将通道作为选区载入”图标，把通道转换成选区，如图2－90所示，只有纯白矩形色块和浅灰矩形色块上面出现了浮动的蚂蚁线，深灰上面没有出现蚂蚁线，仿佛深灰不是选区。

图2－89　在Alpha通道中填充三个矩形

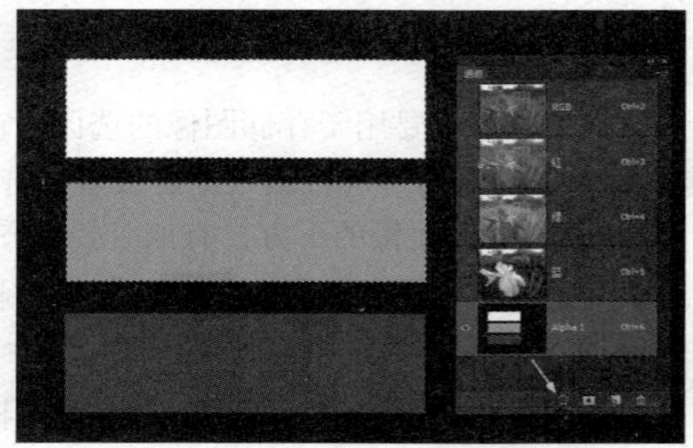

图2－90　把Alpha1通道转变成选区

在【通道】面板中单击“RGB”复合通道，可看到如图2－91所示的效果，两个浮动的选区框仍然在画面上，接下来单击【图层】面板，回到“背景”图层，按下快捷键【Ctrl】+【C】和【Ctrl】+【V】，复制并粘贴选区中的图像，成为“图层1”。为了更好地看到结果，添加一个新图层“图层2”，全白色，这时的结果如图2－92所示。我们看到，原来Alpha1通道上的深灰色矩形框实际上可以转换为透明度较高的选区，Alpha1通道上只有纯黑色才表示完全透明，或者称之为非选区。浮动的边框线，只是表示不透明度超过50%

的选区。太透明的部分无法用边框线体现。

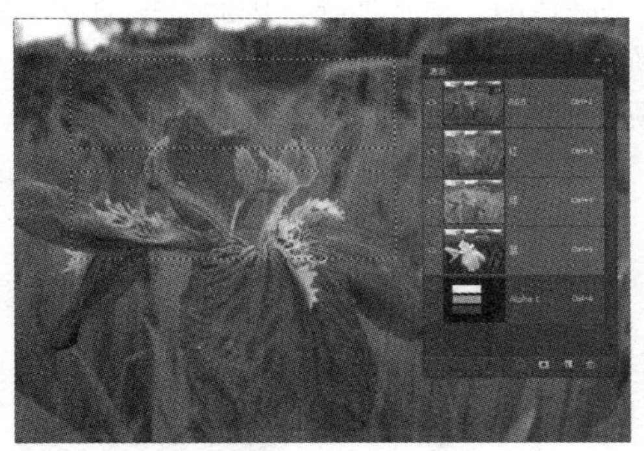

图 2 – 91　选框呈现效果

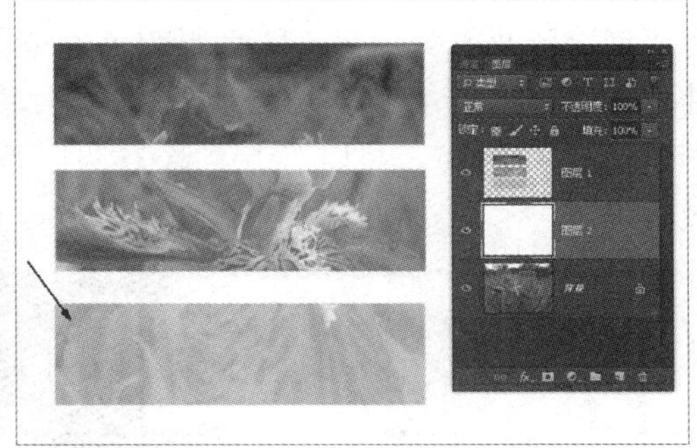

图 2 – 92　图层面板

在 Alpha 通道中，可以用画笔、铅笔等工具涂色，也可以用选框工具绘制选区并填充颜色，可以使用各种调整命令来调整颜色，可以使用滤镜等制作特效，从而创建更加复杂的选区。

实例 6　选取纤细的油菜花

图 2 – 93（a）所示拍摄的油菜花开得正鲜艳，但背景是灰蒙蒙的天空。为了表现春天的灿烂明媚，需要把油菜花选择出来，修改其背景色，同时添加其他元素，最终效果如图 2 – 93（b）所示。但油菜花的茎叶都比较纤细，很难用以前学过的创建选区的工具如魔棒、快速选择、磁性套索、图层蒙版等来抠选茎叶或者背景。本例采用 Alpha 通道来选择油菜花，这种方法经常用于主体和背景颜色对比明显的情况。

(a)

(b)

视频二维码

图 2 – 93　选择油菜花重新合成

（a）油菜花原图；（b）合成图

设计思路：查看【通道】面板，选择一个黑白分明的颜色通道，复制该通道成为 Alpha1，调整其亮度，把 Alpha1 通道变为选区。对油菜花进行复制、粘贴，新建背景色。

知识技能：通道的复制，调整通道的亮度，把 Alpha 通道变为选区。

实现步骤：

（1）选择一个明暗对比强烈的通道，复制此通道成为 Alpha 通道。

打开“实例 6 油菜花原图 . jpg”素材文件，打开【通道】面板，如图 2 – 94 所示，可以看出蓝色通道黑白分明，花儿是暗色的，背景是亮色的，对比明显。因此，拖动蓝色通道到“创建新通道”按钮，即复制蓝色通道，名称默认是“蓝 拷贝”，如图 2 – 95 所示。这时的“蓝 拷贝”已经不再是颜色通道了，它实际是 Alpha 通道（颜色通道不能改名，一直叫作红、绿、蓝），可以双击“蓝 拷贝”改名。在这个通道中，白色代表的是 100% 不透明的选区。

图 2 – 94　油菜花原图

图 2 – 95　复制蓝色通道

（2）调整 Alpha 通道的明暗，把要选择的主体区域变为白色，选区之外变为黑色。

如果要选择油菜花，则执行菜单命令【图像】|【调整】|【反相】（快捷键【Ctrl】+【I】），让此通道中的黑色和白色互换，效果如图 2 – 96 所示。这时的天空是深灰，并不是纯黑，表示没有变成完全的透明，还需要继续调整。采用【Ctrl】+【M】键，即调整曲线，如图 2 – 97 所示，使得天空基本变黑，油菜花变白。

图 2 – 96　“蓝 拷贝”通道执行反相

图 2 – 97　调整曲线黑白分明

（3）把 Alpha 通道转变为选区，单击“RGB”复合通道，然后回到【图层】面板进行编辑。

针对“蓝 拷贝”通道，单击“将通道作为选区载入”按钮，把此通道转变为选区，如图 2－98 所示。从这一步来看，“蓝 拷贝”中的白色不再是油菜花，仅仅指的是选区。我们要的当然不是“白色”的油菜花，因此要单击“RGB”复合通道，如图 2－99 所示，带蚂蚁线的金黄色的油菜花出现了。然后单击【图层】面板，复制并粘贴油菜花。新建“图层 2”填充蓝色的渐变，放在油菜花下面，如图 2－100 所示。

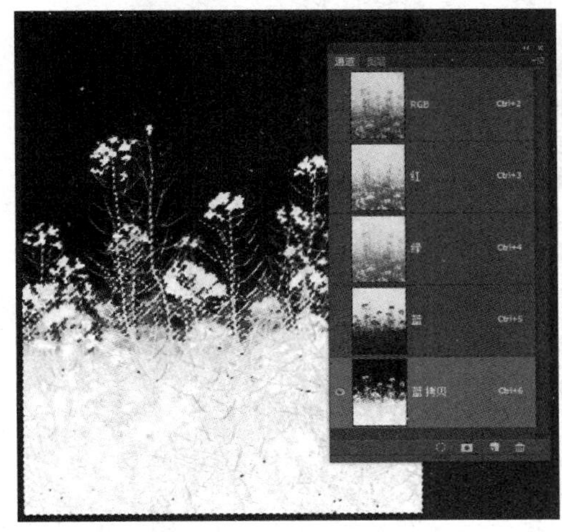

图 2－98 载入选区

图 2－99 单击“RGB”复合通道

图 2－100 在【图层】面板中复制粘贴并填充蓝色渐变

（4）加入女孩，重新合成。

打开“实例 6 女孩原图 . jpg”文件，利用图层蒙版和“快速选择工具”等进行抠图，并进行裁剪，得到如图 2－101 所示的透明图。

把女孩退底图拖入本文件放在图层 1 油菜花的下方。油菜花尺寸较大，按【Ctrl】+【T】键缩小图层 1 中的油菜花，使得油菜花大小合适，再复制一片，能够遮挡住女孩。继续复制油菜花放在女孩后面，使得女孩位于油菜花丛中，图层面板如图 2－102 所示。最终添加文字，完成合成创作。

图 2－101　女孩图像的选择

图 2－102　复制油菜花和图层的前后关系

2.5　设计图像的轮廓形状

轮廓图有几何形、偶发形、有机形等类别，与简单退底图类似，只不过是用一个图形的边缘作为轮廓，里面填充的是另外一个图片的内容。用作轮廓的图形，往往其轮廓比较醒目，容易识别。图片字也是一种特殊的轮廓图，是以文字的外形作为轮廓的。具体的做法可以参考第 4 章图片字的设计。设计轮廓图的方法有很多，比如可以通过创建各种各样的选区来充当图形的边界轮廓，或者创建剪贴蒙版，也可以利用 Photoshop 的“钢笔工具”矩形工具组来绘制。

实例 7　设计“公司简介”画册页面

设计思路：绘制正六边形，复制正六边形，把商务风格的大楼图片放在【图层】面板的最上面，创建剪贴蒙版，把大楼图片填充到正六边形的组合中，如图 2－103 所示。

视频二维码

图 2－103　实例 7 效果图

知识技能：剪贴蒙版的用法。

实现步骤：

（1）新建文件：新建宽高为 21 cm × 14 cm、分辨率为 300 PPI、颜色模式为 CMYK 的文件，填充背景色为浅的蓝灰色（$C=9$，$M=4$，$Y=4$，$K=0$）。

（2）绘制一个正六边形：单击工具箱中的"矩形工具"图标，出现如图 2－104 所示的系列工具，如"矩形工具""圆角矩形工具""椭圆工具""多边形工具""直线工具""自定形状工具"。这些工具都属于绘图工具，不是选区创建工具，它们都有三种绘图模式，分别是"形状""路径""像素"，默认是"形状"模式。

- "形状"模式：是默认状态，使用"形状"模式，就会生成形状图层，该图层可以通过锚点来改变图形的形状，也能够随意修改填充的颜色。形状图层是利用绘图工具自动生成的，无须新建图层。
- "路径"模式：绘制路径，即贝塞尔曲线，关于路径的详细用法会在第 3 章讲解。
- "像素"模式：绘制的图形会生成普通的像素。

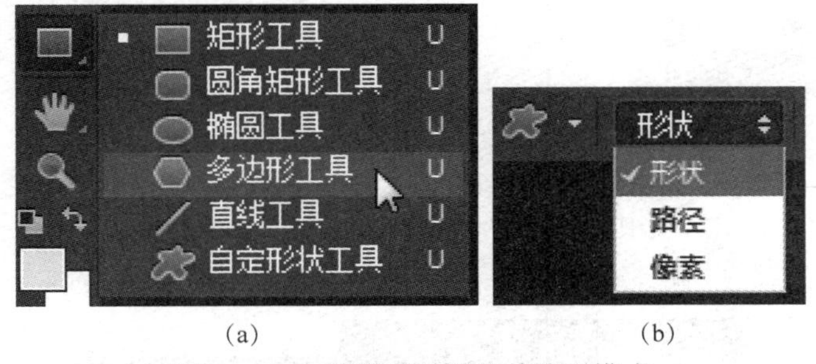

（a） （b）

图 2－104 矩形工具组及其绘图模式

（a）工具箱的矩形工具组；（b）三种绘图模式

本例中采用"多边形工具"，单击该工具，在选项栏中设置绘图模式为"路径"，边数为 6，其他参数采用默认值，如图 2－105 所示。

图 2－105 "多边形工具"的选项栏

按住【Shift】键，在画面中绘制正六边形，如图 2－106 所示，画面中出现了正六边形的贝塞尔曲线。打开【路径】面板，则出现一个"工作路径"。

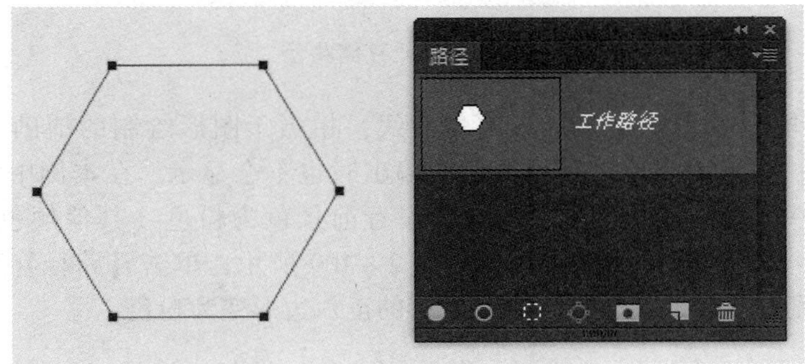

图 2－106 绘制正六边形

（3）复制多个正六边形：在步骤（2）中绘制的是正六边形的路径，如果要复制多个正六边形，则可按住【Alt】功能键，用“路径选择工具”来拖动即可。“路径选择工具”如图2－107（a）所示，单击后能够选择整个路径。为了图形的美观，六边形的间距要相等，如图2－107（b）所示，而且【路径】面板的“工作路径”变为了“路径1”，这是由于保存路径的缘故。工作路径都是临时的，为了再次使用或者便于编辑，可以把工作路径保存为“路径1”。保存方法是：打开【路径】面板的折叠菜单，单击【存储路径...】命令，如图2－108所示。

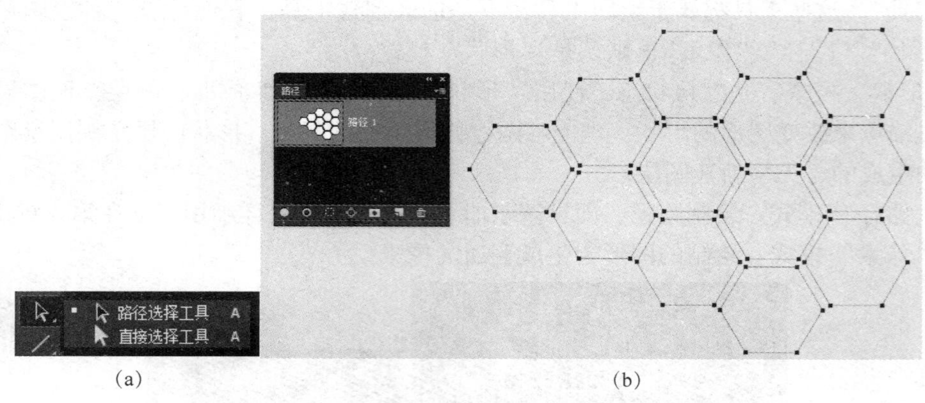

（a）　　　　　　　　　　　　（b）

图2－107　多个正六边形路径的复制

（a）工具箱中的“路径选择工具”；（b）多个正六边形

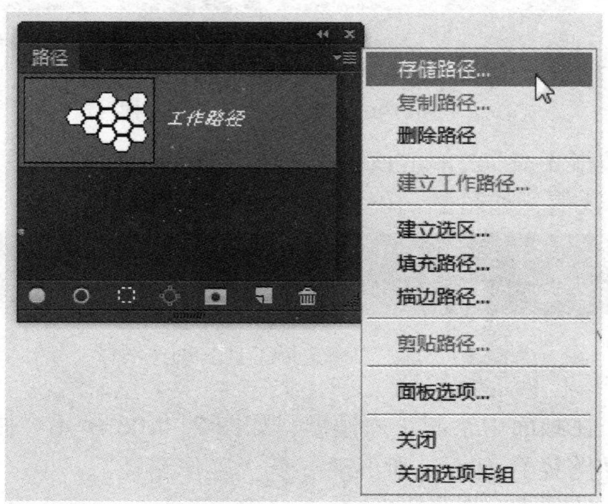

图2－108　存储路径

（4）为路径填充颜色：路径是贝塞尔曲线，相当于图形绘制的辅助线，如果不选中“路径”，则画面中显示为空白。路径在打印输出时也不会显示。在本例中，为了创建剪贴蒙版，要在路径中填色。首先新建图层1，设置前景色为粉色（其他颜色也可以），采用“路径选择工具”框选所有的正六边形，如图2－109所示，单击【路径】面板下方的第一个按钮“用前景色填充路径”，则可看到所有的正六边形变为粉色。

⚠ 特别提示：

必须新建图层1。如果没有新建图层1，则在图层面板中，所有的粉色正六边形会绘制在背景图层中，这样无法创建剪贴蒙版。

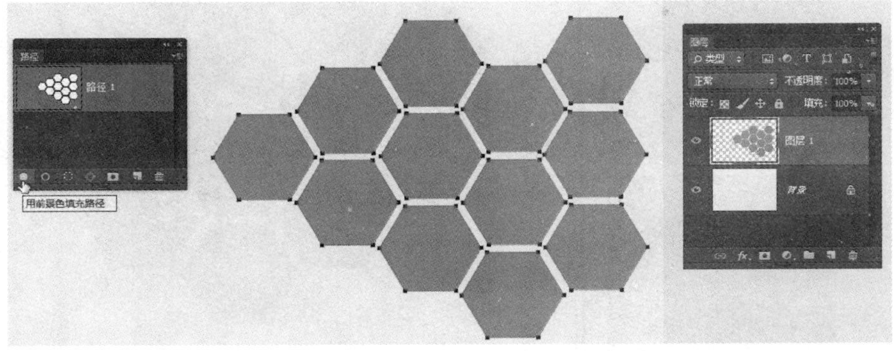

图 2－109 新建图层并用前景色填充路径

（5）创建剪贴蒙版："剪贴蒙版"也叫作"剪贴组"，是通过使用处于下方图层的形状来限制上方图层的显示状态，从而达到一种剪贴画的效果。简单来说，就是"下层控制形状，上层控制填充"。在本例中，打开"实例7楼房.jpg"文件，拖入本文件，成为图层2，楼房的尺寸可以通过【Ctrl】+【T】键适当调整。然后选中图层2，在【图层】面板的折叠菜单中选择【创建剪贴蒙版】命令，如图2－110所示。创建剪贴蒙版的效果如图2－111所示。从图中可以看出，图层1中的正六边形组合充当了形状轮廓，其中显示的内容是图层2中的大楼图片。

创建剪贴蒙版的简便方法：按住【Alt】键，在【图层】面板中，把光标放在图层1和图层2之间的分界线上，当光标呈现↓□时，单击即可。同样的，如果是已经创建完成的剪贴蒙版，可以采用此种方法来取消剪贴蒙版，也可以在【图层】面板折叠菜单中选择【释放剪贴蒙版】命令。

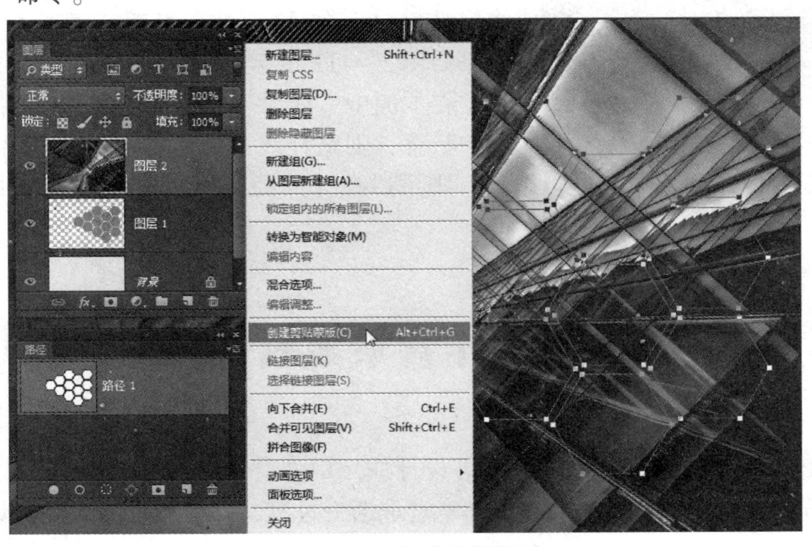

图 2－110 创建剪贴蒙版

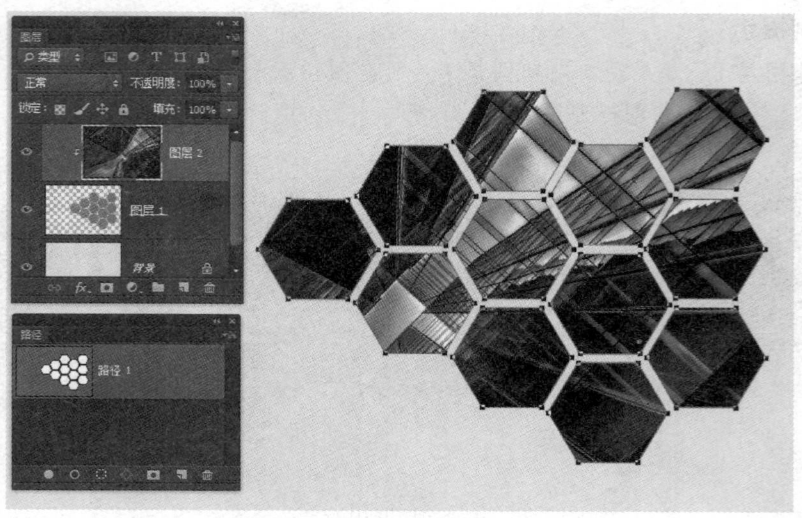

图 2－111　剪贴蒙版的效果

（6）输入标题和正文：标题文字采用“方正品尚黑体”，22 点，正文采用“微软雅黑”，12 点，在字体和大小方面形成对比。由于正文文字较多，需要把剪贴蒙版的图形效果向右移动。此时的图层 1 和图层 2 都可以单独进行移动和编辑操作。如果同时选中图层 1 和图层 2，或者链接 这两个图层，则轮廓和填充成为一个组合，可以同时移动。

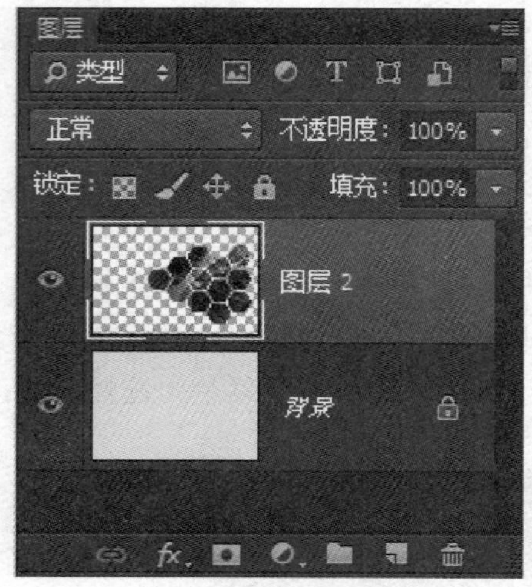

图 2－112　合并剪贴蒙版

特别提示：

创建了剪贴蒙版之后的两个图层，还是单独的两个图层。如果想在不同的文件之间进行复制等操作，则可以选中这两个图层，合并选中的图层（或使用快捷键【Ctrl】+【E】），彻底把两个图层合为一个整体，效果如图 2－112 所示。

在本例中，如果【路径】面板中的路径一直处于选中状态，则路径线条能够显示在画面中，用于路径的编辑。如果要针对某个图层进行编辑，则可以在【路径】面板的空白处单击，取消路径显示即可。

2.6　制作背景素材图像

在制作 PPT 课件、网页、宣传海报等设计应用时，背景素材是必不可少的。这些背景素材的外观样式非常丰富、做法多样，本章选取渐变过渡、融合特效、滤镜特效、背景图案等手法进行讲解。

2.6.1 制作背景图的渐变效果

在背景图中添加渐变使得画面更有层次感，更自然。颜色的渐变不仅指的是一种颜色逐渐过渡成另外一种颜色，而且还指颜色透明度的变化。在 Photoshop 工具箱中，“渐变工具”和“油漆桶工具”位于同一个位置。单击“渐变工具”，可以看到该工具的选项面板如图 2－113 所示。

图 2－113 “渐变工具”选项面板

1. 渐变的类型

Photoshop 的渐变有 5 种类型，在图 2－113 的选项面板中可以看到，分别是线性渐变、径向渐变、角度渐变、对称渐变和菱形渐变，其中最常用的是线性渐变和径向渐变，这两种渐变设置方法也能用在 Illustrator 和 Animate 中。

（1）线性渐变：是指颜色从起点到终点以直线方式渐变，使用线性渐变工具拉出来的线可以是水平的、垂直的，也可以是倾斜的。中间拉出来的水平线就是渐变的范围，如图 2－114 所示，图中颜色从浅灰色过渡到深灰。在线性渐变中，如果是从左向右拉出一条直线，则左侧是起点，右侧是终点。起点左边的颜色都是起点色，终点右边的颜色都是终点色。只有从起点到终点这段范围是由浅灰到深灰的渐变。图 2－114（a）拉出的直线较长，则渐变范围较宽；图 2－114（b）拉出的直线较短，则渐变的范围较窄。拉出来的直线的长度和方向决定着渐变的效果。

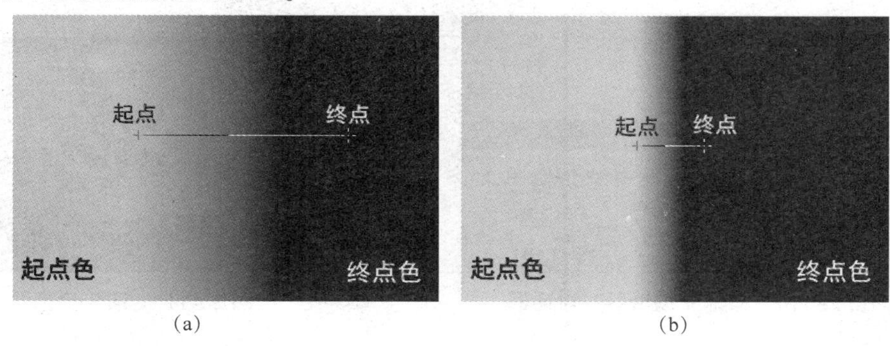

（a） （b）

图 2－114 线性渐变
（a）较宽的渐变范围；（b）较窄的渐变范围

（2）径向渐变：是指颜色从起点到终点以圆形方式渐变，拉出来的直线是圆形渐变的范围。图 2－115 中的径向渐变是三种颜色的变化，从黄色过渡到红色再到暗红色。鼠标单击的位置就是渐变的中心。

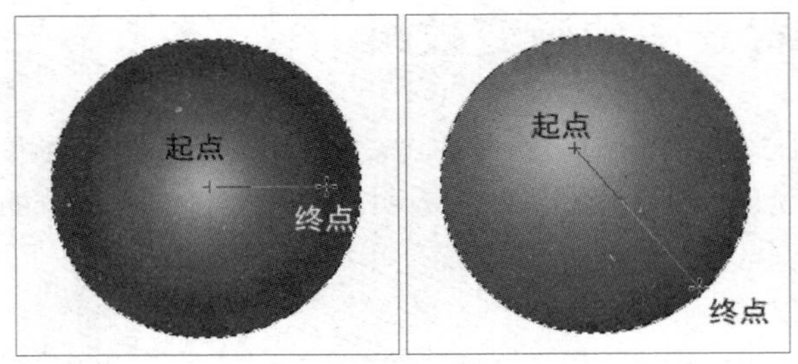

图 2－115　径向渐变的效果

2. 渐变的编辑

在“渐变工具”的选项面板中单击色带可以打开“渐变编辑器”对话框，如图 2－116 所示，在此可以设定起点色、终点色以及渐变过渡的位置，还可以通过增加或者删除色标的方法来添加、删除颜色等。设定好的渐变色，可以单击“新建”按钮保存在预设的拾色器中，便于日后取用。

单击“渐变工具”选项面板中色带右侧的向下箭头，可以打开拾色器，如图 2－117 所示，拾色器中是 Photoshop 预设的渐变样式和用户自己新建的渐变样式。比如第一个方块是前景色到背景色渐变，第二个方块是前景色到透明色的渐变，第三个方块是黑色到白色的渐变，还有橙黄橙渐变、铬黄渐变、色谱渐变等。

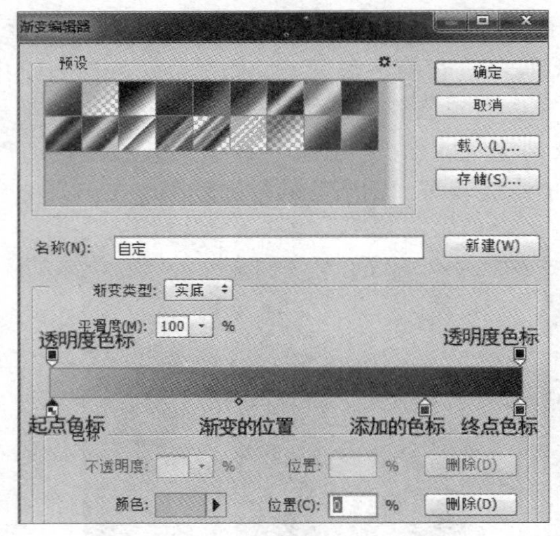

图 2－116　“渐变编辑器”对话框

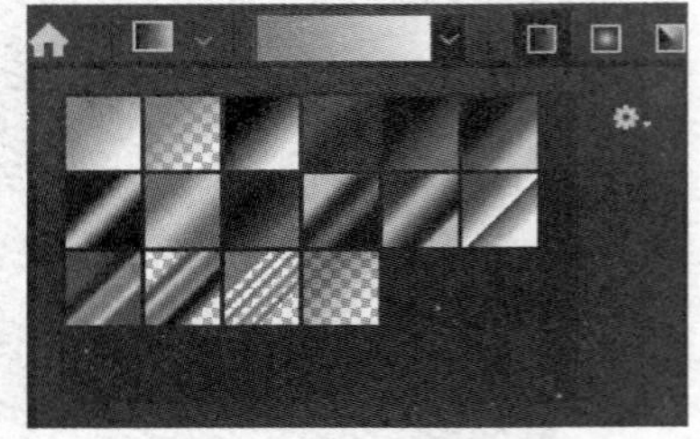

图 2－117　渐变拾色器

特别提示：

如果需要设置两种颜色的渐变，可以先把这两种颜色设置为前景色和背景色，再选择渐变类型。渐变拾色器的第一方块自动变为这两种颜色的渐变，选项面板中的色带也会自动变为这两种颜色的渐变。如果要设置某种颜色的透明渐变，也无须打开渐变编辑器，可以把前景色设置为需要的颜色，然后从渐变拾色器中单击第二个方块。

用渐变填充，可以增强颜色的层次感。比如在制作各种按钮时，加上渐变效果，可以使得按钮变得晶莹剔透，如图2－118所示，圆形按钮是浅蓝色到深蓝色的径向渐变，上面添加了一个白色到透明的椭圆形，胶囊形按钮的上方也添加了白色到透明的渐变。

图2－118 晶莹剔透的按钮

3. 背景图渐变的设置

在设计背景图的渐变时，线性渐变和径向渐变都很常用。无论哪种渐变，颜色最好采用同一色相，只改变亮度和饱和度。而且渐变的范围要大，即“渐变工具”拉出的线条要长。如图2－119（a）所示，设置蓝色径向渐变，中心点颜色为浅蓝，边缘点为深蓝，渐变从画面中心开始，拉到画面边界之外，效果如图2－119（b）所示，过渡柔和自然。如果画面颜色中间深，四周浅，用作背景色就不合适。

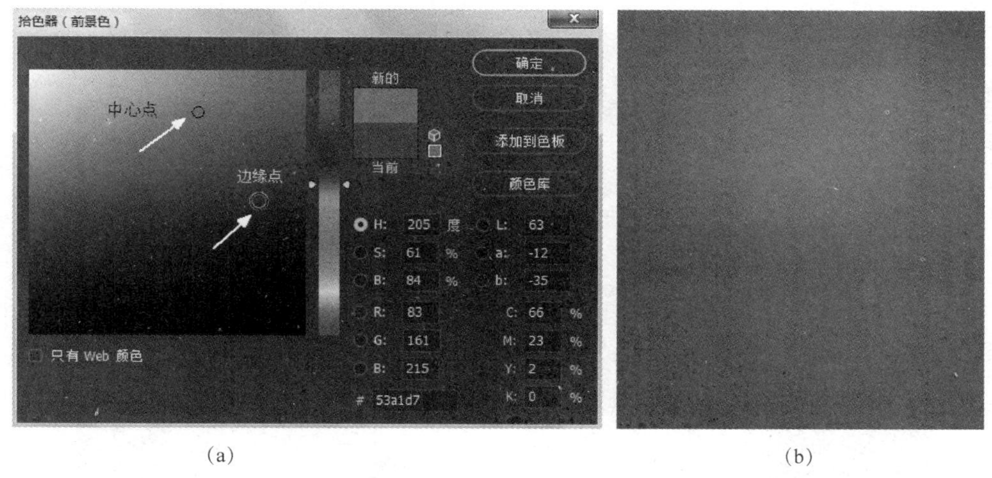

（a）　　（b）

图2－119 背景图的径向渐变

（a）拾色器中选择中心色和边缘色；（b）柔和的径向渐变效果

如果采用线性渐变也是如此，颜色的变化不要剧烈，最好采用相同色相。图2－120（a）是纯色背景，图2－120（b）是蓝色线性渐变背景，顶端较浅，底端较深，比纯色多些许变化，灵活不死板。

（a）　　（b）

图2－120 纯色背景和线性渐变背景的对比

（a）纯蓝色；（b）蓝色的深浅渐变

线性渐变如果渐变的范围较小，画面中会出现色带；径向渐变如果渐变的范围较小，则画面中会出现圆形。在制作背景图像时都要避免出现这两种情况。

4. 图层蒙版的渐变制作背景图融合效果

当图像充当背景图的时候，如果图像比较满就不适合直接添加文字，需要把背景图像处理成融合淡出的效果，使得图像既能渲染气氛，又不影响文字的阅读，减弱图文的相互干扰。如图 2－121（a）所示，玉兰花树背景图右侧淡出与白底融合，左侧半透明显示。

具体的做法是：在玉兰花图层中添加图层蒙版，在蒙版中创建黑白渐变，效果如图 2－121（b）所示。图层 1 是白色背景，在图层 0 玉兰花图像的右侧添加蒙版，使用工具箱的“渐变填充工具”在蒙版上填充黑白渐变，这时玉兰花图像就会呈现渐变淡出的效果，逐渐融合在白色背景中。

特别提示：

在制作渐变融合时，要注意蒙版中渐变的起点、终点、方向和范围，保证文字的易读性。

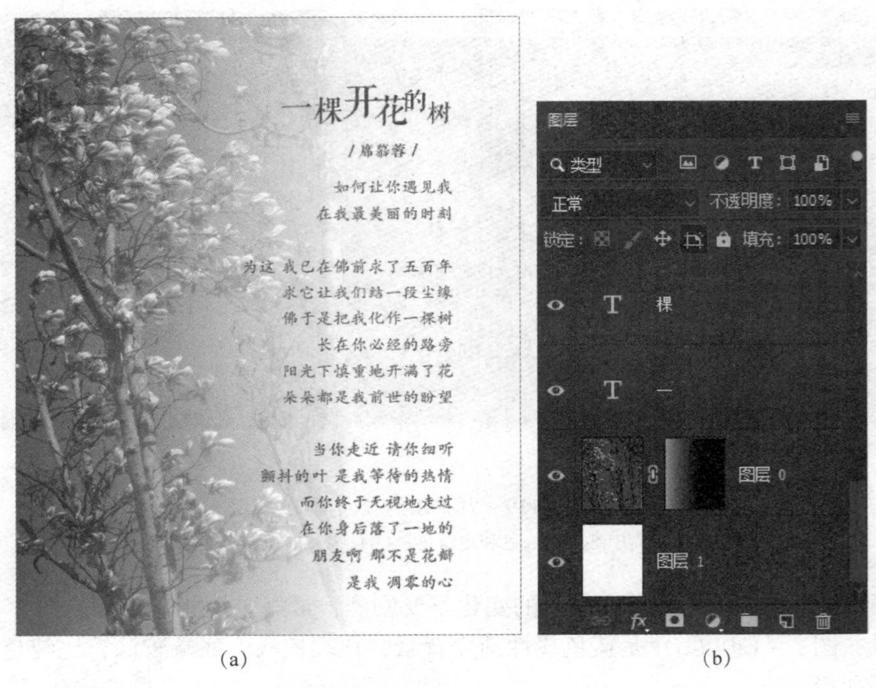

（a）　　　　（b）

图 2－121　背景图像与白底融合

（a）融合效果；（b）在图层蒙版中填充黑白渐变

2.6.2　制作背景图的滤镜特效

Photoshop 中的滤镜是增效工具，功能强大，样式繁多。滤镜需要同通道、图层等联合使用，实现图像的各种特殊效果。滤镜的操作非常简单，但是真正用起来却很难恰到好处，需要一定的美术功底、对滤镜功能的了解和掌握，还需要发挥想象力。本小节中结合背景素材的制作讲解利用 Photoshop 内置的高斯模糊滤镜制作虚化背景的过程。

高斯模糊滤镜在【滤镜】|【模糊】下面，能够柔化选区或整个图像，产生一种朦胧的画面效果。图2－122展现了《东栏梨花》页面背景图的制作方法，其中图2－122（a）是原图，内容是与主题无关的丁香花，图2－122（b）把图2－122（a）进行了高斯模糊成为背景，原有的丁香花信息消失不见，又添加了与主题相关的梨花退底图和文字。丁香花原图采用高斯模糊滤镜变为背景之后，既能够传达出春天的意境和丰富色调（白、蓝、绿、黄等自由组合），避免了单色背景和渐变背景的呆板，又利于文字信息的传达。

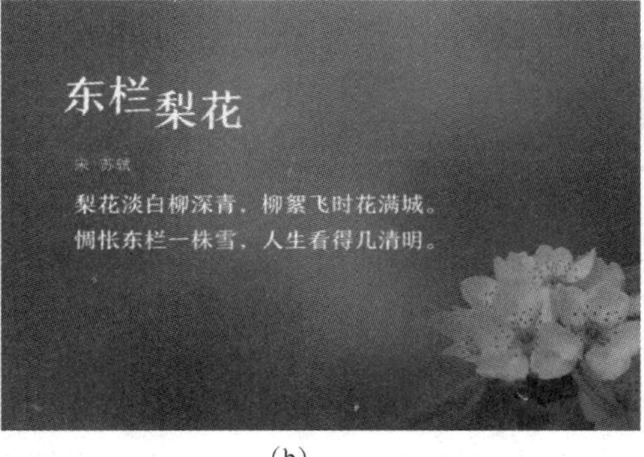

（a）　　（b）

图2－122　利用高斯模糊滤镜制作背景图

（a）丁香花原图；（b）高斯模糊处理效果图

在利用高斯模糊滤镜制作背景图时，需要注意设置合理的模糊半径数值。图2－122（b）的模糊数值为200像素。如果模糊太剧烈则颜色就失去了多样性，如果模糊太轻微，则图像给人一种没拍清楚的错觉，而且影响文字的可读性。

实例8　利用滤镜特效设计炫彩背景

设计思路：利用纤维滤镜使画面中出现灰白色条状纤维，利用动感模糊滤镜把纤维拉成线条，利用渐变填充和“颜色”混合模式添加颜色，上下添加黑色透明渐变，输入文字。其效果图如图2－123所示。

视频二维码

图2－123　炫彩线条背景图

知识技能：各种滤镜的综合运用，调整色阶，图层混合模式的应用。

实现步骤：

（1）新建文件：新建宽高为 1 366 像素 ×768 像素、分辨率为 72 PPI、颜色模式为 RGB 的文件，单击如图 2－124 所示工具箱下方颜色设置按钮，设置当前文件的背景色为白色，前景色为黑色。（注意，前景色一定不能是彩色）

图 2－124　颜色设置按钮

（2）添加硬纤维：执行【滤镜】|【渲染】|【纤维...】命令，出现“纤维”对话框，这个滤镜是使用前景色和背景色创建编织纤维的外观，一共有“差异”“强度”和“随机化”三个调整参数。可以使用“差异”滑块来控制颜色的变化方式（较低的值会产生较长的颜色条纹，而较高的值会产生非常短且颜色分布变化更大的纤维）。“强度”滑块控制每根纤维的外观（低设置会产生松散的织物，而高设置会产生短的绳状纤维）。单击“随机化”按钮可更改图案的外观，可多次单击该按钮，直到看到喜欢的纤维图案。默认的参数设置如图 2－125（a）所示，纤维较粗较松散，本例把差异和强度都改成25，使得纤维更细更硬，画面的颜色更分明，如图 2－125（b）所示。（读者也可以不改动，看一下后面制作的效果）确定之后，原来的白底被填充为灰白色的纤维图样。

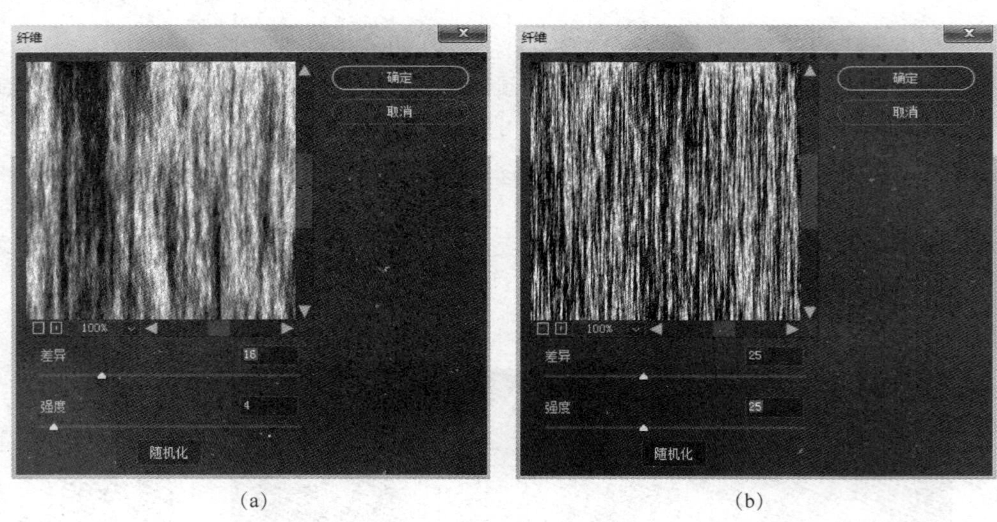

（a）　　（b）

图 2－125　纤维滤镜的参数设置

（a）初始参数；（b）本例参数

（3）调整纤维的明暗，使之黑白分明：执行【图像】|【调整】|【色阶】命令，把输入色阶默认的三个值（0，1，255）分别作出调整（47，0.34，255），如图 2－126 所示，即把画面变暗，底色变黑，明暗对比更加明显。（此处必须调整出黑底，否则影响效果）

（4）纤维变线条：执行【滤镜】|【模糊】|【动感模糊】命令，打开“动感模糊”对话框，设置模糊的角度和距离，把上一步制作的纤维拉成线条。如图 2－127 所示，本例采用了 －86°近似垂直的角度，距离为 200 像素，画面变成不同灰度的直线。

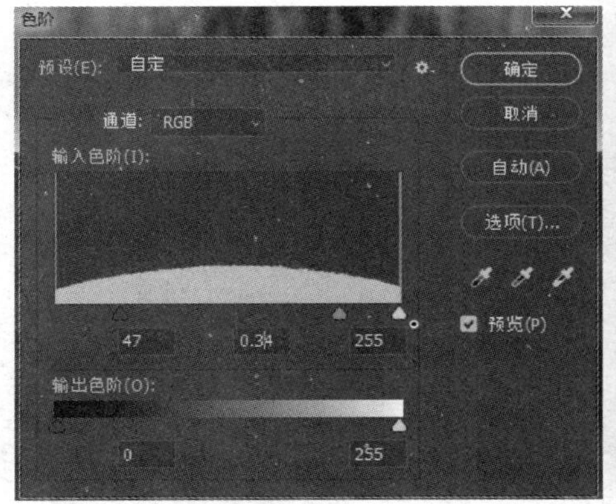

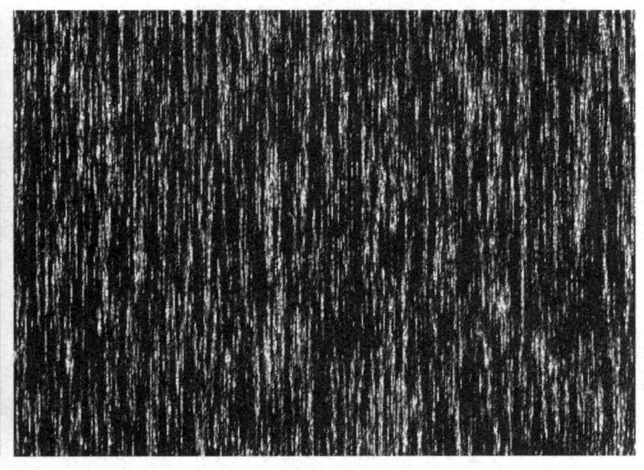

图 2－126　调整色阶

图 2－127　“动感模糊”对话框

（5）添加彩色渐变：在灰色线条图层的上方新建图层 2，利用“渐变工具”，打开渐变拾色器，选择“彩虹渐变”，在图层 2 中填充从左向右的线性渐变，这时画面变成鲜艳的彩虹色，遮盖住下方的灰色线条图层。在图层面板中，设置图层 2 的混合模式为“颜色”，如图 2－128 所示，此时图层 1 的灰色线条透过彩虹渐变显露出来。注意，“颜色”模式是只取当前图层的色相和饱和度，亮度采用其下方的图层亮度。

（6）上部和下部添加透明渐变的黑色：步骤（5）中的画面上端和下端比较亮，局部发白，可以覆盖透明渐变的黑色加以弥补。具体做法是：新建图层 3，填充黑色，然后在图层 3 中添加图层蒙版，在蒙版中设置黑白的对称渐变，如图 2－129（a）所示，使得蒙版的中间是黑色，上下两端是白色，即图层 3 的黑色中间透明，在垂直方向上逐渐变暗，效果如图 2－129（b）所示。如果不采用蒙版，则可以用较大的柔边橡皮擦，直接擦除中间的黑色。最后键入文字，保存文件。

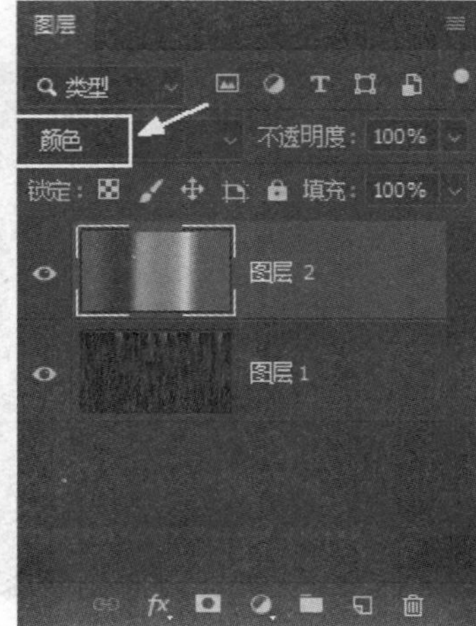

图 2－128　把彩虹渐变设置为“颜色”模式

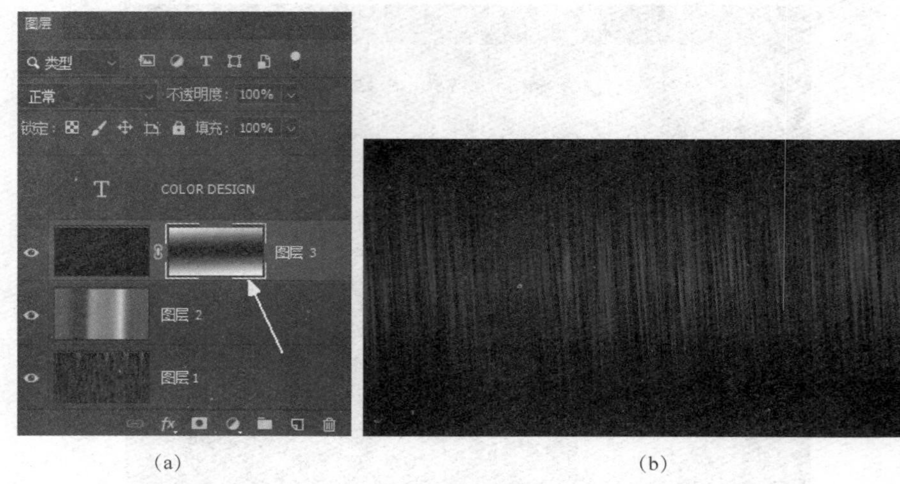

(a)　　(b)

图 2－129　上下两端添加透明渐变的黑色

(a) 图层面板；(b) 页面效果

滤镜的使用需要想象的空间。比如想设计随意集中排列的炫彩线条背景，除了采用纤维滤镜，还可以利用“点状化滤镜”添加色点，并调整阈值形成白点，利用动感模糊滤镜把白点拉成线条，用高斯模糊滤镜柔化线条，从而得到步骤（4）中的灰色线条。

2.6.3　设计背景图案

图案是具有装饰意味的花纹或者图形，经常会在课件背景、网页背景、包装纸、书籍封面等不同介质上出现。当图案按照一定的顺序排列在画面当中时，会产生秩序的美感，排列整齐，统一之中又有变化。构成图案的要素可以是具象的花卉、风景、人物、动物等，也可以是抽象的点线面，这些要素按照一定的规律进行组合能够定义出图案。如图 2－130 所示，图 2－130（a）是方格图案的填充效果，图 2－130（b）是花朵图案的填充效果，图 2－130（c）是小方块图案的填充效果。图案填充的效果，是由单个图案的样式和尺寸来决定的，因此图

案的定义显得非常重要。方格图案、花朵图案和方块图案的单位图形如图 2－131 所示。

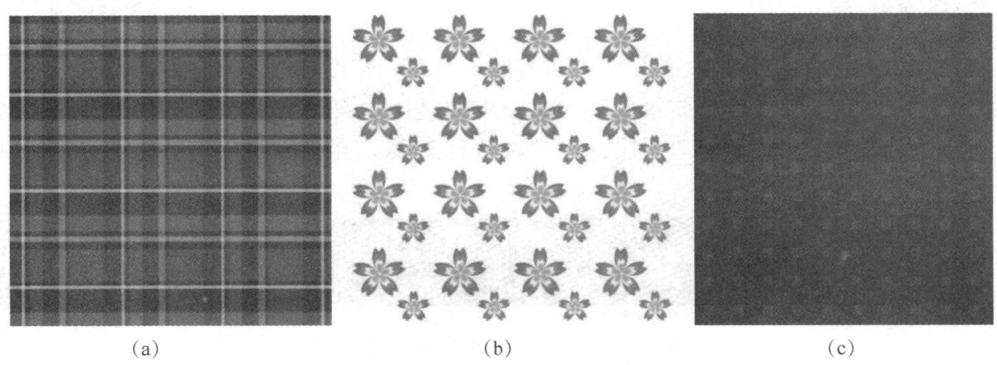

（a）　（b）　（c）

图 2－130　背景图的图案填充

（a）方格图案；（b）花朵图案；（c）方块图案

图 2－131　图案的单位图形

下面以图 2－130（c）的小方块图案为例讲解定义图案的方法步骤。

1. 绘制单位图形并定义图案

填充图案时，图案是不断重复平铺在画面中的，颜色、大小都不会发生变化，所以只需要选择一个方块进行定义即可，这就是图案的单位图形。在本例中，图像文件的尺寸为 1 366像素 ×768 像素，图案的尺寸要根据文件的大小来定义。执行【视图】|【显示】|【网格】命令，根据网格来确定白色方块的绘制位置和大小。然后在白色方块外侧一定距离的位置创建一个矩形选区，即选区中有白色方块和四周的空隙，如图 2－132 所示。白色方块的疏密，由周围的空隙大小来决定。

执行【编辑】|【定义图案】命令，在出现的“图案名称”对话框中输入要定义的图案名称“小方块”，如图 2－133 所示，然后单击“确定”按钮。如果图案中的图形本身不是矩形，如图 2－130（b）所示的樱花图案是不规则形状，则要把这些图形放置到有色或透明的矩形当中。如果不创建选区，则会把当前整个图层的范围全部定义为图案。

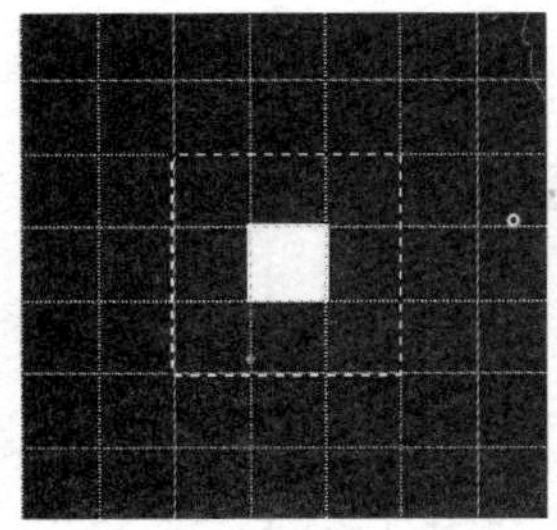

图 2－132　创建矩形选区

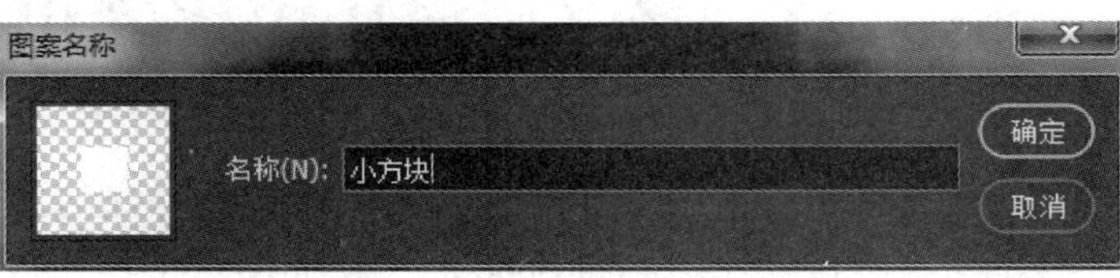

图 2－133　“图案名称”对话框

2. 填充图案

图案的填充，是采用工具箱中的“油漆桶工具”，该工具的选项面板如图 2－134 所示。“油漆桶工具”可以用来填充前景色和图案，本例是用图案填充。在图案样式中选择刚才定义的“小方块”，在文件中新建图层，用“油漆桶工具”在画面中单击就能够在画面中填满图案。

图 2－134　“油漆桶工具”选项面板

适当降低小方块图案所在图层的不透明度，或者适当缩小图案，或只保留一部分图案，如图 2－135（a）所示，可以使背景的填充效果更恰当。图 2－135（b）展示的是缩小方块之后的图案效果。

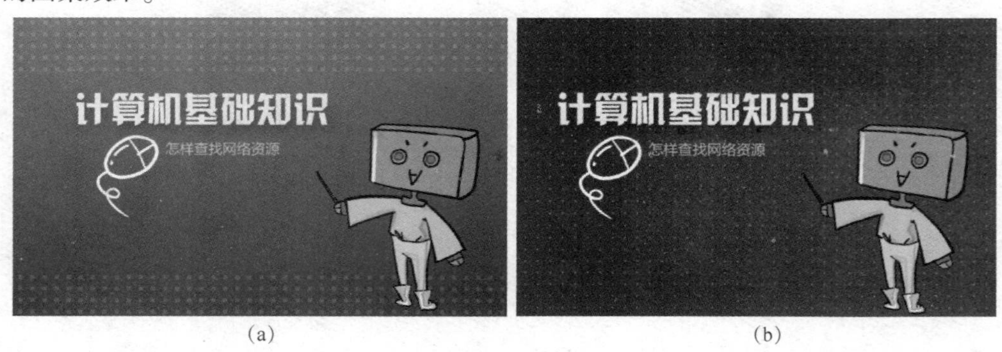

（a）　（b）

图 2－135　图案显示和填充范围

（a）图案只填充画面的局部；（b）较小的图案填充效果

特别提示：

定义图案时，单位图形的尺寸与需要填充图案的文件尺寸密切相关，不要随意定制图案大小。如果想创建透明底的图案，则图形本身不要带有底色。如果文件图层面板中有“画板”，则可以执行【窗口】|【属性】命令来设置画板为透明色。

相机拍摄的图片素材由于拍摄技术、环境或某种偶然因素的影响，有的图片不能满足主题表达的需要，或者本身就存在某种不足。使用 Photoshop 可以对这些图片进行一定程度的修整，修改图片的亮度、饱和度、颜色等，使图片更能够符合审美和主题表达要求。

2.7　净化图像突出主体

拍摄的图像素材由于拍摄技术、环境或某种偶然因素的影响，有的图像环境杂乱，影响了主体的中心地位。使用 Photoshop 的“仿制图章工具”可以对这些图片进行一定程度的修整，净化环境，突出主体。

1. “仿制图章工具”的使用方法

“仿制图章工具”主要用来复制取样的图像，可以将图像中一个位置的像素原样复制到其他位置，使两个位置的内容一致。使用方法有三步：

第一步：在工具箱中选取“仿制图章工具”图标，把光标放到要进行处理的图像上，通常光标会变成一个圆圈，这个圆圈的大小就是仿制图章的大小，是由“画笔”参数来确定的。

第二步：开始采样，也就是要设置“仿制源”：把光标停在一个要复制的地方，按住【Alt】键在此处单击鼠标，光标上出现了一个“十”外面包围一个圆圈的图标，这是选定的仿制源，也就是采样点，即复制的起点。随后松开【Alt】键。

第三步：把光标移动到图像上需要修改的位置，即目标位置，单击鼠标或拖动鼠标。如果只是单击鼠标，则在单击位置绘制一个采样点的副本；如果拖动鼠标进行涂抹，则可以创建连续的一系列副本。需要注意，当单击或拖动鼠标时，画面中会出现一个“+”字形，这个就是仿制源，单击或涂抹的地方会逐渐变成“+”所在位置的内容。

2. “仿制图章工具”的参数设置

单击“仿制图章工具”图标，可以看到工具的选项面板如图 2－136 所示。可以在选项面板中设置画笔、“模式”和“不透明度”等参数。可以通过选择画笔预设和模式，来控制“仿制图章工具”的复制效果。要注意，画笔的直径决定仿制图章的大小，会影响复制的范围，画笔的软硬会影响绘制的边缘效果。还可以使用“流量”值来控制复制，使之呈现类似于透明度的效果。

图 2－136 “仿制图章工具”的选项面板

在使用“仿制图章工具”时，如果在选项面板中没有选中“对齐”项，则无论涂抹停止和重新开始多少次，采样点都是最初单击的位置，也就是采样点位置保持不变。如果选中“对齐”项，则第一次采样之后，仿制图章的目标位置和源位置的距离和角度永远不变。在修图时要根据实际情况判断是否需要选中“对齐”项。

实例 9 净化图像的杂乱环境

设计要求：消除照片中男孩周围的人物、塑料滚筒、滑草车，以突出表现男孩主体，如图 2－137 所示。

(a)

(b)

视频二维码

图 2－137 净化图像的杂乱环境

(a) 原图；(b) 效果图

设计思路：选用合适的仿制图章大小，定义采样点，在特定的区域拖动并绘制。

知识技能：仿制图章中的画笔大小、软硬的选择，合适的采样点的选择。

实现步骤：

（1）对照片进行分析，确定修改的顺序：打开要处理的图片“滑草.jpg”，左侧的滑草车周围都是干净的草坪，这种情形使用仿制图章最简单。小男孩手臂和头部周围的人物、塑料滚筒和小男孩连成一个整体，操作比较复杂。按照由简到难的顺序开始修改。

（2）消除滑草车：使用仿制图章时要用到画笔参数，该参数的选择会影响到图章的仿制效果。这里设定画笔大小为250像素，硬度为30%。按住【Alt】键单击小车右侧的草地，确定采样点，如图2－138所示。松开【Alt】键，在小车的位置涂抹，一次完成。

图2－138　去除小车

特别提示：

画笔的大小影响仿制的范围，要根据去除的区域大小以及复杂程度进行选择；本文件的尺寸较大，原图是5 472像素×3 348像素，所以仿制图章的尺寸也应该设置较大数值。同画笔等工具的大小设置类似，也可采用方括号来逐级改变仿制图章的大小。画笔的软硬度影响仿制区域的边缘。对于大面积区域通常选择较软的笔刷，这样仿制出来的区域边缘与原图像可以较好地融合。

（3）多次变换仿制图章的大小和软硬，去除人物和塑料滚筒：仿制图章的大小继续采用250像素，硬度为30%，在人物左侧取样，涂抹人物的大部分。在塑料滚筒的左侧取样，涂抹到滚筒的大部分，如图2－139（a）所示。贴近头部的部分，要采用“缩放工具”图标放大画面，同时缩小仿制图章的大小，采用125像素，就近采样，然后涂抹，效果如图2－139（b）所示。贴近耳朵、头发的部分，继续用“缩放工具”放大画面，如图2－139（c）所示，同时缩小仿制图章到45像素，硬度45%，这样既能精细地修整，又不会虚化耳朵。这时候耳朵和头发之间还有一点蓝色，继续放大画面到500%，采用9像素大小的仿制图章，硬度35%，继续取样，涂抹，得到如图2－139（d）所示的效果。

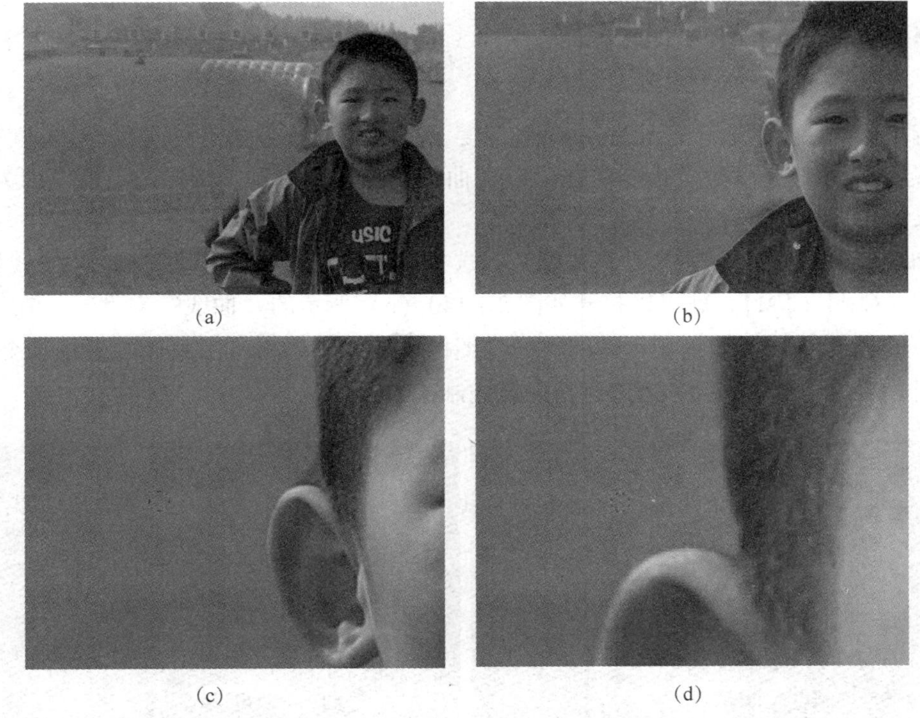

(a)　(b)　(c)　(d)

图 2-139　仿制图章修图过程

(a) 去掉人物和滚筒的大部分；(b) 去掉塑料滚筒的上边缘
(c) 去掉头部附近的杂物；(d) 去掉耳朵和头发之间的蓝色

特别提示：

要注意采样点并非是固定不变的，当拖动鼠标涂抹的时候，采样点会跟随鼠标的当前位置作相应变化，而且要根据不同区域的具体情况，多次按住【Alt】键定义合适的采样点。最终使得画面效果自然，不能出现明显的涂抹痕迹。

(4) 把所有多余的物体都涂抹掉后，执行【文件】|【另存为】命令保存文件为“实例9效果图.jpg”。

2.8　调整图像的颜色

图像的亮度、色相、饱和度是图像颜色的三大属性，也是主要的调整内容。在Photoshop的【图像】|【调整】菜单下面有很多命令，都是针对颜色的三个属性进行调整操作的。

2.8.1 调整图像的亮度

自行拍摄的照片素材，通常需要调整亮度。亮度的调整方法有【亮度/对比度】、【曲线】、【色阶】、【曝光度】等命令。在此以【曲线】命令为例调整图像的亮度，因为曲线的调整效果比较自然。

在 Photoshop 中打开一张要处理的照片，选择菜单命令【图像】|【调整】|【曲线】，或者按快捷键【Ctrl】+【M】，就可以打开如图 2－140（a）所示的“曲线”对话框。在“曲线”对话框中单击“以 10% 增量显示详细网格”图标▦，调整网格将由默认的一排 4 个变成 10 个，如图 2－140（b）所示，可以更精确地控制曲线。

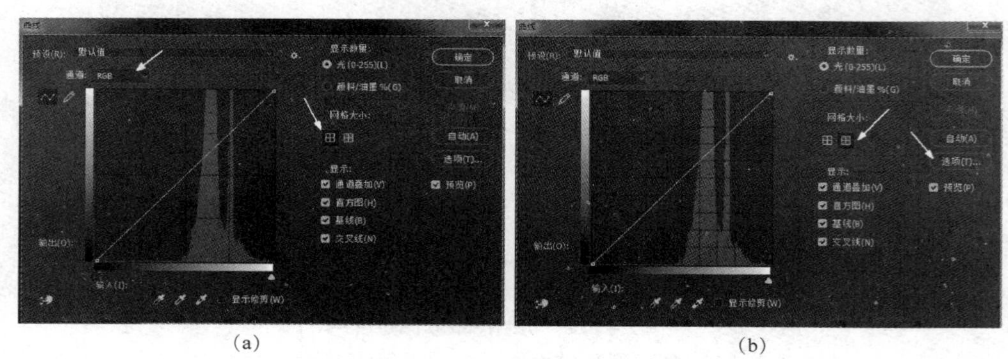

（a）　　　　（b）

图 2－140　调整曲线改变亮度

（a）“曲线”对话框；（b）改变曲线网格大小

曲线调整的初始状态默认选择处理的是 RGB 通道，图中直线代表了 RGB 通道的亮度值，曲线的表达式为 $y=x$。左下角处是黑色，右上角处是白色，只要拖动直线把它调整成合适的曲线就可以改变当前图像的亮度分布情况。图中横坐标代表输入亮度值，即图像原本的亮度值，取值范围在 0～255，纵坐标代表调整之后输出的亮度值，取值范围同样为 0～255。在曲线上单击会产生一个节点，通过鼠标拖动这个节点可以调整与该节点相邻的两个节点间曲线的弯曲情况，用来精细调整亮度。

在学习、工作中，经常会用到个人的数字签名。图 2－141（a）是手机拍摄的在白纸上的签名，白纸画面较暗。按【Ctrl】+【M】键打开“曲线”对话框，如图 2－141（b）所示，用光标在白纸的位置单击，从这个节点处往上拉动曲线，增大到 253，使纸张变得更白。单击画面的黑色笔画，向下拉动，使笔画更黑。可以采用多次调整曲线命令，使白纸变白，签名变黑，使得图像黑白分明。随后可以采用“魔棒工具”删掉白底，变成透明图，如图 2－141（c）所示，并保存为 PNG 格式的文件，以用于各种文件的数字签名。

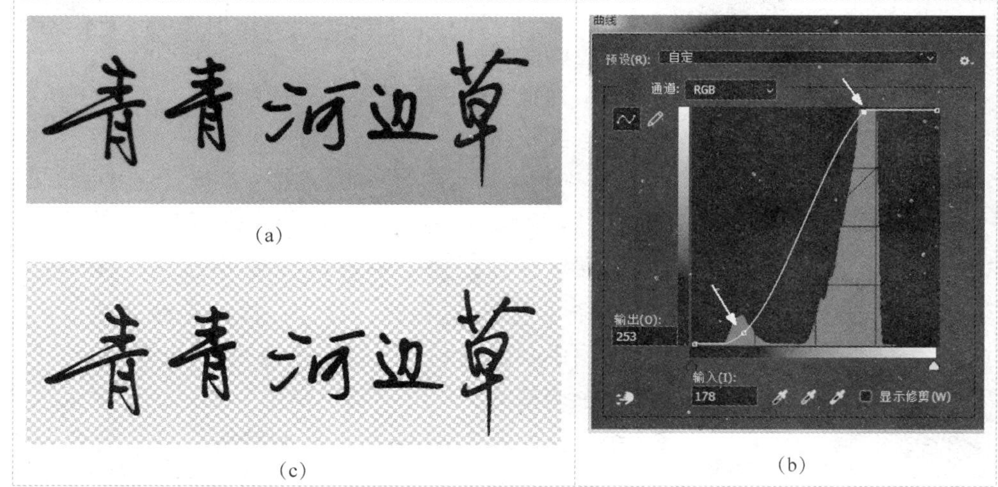

图 2-141 调整白纸的亮度制作数字签名

(a) 照片原图；(b) 增加亮度；(c) 透明底图

2.8.2 修改图像的颜色种类

修改颜色的种类就是修改色相，由红色变绿色，由黄色变蓝色等。修改色相的方法有很多，改变画面整体的颜色通常可以采用【色相/饱和度】、【色彩平衡】、【渐变映射】、【照片滤镜】等命令，不需要制作选区，直接针对整个画面进行调整，改变画面原有的颜色效果，渲染出一种特定的情感氛围。局部画面颜色的调整稍微复杂。通常是先制作选区，设置羽化效果，然后调整颜色；或者利用调整图层来控制颜色调整的范围；也可以不做选区，直接采用【色相/饱和度】（选某个颜色）、【替换颜色】等命令。究竟使用哪个命令，需要根据图像内容的实际情况和设计要求进行选择。

实例 10 把花朵调整为五颜六色

设计要求：如图 2-142 所示原图的郁金香都是红色，挑选其中的三朵改成其他颜色。

视频二维码

图 2-142 调整花朵的颜色种类

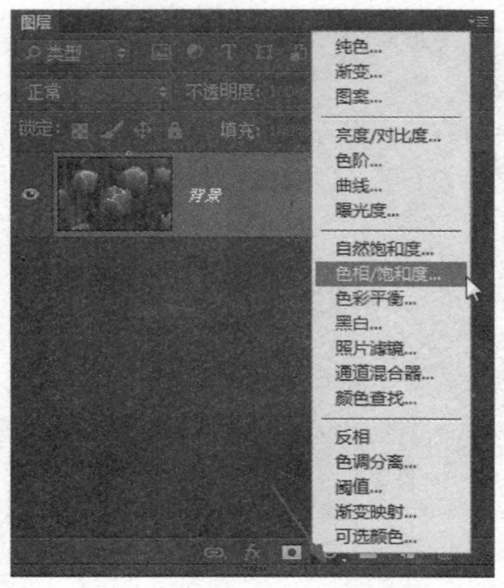

图 2－143　添加“色相/饱和度”调整图层

设计思路：利用调整图层，结合图层蒙版控制调整颜色的区域。

知识技能：调整图层的用法。

实现步骤：

（1）添加第一个调整图层：打开“郁金香原图 . jpg”文件，单击【图层】面板下方的“创建新的填充或调整图层”按钮，如图 2－143 所示，在弹出的菜单中选择【色相/饱和度】命令。执行完命令之后，在背景图层中会新建一个图层，名为“色相/饱和度 1”，这是一个调整图层，由“调整操作”和“图层蒙版”两部分组成。如图 2－144 所示，调整操作就是把色相调整为“＋37”，花朵呈现橙黄色。图层蒙版控制着当前调色操作的控制范围。默认是全白色蒙版，表示当前全图范围内所有花朵的颜色都被调整为橙黄色。

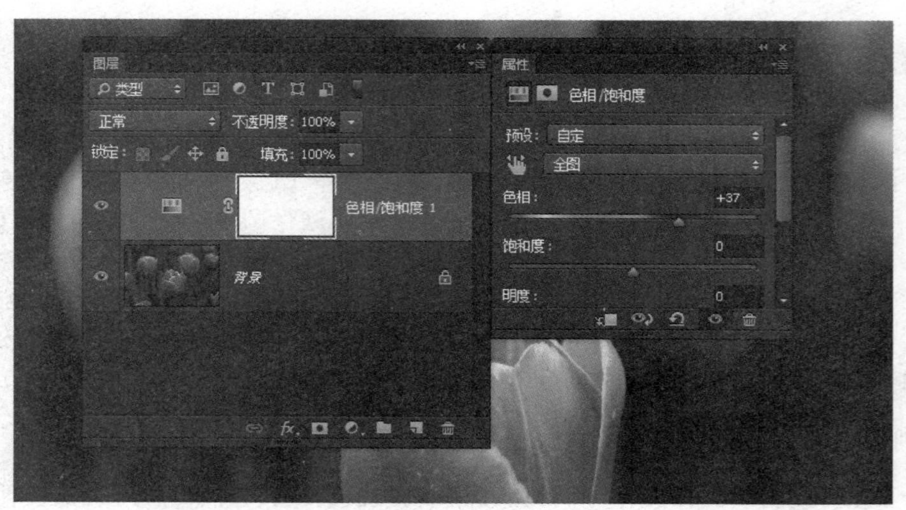

图 2－144　在调整图层 1 中修改画面颜色

（2）修改第 1 个调整图层的显示范围，只留一朵橙黄色花：步骤（1）中所有的花朵都变成了橙黄色，可以调整图层“色相/饱和度 1”的图层蒙版来控制显示范围，也就是在图层蒙版上只有最前面花朵的区域是白色，周围都是黑色。为此，可以先用纯黑色填充图层蒙版，然后用白色的软边画笔在花朵的位置涂抹，如图 2－145 所示。

（3）添加第 2 个调整图层并控制显示范围：采用同样的方法继续添加调整图层 2，这个图层是“色相/饱和度 2”。调整的颜色是紫红色，但步骤（1）中原本调整好的橙黄色花朵暂时变成了红色。修改调整图层 2 的蒙版，先填充全黑，然后用白色画笔涂抹一朵花，图层效果如图 2－146 所示。

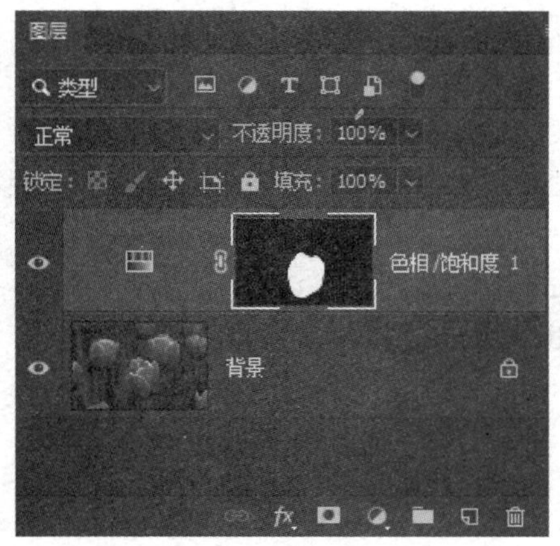

图 2－145 编辑调整图层“色相/饱和度 1”

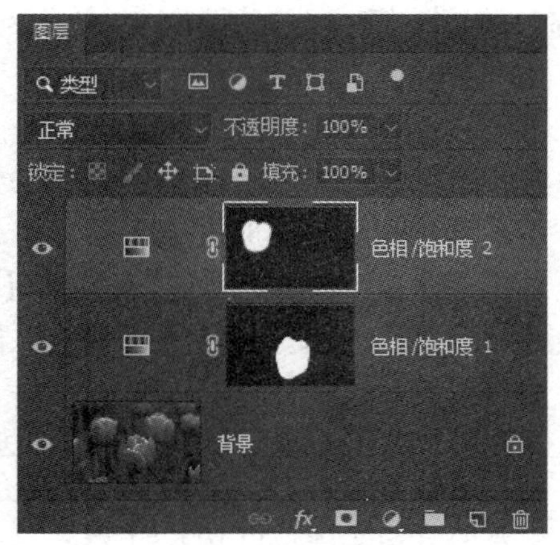

图 2－146 编辑调整图层“色相/饱和度 2”

（4）添加第 3 个调整图层并控制显示范围：步骤同上，图层面板和调色效果如图 2－147 所示。调整完成之后，文件另存为“效果图 . jpg”。

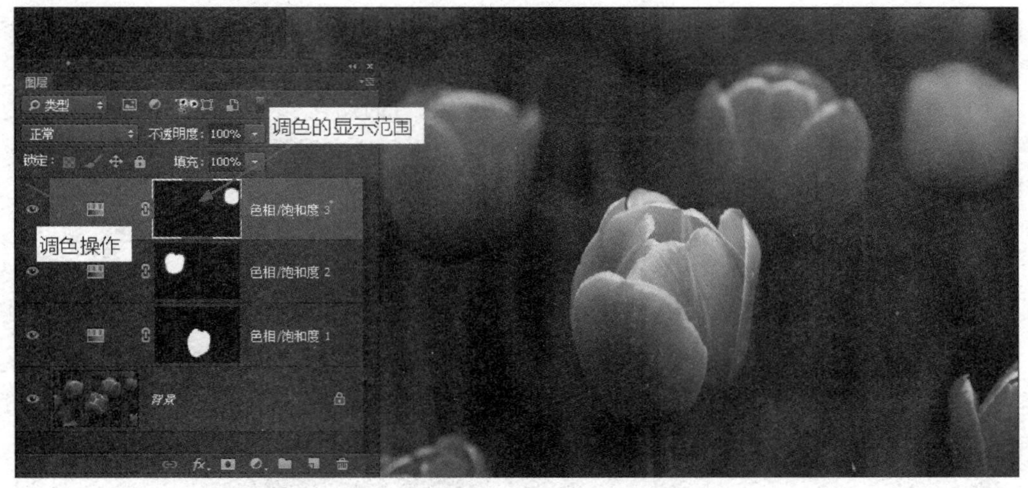

图 2－147 图层面板和调色效果

特别提示：

“调整图层”也是一种图层类型，它由调整操作和图层蒙版两部分构成，它能调整它下面所有图层的颜色。如果想要调整特定的某个图层的颜色，则需要把调整图层和特定的图层创建剪贴蒙版。做法就是按住【Alt】键，单击【图层】面板中两个图层的交界处。与【图像】|【调整】中所有的调色命令相比，用调整图层调色实际上是一种非破坏性的调整，原图并没有被修改，还是原来的图层，而且每一项调整命令和效果，都可以通过双击调整图层的缩略图重新修改。调整图层的缩略图会根据调整命令呈现不同的外观，比如调整曲线是，调整色相/饱和度是等。

本章小结

本章内容涉及数字图像的分类、特点，利用 Photoshop 软件对数字图像进行各种处理，包括修改图像的尺寸、添加各种样式的边框、创建选区选择主体、修整图像的杂乱环境和颜色等。本章涉及的快捷操作总结如下：

填充前景色：【Alt】+【Delete】或【Alt】+【Backspace】；

填充背景色：【Ctrl】+【Delete】或【Ctrl】+【Backspace】；

取消选区：【Ctrl】+【D】；

复制选区中的内容：【Ctrl】+【C】；

粘贴选区中的内容：【Ctrl】+【V】；

图层的自由变换：【Ctrl】+【T】；

调整亮度：【Ctrl】+【M】；

调整色相/饱和度：【Ctrl】+【U】。

按住【Ctrl】键，单击某个图层或通道或路径的缩略图，即可载入选区。

课后练习

(1) 自己拍摄照片，然后改变照片尺寸，改变原有的颜色，并为照片添加合适的边框。

(2) 把曲阜师范大学标志改成透明底的 PNG 文件和镂空图像，如图 2－148 所示，原图文件见“素材/学校标志.jpg”。

图 2－148　学校标志的处理

(3) 利用通道把原图的毛笔字选出来做成透明底图并保存为 PNG 文件，如图 2－149 所示，原图文件见“素材/毛笔字.jpg”。

图 2－149　选择毛笔字

(4) 浏览网页，搜集两种网页背景素材的图案，并尝试设计该图案。

第3章

数字图形的绘制

学习目标

- 掌握路径的定义和编辑方法。
- 掌握 Illustrator 的各种图形绘制工具和编辑调整工具的用法。
- 掌握颜色的设置方法，能够给图形填充颜色、设置描边颜色和样式。
- 掌握符号工具的用法，能够利用符号工具创建图形集合。
- 掌握 Illustrator 定制图案的方法，能够做到图案无缝拼接。
- 掌握 Illustrator 与 Photoshop 的区别与联系，能够把两个软件联系起来使用，发挥各自的优势。

Photoshop 虽然是以编辑点阵图为主的图像处理软件，但它也具有一定的“矢量”处理功能来辅助点阵图的处理与制作，其中“路径”就是 Photoshop 矢量功能的体现：利用路径可以绘制流畅的曲线，对开放的路径进行描边，还能够把闭合的路径转变成选区进行填色等，路径就相当于 Photoshop 绘图的参考线。读者们在学习的过程中会感受到 Photoshop 处理像素容易，画线条较难，比如曲线、虚线、线框等。而 Adobe Illustrator 是强大的矢量图绘制和编辑工具软件，既能够绘制出形态多样的矢量图形，又能够和 Photoshop 文件相互调用，满足数字化图形图像设计的需求。本章着重讲解利用 Illustrator 如何绘制矢量图形，并涵盖了 Photoshop 中路径的用法。

3.1 路径的组成与编辑

路径是创建矢量图形的基础。Illustrator 软件的优势就是能够灵活创建并编辑处理各种路径，从而生成丰富多样的矢量图形。

3.1.1 路径的组成

路径是由一个或多个直线或曲线线段组成，如图 3－1 所示，每个线段的起点和终点由锚点标记。锚点有两种类型，即角点和平滑点，角点上的路径会突然改变方向。图 3－1（a）中的多边形由 4 个锚点和 4 条直线构成，这 4 个锚点都是角点，两侧都是直线。选中的锚点由实心的小方块表示，未选中的锚点用空心小方块表示。在直线段上，锚点决定着直线的长短和方向。角点不仅连接直线，还可以连接转角曲线，如图 3－1（b）所示，心形上端的凹点和下端的尖角处的锚点都是角点。

平滑点连接平滑的曲线。图 3－1（b）心形两侧的锚点就是平滑点，图 3－1（c）所示的 S 形曲线中间的锚点也是平滑点。平滑点两侧有方向线和方向点，方向点的位置和方向线角度决定着曲线的长短和形状。

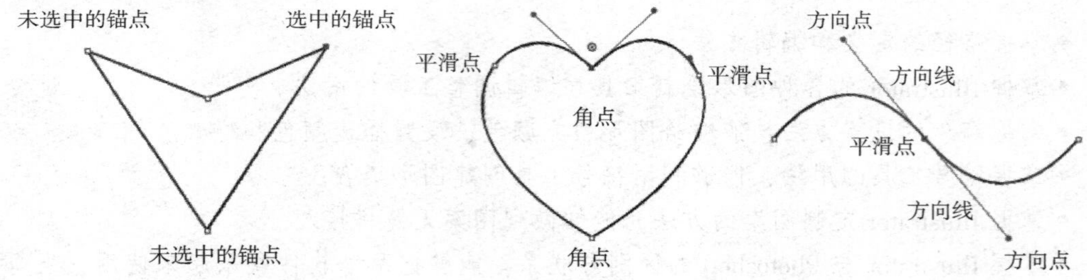

图 3－1　路径的组成

（a）多边形；（b）心形；（c）S 形

路径可以是闭合的，例如心形、圆形、矩形等；也可以是开放的，例如波浪线。闭合的路径可以填充颜色，也可以设置描边；开放的路径通常只设置描边。如图 3－1 中的三个图形都设置了描边，因此能够呈现出图形的轮廓线条。如果不设置描边和填充，那路径只是参考线，只能进行编辑修改，起辅助作用，但输出时无法显示。

3.1.2 路径的创建

创建路径的过程实际上就是指定锚点位置的过程，锚点的位置决定路径的走向。在 Illustrator 中利用“钢笔工具”“画笔工具”“铅笔工具”“矩形工具”等都可以创建路径，键入的文字“创建轮廓”之后也可以得到路径。

默认情况下工具箱是“基本”模式，只呈现出常用的工具。在工具箱下方单击“编辑工具栏”图标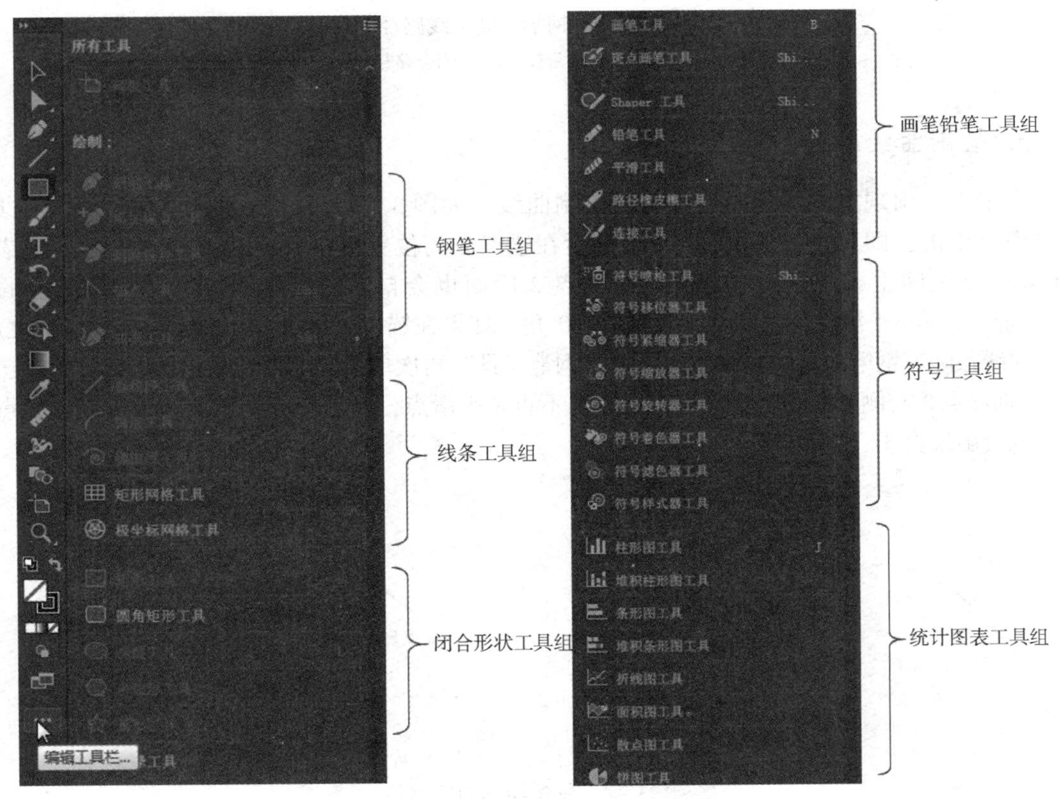，则打开【所有工具】面板，呈现完整的工具箱，如图 3－2 所示。如果想把某个工具放在工具箱中，单击“选择工具”，拖入工具箱即可。同理，也可以把不常用的工具拖回到【所有工具】面板中。绘制工具包括很多类别，包括“钢笔工具”“线条工具”“闭合形状工具”“画笔工具”“铅笔工具”“符号工具”等。其中“钢笔工具”是最强大的绘图工具，可以绘制直线、曲线和各种精确的图形。本节以“钢笔工具”为例讲解路径的创建方法，这是路径创建的基础。

特别提示：

Illustrator 中“钢笔工具”的用法和 Photoshop 中的“钢笔工具”完全一致。

图 3－2　工具箱

1. 绘制直线路径

选择“钢笔工具”在画面中单击，可以创建一个锚点，将光标移到其他位置单击，即可创建直线。按住【Shift】键则可绘制水平线、垂直线和以 45°角为增量的直线。如果要绘制开放的路径，则可以按住【Ctrl】键在绘制的对象之外单击，如图 3－3（a）所示，或者单击工具箱中的其他工具即可结束绘制。绘制多条连续的直线时，当光标再次回到初始锚点时，钢笔工具下方会出现小圆圈，如图 3－3（b）所示，这样就能首尾相接，绘制闭合的路径。

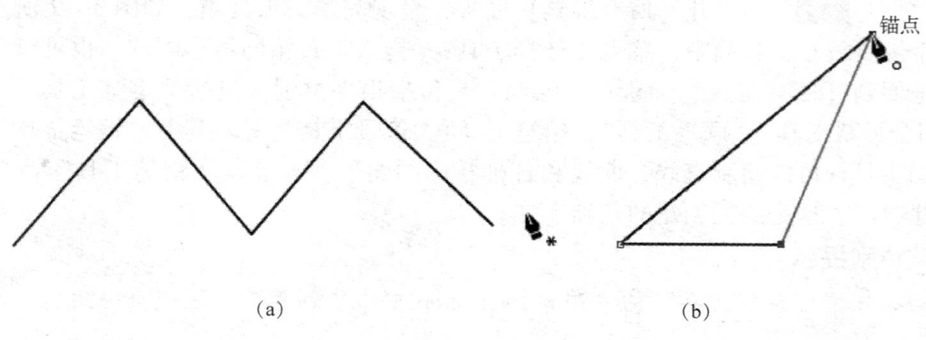

图 3-3　钢笔绘制直线路径

(a) 开放式路径；(b) 闭合路径

2. 绘制曲线路径

当锚点上出现方向线的时候就可以绘制曲线。如图 3-4（a）所示，使用“钢笔工具”在画面中单击，即可生成一个锚点 1，然后在锚点 2 的位置单击并向右下拖动鼠标，则锚点 1 和锚点 2 之间生成一条曲线段，同时锚点 2 后面也会自动跟随曲线。这是一条平滑的曲线，锚点 2 就是平滑点，两侧的方向线呈 180°角。如果在锚点 2 单击并向右下角拖动鼠标之后，会有曲线跟随着钢笔工具的光标，如果用“钢笔工具”再次单击锚点2（或按住【Alt】键单击锚点），则锚点 2 右侧方向线就会消失，锚点 2 不再是平滑点，而是变成了角点，再次创建锚点的时候就会出现直线。

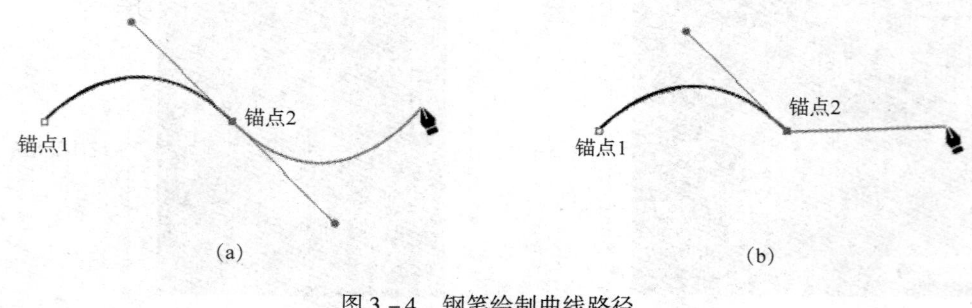

图 3-4　钢笔绘制曲线路径

(a) 曲线相接；(b) 直线接曲线

3.1.3　路径的编辑

本小节路径的编辑主要包括调整路径的位置、锚点的位置和曲线的曲率，以及路径的断开与连接等。路径编辑修改有多种方法，可以根据具体的情况进行选择。

1. 路径的位置和形状调整

移动路径的位置、修改路径的形状，主要采用“选择工具”、“直接选择工具”

和“锚点工具”，如图 3 –5 所示。

要想改变路径的位置，首先要选择路径。采用“选择工具”单击路径，则路径整体会被选中，可以移动位置并修改尺寸；采用“直接选择工具”能选择、移动、调整曲线中的特定锚点的位置并调整曲线的曲率。

如图 3 –6 所示，如果采用“选择工具”单击路径，则五角星中所有的锚点都被选中，而且外面出现调节框。然后单击“直接选择工具”，则不仅所有的锚点都被选中，而且出现所有的曲率调节锚点。如果没有采用“选择工具”而是采用“直接选择工具”单击路径，则只能选中路径中的某个锚点；按住【Shift】键单击，可以选多个锚点。

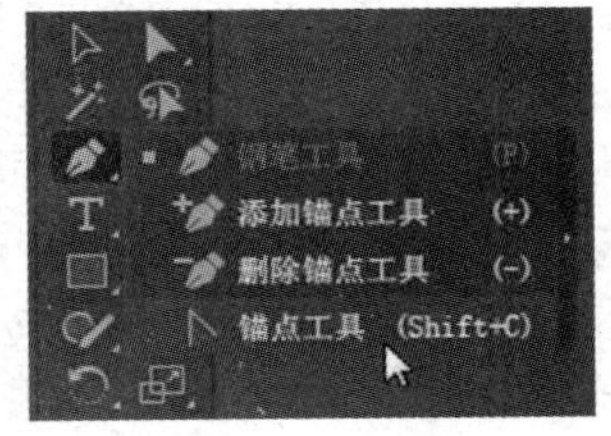

图 3 –5　路径调整工具

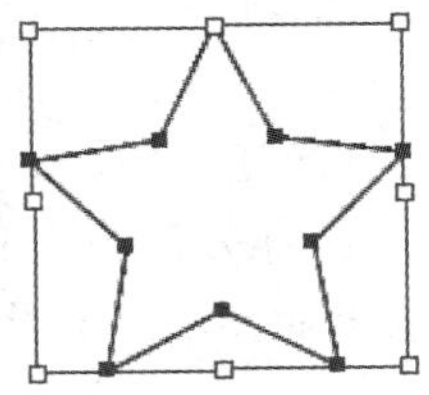
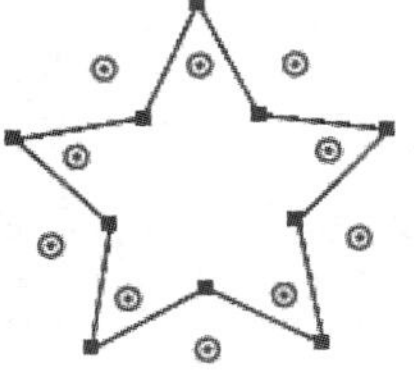
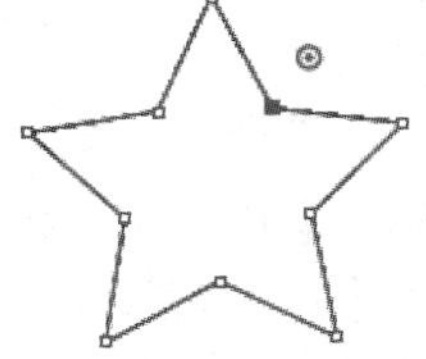

图 3 –6　选择锚点

如果用“直接选择工具”单击并拖动一个区域，则该区域中的锚点都被选中。如图 3 –7 所示，当所有的锚点都被选中之后，可以统一调整其曲率；选中某一个锚点或多个锚点时，可以拖动锚点的位置，调整相应曲线的曲率。如果采用“直接选择工具”选中一个锚点，则也可采用“钢笔工具组”中的“锚点工具”修改其曲率。用“锚点工具”单击平滑点，则平滑点转变为角点，两侧变为直线；用“锚点工具”单击角点并拖动鼠标时，此角点两侧会出现夹角为 180°的方向线，此角点就转变为平滑点。

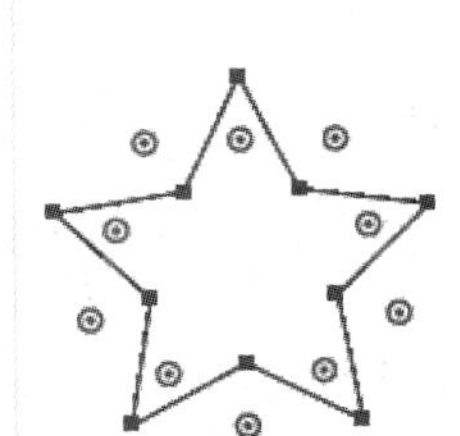
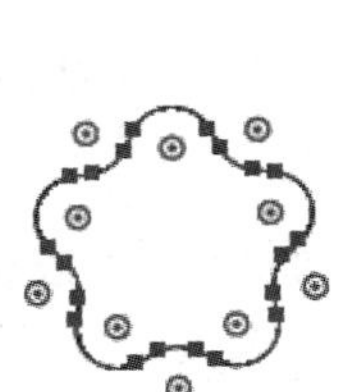
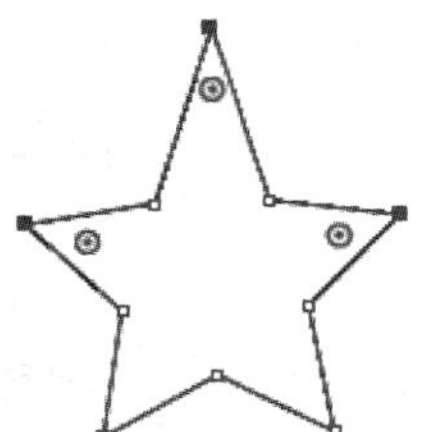
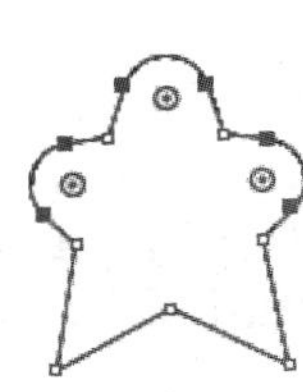

图 3 –7　调整曲率和锚点的位置

2. 路径的截断

把路径断开常用的方法是“剪刀工具”和“刻刀工具”，也可以采用“直接选择工具”与锚点相关的命令。“剪刀工具”和“刻刀工具”都在“修改”工具组中，如图 3 –8 所示。如果在工具栏中找不到这些工具，则单击工具箱下方的“编辑工具栏”按钮•••找到，添加到“橡皮擦工具”组中。

采用“剪刀工具”在开放的路径上单击，则可以使一段路径从单击点处断开分成两段，如图 3 –9（a）所示。如果采用“剪刀工具”在闭合的路径上单击两下，则可以截取一段，如图 3 –9（b）所示。无论是开放还是闭合的路径，无论是否填充了颜色，“剪刀工具”切割的只是路径本身。

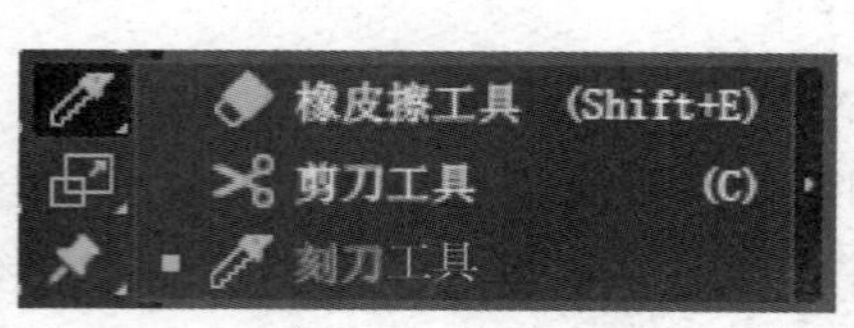

图 3-8 “剪刀工具”和“刻刀工具”

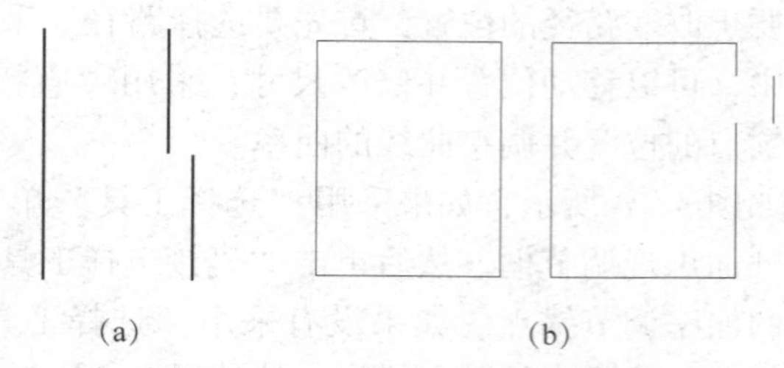

图 3-9 “剪刀工具”的使用

(a) 用“剪刀工具”切断直线；(b) 用“剪刀工具”切割矩形线框

“刻刀工具”的编辑对象是闭合路径。采用“刻刀工具”从路径外侧划过路径，可将该路径分割开，从而生成两个闭合的路径。这种方法分割的边缘比较随意。按下【Alt】键可以沿直线分割路径。“刻刀工具”分割效果如图 3-10 所示（注意，要是切割文字，文字必须创建轮廓）。

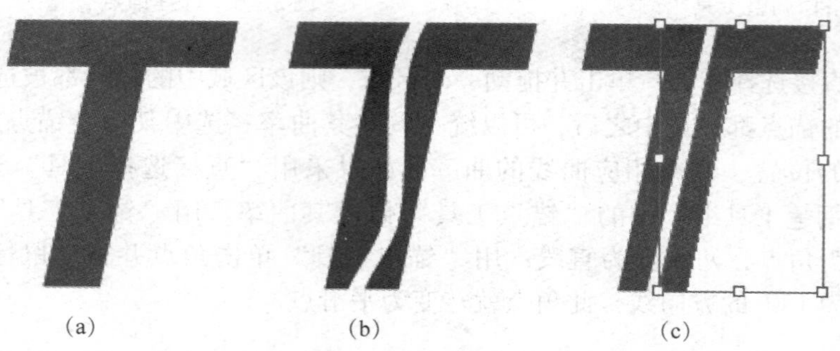

图 3-10 “剪刀工具”的使用

(a) 原图；(b) 用“刻刀工具”随意切割；(c) 用“刻刀工具”沿直线切割

采用“直接选择工具”结合“锚点”选项面板的参数设置，也可以分割、连接路径：首先在工具栏中单击“直接选择工具”图标，如果要分割开放的路径，则首先选中路径上的一个锚点，然后单击控制面板中的“在所选锚点处剪切路径”按钮，如图 3-11 所示。这时开放的路径就被分为两段，如图 3-12 所示。

图 3-11 “直线选择工具”的控制面板

如果要把闭合的路径拆开，则需要在路径上选中一个锚点，单击控制面板中的“在所选锚点处剪切路径”按钮，然后调整其位置，这样，原来的闭合路径就被拆开了。

如果要从开放或闭合的路径上分割出路径片段，则利用“直接选择工具”在曲线上选中两个或多个锚点，单击“在所选锚点处剪切路径”按钮，如图 3-13 所示。

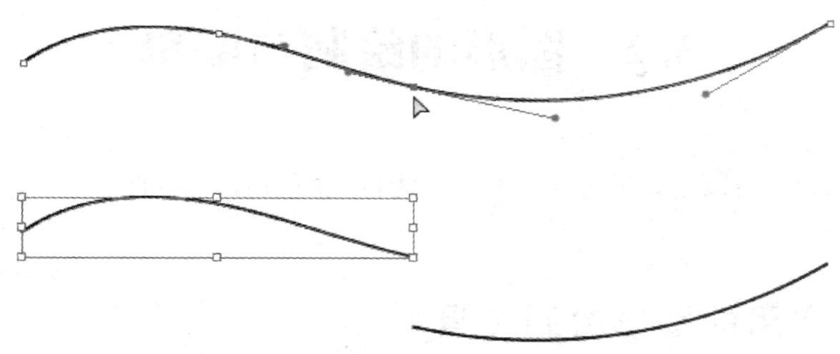

图 3－12　用“直接选择工具”分割曲线

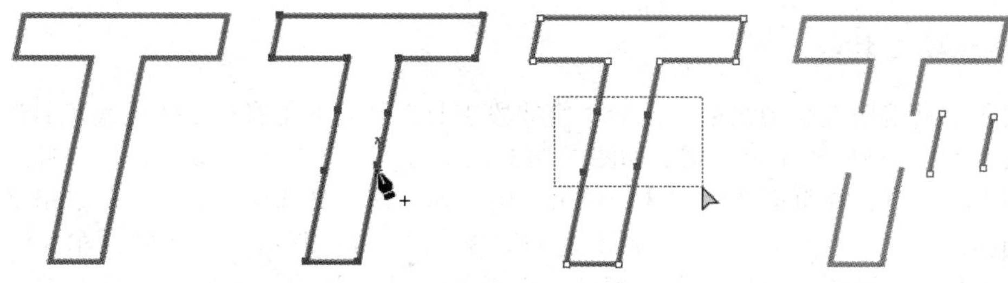

图 3－13　拆分闭合曲线

3. 路径的连接

要想把断开的曲线连接到一起，则采用“直接选择工具”选中需要连接的两个锚点，然后单击控制面板中的“连接所选终点”按钮，则原本开放的曲线就会用直线段连接起来，如图 3－14 所示。

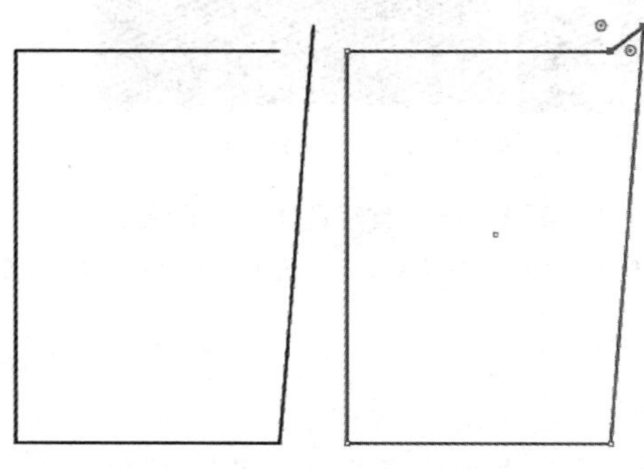

图 3－14　连接开放的路径

3.2　图形的绘制与编辑

在路径的基础上可以设置描边、填充，成为可见的图形，还可以采用各种编辑和变形方法对图形进行修改。

3.2.1　常用的图形绘制工具

常用的图形对象绘制工具有“线条工具”“闭合形状工具”“画笔工具”“铅笔工具”“符号工具”“统计图工具”等，本节讲解前三种，它们可以直接绘制单个的图形，单个图形是复杂图形的基础。

1. 直线段工具组

直线段工具组用来绘制线条，包括“直线段工具”“弧形工具”“螺旋线工具”“矩形网格工具”“极坐标网格工具”等，如图 3－15（a）所示。在工具栏双击任何一种工具，或者选中该工具之后，在页面的绘图区中单击，则会弹出该工具选项对话框，可以精确设置其参数。例如，双击“直线段工具”，则出现如图 3－15（b）所示的对话框，在其中可以修改直线段的长度、倾斜角度以及是否填色。如果按住【～】键，再按住鼠标左键进行半圆旋转，就可以得到多条直线段，如图 3－15（c）所示。

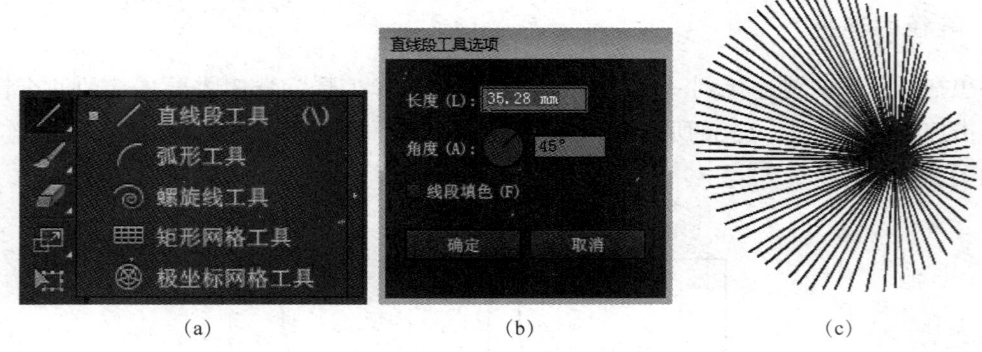

图 3－15　直线段工具组的使用

（a）直线段工具组；（b）“直线段工具选项”对话框；（c）绘制多条直线

2. 矩形工具组

矩形工具组包括“矩形工具”“圆角矩形工具”“椭圆工具”“多边形工具”“星形工具”和“光晕工具”等，如图 3－16（a）所示，用来绘制长方形、正方形、圆角矩形、椭圆形、圆形、多边形、星形和光晕等闭合图形。以绘制五角星为例，在工具栏中选择“星形工具”，在页面上单击，会出现“星形”对话框，可以在其中设置内外半径的精确尺寸，

确定后即可得到一个固定尺寸的五角星。如果采用“星形工具”在画面中直接拖动，可以得到一个任意大小的五角星。

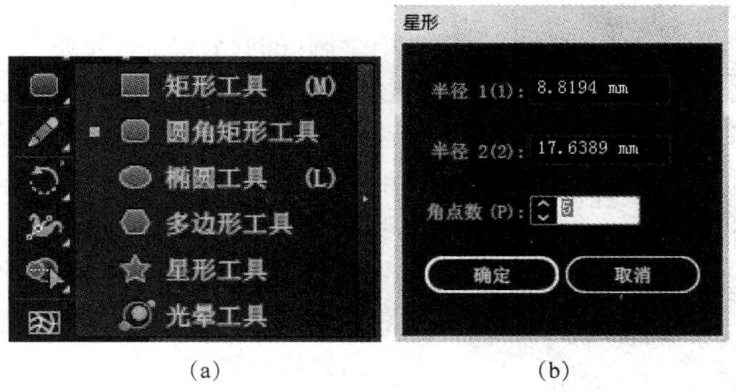

(a)　　(b)

图 3－16　矩形工具组的使用

(a) 矩形工具组；(b)“星形”对话框

特别提示：

按住【Alt】键拖动鼠标，即可绘制出以鼠标单击点为中心的图形；

按住【Shift】键拖动鼠标，能够绘制正方形、正圆形等；

在绘制圆角矩形时，按向右箭头，可绘制枕形，即实现最大的圆角半径；按向上向下箭头，可以更改圆角半径；

在绘制多边形或星形时，按向上或向下箭头，可以增加或减少边或者角的数量；

在绘制星形的同时，按下【Ctrl】键，则可以改变星形的凹凸程度。

3. 铅笔工具组

铅笔工具组包括“铅笔工具”“平滑工具”“路径橡皮擦工具”“连接工具”和“Shaper 工具”，如图 3－17 所示。

(1) 铅笔工具：利用“铅笔工具”绘图就像用铅笔在纸上绘画一样，可以绘制比较随意的路径。选择该工具后，单击并拖动鼠标即可绘制曲线。如果拖动鼠标时光标变成✎形状，则路径的两个端点就会连接在一起，成为闭合路径。“铅笔工具”经常用来绘制一些自由随意的线条，如图 3－18 所示，是用“铅笔工具”绘制的冰激凌甜筒和雪糕。双击“铅笔工具”，可以得到如图 3－19 所示的选项面板，关于“铅笔工具”的参数如下：

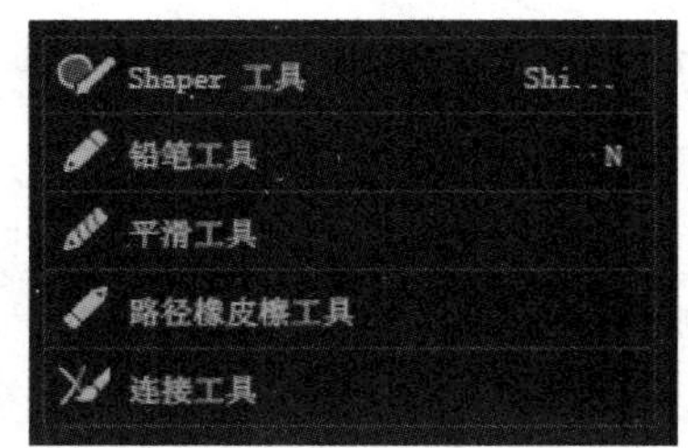

图 3－17　铅笔工具组

图 3－18　铅笔工具绘制图形

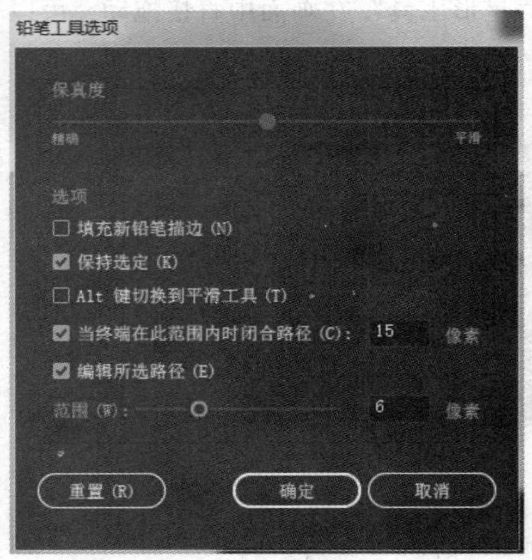

图 3－19　“铅笔工具选项”对话框

“保真度”用来控制路径添加新锚点时移动鼠标或光笔的最远距离。选中“保持选定”复选框后，可以在绘制完路径以后，仍使路径保持选择状态，否则绘制好的路径就不会被选择。选中“编辑所选路径”复选框，则使用“铅笔工具”可以更改现有路径。“范围”的数值在 0～20 之间，用来决定当用铅笔编辑路径时，必须使鼠标与路径达到多近的距离。

（2）平滑工具：使用此工具可以对路径进行平滑处理。首先要选中路径，然后用此工具点住锚点，向外拖动即可。

（3）路径橡皮擦工具：首先选中路径，如果用此工具在路径上单击，则可以清除整个路径；如果用此工具在路径上单击并拖动，则可以分割路径或者删除部分路径，如图 3－20（a）所示。

（4）连接工具：能把两条有小间隔的开放路径连接在一起。如图 3－20（b）所示，先用“直接选择工具”选择需要连接的路径，然后用“连接工具”在接口处涂抹。使用“连接工具”还可以连接相互交叉的路径，如图 3－20（c）所示。

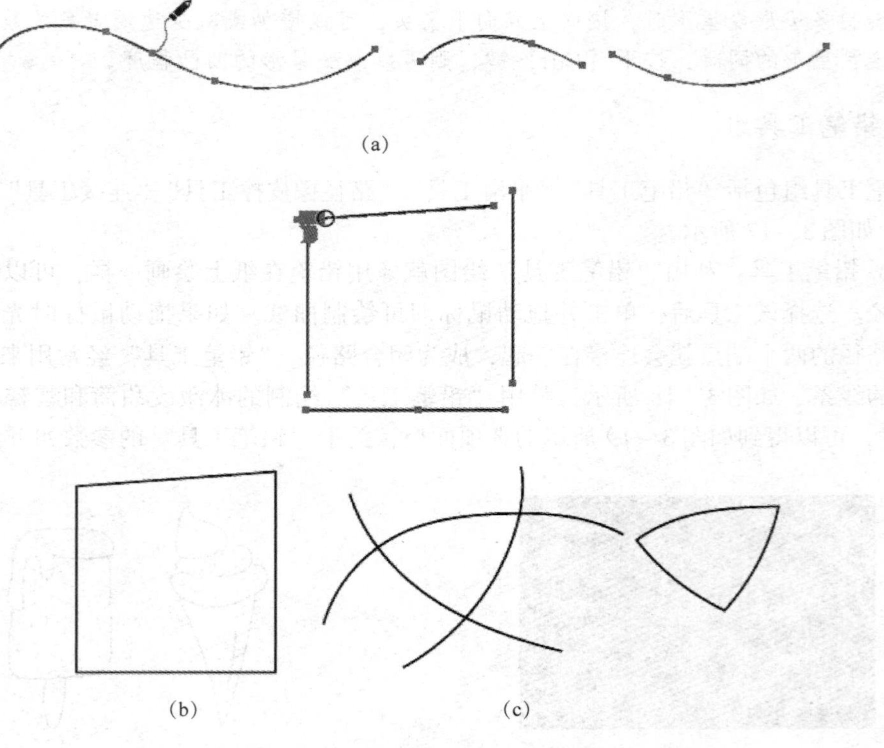

图 3－20　“路径橡皮擦工具”和“连接工具”的用法

（a）用“路径橡皮擦工具”分割路径；（b）连接断开的路径；（c）连接交叉的路径

（5）Shaper 工具：利用“Shaper 工具”可以先绘制一个粗略形态的矩形、圆形、椭圆、三角形或其他多边形，这个形状会自动转换为明晰的几何形状。

4. 画笔工具组

画笔工具组有“画笔工具”和“斑点画笔工具”。

（1）画笔工具：“画笔工具”绘制的是线条，普通的线条描边往往只有颜色、粗细虚实之分，而采用“画笔工具”能够使线条具有一定的装饰效果。采用【画笔】面板来创建和组织画笔。画笔有“书法画笔”“散点画笔”“毛刷画笔”“图案画笔”“艺术画笔”等类型。在默认状态下，【画笔】面板会包含每一种类型的数个画笔。打开【画笔】面板右上角的折叠菜单，如图 3－21 所示，五种类型的画笔都被选中，单击下方的【打开画笔库】命令，呈现出 Illustrator 自带的画笔样式。画笔库中的每一种画笔都属于一个特定的类型，如果在显示画笔时显示全部类型，则画笔库中的画笔都会显示到【画笔】面板中。

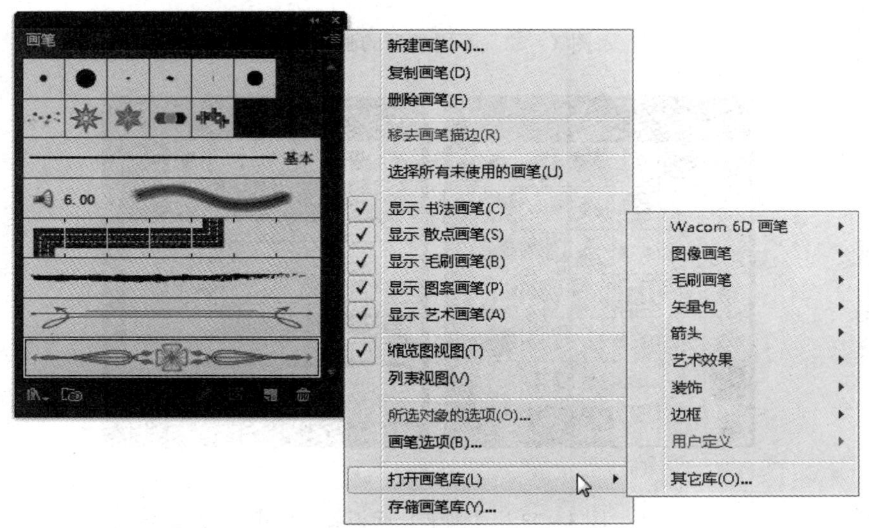

图 3－21　【画笔】面板中的折叠菜单

【画笔】面板能用来确定显示哪些类型的画笔，还可以移动、复制、删除其中的画笔样式。在使用画笔工具时，在【画笔】面板中选择一种画笔样式，直接在画面上绘制形状即可；也可以先绘制普通的图形，选中该图形，然后单击【画笔】面板中的画笔样式，将其应用到图形中。图 3－22 是先绘制普通描边的图形，然后采用了不同类型的画笔而呈现出的描边效果。

在【画笔】面板中双击画笔样式，可以重新设置画笔的参数，不同类型的画笔其参数各不相同。以“散点画笔”类型为例，执行【打开画笔库】|【装饰】|【装饰_散布】命令，打开【装饰_散布】面板，如图 3－23（a）所示，里面包括各种样式的画笔，这些画笔都属于“散点画笔”类型。单击【装饰_散布】面板中的“心形”图标，则“心形”图标会出现在【画笔】面板中，如图 3－23（b）所示。

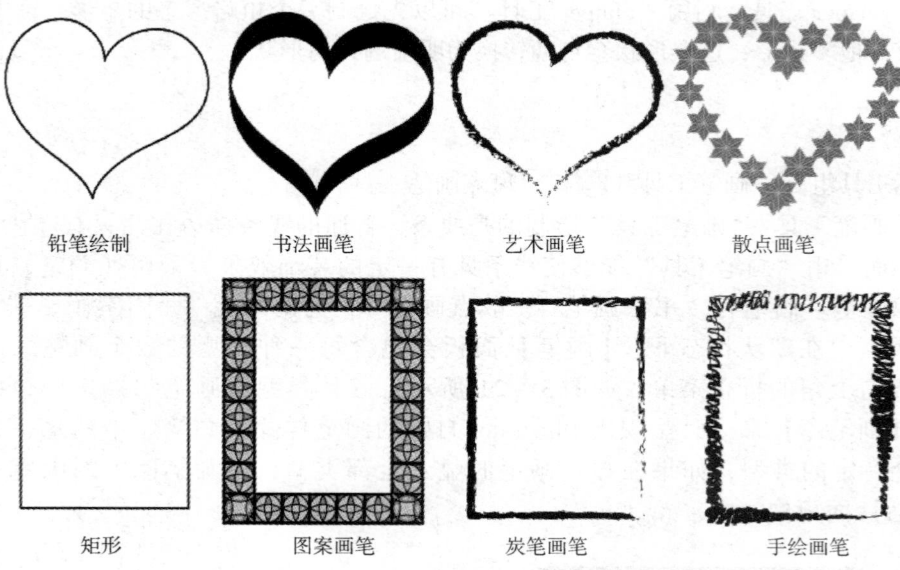

图 3 – 22　不同类型的画笔效果

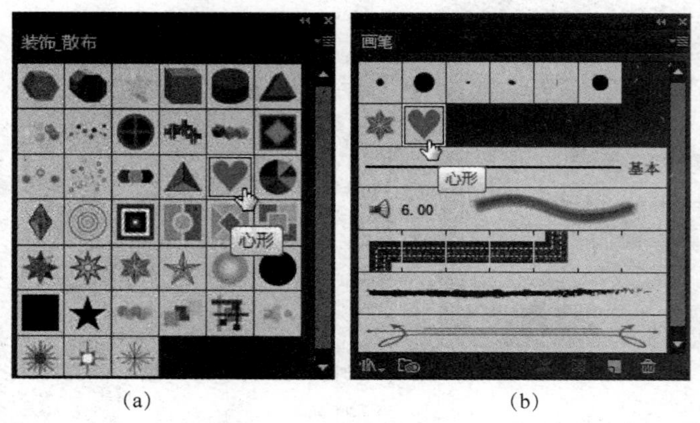

(a)　　(b)

图 3 – 23　【画笔】面板添加样式

(a)【装饰_散布】面板；(b)【画笔】面板

单击工具栏中的“画笔工具”图标，选择【画笔】面板中的“心形”画笔样式，在画面上绘制一条不规则曲线，效果如图 3 – 24 所示 。双击【画笔】面板中的心形画笔样式，可以打开“散点画笔选项”对话框，如图 3 – 25（a）所示，把“大小”由“固定”改为“随机”，数值都是 60%，“分布”数值改为 0%，别的参数不变，得到如图 3 – 26 所示的描边样式。

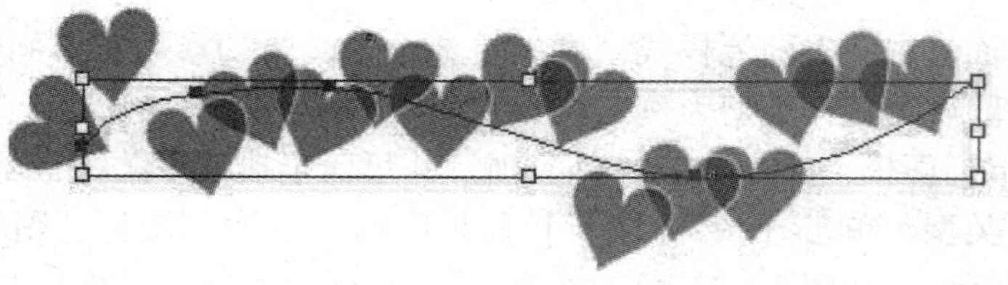

图 3 – 24　采用“心形画笔”绘图

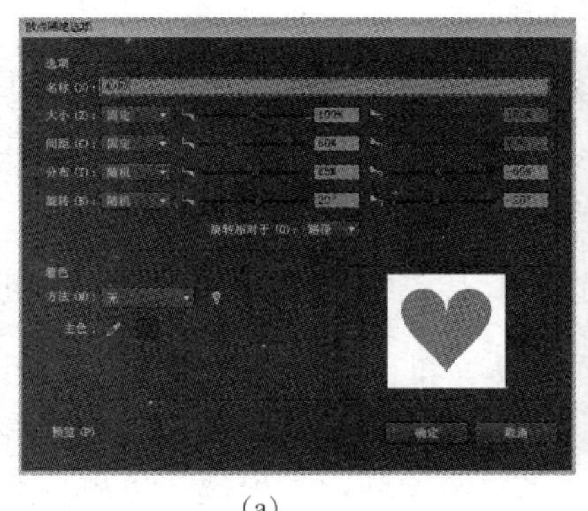

(a)

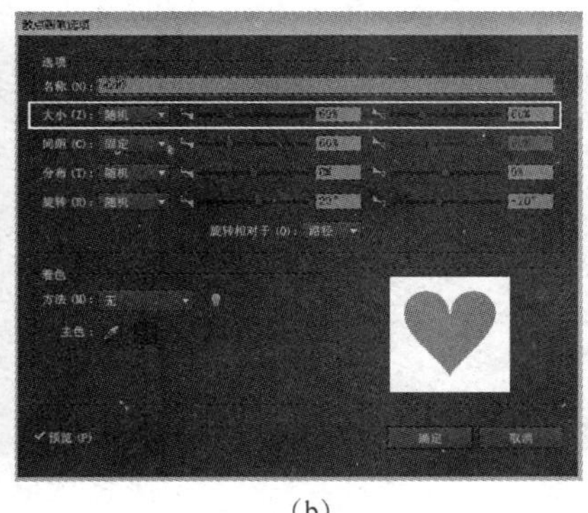

(b)

图 3－25 心形画笔选项的调整

（a）散点画笔初始选项；（b）修改画笔大小和分布

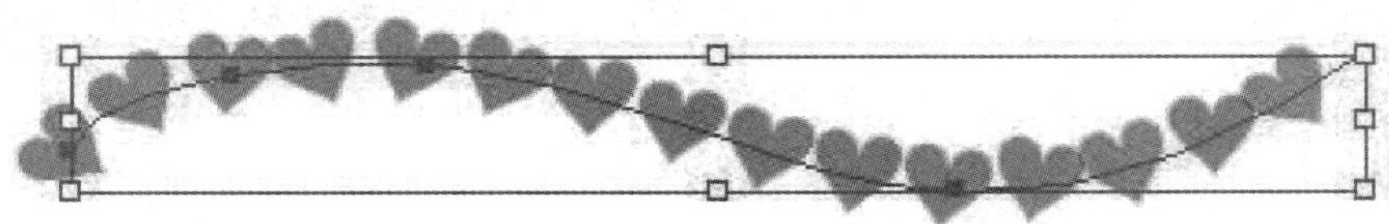

图 3－26 调整之后的心形画笔描边样式

（2）斑点画笔工具：采用“斑点画笔工具”绘制的不是线条，而是填充的图形，绘制出来的图形只有填充色，描边为透明。如图 3－27 所示，图 3－27（a）是由“斑点画笔工具”绘制，是三条闭合的路径，填充浅绿色，描边线条为透明；图 3－27（b）是由“画笔工具”绘制，是三条开放的路径，描淡绿色粗边。

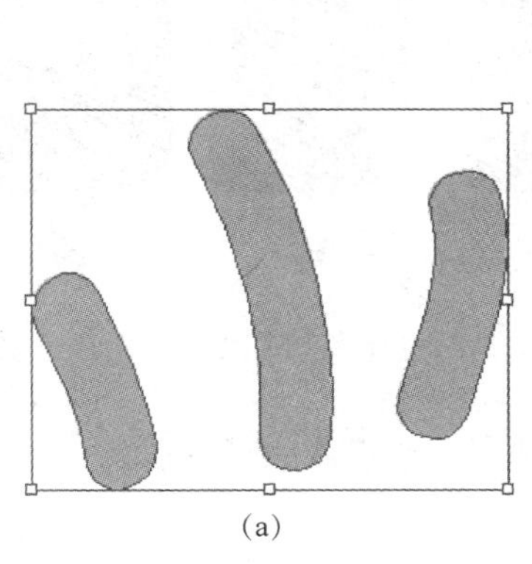

(a)

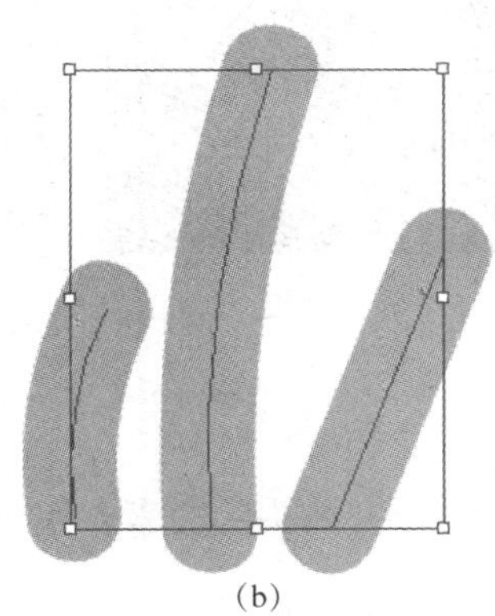

(b)

图 3－27 斑点画笔与画笔的对比

（a）“斑点画笔工具”绘制；（b）“画笔工具”绘制

3.2.2 图形的选择

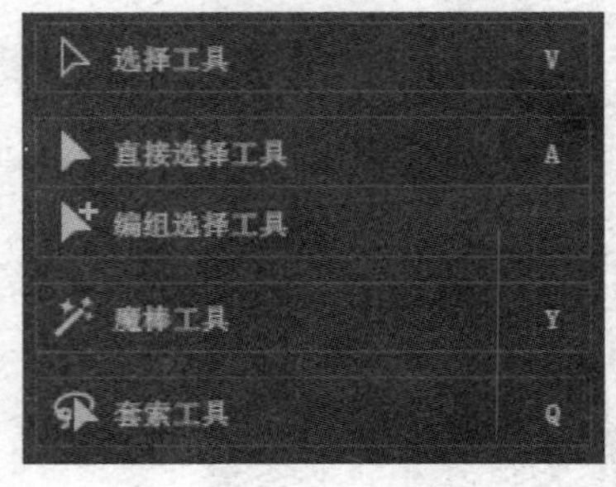

图 3－28 选择工具组

选择对象是编辑修改的基础。选择工具组包括“选择工具”“直接选择工具”“编组选择工具”“魔棒工具”和“套索工具”，如图 3－28 所示。

1. 选择工具、直接选择工具和编组选择工具

“选择工具”和“直接选择工具”的用法在上一节已经讲过。使用“选择工具”单击一个图形对象，即可将它选取，所选对象周围会出现一个矩形的定界框。选择对象之后，按住鼠标左键拖动，可以移动对象，如果按住【Alt】键同时拖动对象，则可以复制该对象。在页面的空白处单击，可以取消选择。“直接选择工具”可以选择一个或多个图形上的锚点，可以单击某个锚点，也可以框选锚点。

用“编组选择工具”在图形上单击可以选择一个图形对象，双击则可以选择与该对象同组的所有对象。

2. 魔棒工具和套索工具

使用“魔棒工具”可以同时选择具有相同或相似属性的所有对象。首先在工具栏双击“魔棒工具”，出现该工具的选项面板，勾选一个选项并设置容差值，然后在页面上单击对象即可。如图 3－29 所示，要想选择所有雪糕的奶油部分，可选中“填充颜色”复选框，然后用“魔棒工具”在其中一个雪糕的奶油上单击，结果会得到与奶油部分相同颜色的所有对象。

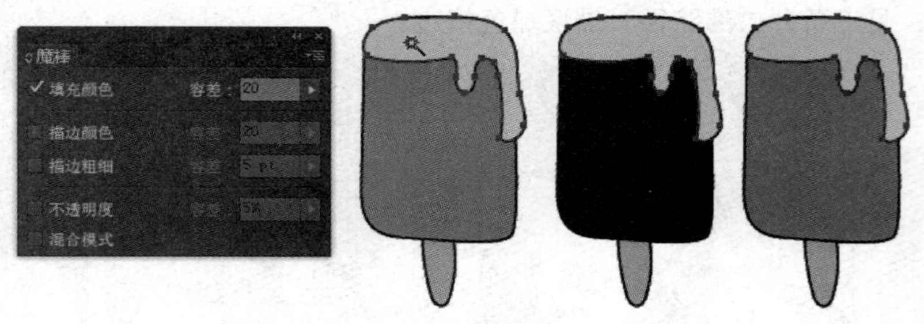

图 3－29 用“魔棒工具”选择多个对象

“套索工具”是带有箭头的套索，用于框选多个锚点或路径片段。

3. 使用【图层】面板

在绘制复杂的图形时，图形的各组成部分容易被遮挡，使用“选择工具”不容易选中目标，这时可以采用【图层】面板来选择。在 Illustrator 中，默认创建的图形都处于一个图层中，即一个图层可以包含多个图形对象，这些对象可以单独编辑，相互之间不受影响。如

果要创建更复杂的图形，为了方便管理，可以添加多个图层。如图 3－30（a）所示，【图层】面板中有两个图层，图层2 中有多个图形对象彼此交叠，难以单击选中。想要选择某个图形，可以在【图层】面板的选择列中单击圆圈定位标志，对象就被选中，定位标志变成双层圆圈，右侧还会出现指示方块，方块的颜色取决于本图层的标记颜色。如果要选择多个对象，可以按住【Shift】键或者【Ctrl】键单击定位标志。如果想选择图层或组中的所有对象，可以单击图层或组右侧的定位标志。如图 3－30（b）所示，单击“图层2”的定位标志，则图层 2 所包含的所有对象都被选中，每个定位标志后面都出现了指示方块。

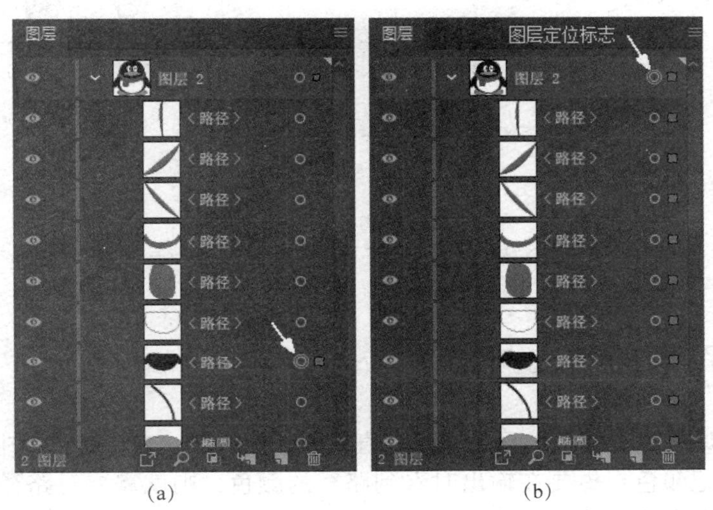

图 3－30 采用【图层】面板选择对象

（a）选择一个图形；（b）选择图层 2 的所有图形

特别提示：

当新建图层时，Illustrator 会为每个图层分配一种标记颜色以便区分。在该图层中创建的所有对象，其定界框、路径线条、锚点、方向线的颜色都与本图层的标记颜色相同。如果要修改图层标记颜色，可以双击该图层名字的右侧，在图 3－31 所示的“图层选项”对话框中设置。

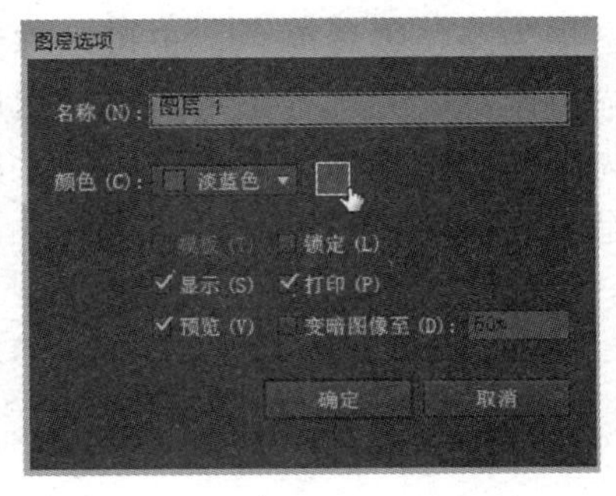

图 3－31 “图层选项”对话框

4. 调整对象的顺序

在绘图时，最先创建的图形位于最底层，以后创建的图形会依次向上堆叠。选择一个或多个图形时，单击鼠标右键得到快捷菜单，执行【排列】中的命令，可以调整所选图形的堆叠顺序。如图 3－32（a）所示，图中的巧克力色雪糕原本位于蓝色和橙色雪糕的中间，采用了【排列】|【置于顶层】命令之后，调整成为最前面的位置，效果如图 3－32（b）所示。此外，直接在【图层】面板中向上或向下拖动定位标志，也可以调整对象的堆叠顺序。

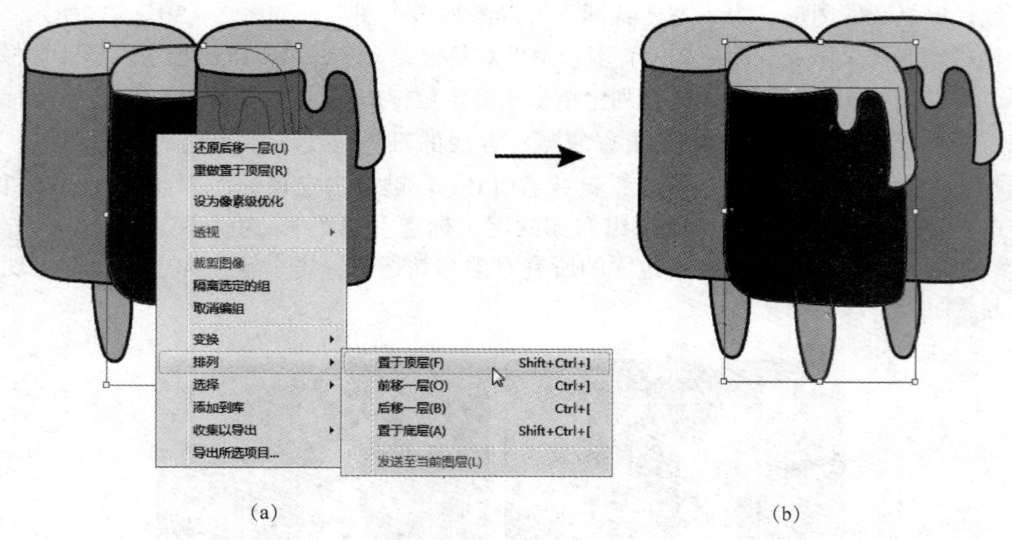

图 3－32　调整图形的排列顺序

（a）快捷菜单；（b）中间的图形位于最前面

3.2.3　图形的填充与描边

创建的路径原本没有颜色，只是锚点和直线段、曲线段，在绘制过程中呈现的颜色也只是当前图层的标记颜色。想要在输出时看到路径的颜色，则就需要对路径进行填充或者描边，设置其颜色和样式。Illustrator 工具栏中的“颜色设置”按钮如图 3－33 所示，主要用来设置“填充”和“描边”的颜色。

“填充”是针对路径内部来说的，在路径内部填充颜色、图案、渐变色等。“描边”是指为路径设置颜色，也可以称为“线条色”“轮廓色”“笔触色”等。无论是填充还是描边，都要先选择图形对象，然后在工具箱中单击“填充”或“描边”图标，将其设置为当前编辑状态，再进行操作。如图 3－33 所示，“填充”图标在前面，说明当前设置的是填充颜色。

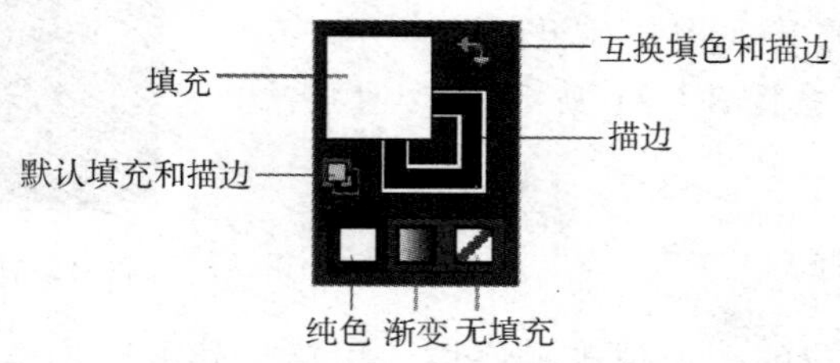

图 3－33　工具栏的“填充”和“描边”

在创建了路径后，可以随时修改填充或描边颜色。设置填充和描边的方法如下。

1. 用工具箱中的填色按钮设定颜色

双击工具箱中的“填充”或者“描边”图标，如图 3－34 所示，会出现拾色器，可以进行具体的设置，用来进行纯色填充或纯色描边。如果事先设置了渐变色，则可以采用渐变填充或描边。

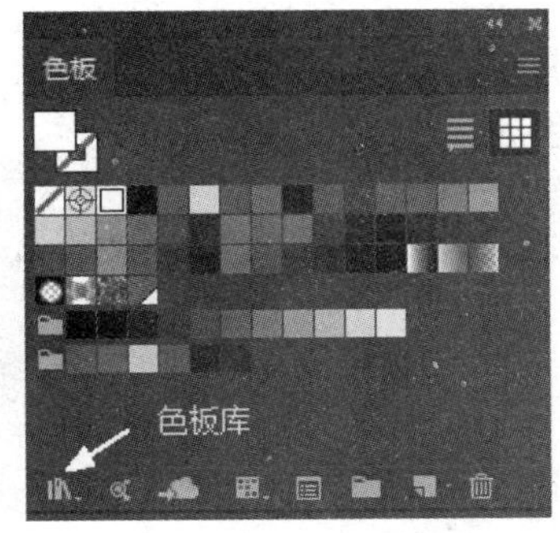

图 3－34 【色板】面板

2. 利用【色板】面板设定颜色

【色板】面板中包含的是 Illustrator 中提供的预设颜色，如图 3－34 所示。选择对象之后，单击一个色板可以把图形的填充色或描边色设置为此种颜色。单击【色板】面板下方的“色板库”按钮，可以打开【色板】菜单，选择一个预设的色板库，包括图案、渐变、专色等。单击“色板类型”按钮，则色板中的填充样式会显示为某种特定的类型：颜色、渐变、图案等。

3. 利用【颜色】面板设定颜色

选择对象后，单击【颜色】面板中的“填充”或“描边”按钮，将其中一项设置为当前选项，然后拖动滑块或在色带中单击或直接输入数值，可以设置或调整对象的填充或描边颜色。如图 3－35 所示，“填充”在前面，设定的是填充颜色。

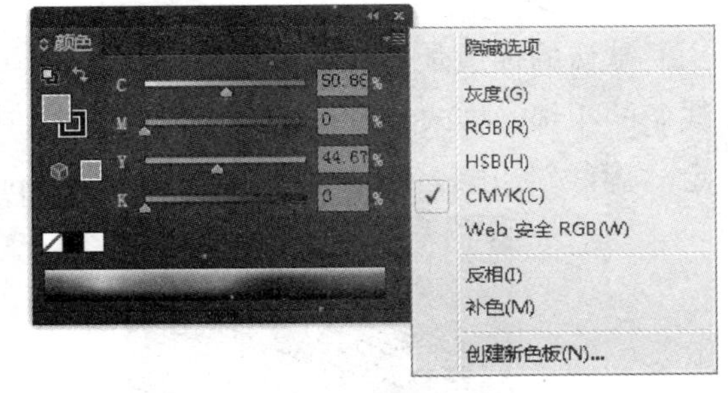

图 3－35 【颜色】面板

4. 利用“渐变工具”和【渐变】面板来设定渐变色

填充渐变色或描边渐变色，主要有两种方法。一种是单击工具箱底部的“渐变”按钮，即可为它填充默认的渐变色，如图 3－36（a）所示。二是双击工具箱中的“渐变工具”，打开【渐变】面板详细设置渐变色，如图 3－36（b）所示，这里的渐变类型有“线性”和“径向”两种。

颜色的添加：在渐变色带下面单击可以添加新的渐变色标。

颜色的修改：单击一个色标将它选中，拖动【颜色】面板中的滑块或者单击【颜色】面板中的色带，都可以调整该色标的颜色。或者将【色板】面板中的颜色拖动到渐变颜色带上，则可以添加一个该颜色的色标；如果将【色板】面板中的颜色拖动到渐变色标上，则可以替换该色标的颜色。如果按住【Alt】键拖动一个渐变色标，则会复制这一色标。如果将色标拖出面板之外，则会删除该色标。

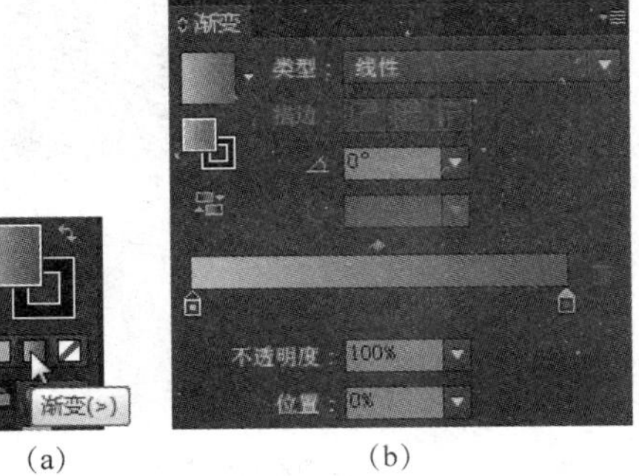

(a) (b)

图 3－36 渐变色设置

（a）工具栏的“渐变工具”；（b）【渐变】面板

调整渐变色的方向和位置：在图形中填充了渐变之后，选择该对象，采用“渐变工具”在对象上单击并拖动鼠标，可以调整渐变的位置和方向，如图 3－37 所示。

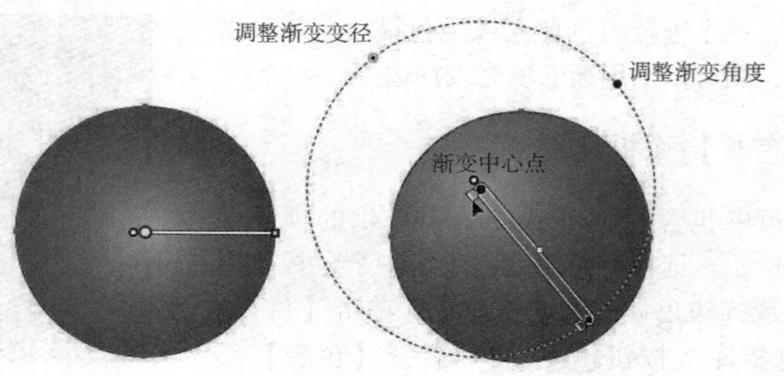

图 3-37 调整渐变的位置和方向

5. 设置“描边”样式

默认的描边是 1 pt 的实线，打开【描边】面板，如图 3-38（a）所示，可以设定描边线条的粗细、样式以及描边的位置等。比如用“极坐标网格工具” 绘制 6 个同心圆，设定“虚线”，虚线值为 3 pt，间隙值也为 3 pt，则效果如图 3-38（b）所示。

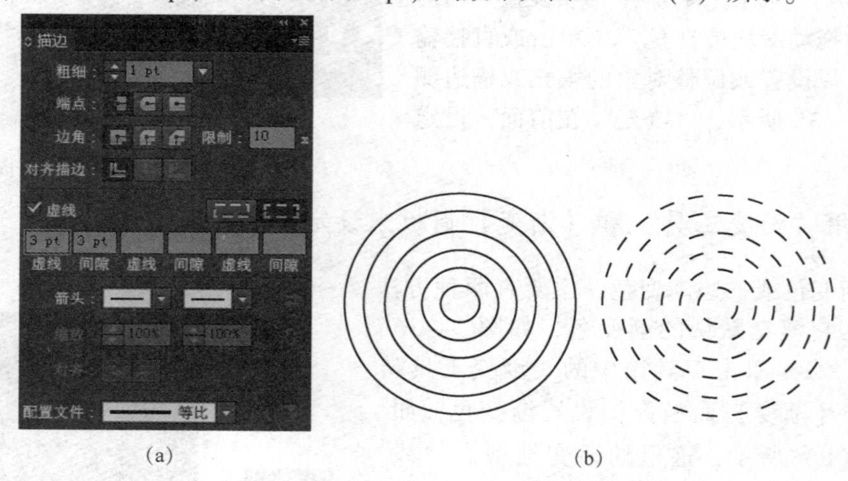

图 3-38 描边样式
（a）【描边】面板；（b）设置虚线描边效果

3.2.4 图形的修改

图形的修改指的是图形的缩放、旋转、倾斜、镜像以及各种变形修改等，采用的工具如图 3-39 所示，“选择工具”也能对图形进行简单的缩放和旋转。其中旋转、镜像、缩放、倾斜、自由变换等操作时图形自身不变，只是位置、大小、角度等发生变化，属于基本修改工具，能够导致图形的量变；而整形、操控变形、宽度工具组都是修改图形的外观，图形外观发生了质变，变成了另外的图形，属于变形修改工具；橡皮擦、剪刀、刻刀工具是拆开图形本身，混合是在两个图形之间平均分布其他图形，实现图形之间大小、颜色以及外观样式的过渡。

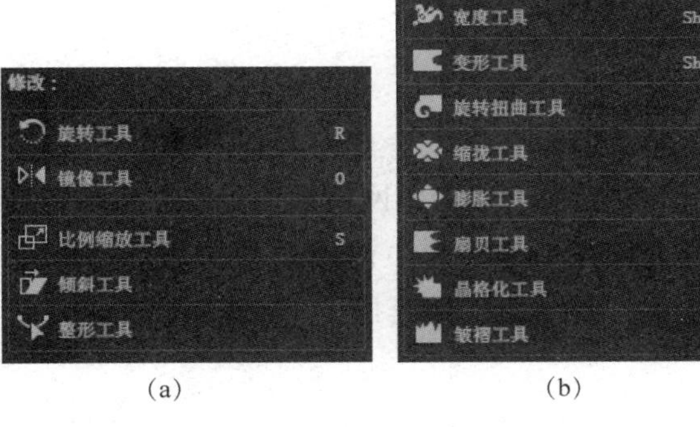

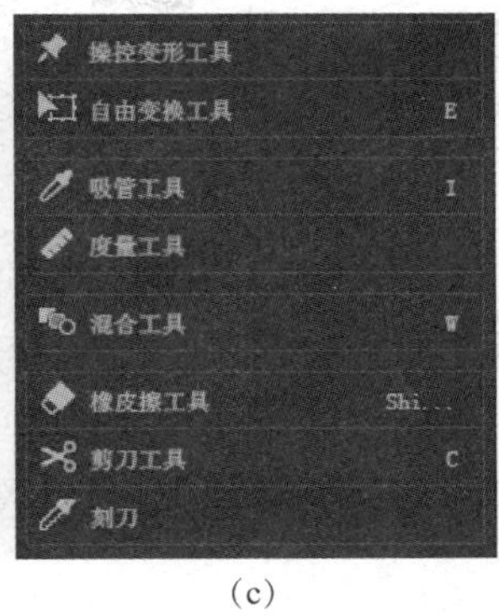

(a)　　(b)　　(c)

图 3－39　各种修改工具

（a）基本修改工具；（b）变形修改工具；（c）其他修改工具

利用【路径查找器】面板也可以实现图形的修整。如图 3－40（a）所示，该面板中有各种形状模式按钮和路径运算按钮，能够实现路径之间的加减运算。对于已经绘制的图形，还可以利用【外观】面板修改“描边”“填充”“效果”等样式，如图 3－40（b）所示。用【透明度】面板设置颜色的不透明度等，如图 3－40（c）所示。

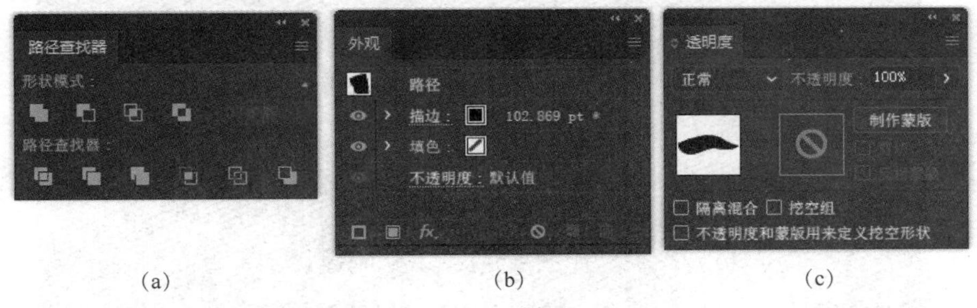

(a)　　(b)　　(c)

图 3－40　利用各种面板修整图形

（a）【路径查找器】面板；（b）【外观】面板；（c）【透明度】面板

图形的修整方法非常丰富多样，本小节不再一一讲解，下面结合实例讲解一些常用工具的使用方法。

实例 1　绘制基础图形——心形

设计思路：绘制心形路径，填充深粉色，然后缩小心形路径，填充浅粉色。复制心形，添加投影，输入文字，添加文字的白色描边。其效果图如图 3－41 所示。

图 3－41　心形效果图

视频二维码

知识技能：用“钢笔工具”绘制心形路径，给路径填充颜色。

实现步骤：

（1）新建文件并显示网格：新建一个 80 mm×80 mm，CMYK 模式文件。为了使得绘制的心形左右对称，要采用网格线作为参照。单击菜单命令【视图】|【显示网格】，在绘图窗口出现了网格线。默认的网格线是一个大网格中有四个小网格。为了绘制更加精细，单击菜单命令【编辑】|【首选项】|【参考线和网格】，在对话中设置“次分隔线”数量为 8，如图 3－42所示。单击【视图】|【对齐网格】命令，这样绘制的时候会自动对齐网格，比较精确。

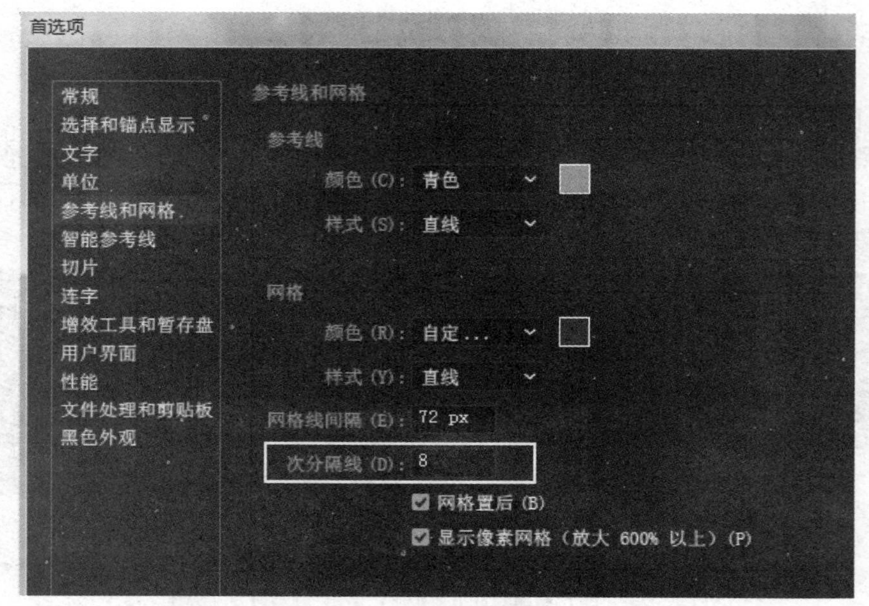

图 3－42　网格的首选项参数设置

（2）绘制心形路径并填色：采用“钢笔工具”，填充为空白，描边为黑色，在绘图窗口单击创建四个锚点，首尾锚点重合，形成一个闭合的多边形路径，如图 3－43（a）所示。绘制时根据网格确定锚点的位置，保证多边形左右对称。采用“锚点工具”把锚点 1 和锚点 3 变成平滑点，每条方向线在水平方向和垂直方向的小网格数目相等，如图 3－43（b）所示，水平方向是 2 个小网格，垂直方向也是 2 个小网格。这时的心形是瘦长形的，为了使心形变得饱满一些，可以使用“添加锚点工具”在下方左右对称的两个位置添加锚点 5 和锚点 6，如图 3－43（c）所示，取心形与网格的两个对称的交叉点。这时添加的两个锚点的两侧都带有夹角 180°的方向线，因此都是平滑点。使用“直接选择工具”单击锚点 5 和锚点 6，对称地向外侧移动相同的距离，然后把锚点 2 和锚点 4 向上移动，得到一个饱满的心形，如图 3－43（d）所示。

单击【视图】|【隐藏网格】命令，取消网格的显示。采用工具栏的颜色设置工具，设置填充色为粉红色（$C=0$，$M=70$，$Y=0$，$K=10$），描边为透明。

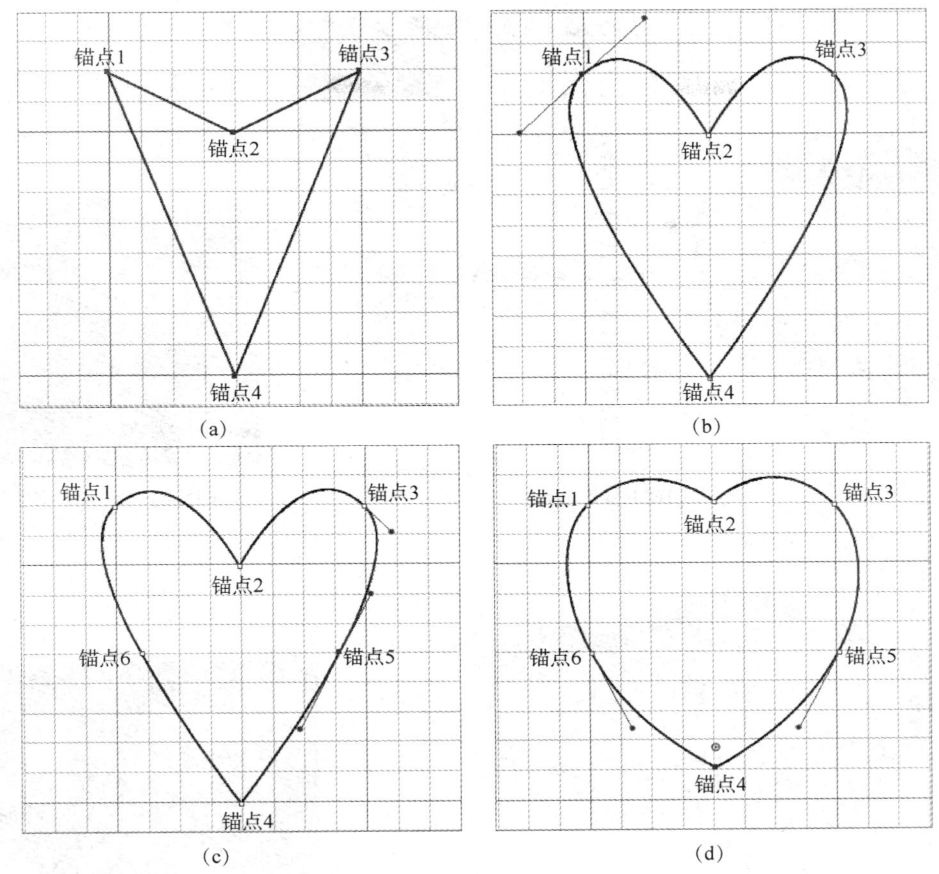

图 3－43　心形的绘制过程

（a）绘制多边形；（b）把角点转换为平滑点；

（c）添加两个平滑点；（d）拖动锚点的位置

（3）制作双色心形并设置投影效果：首先调整心形的大小和位置变为小的心形。用“选择工具”▶选中心形，这时心形四周出现了变换的节点，按住【Shift】键，向内拖动四角的节点，心形会保持比例变小，按回车键确认变换。设置填充色为浅粉色（$C=0$，$M=20$，$Y=0$，$K=0$），移动位置，使两个心形的下端对齐，如图 3－44 所示。选择这两个心形，按快捷键【Ctrl】+【G】组合成一个图形对象。选中图形对象，采用【效果】|【风格化】|【投影】命令，打开【投影】面板，如图 3－45 所示，选中“预览”复选框，设置其“X 位移”和“Y 位移”都为 0.2 mm，“模糊”为 1 mm，投影颜色为暗粉色（$C=0$，$M=80$，$Y=0$，$K=80$）。

（4）复制心形并输入文字：使用“选择工具”，按【Alt】键，拖动双色心形，则得到一个副本。调整其位置和角度，如图 3－46 所示。输入文字“Wedding”，设置其字体为“Lucida Handwriting Italic”，文字的颜色和大的心形相同，是深粉色。选中文字，右键单击，创建轮廓，在工具栏中设置描边颜色为白色。打开【描边】面板，如图 3－47 所示，设置描边粗细为 0.75 pt，外侧对齐。最终效果如图 3－41 所示。

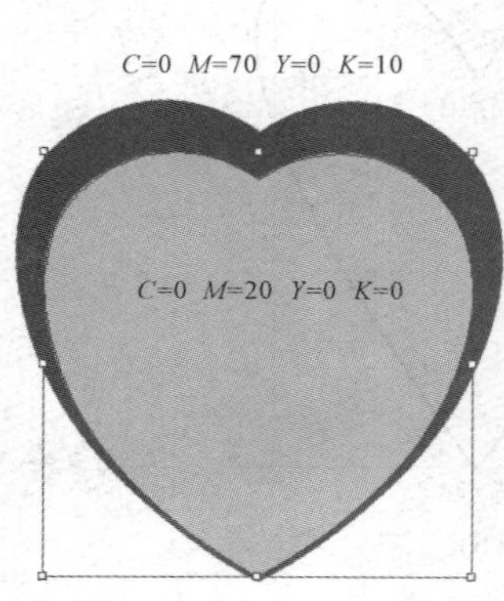

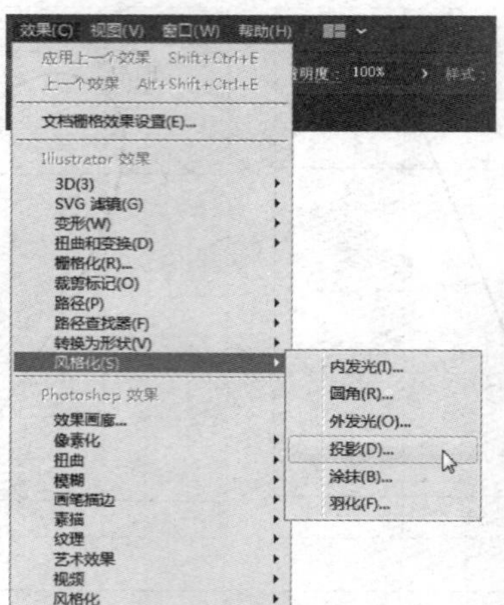

图 3－44　制作双色心形

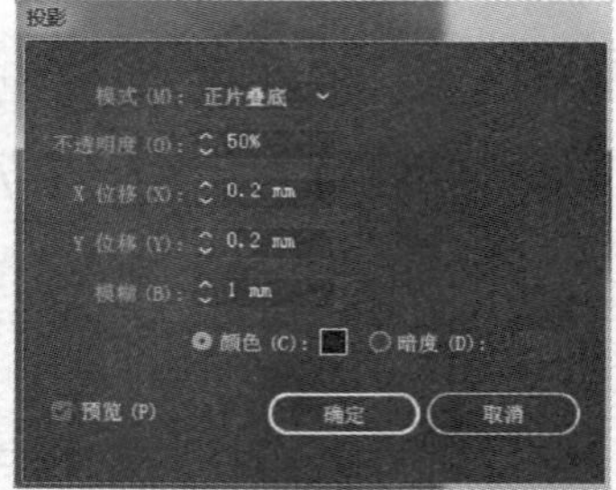

图 3－45　添加投影

图 3－46　复制并调整双色心形

图 3－47　【描边】面板

⚠ 特别提示：

文字可以直接描边，但有些字体描边之后出现如图 3－48（a）所示的画笔交叉。为此，可以先对文字创建轮廓，把文字转变为曲线图形，然后再设置描边，如图 3－48（b）所示。

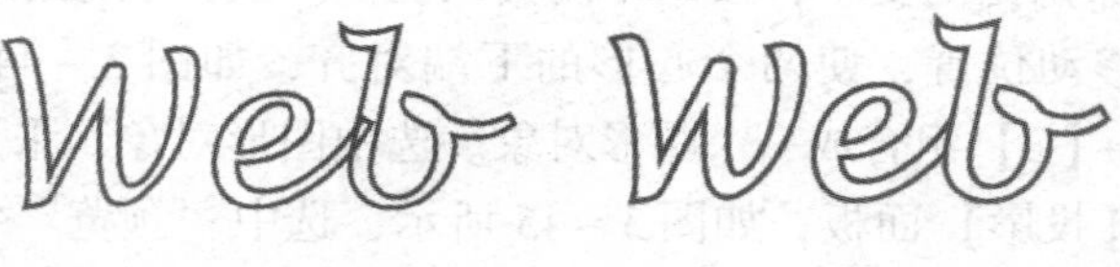

（a）　（b）

图 3－48　文字的描边

（a）直接对文字描边；（b）文字轮廓化之后描边

实例 2　绘制组合图形——小花

本例讲解一下利用旋转复制功能来绘制小花的过程，绘制过程如图 3－49 所示。

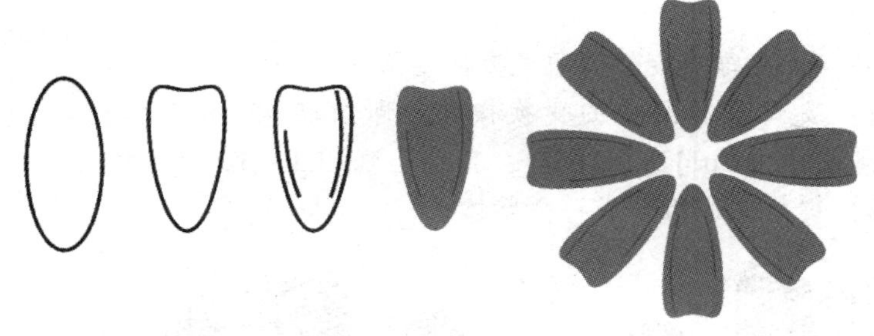

图 3－49　绘制小花的过程

视频二维码

设计思路： 绘制椭圆，修改椭圆形状，填充颜色，旋转并复制椭圆，重复复制。

知识技能： 旋转并复制图形，重复复制。

实现步骤：

（1）绘制单个花瓣：新建文件，采用“椭圆工具”在页面中单击并拖动，绘制椭圆形，如图 3－50 所示，用“直接选择工具”向下拖动顶部和底部的两个锚点，单个花瓣的形状已经画好了。在花瓣上用“钢笔工具”绘制两条曲线。给花瓣涂色（$C=10$，$M=68$，$Y=16$，$K=0$），两条曲线的颜色比花瓣的颜色稍微深一些。用“选择工具”框选花瓣和两条曲线，按【Ctrl】+【G】键将它们组合成一个整体。用“选择工具”调整花瓣的大小。

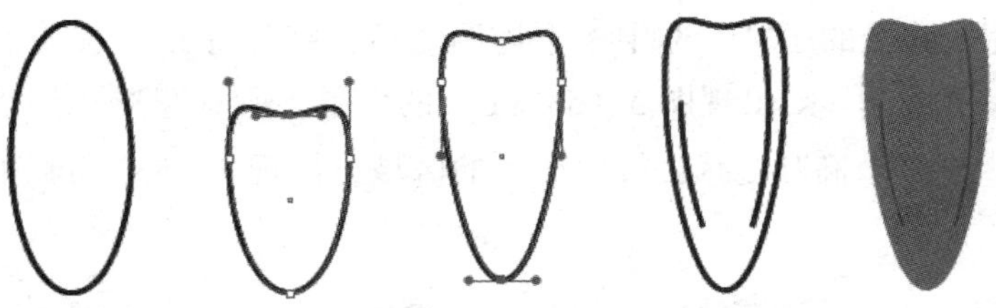

图 3－50　绘制单个花瓣的过程

（2）复制花瓣：步骤（1）中单个花瓣默认的旋转中心点是图形的几何中心，如图 3－51（a）所示，单击“旋转工具”，按住【Alt】键在花瓣下方单击，出现“旋转”对话框。刚才单击的点，成为图形旋转的中心点。在“旋转”对话框中，如图 3－51（b）所示，设置旋转的角度为 45°，并单击“复制”按钮，效果如图 3－51（c）所示。

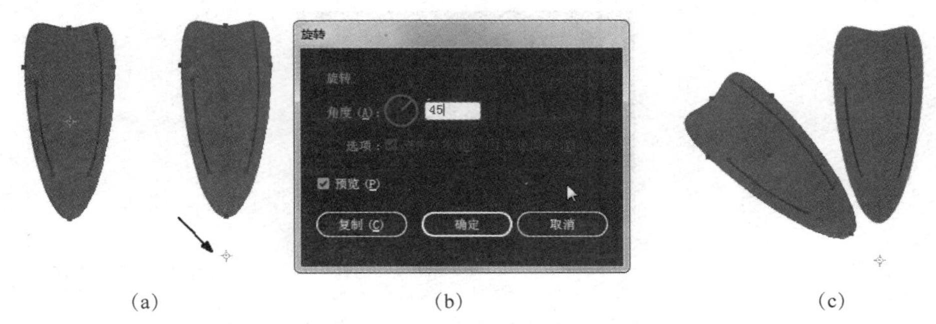

(a)　(b)　(c)

图 3－51　旋转并复制花瓣

（a）修改旋转中心；（b）“旋转”对话框；（c）旋转并复制花瓣

特别提示：

花瓣要沿着圆周旋转，因此每次旋转的角度要能整除360°。

（3）重复复制花瓣：要想重复刚才的变换操作，即旋转45°并制作副本，可以采用【Ctrl】+【D】键。不停地按下【Ctrl】+【D】键，直到出现图3－52所示的图形。全选所有的花瓣，按【Ctrl】+【G】键将它们组合成一个整体。

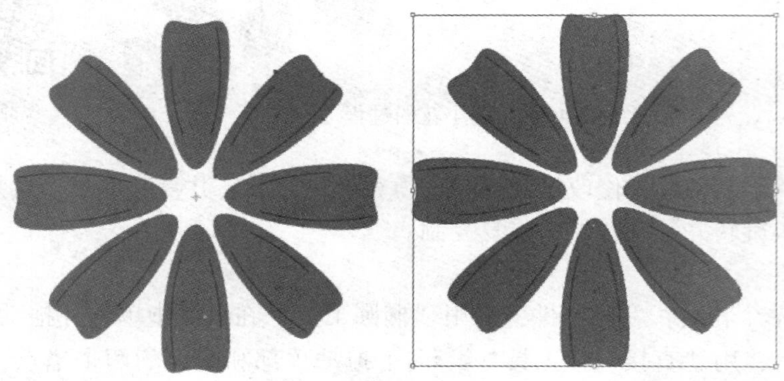

图3－52　重复变换得到小花

思考：如果旋转的单个图形是椭圆，又会得到怎样的组合图形呢？

以椭圆初始的中心点为旋转中心，可以得到如图3－53的图形组合效果。其中图3－53（c）和（d）采用了路径的运算。选中多个椭圆之后，打开【路径查找器】面板，在面板中单击“联集”图标，则出现图3－53（c）的效果，所有图形“焊接”在一起；单击“差集”图标，则多个椭圆会减去彼此交叉的区域，出现3－53（d）的效果，图形的形式感进一步增强了。

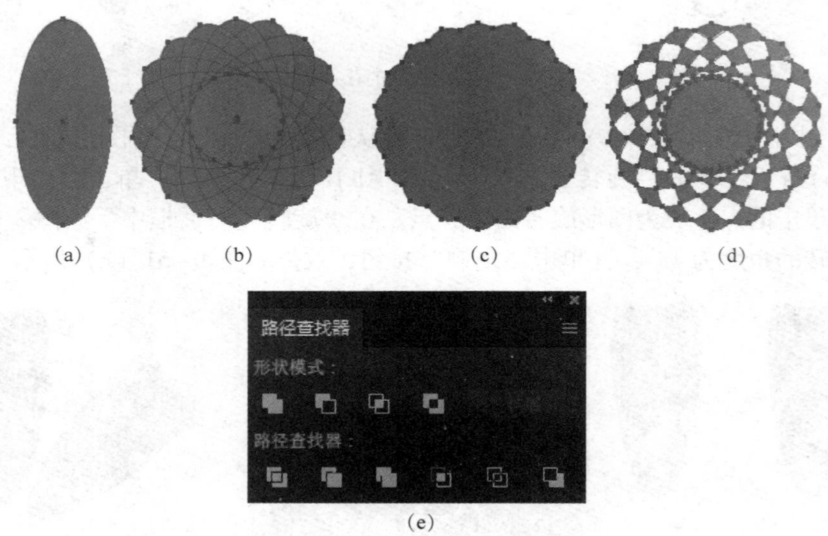

图3－53　椭圆图形的重复旋转

（a）单个椭圆；（b）重复旋转；（c）多个椭圆取“联集”；

（d）多个椭圆取“差集”；（e）【路径查找器】面板

改变单个椭圆的形状，或者改变旋转的中心点，会出现不同的图形外观。读者可以发挥创新思维，自行尝试。

“混合工具” 能够在两个图形之间添加一些过渡图形。如果混合的两个对象大小相同，则可以实现图形的等距复制；如果混合的两个对象大小或颜色不同，则会在两个图形之间添加一些大小和颜色不同的渐变图形。如图3－54所示，先绘制两个大小、颜色不同的圆形，然后双击“混合工具” ，设置其选项，“指定的步数”取值为2。接下来，采用“混合工具”依次单击大圆和小圆，这样在大圆和小圆之间就填充了2个图形，就像多层次的花瓣一样。要想做成花朵，还需要采用前面讲过的针对“旋转”操作的重复变换。

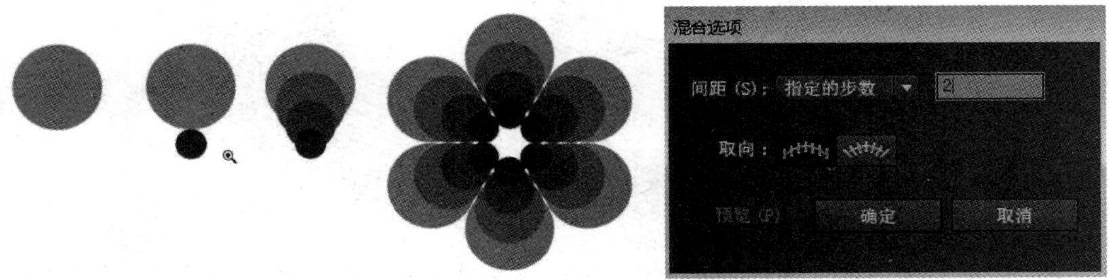

图3－54　先混合再重复旋转

同样的花朵效果，也可以先针对圆形重复旋转，得到多个圆形，这是外层花瓣，如图3－55（a）所示。然后利用“缩放工具”或“选择工具”复制外层花瓣并缩小，得到最内层花瓣，如图3－55（b）所示。在最外层的大花瓣和最内层的小花瓣之间应用“混合”功能，最终效果如图3－55（c）所示。

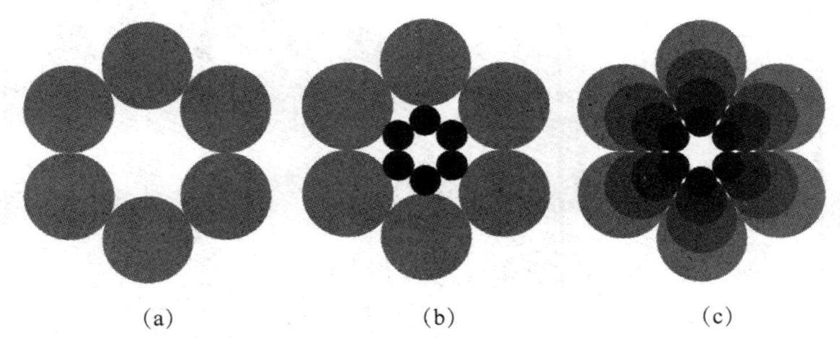

图3－55　先重复旋转再内外混合

（a）最外层花瓣；（b）缩放得到最内层花瓣；（c）内外花瓣的混合

实例3　绘制复杂图形——QQ企鹅

绘制矢量图形是Illustrator的强大功能。简单的图形可以在Illustrator中直接绘制，如果是比较复杂的图形，通常需要先在纸上绘出草图，然后把草图数字化，导入到Illustrator中再进行描图。针对网上下载的点阵图，通过描图的形式也可以得到矢量图。

设计思路：把图像导入到 Illustrator 中作为背景图层，设置为半透明，锁定，新建图层，绘图，最后涂色。最终的效果图如图 3 – 56 所示。

图 3 – 56　QQ 企鹅效果图

视频二维码

知识技能：图层透明度的设置，各种绘图工具的使用。

实现步骤：

(1) 新建文件并导入 QQ 企鹅图像：执行【文件】|【新建】命令，新建一个 297 mm × 210 mm、颜色模式为 CMYK 的空白图片。执行【文件】|【置入】命令，在打开的对话框中找到“QQ 企鹅 1. jpg”图片，如图 3 – 57 所示，要取消“链接”选项前面的☑，这样图像就被嵌入到 Illustrator 中了。(图片也可以自行下载)

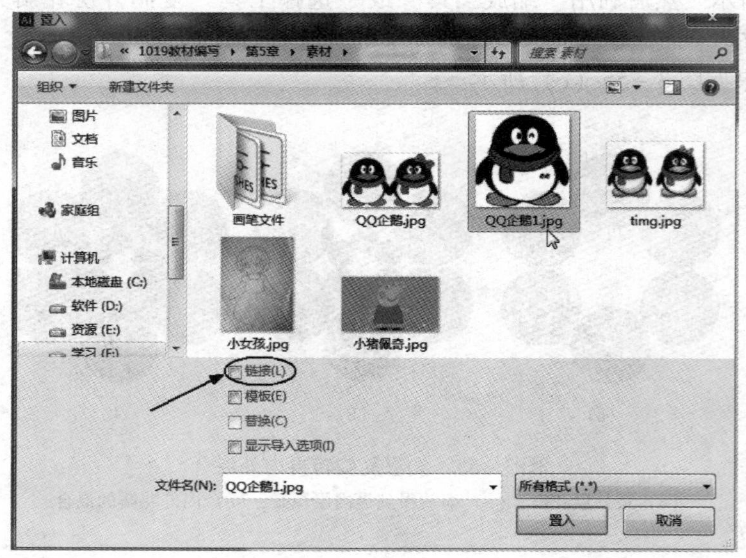

图 3 – 57　“置入”对话框

⚠ 特别提示：

“链接”选项如果选中，则说明导入的图片和 Illustrator 源文件之间是一种链接的关系，图片并没有真正插入到源文件中。如果要移动源文件，则一定要连同链接的文件一起移动。

比如制作画册时，插入的图片较多，就要采用“链接”的方式，否则文件运行会很慢。如果像本例这样只导入一张图片，则不需要“链接”。

（2）设置图像的透明度，并锁定：选中企鹅图像，打开【透明度】面板，设置“不透明度”为50%，如图3－58所示。把图像设置成半透明，描图时比较方便参照。打开【图层】面板，把图层1锁定，当作描摹的背景，如图3－59所示。

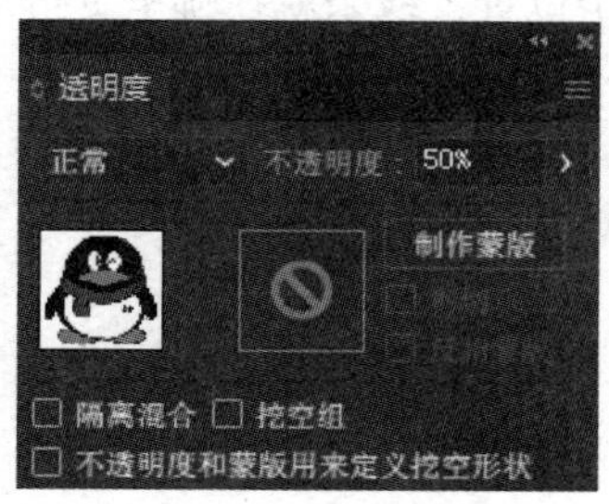

图3－58 设置透明度

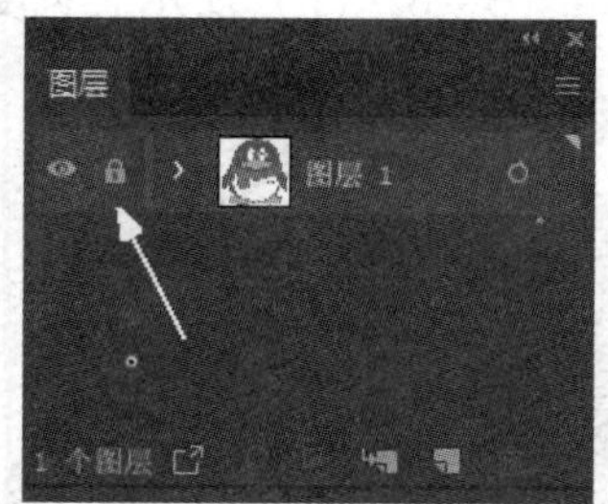

图3－59 锁定图层

（3）新建图层，按从后到前的顺序绘图：在【图层】面板中，单击下方的“新建”按钮，新建图层2。绘制的图形都可以放到图层2中。首先绘制的是黑边空白填充的图形。

考虑到前后遮挡问题，按照头、眼睛、嘴巴、上肢、肚皮、围巾、双脚的顺序进行绘制。

首先绘制企鹅的头部：使用“钢笔工具”，在图形的凸点和凹点上单击。绘图技巧和实例1的心形绘制类似，一定要绘制闭合区域，这样方便填色。接下来采用“锚点工具”，把直线锚点变为曲线，曲线的曲率要和背景图基本一致，调整的效果如图3－60所示。

图3－60 用“锚点工具”把直线变为曲线

采用“钢笔工具”绘制曲线还有一种方法：先在起点位置单击，在第二个需要添加锚点的位置单击并拖动，可以直接把前面绘制的直线变为曲线，按住【Alt】键，单击当前锚点，只保留前面一条方向线，然后在下一个锚点位置继续单击并拖动，如图3－61所示。如果是用“钢笔工具”绘制开放的曲线，要想结束绘制，可以按住【Ctrl】键单击空白处。后面的很多曲线绘制都采用这种办法，不再一一赘述。

QQ 企鹅眼睛用“椭圆工具”来绘制眼白和眼球。眯眼睛用“画笔工具”来绘制。需要注意的是嘴巴的黑色凸出部分，中间粗两边逐渐变细，用钢笔绘制时需要通过网格来严格保证对称。做法有两种：

新版本的 Illustrator 利用“宽度工具”来增加线条的宽度，如图 3－62 所示。图 3－62（a）是绘制的曲线，采用“宽度工具”从中间位置单击并拉伸，则线条中间变粗，向左右两侧逐渐变细，如图 3－62（b）所示。宽度工具单击线条的哪个位置，线条就在哪里变得最粗。

图 3－61　用“钢笔工具”单击并拖动绘制曲线

(a)　(b)

图 3－62　“宽度工具”使线条变粗

（a）初始的线条；（b）线条从中间变粗

Illustrator CS 5 之前的版本没有“宽度工具”，可以采用曲线计算的办法：如图 3－63 所示，先根据嘴形绘制两个任意颜色的椭圆，把它们重叠放在一起，上面的椭圆稍大，选中这两个椭圆，利用【路径查找器】面板中的“减去顶层”功能，即可得到外凸的图形。

图 3－63　用路径查找器计算曲线图形

在绘制双脚的时候，可以用“镜像工具”来实现轴对称的复制：画好一只脚以后，如图 3－64 所示，使用“镜像工具”，按【Alt】键单击，确定对称轴的位置，同时出现“镜像”对话框，选择垂直对称轴，单击“复制”按钮，得到对称的另外一只脚。

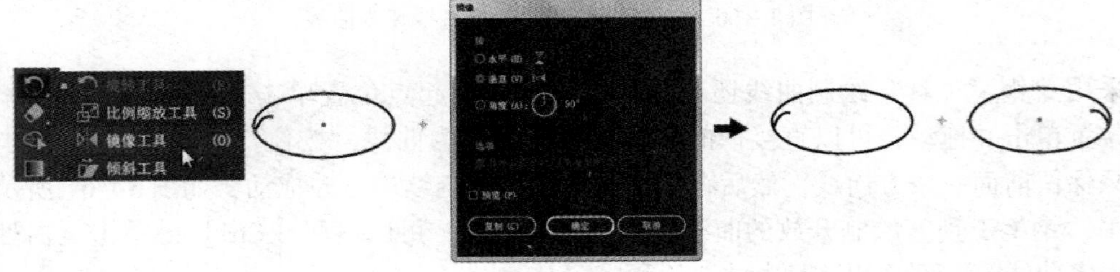

图 3－64　使用“镜像工具”得到对称的双脚

打开【图层】面板，可以看到图层 2 中有很多图形，如图 3－65 所示。如果原图比较复杂，图形数量就更多。为了方便编辑，可以多建几个图层，如图 3－66 所示，给图层命名，根据需要设置“锁定”并调整其上下关系，即使在同一个图层中，也要调整每个路径的前后关系，以免涂色时相互遮挡。

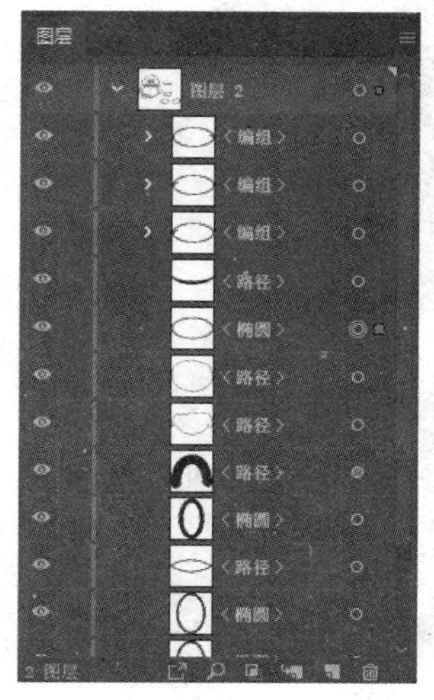

图 3－65 【图层】面板

图 3－66 建立多个图层

接下来给各个路径填充颜色：涂色要采用前面讲过的颜色设定的各种方法。在涂色的过程中，会遇到一些问题，不同的图片绘制遇到的问题也不同。如果有的图形被覆盖无法在画面中用“选择工具”单击，则可以在【图层】面板中选择，如图 3－67 所示，单击定位标记按钮选择需要的图形。填充颜色之后的 QQ 企鹅和图层如图 3－68 所示。也可以一边绘制路径一边填色。最终，删掉最底下的图像，然后全选所有绘制的图形，按【Ctrl】+【G】键进行组合。

图 3－67 单击定位标志选择图形

图 3－68　企鹅填色效果和图层

Illustrator 的绘图需要多次绘制图形来熟练各个工具的用法。例如可以从网上搜索“矢量风景”“矢量花草”等素材进行练习，图 3－69 展现了绘制花草的过程。

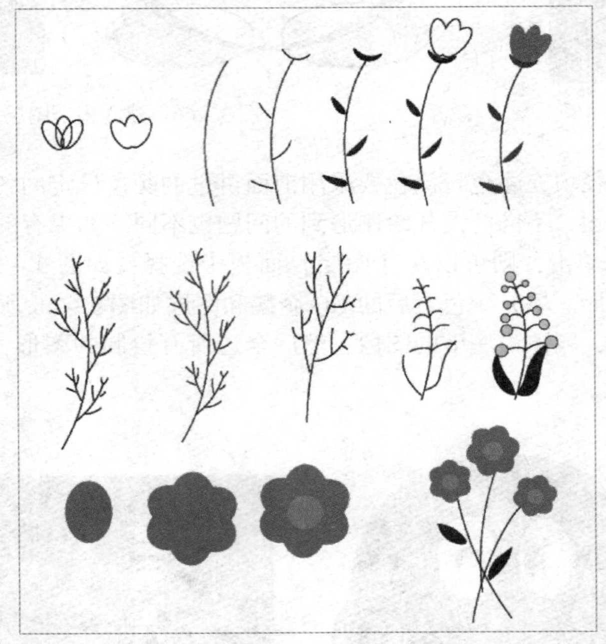

图 3－69　绘制花草

3.3　符号的定义与编辑

在 Illustrator 中应用“符号工具”，能够方便快速地生成图形集合，还能灵活调整这些图形的大小、距离、色彩、样式等，能够大大提高图形绘制的效率。

3.3.1 符号的定义

符号是可以重复使用的图形对象，是图形对象的集合。符号的内容包括普通的图形、图标、组件等。应用符号可以方便、快捷地生成很多相似的图形实例，比如一片树林、一群鱼、一片花等，如图 3－70 所示。在绘制成片成群成簇成堆的图形时，不再一个一个地复制图形并调整大小，从而减小了设计文件的数据量。而且，可以事先把绘制的图形存成符号，方便以后调用。

图 3－70 符号的集合

3.3.2 符号的创建与编辑

符号集是一组使用“符号喷枪工具”创建的符号实例，每个符号实例都与【符号】面板中的特定符号链接在一起。符号喷枪工具组由“符号喷枪工具”“符号移位器工具”“符号紧缩器工具”“符号缩放器工具”“符号旋转器工具”“符号着色器工具”“符号滤色器工具”“符号样式器工具”组成，如图 3－71 所示。

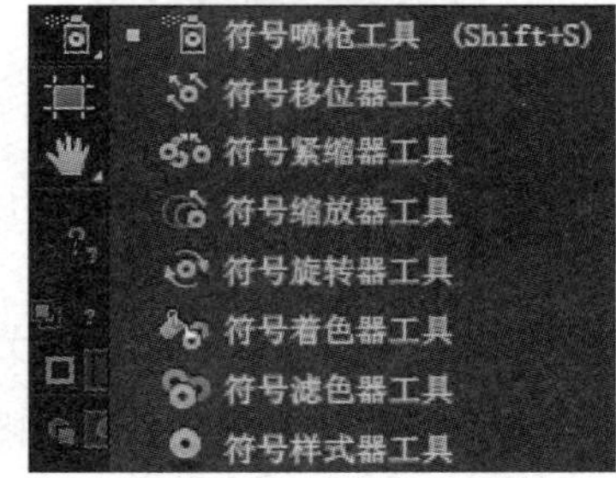

图 3－71 符号喷枪工具组

（1）符号的创建：首先绘制一个图形，如 3－72 所示，绘制了一个花朵，然后打开【符号】面板，选择花朵，拖动到【符号】面板中。在出现的“符号选项”对话框中输入符号的名称“花朵”，并设置类型为“图形”。

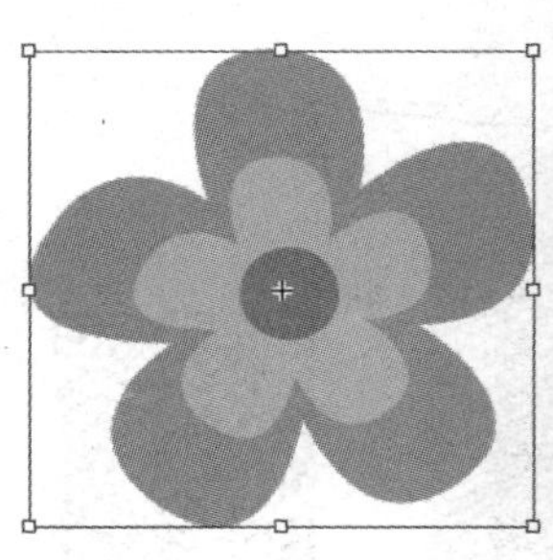
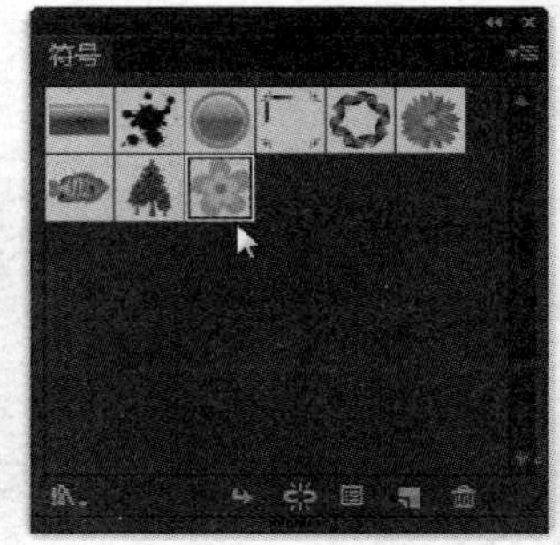

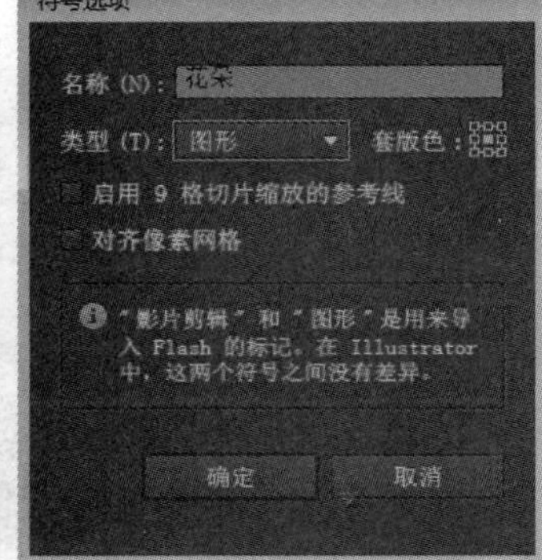

图 3－72 创建符号

（2）符号的编辑：双击【符号】面板中需要修改的符号，进入符号编辑窗口，修改图形的样式，然后退出符号编辑窗口。此时，不仅是【符号】面板中的符号样式已经发生了改变，页面上所有与此符号相链接的所有图形都相应发生了改变。

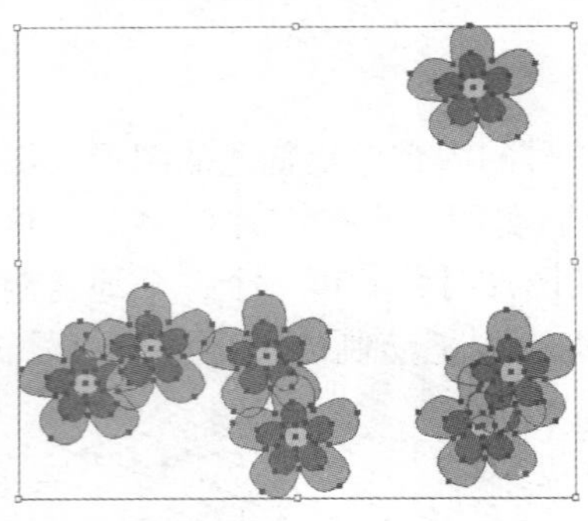

图 3－73　断开符号链接变成图形组合

（3）符号链接的断开：符号实例集合和【符号】面板中各种符号之间存在着“链接”关系，因此，修改了符号本身则符号实例集合就会相应发生修改。如果想断开符号和实例之间的链接关系，则在选择了符号集合之后，单击【符号】面板下方的“断开符号链接”按钮。如图 3－73 所示，符号实例就变成了图形的集合，还可以通过“取消编组”功能，变成一个个独立的图形。

（4）符号的替换：首先选择画面中绘制完成的符号实例，然后单击【符号】面板中另外的符号，在面板右上角的折叠菜单中选择【替换符号】命令，则符号集合中原有的符号实例被新的符号替换，如图 3－74 所示。

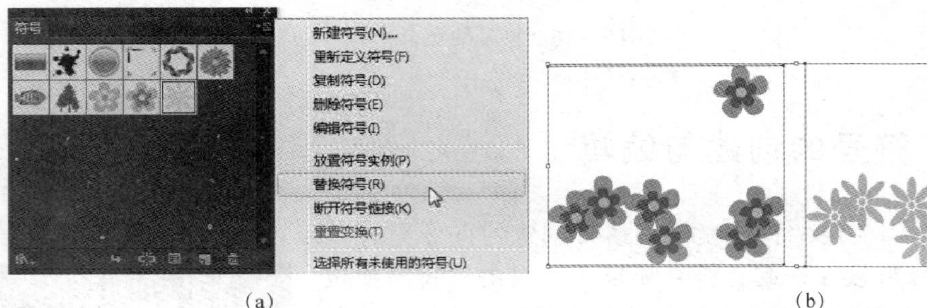

（a）　　　　　　　　　　　（b）

图 3－74　符号的替换

（a）【符号】面板及命令；（b）符号实例的替换效果

实例 4　绘制田园风光

绘制田园风光，其效果图如图 3－75 所示。

图 3－75　田园风光效果

视频二维码

设计思路：绘制天空、草地、散布的花朵、小房子、小羊。

知识技能：各种图形的绘制和填色，创建符号，符号喷枪工具组的用法。

实现步骤：

（1）绘制天空、草地：新建一个297 mm×210 mm的文件，采用“矩形工具”绘制一个和文件尺寸等大的矩形，填充浅蓝色到白色的渐变。用“钢笔工具”绘制三块渐变色的草地，调整前后顺序，呈现明暗深浅的层次感，如图3－76所示。也可以绘制三条曲线来分割蓝白渐变的大矩形，从而形成三块不同的闭合区域，填不同的颜色，得到三块草地。

图3－76 天空和草地

（2）绘制白云、岩石和房子：在【符号】面板中，打开右上角的折叠菜单，执行【打开符号库】|【自然】命令，显示【自然】符号面板，如图3－77所示，单击“云彩1”“云彩2”“云彩3”和“岩石3”“岩石4”“岩石5”样式，把这6个符号添加到【符号】面板中。执行【打开符号库】|【徽标元素】命令，打开【徽标元素】符号面板，如图3－78所示，单击“房子”样式，添加到【符号】面板中。采用“符号喷枪工具”在天空位置喷绘不同形状的云彩，在草地位置喷绘不同形状的岩石。采用“符号移位器”调整云彩和岩石的位置，采用“符号缩放器”调整其大小，采用“符号滤色器”调整其透明度。针对云彩来说，地平线附近的云彩尺寸要小，颜色要淡，数量要多。

图3－77 【自然】符号面板

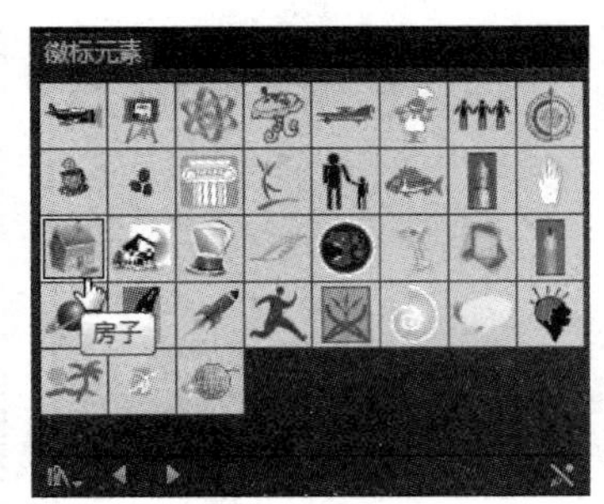

图3－78 【徽标元素】符号面板

对于“房子”符号，把房子拖到页面上之后，单击【符号】面板中的“断开符号链接”按钮，修改房子图形，删掉门口的小路，如图 3－79 所示。

图 3－79　修改房子

调整房子的排列顺序，把房子图形放置到前两片“草地”后面，最终绘制的效果如图 3－80 所示。

图 3－80　绘制云彩、岩石、房子

（3）设计花朵符号并绘制花朵：绘制如图 3－81（a）所示的两种花朵，定义成符号，然后采用“符号喷枪工具”在草地的位置喷绘花朵，调整其大小、位置、透明度等。效果如图 3－81（b）所示。

(a)

(b)

图 3－81　利用符号绘制花朵集合

（a）绘制两种颜色的花朵；（b）添加花朵符号实例

(4) 绘制小树和小羊：采用“铅笔工具”“钢笔工具”绘制小树，并编组。绘制小羊时，可以把白色到浅蓝色的渐变圆形设计为符号，然后用“符号喷枪工具”喷绘一团羊毛。单击【符号】面板中的“断开符号链接”按钮，修改羊毛的形状。调整好形状之后，和小羊的其他部分合成一个整体，编组。绘制过程如图 3－82 所示。

图 3－82　小树和小羊的绘制过程

画面中的树木不是成片的树林，因此小树没有必要做成符号，复制几棵，移动其位置。同理，复制小羊，移动其位置，修改大小。最终效果如图 3－75 所示。

3.4　图案的定义和填充

Illustrator 中不仅可以用纯色、渐变色填充图形，还可以采用图案填充。图案能起到装饰、美化、重复填充的作用。打开【色板】面板，显示图案色板，如图 3－83 所示。在页面中绘制一个矩形，单击“植物”图案，则可以在矩形中填充“植物”图案样式。

图 3－83　用图案填充矩形

Illustrator 中图案填充效果要做到无缝拼贴，必须能够从现有的填充效果中找到单位图形或者自行设计单位图形，如图 3－84 所示。这一点和 Photoshop 中的图案设计比较相似。

图 3－84　图案的单位图形

要想设计的图案在填充的时候能够做到无缝拼贴，那么图案的设计分为以下两种情况。

（1）带有矩形边框的图案设计：绘制一个背景矩形，颜色根据设计的主题而定，背景矩形的边框就是图案的边框。设计图案时，在矩形边框内绘制图形。要想做到无缝拼贴，则必须把所有的图形调整到背景边框以内，然后用“选择工具”选中所有的图形（包括矩形边框），组合成一个整体，拖动到【色板】中即可。如图 3－85 所示，在矩形背景中添加了四个大小不一的原点，以及文字“HAPPY”，这些要素都没有超出矩形的边界，则填充效果是无缝拼贴。

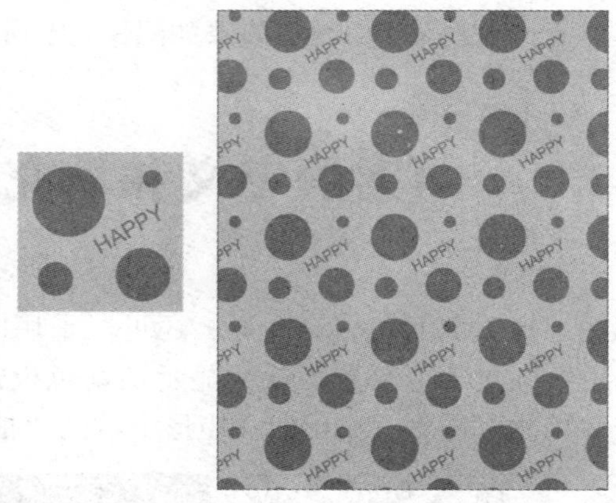

图 3－85　带有矩形边框的图案设计与填充

特别提示：

如果设计的图案是透明背景，在把图形拖动到【色板】之前，把用作定界框的矩形设置为无填色无描边即可。

（2）不规则图形的图案设计：如果图案的形状不规则，缺少明显的矩形边框，针对这种情况，首先要明确图案单位图形的组成。绘制一个矩形，无填充，无描边，并且把它置于所有对象的后面（可以采用【Shift】+【Ctrl】+【[】键），如图 3－86 所示，【图层】面板中，这个无填充无描边的矩形位于所有图形的后面，它定义了图案的界线边框。然后通过【图层】面板的定位标志选中三组小矩形组合和无填充无描边矩形，用“选择工具”拖动到【色板】中即可。这是定制复杂图案时最简单最常用的方法。

如果设计的图案不满足需要，可以从【色板】中将其删除。如图 3－87 所示，在【色板】面板中，单击要删除的图案样式，单击下方的“删除色板”按钮即可。

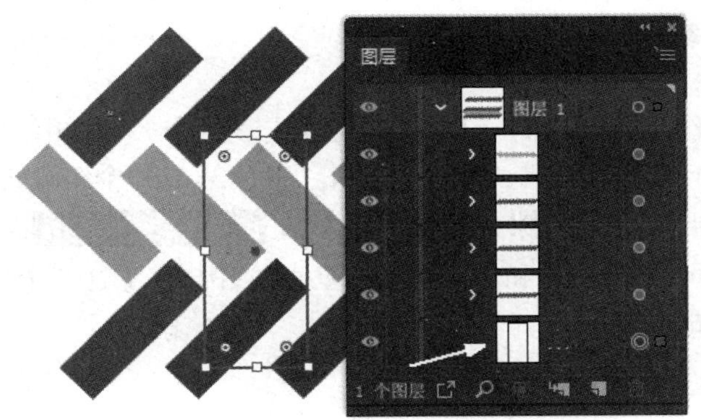

图 3－86　无填充无描边矩形

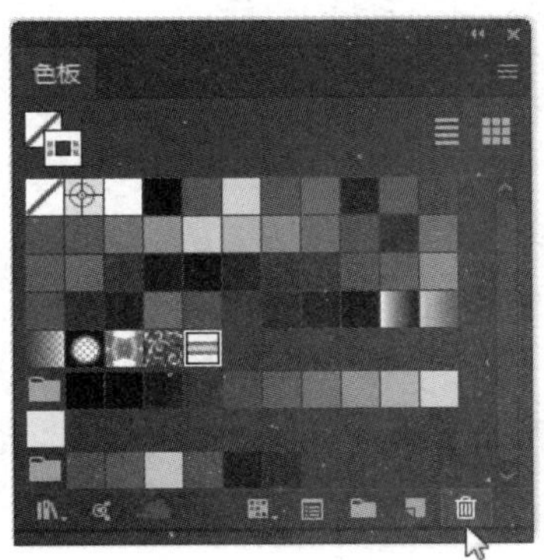

图 3－87　删除图案

实例 5　设计“花开荼蘼”花草图案

要求设计一张 720 mm × 520 mm 的礼品包装纸，效果如图 3－88 所示。这个图案的单位图形是不规则的，彼此之间相互穿插。设计完成之后，还可以把花草图案用作设计的背景图。

图 3－88　图案设计效果图

视频二维码

设计思路： 新建文件，绘制等大的矩形，绘制花草，定义图案，用图案填充矩形。

知识技能： 图案的定义与对象填充。

实现步骤：

(1) 新建文件：执行【文件】|【新建】命令，新建一个 720 mm × 520 mm 的文件，2 mm 出血。

(2) 设计花草图形组合并复制：打开“花草.ai”文件，把绘制的花草拖动到本文件的绘图区。为了使得放置的位置更加合理，可以单击【视图】|【标尺】|【显示标尺】命令，拖出四根参考线，如图3-89所示，移动花草的位置，使得花草图形的角度有变化，间距疏密合适，可以突破参考线的界限，靠近参考线的地方要留出一定的空隙，以备图案在平铺的时候彼此穿插，更体现出整体性。

全选所有的图形，不要选中参考线，按【Ctrl】+【G】键组合成“组合1”，如图3-90所示。按住【Alt】键拖动花草“组合1”，复制成“组合2”和“组合3”。每个组合之间要彼此靠近，图形要素彼此穿插，不要留很大空隙。通过对齐按钮，保证“组合1”和“组合2”水平对齐，而“组合1”和“组合3”垂直对齐。有了这三个组合，就能够确立图案在水平和垂直方向上的平铺效果。

图3-89 以参考线为基准移动花草的位置

图3-90 复制并对齐

(3) 确定单位图形的样式，添加到色板：这是最重要的一步，即确定单位图形样式。在步骤（2）的组合图形中选择一个区域，绘制一个无填充无描边的矩形，如图3-91所示，由4个端点来确定这个矩形的四条边。其中左右端点上的图形要重合（取第一片叶子的最右侧），上下端点的图形要重合（取左侧第一朵花的最顶端）。通常寻找凸点、凹点、起始点、结束点等作为端点，而且要放大显示图形，这样能够更加精确地对齐。这个矩形中包括了所有的图形元素，是图案的基本构成形式（一定要包括所有的图形）。

因为矩形无描边无填充，在画面中看不到，因此使用“选择工具”很难选中。这时可以使用【图层】面板的定位标志选中这个无色无描边的矩形，拖放在三个编组的最下面。如图3-92所示，隐藏参考线，按住【Shift】键选中矩形和三个编组，使用“选择工具”拖到【色板】面板中图案色板这一类的位置上，如图3-93所示，这时【色板】面板中的图样增加了。

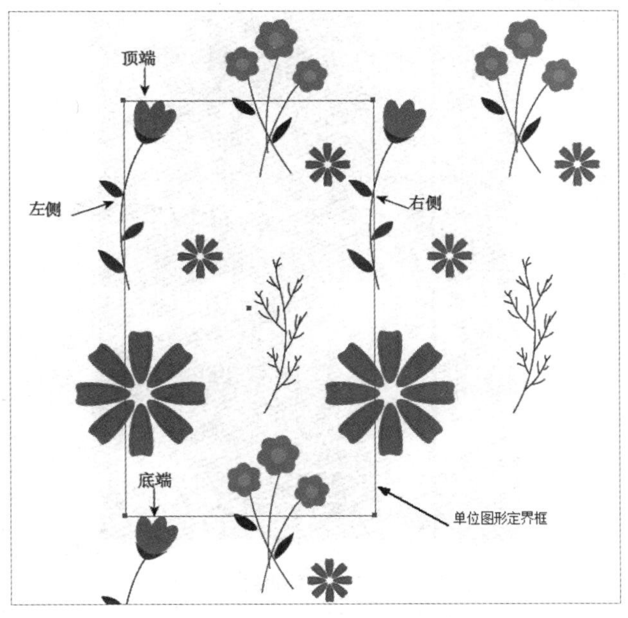

图 3 – 91　确定单位图形

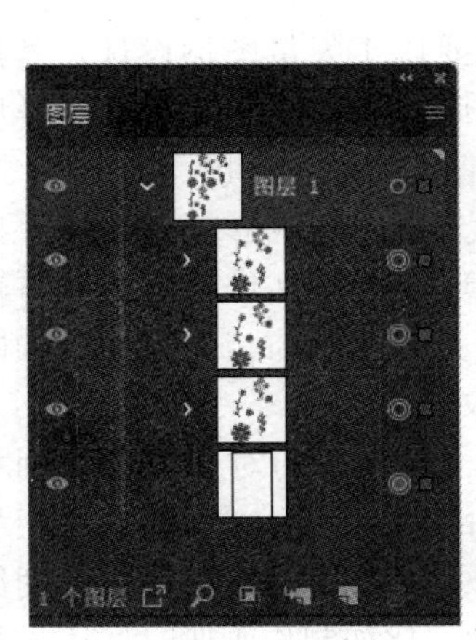

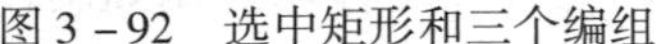
图 3 – 92　选中矩形和三个编组

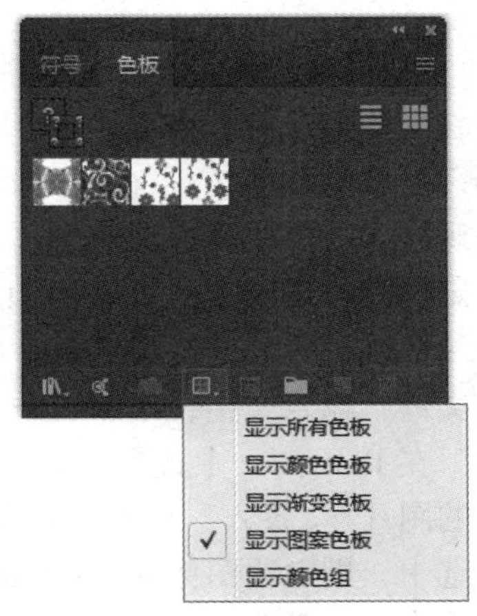

图 3 – 93　添加到图案色板

（4）给包装纸填充图案：隐藏图层 1，新建图层 2，在画面上沿着出血线的位置，绘制一个黑边透明填充的矩形，大小是 724 mm × 524 mm。把此矩形的填充色设置为刚才设计的花草图案即可。

（5）图案尺寸的调整：为大的矩形填充图案以后，采用“选择工具”拖动矩形尺寸，默认情况下只是调整包装纸的边界，图案并不改变。如果认为图案尺寸不合适，需要双击“比例缩放工具”，在打开的“比例缩放”对话框中选中“变换图案”复选框，如图 3 – 94 所示。此时再用“选择工具”拖放矩形，则矩形和图案都发生了变化。

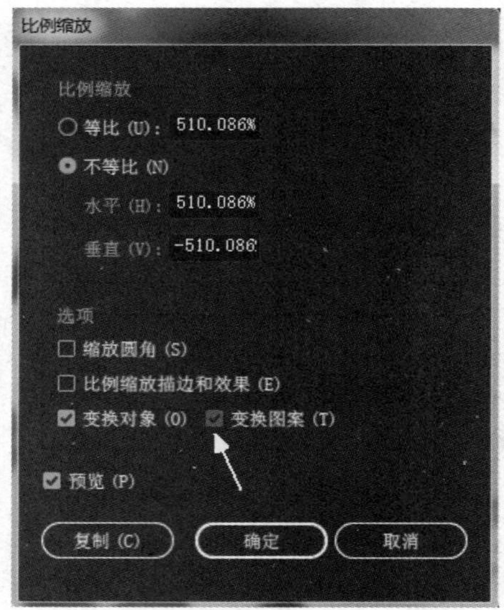

图 3－94　“比例缩放”对话框

3.5　Illustrator 和 Photoshop 的相互调用

Photoshop 的优势在于数字图像的编辑与处理，Illustrator 主要用于矢量图形设计，其优势在于图形绘制、文字设计、排版等，因此在设计过程中要根据两个软件的特点来选择应用。通常的顺序是，首先根据设计的需要使用 Photoshop 处理图像，包括图像的颜色、尺寸、外观样式（方形图、退底图、边框图等）和特效，采用恰当的分辨率和色彩模式，保存成一定的文件格式（比如普通印刷用 300 PPI 的分辨率，CMYK 模式，TIF 文件格式；屏幕输出用 72 或 96 的分辨率，RGB 模式，JPG 文件格式）。接下来打开 Illustrator，导入做好的图像文件，输入文字，添加线条，调整排版等，然后输出为 PDF 文件。

在 Illustrator 中置入图像文件：执行【文件】|【置入】命令，在打开的对话框中找到相应的图片。“置入”图像文件分为“链接”文件和“嵌入”文件两种形式。“链接”选项如果选中，则说明图像和 Illustrator 源文件之间是一种链接的关系，图像并没有真正插入到源文件中。如果要移动源文件，则一定要连同链接的文件一起移动。比如制作画册时，插入的图像较多，要采用链接功能，否则文件运行会很慢。如果取消“链接”选项前面的☑，就表示要在 Illustrator 中“嵌入”图像。例如在制作宣传单页时，只需要一两张数字图像，则使用嵌入即可。如果最终保存为 PDF 文件，则图像无论使用嵌入还是链接，都会封装在 PDF 文件中。

把 Illustrator 中做好的矢量图导出图像：有些特殊的效果很难用 Photoshop 来完成，比如 Illustrator 中“画笔工具”的各种水彩画笔效果、手绘效果等，如果在 Photoshop 中想利用该效果，可以把 Illustrator 中做好的矢量图导出成为点阵图。具体的做法是采用【文件】|【导出】命令，选择保存的类型（例如 PSD、JPG 等）和“画板”范围。

在导出 JPG 格式文件时，会出现【JPEG 选项】面板，如图 3－95 所示，要选择合适的颜色模式、图像的品质、分辨率等。这些参数非常重要，一定要根据图像的用途来选择。

在导出 PSD 格式文件时，会出现【Photoshop 导出选项】面板，如图 3－96 所示。要设置颜色模式、分辨率，还要设置是否保留图层和文字属性。

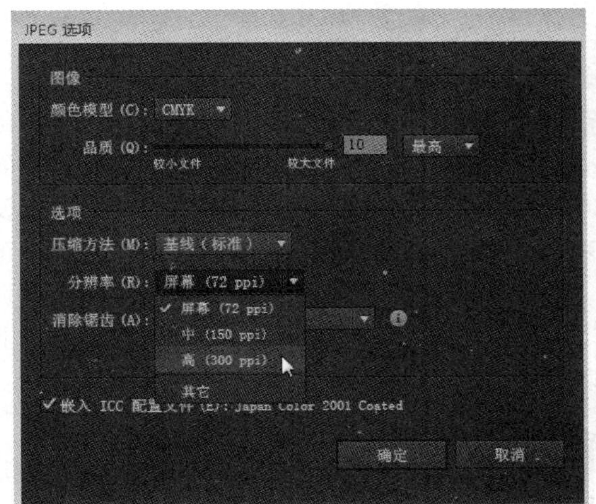

图 3－95 【JPEG 选项】面板

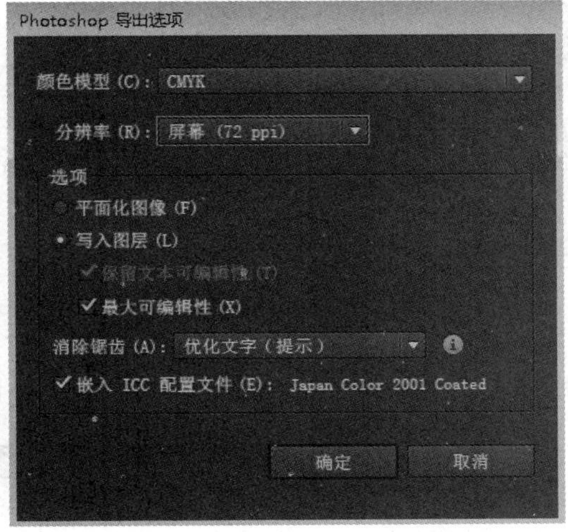

图 3－96 【Photoshop 导出选项】面板

实例 6 旅游宣传单设计

通常宣传单的设计需要简单绘制草图，包括确定画面的分割比例，版面元素的尺寸，组合编排等，然后采用 Photoshop 处理图像，用 Illustrator 输入文字并排版输出。旅游宣传单效果图如图 3－97 所示。

图 3－97 旅游宣传单效果图（正反面）

视频二维码

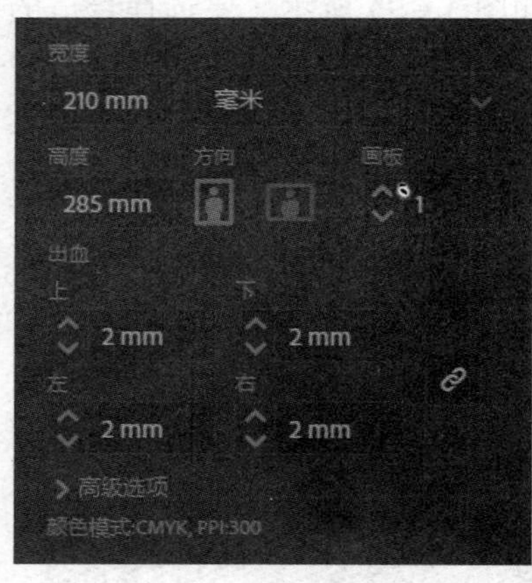

图 3－98　新建文件

设计思路：在 Photoshop 中处理图像，在 Illustrator 中添加画板，置入图像，绘制曲线图形，设计文字，文字排版组合。

知识技能：文件尺寸设定，画板的添加，Photoshop 修改并设置图像的尺寸，绘制曲线分隔，绘制电话图形，设计透视文字，设计 3D 文字。

实现步骤：

（1）新建文件并添加画板：要制作 16 开尺寸的宣传单（210 mm × 285 mm），考虑到印刷输出，每边设置 2 mm 的出血值，CMYK 模式。在 Illustrator 中新建文件，参数设置如图 3－98 所示，保存为“宣传单 . ai”。此宣传单有正面和反面，共两页，因此在 Illustrator 中要添加一个新的页面。新的页面需要添加画板。在【画板】面板中，单击下方的“新建画板”按钮，可以增加一个画板，如图 3－99 所示。

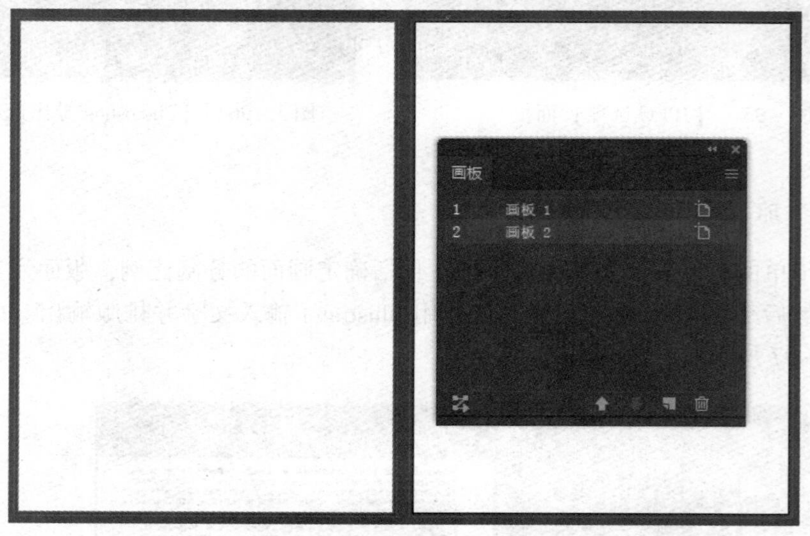

图 3－99　新建画板

（2）采用 Photoshop 处理图像：根据草图设定，采用 Photoshop 的裁切工具，把“大背景原图 . jpg”的尺寸处理成 214 mm × 234 mm，分辨率是 300 PPI。然后采用“仿制图章工具”消除海面上的帆船，如图 3－100 所示，保存为“背景图 2. tif”。同样处理三个小插图，插图 1 裁切成 45 mm × 30 mm，插图 2 裁切成 50 mm × 35 mm，插图 3 裁切成 27 mm × 35 mm，这些小插图的分辨率也是 300 PPI。

（3）在 Illustrator 中置入图像：回到“宣传单 . ai”，单击该文件的第一个画板，采用【文件】|【置入】命令，置入“背景图 2. tif”，不要采用链接的形式。在文件的第二个画板上，置入其他三个小图片。

（4）绘制正面和反面的曲线图形：采用“钢笔工具”，结合“锚点工具”绘制曲线图形，如图 3－101 所示，复制两个图形，调整其形状和颜色，放置到正面的页面下方。同样继续复制三个图形，调整颜色、位置和形状，放置到反面的页面下方，如图 3－102 所示。

图 3－100　图像的处理

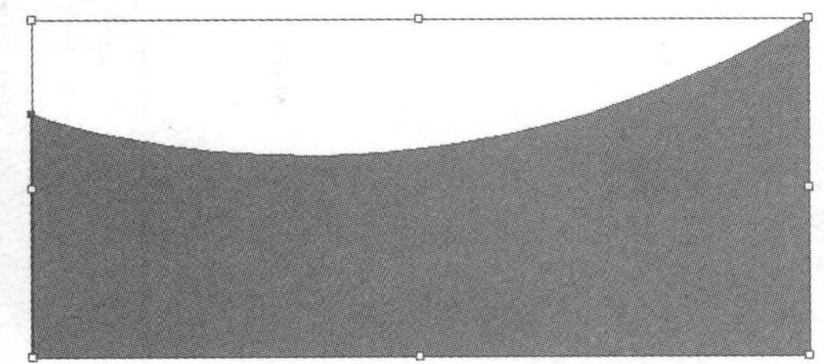

图 3－101　绘制曲线形状

图 3－102　绘制正反面所有的曲线形状

（5）设计标题文字：标题“暑期钜惠 全家出游”是透视文字效果，“日照”是 3D 文字效果。制作透视文字的步骤如下。

①双击【画板】面板前方的序号，把画板 1 设为当前画板，然后采用【视图】|【透视网格】|【两点透视】|【两点－正常视图】命令，在画板 1 中显示透视网格。输入文字“暑期钜惠”和“全家出游”，字体都为“汉仪菱心体”，并在文字的右键快捷菜单中选择【创建文字轮廓】命令，把文字变为曲线（一定要把文字变为曲线）。

②当前默认的“平面切换构件图标”是，表示当前的透视面是左侧面。把“全家出游”放置到左侧面的特定位置，采用“透视选区工具”拖动文字，调整文字的形状。在平面切换构件图标中单击右侧面的，采用“透视选区工具”拖动“暑期钜惠”到右侧面的位置，效果如图 3－103 所示。注意，“透视选区工具”和“透视网格工具”“极坐标网格工具”通常在工具箱的同一位置上。

③设置完成之后，单击【视图】|【透视网格】|【隐藏网格】命令。

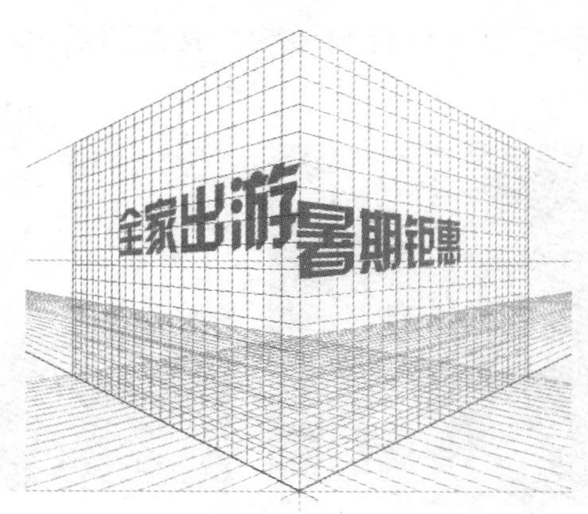

图 3－103　制作透视文字

“日照”3D 文字的设计：①输入“日照”文字，字体是“方正综艺体_GBK”。采用菜单命令【效果】|【3D】|【凸出和斜角】，打开“3D 凸出和斜角选项”对话框，单击“更多选项”按钮，则出现图 3－104 所示的对话框。

④注意对话框中标出的箭头 1～4 的设置。选中下方的“预览”复选框，则随时可以看到文字的变化。转动正方体图标，调整其透视的方向。“凸出厚度”参数控制着文字的厚度。把文字的光照位置调整到正面，最后效果如图 3－105 所示。

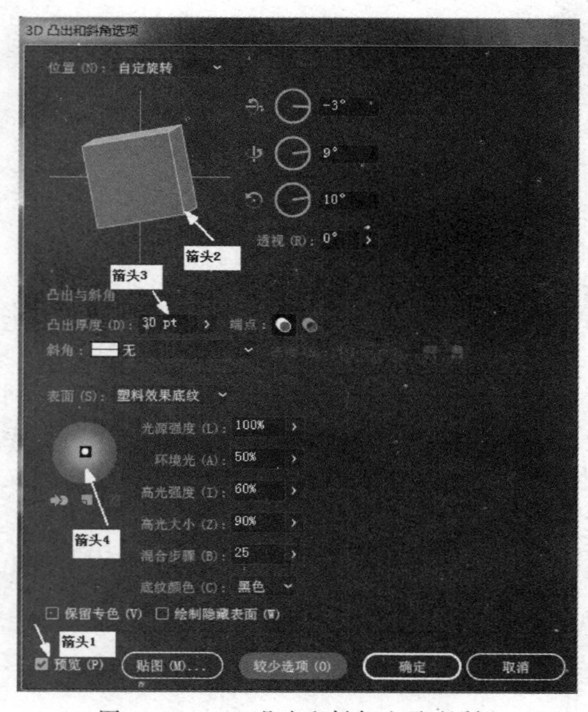

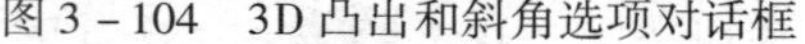

图 3－104　3D 凸出和斜角选项对话框

图 3－105　3D 文字的制作

（6）输入说明文字：用图形装饰标题文字，使得标题的形式更丰富，调整文字的颜色。输入段落文字，字体为“微软雅黑”，对齐小插图。绘制“电话”图形。

（7）保存文件：保存文件，并应用【文件】|【存储为】命令，把“宣传单.ai”另存为“宣传单.pdf”文件。在另存PDF的时候，会出现参数设置对话框，在“压缩”选项中，注意选择“不缩减像素取样”项，以保证图片的高质量。

本章小结

Illustrator最大的优势在于矢量图的绘制。本章讲解了创建和编辑路径的方法，对路径填充或者描边得到图形。单个图形的绘制、选择、编辑、修改是必须掌握的基本技能。以单个图形为基础，利用各种变形修整工具设计制作组合图形，利用“符号工具”创建图形集合并设计与运用图案，都是矢量绘图的基础。针对具体的绘图情况要学会灵活选择并合理运用各种工具，在本章只讲解了该软件最基本的用法，裁切蒙版、描摹、复合字体等很多种功能都没有涉及，希望Illustrator图形绘制和Photoshop图像处理能够相辅相成，互为补充。无论什么工具，都要结合具体的实例灵活运用，才能进一步提升熟练程度和设计技法。

课后练习

1. 手绘一张草稿图，描图，变为矢量图（动物、植物、人物皆可）。
2. 从网上下载小猪佩奇图像，绘制成矢量图。
3. 绘制风景图（可从网上下载风景图作为参考）。
4. 上网搜集包装纸的尺寸，并设计生日主题包装纸。
5. 上网搜集网页背景图，确定网页尺寸，以像素为单位设计图案。

第4章 文字设计与编排

学习目标

- 了解常见字体的特征与设计原则。
- 掌握常用的文字设计方法。
- 能够利用 Photoshop 和 Illustrator 来设计各式文字。
- 掌握常用的文字段落编排方法。

文字是多媒体资源的重要构成元素，本章学习文字的设计与编排。文字本身具有双重属性：首先，文字是一种符号，记录了语言，传达了信息，负载着一定的意义。其次，文字具有外在的形式感，是信息特殊的图形表达方式，有特定的性格，传达出一定的思想情感。这种双重性使文字元素不同于图形图像元素，它能在形音义的基础上根据不同的视觉功能和传达目的，对造型和结构进行不同的组合变化，充分表达主题丰富的内涵和情感。文字的形态和文字与其他元素的关系是设计要考虑的主要问题，具体包括字体与字号的选择、字形的设计、文字段落的编排、图文关系，以及它们之间的大小、疏密、空间、布局、色彩等方面的设计。

4.1 字体的特征

字体，指的是具有特殊书写形式和风格的完整字符集。

字族，是以描述某一个中心字体为基础，而演变出来的一系列字体的集合，如粗体 Bold，斜体 Italic，轻磅体 Light，压缩体 Condensed，压缩粗体 Condensed Bold，极粗体 Ultra

Bold 等。不同的字体能体现出文字在结构形式和风格方面的特点，在设计中也常使用同一字族的不同变体来使得版面达到和谐变化的视觉效果。

字体设计通常包含两方面的内容，一是重新“造字”，运用各种工具（毛笔、钢笔、铅笔、树枝、计算机等）创造新的文字形态和文字关系。二是合理“选字”，即从计算机现有的丰富字库中选出最恰当的字体。有时候也把“造字”和“选字”合二为一。

本节主要讲解计算机字库中的常见字体。如图 4－1 所示，这些字体有自己的名称、面貌、个性，功能不同，风格各异。其中，宋体和黑体是长期以来最常用、最可靠的字体。对于这些字体特征的认识，有助于合理的选用。

方正宋一简体	方正细黑一简	方正大悠黑简
方正宋三简体	方正黑体简体	方正粗悠黑简
方正书宋简体	方正正中黑体	方正中粗悠黑
方正大标宋简	方正艺黑简体	方正中悠黑简
方正小标宋简	方正美黑简体	方正准悠黑简
方正报宋简体	方正悠黑简体	方正悠黑简体
方正兰亭宋体	方正俊黑简体	方正中细悠黑
清刻本悦宋简	方正兰亭黑体	方正细悠黑简
方正粗雅宋简	方正品尚黑体	方正纤悠黑简
方正颜宋简粗	方正水黑简体	
方正准圆简体	方正细珊瑚体	方正启体简体
方正隶变简体	方正汉真广标	方正启迪简体
方正硬笔行书	方正粗活意体	方正静蕾体简
方正瘦金书简	方正水云简体	方正四海行书
方正姚体简体	方正青铜体简	方正童体硬笔
方正典雅楷体	方正藏意汉体简	吕建德行楷简
方正卡通简体	方正水柱体简	叶根友毛行楷
方正少儿简体	方正综艺体简	方正黄草简体
方正粗倩简体	方正像素12简	佛君包装简体
汉仪菱心体简	汉仪太极体简	汉仪柏青简体
漢儀雪峰體簡	汉仪秀英体简	微软雅黑加粗

图 4－1　不同字体效果举例

1. 宋体

宋体起于北宋，成于明代，又称明朝体。字形方正，横细竖粗，多修饰角。宋体风格古朴稳重、传统经典、庄重严肃、大方典雅、精致高贵，具有很强的装饰性，可根据文字的粗细，用于标题或正文。字体公司研发了多种衍生的宋体，在宋体大的规范标准下具有各自不同特点，为设计需求提供了更丰富的选择。如图 4－2（a）所示，杂志页面的标题文字“被感知的华丽艺术”采用了华康标题宋，体现该品牌的高品质、精美、高贵华丽。图 4－2（b）是显示器屏保画面，标题“社交必备品咖啡 达成更好的沟通”采用方正粗雅宋，渲染出精致典雅的氛围。

（a）　　（b）

图 4－2　宋体字的应用

（a）华康标题宋；（b）方正粗雅宋

2. 黑体

黑体是根据拉丁字母无装饰线体字借鉴而来，笔画没有装饰变化，平头齐尾，具有一致性，体现出理性、坚硬、朴素、大方、浑厚的个性特征。黑体也有相应的配套字体，如图 4－1 所示，方正字库有美黑、艺黑、俊黑、悠黑、兰亭黑、品尚黑等衍生黑体，每种黑体还有粗细之分。比较粗重的黑体适合用于标题，比较细的黑体适合用于正文。如果细黑用于标题，则呈现出时尚简约之美。如图 4－3（a）所示，页面大大小小的文字都采用了思源黑体中粗，引人注目，坚硬有力；图 4－3（b）中的一行文字采用了思源黑体超细，体现出科技产品轻薄、时尚的外观之美。

（a）　　（b）

图 4－3　黑体字的应用

（a）思源黑体中粗；（b）思源黑体超细

3. 其他中文字体

仿宋体字形略长，横竖笔画粗细均匀，横笔向右上稍翘，起落笔有顿笔，具有毛笔或钢笔的书写特征，挺拔秀丽，人文气质浓厚，适宜传统、人文、女性题材。楷体，字形结构平稳端正，比例适当，合乎规范，具有一定的亲和力和人文气质。隶书、魏碑等字体都属于中国传统书法字体，通常用于传统文化题材。准圆体，横平竖直，类似等线体，但笔画头尾都为圆头，并用小圆角转折过渡，字体匀称工整，温而不火，不失雅致，是作为文章内容的最好字体之一，通常不适合用于标题。

各字库公司都开发了很多设计类的字体，每种字体都有不同的气质特性。比如方正青铜体具有战争的凌厉气质，方正藏仪汉体具有异域的神秘气质，方正清刻本悦宋简体具有清新的文艺气质，各种字迹毛笔字体、钢笔字体具有历史文化气质等，都需要设计者根据画面的主题合理选择。如图4-4所示，图4-4（a）中标题“兰花”采用方正四海行书，竖排的诗句采用仿宋，呈现出传统文化的情致；图4-4（b）中文字采用方正清刻本悦宋简体，呈现出文化类主题的带有历史感的木刻效果。

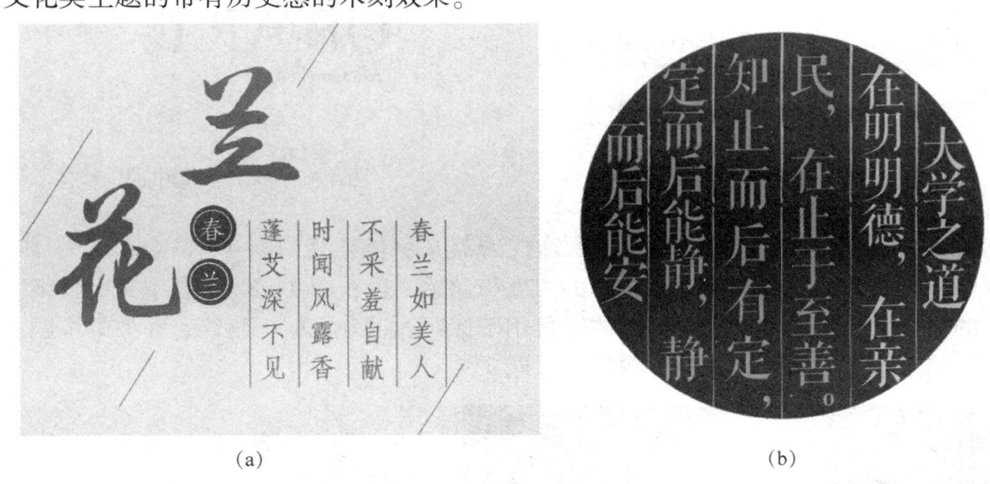

（a）　　（b）

图4-4　其他字体的应用

（a）方正四海行书+仿宋；（b）方正清刻本悦宋简体

4. 拉丁文字

汉字有最常用的宋体、黑体，拉丁文字也同样有经久不衰的经典字体，有众多的字库家族已经存在了几十年甚至几百年，如Times New Roman、Futura、AvantGarde、Courier等都是长盛不衰的经典字体。可以简单地把拉丁文字分为饰线体和无饰线体两种。饰线体又叫衬线体，字母末端带有装饰线；无饰线体又叫无衬线体，字母末端没有装饰线，如图4-5所示。

图4-5　饰线体和无饰线体

图4-6是一些常用的平面设计英文字体，例如Bodoni、Rochwell、Garamond等属于饰线体，而Helvetica、Myriad、Futura等都属于无饰线体。在

图4－7的课件封面中，书籍标题和作者都采用Times New Roman饰线体，呈现出该书籍在艺术类书籍中的经典和著名。

图4－6　经典英文字体效果

图4－7　课件页面中的饰线体

图4－8的平面设计中采用的都是无饰线的英文字体，其中图4－8（a）中字体较粗，非常醒目，强壮有力，体现出运动品牌的力度与动感之美；图4－8（b）中文字较细，体现化妆品的高雅精致。通常情况下，粗体字常用于标题，适合机械、建筑、商务等主题；纤细的文字常用于正文，适合化妆品、餐饮等主题。

(a)

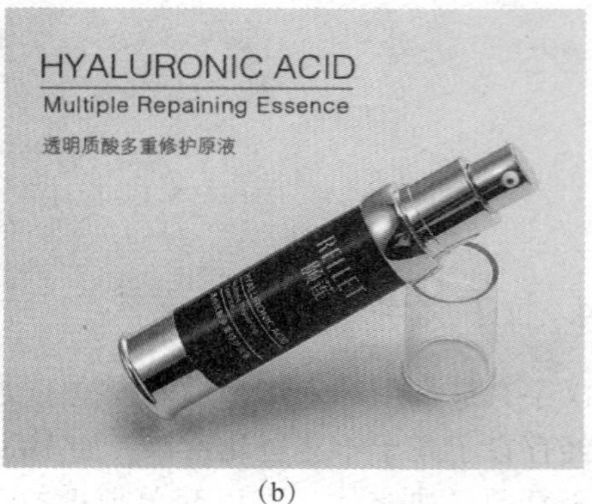

(b)

图4－8　平面设计中的无饰线体

（a）字体较粗；（b）字体较细

5. 标准字体

标准字体是指经过设计，专门用以表现企业品牌或组织名称的字体，是形象识别系统中的基本要素之一。标准字体应用广泛，具有明确的说明性，可直接将企业品牌或者组织信息传达给观众，强化形象与品牌的诉求力，与品牌标志具有同等重要性。图 4 – 9 中的“曲阜师范大学”为标准字体，在设计中只要涉及学校的标志名称，就会用标准字体呈现。

曲阜師範大學

QUFU NORMAL UNIVERSITY

图 4 – 9 标准文字

在一个版面上应该用几种字体呢？字体的种类和样式，是与时代背景和设计风格密切相关的。当前我们在做各类资源设计的时候，文字在页面上有它的功能性，有的文字做标题，有的文字做正文或者标注，文字的大小或字体要有变化。在课件设计中，较粗大或带装饰的文字做课件的标题，较小且简洁的文字做课件的教学内容。因此，在一个页面上通常不超过 3 种字体，否则会显得花里胡哨、杂乱无章。如果只采用一种字体，则要通过字号大小、颜色和排列方式来区分文字的等级。文字的主要功能是在视觉传达中向大众传达各种信息，要达到这一目的，我们必须考虑文字的诉求效果，表达清晰的视觉印象。因此，平面设计中的字体应避免繁杂零乱，使人易认、易懂，切忌为了设计而设计。

特别提示：

字库中的各种字体或者标准字体的设计已经达到最佳效果，不要随意拉长或压扁字体，以免破坏原有的美感。在软件中缩放文字时，一定要保持文字原有的比例。

4.2 文字的设计原则

文字首先要满足人们阅读的需要，把信息准确无误地传递出去，同时，还要考虑到形式上的美感，有的文字有个性，有的文字有秩序，有的文字规范整齐，有的文字随意洒脱，无论哪一种，都是为了与主题思想更好地契合，更好地表达设计的主题和构想。在文字设计时要满足文字的易读性、瞩目性等通用原则，还要具有美感和独创性。针对不同主题的表达，还会有一些特有的设计原则。

4.2.1 易读性

平面设计中文字的易读性，主要体现为文字清晰，阅读方便，使读者能够快速获取信息。

字体会影响文字的易读性，因此字体的选择要恰当。如图 4 – 10 所示的文稿中，右侧同样的文字，同样的字号，图 4 – 10（a）使用楷体，其显示效果要比图 4 – 10（b）使用方正黄草显得更加清晰易读。方正黄草、行楷以及各种字迹体，看起来很美，只能用作标题，因为当文字尺寸较小的时候，笔画容易出现粘连，识读费力，因此很少用于正文。

（a）　　　　　　（b）

图 4－10　字体影响易读性

（a）楷体易读；（b）方正黄草不易读

文字和底图的关系会影响文字的易读性。如果背景图的颜色比较杂乱，文字直接写在背景图上会造成图文相互干扰，文字看不清楚，如图 4－11（a）所示。这时候要改变文字的颜色，选择与背景图对比强烈的颜色，或者对背景图做处理，如图 4－11（b）所示，在背景图上添加半透明的白色块，形成一种逐渐淡出的效果。

（a）　　　　　　（b）

图 4－11　文字和底图的关系

（a）文字直接写在背景图上；（b）背景图作淡出效果

如果文字的底图是纯色的，则要考虑文字的颜色和背景颜色的对比。通常是把浅色文字写到深色背景上，或者把深色文字写到浅色背景上，如图 4－12 所示。如果不知道如何选择颜色，则可以选择同一色相，比如在浅褐色的背景上输入深褐色的文字，再给文字添加白色描边的样式即可。

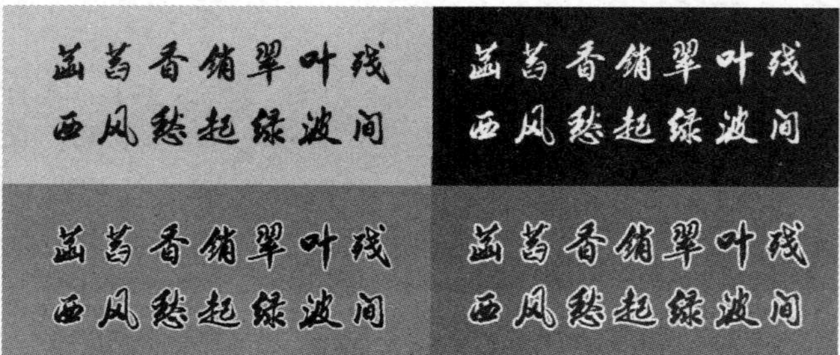

图 4－12　文字颜色和底图颜色形成对比

文字的内容重要还是形式重要，是由设计的主题来确定的，有时候为了追求形式，文字不再追求易读性，画面中只呈现出文字集合得到的图形化外观。

4.2.2 瞩目性

文字的瞩目性多数情况下是针对标题文字，采用的手法通常是加强对比、增加维度或者采用装饰图等。对比包括字体的对比、颜色的对比、大小的对比等方面。如图 4－13 所示，图 4－13（a）的标题文字与正文字体相同，但标题尺寸明显大于正文文字。图 4－13（b）的标题不仅尺寸较大，而且字体采用了叶根友毛笔行书和方正综艺，自身比较粗，正文是仿宋体，标题与正文的对比进一步强化，更加引人注目。

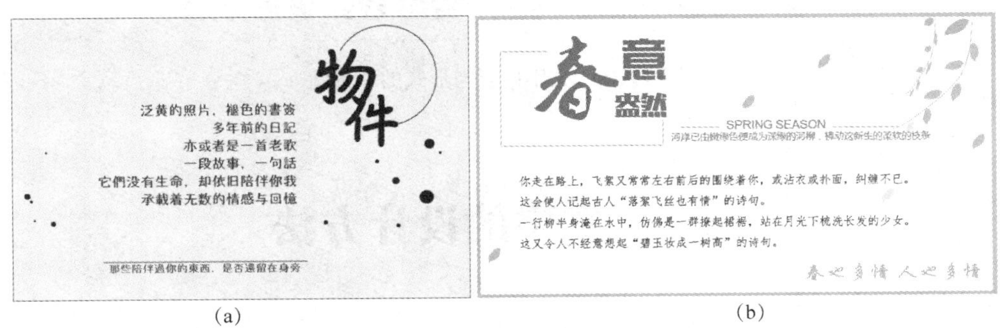

(a)　　(b)

图 4－13　标题文字与正文文字形成对比

（a）标题比正文大；（b）标题的字体、大小与正文对比强烈

文字的瞩目性除了文字大小、颜色等对比手法，还经常采用增加维度的方法，如图 4－14 所示的文字是三维立体文字，或者通过投影等方法形成一种立体效果，或通过文字的发散聚集，来增加维度，吸引注意力。

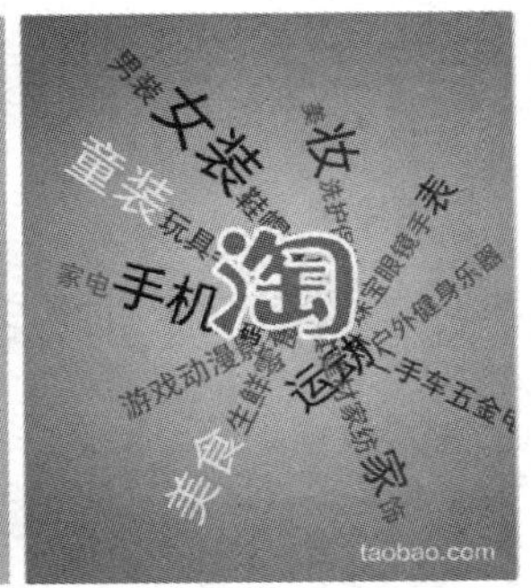

图 4－14　增加文字的维度

4.2.3 一致性

这里的一致性主要指的是内容和形式要和谐一致，共同作用于主题的信息传达。如图 4－15 所示，“我有一所房子，面朝大海，春暖花开”是诗句，充满美丽忧伤的文艺调，选择“文

鼎霹雳体”就不合适，可以选择“方正清刻本悦宋简体”。“富强民主文明和谐”等文字，要有力量，因此选择“方正正大黑简体”就要比“方正瘦金书”合适。除了字体之外，其他的一些表现形式，比如文字笔画的拉伸、共用、装饰等手法，都要传递主题信息，不要喧宾夺主、画蛇添足。

我有一所房子 面朝大海，春暖花开	我有一所房子 面朝大海，春暖花开
富强 民主 文明 和谐 自由 平等 公正 法治 爱国 敬业 诚信 友善	富强 民主 文明 和谐 自由 平等 公正 法治 爱国 敬业 诚信 友善

图 4-15　文字内容与形式的一致性

4.3　文字的设计方法

文字的设计方法包括文字笔画的设计和文字结构的设计，具体来说有笔画共用、笔画的删除、笔画拉长缩短、笔画的装饰、正负巧构、图片字、渐变字、套环文字、文字的分割重组等，图 4-16 列举出了常见的文字设计效果。本节选择常用的渐变字、图片字、反色文字、分割重组文字、笔画修改、路径文字讲解其设计过程和方法。设计这些文字既可以用 Photoshop 软件，也可以采用 Illustrator 等其他软件，读者可以在本节课讲解的基础上自行探索软件的用法。

图 4-16　文字的设计实例

4.3.1 设计渐变字

渐变字是将文字笔画变成渐变填充效果，取代笔画原有的单一的颜色。渐变字通常用来表现较大的标题文字，以增强文字的形式感。

实例1 Photoshop 渐变字设计——“春晓”

本例是采用 Photoshop 来设计渐变字，效果如图 4－17 所示。

图 4－17 渐变字效果图

视频二维码

设计思路：输入文字，调整文字大小，创建文字选区，在选区中填充渐变色，制作文字投影。

知识技能：创建文字选区，颜色渐变的设置和填充。

实现步骤：

（1）输入文字并调整大小：打开“春晓背景图．jpeg”，用“横排文字工具”输入文字“春晓”，当前文字的颜色为黑色（其他颜色也可以），字体是“禹卫书法行书简体”，使用【Ctrl】+【T】键放大文字。

调整文字大小的方法：输入文字之后，改变文字大小的方法很多，比如可以在“文字工具”的选项面板中直接输入文字的点数，如图4－18 所示，或者单击“文字工具”选项面板中的“切换”按钮，打开“字符/段落”对话框，如图4－19 所示，输入文字点数。

图 4－18 “文字工具”选项面板

除此之外，还有一种非常方便的修改文字大小的方法，就是采用快捷键【Ctrl】+【T】，或者执行【编辑】|【自由变换】命令。采用这种方式缩放文字所见即所得，不需要反复调整大小数值。

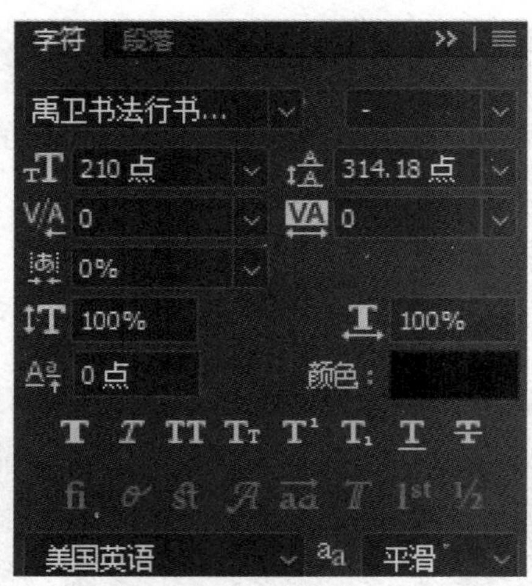

图 4 – 19 【字符】面板

特别提示：

文字可以任意放大缩小而不会影响显示的清晰度，因此需要先调整文字到合适的尺寸，然后再创建文字选区。

（2）选择颜色，制作渐变字：按住【Ctrl】键，单击文字图层，得到文字选区，如图 4 – 20 所示。单击文字图层前面的眼睛图标，隐藏文字图层，得到图 4 – 21 所示的选区效果。设置前景色为柠檬黄（$H=59$，$S=65$，$B=92$），背景色为嫩绿（$H=82$，$S=70$，$B=82$），保持现有的选区，新建图层 1，单击“渐变工具”，在工具调板中选择线性渐变，默认就是采用前景色到背景色的线性渐变类型，在文字选区上拉出一条直线，如图 4 – 22 所示，这时文字选区中会填充柠檬黄到嫩绿的渐变色。按【Ctrl】+【D】键取消选区，此时的文字图层可以删除，图层 1 就是渐变字。

图 4 – 20 得到文字选区

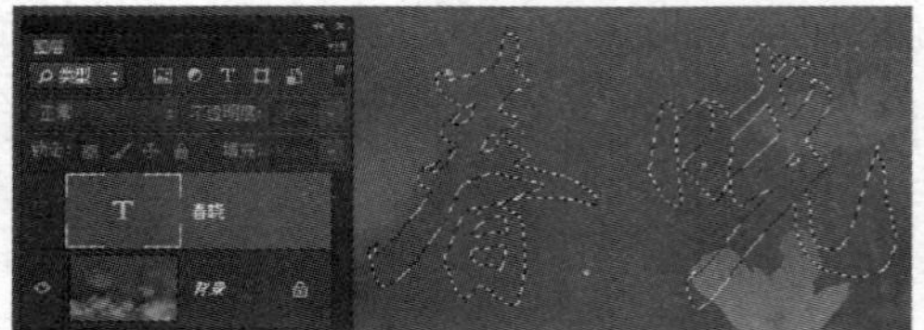

图 4 – 21 保持选区，隐藏文字

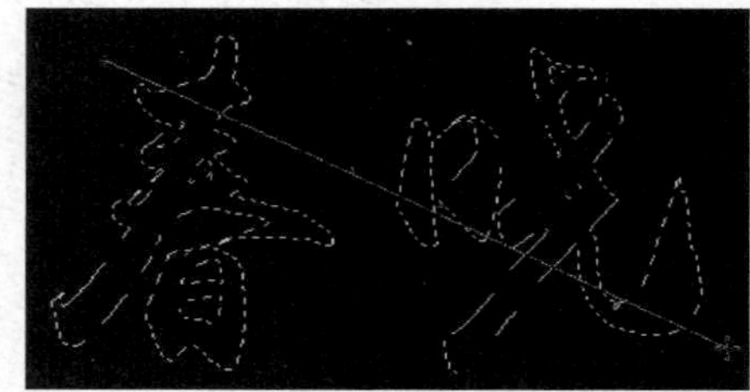

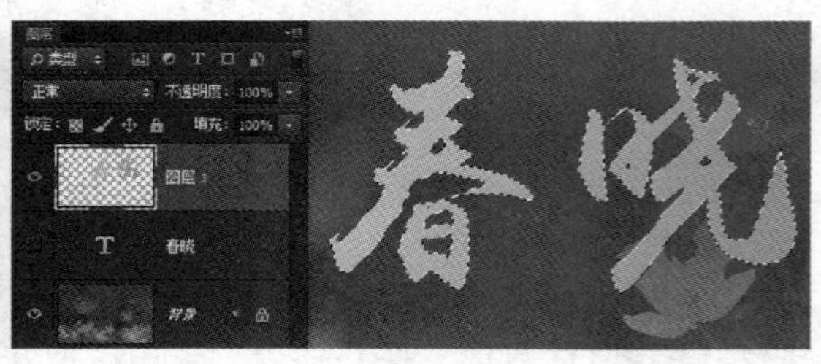

图 4 – 22 在文字选区范围内填充线性渐变色

特别提示：

在具体的主题设计中，究竟选择哪种渐变色呢？要根据设计主题来定，比如本例的主题是“春晓”，可以用淡黄到嫩绿的渐变。如果是“秋天”主题，则可采用橙红到橙黄的渐变。

（3）制作文字投影：为进一步增强文字的醒目感，可以为“春晓”二字添加投影样式。单击图层 1 作为当前的图层，单击【图层】面板下方的样式按钮 fx，在菜单中选择“投影…”样式，打开图层样式对话框，选择默认的黑色投影，得到如图 4－23 所示的投影效果。与原来的渐变字相比，增加了层次感和瞩目性。保存文件为“春晓效果图 . jpg”。

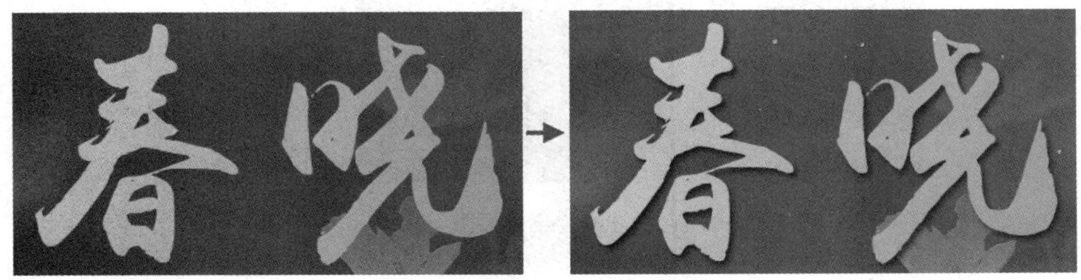

图 4－23　文字的投影效果

特别提示：

文字图层是带有“T”标志的特殊图层，不能直接在文字图层的选区中填充渐变色。为此，本例的步骤（2）是隐藏文字图层，创建了新图层 1，还可以采用“栅格化”文字图层的方法，把文字图层变成普通的填充图层，如图 4－24 所示，“春晓”图层前面的“T”标志消失，变为普通图层，这是针对“春晓”二字的选区，可以直接进行渐变填充。

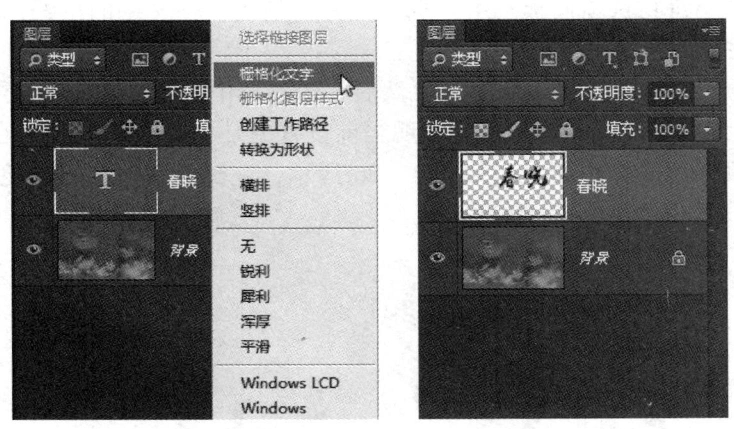

图 4－24　把文字图层栅格化

实例 2　Illustrator 渐变字设计——“秋词”

Illustrator 具有强大的文字设计与图形绘制功能，通过这个实例初步学习一下 Illustrator 的文字编辑方法，该方法与 Photoshop 渐变字的设计方法有相似之处。希望读者能够对软件的应用融会贯通。本例效果如图 4－25 所示。

图 4－25　Illustrator 渐变字效果图　　视频二维码

设计思路： 输入文字，调整文字大小，创建轮廓，设置文字的渐变填充，添加投影效果。

知识技能： 将文字创建轮廓转换成曲线，用吸管吸取文字的填充样式。

实现步骤：

（1）输入文字：打开“春晓背景图 . ai”，使用工具箱中的“文字工具”分别输入文字“秋”和“词”，字体是“禹卫书法行书简体”。用“选择工具”单击文字，文字对象周围会出现变形节点。按住【Shift】键拖动文字上的节点可以直接放大文字。按下【Ctrl】+【T】键，则会出现【字符】选项面板。用“选择工具”拖动调整文字的位置，使得两个字交错放置，默认的文字颜色为黑色。

（2）设置渐变色：先选择文字对象，然后在工具栏中单击“填色”按钮，将其设置为当前编辑状态。“填充”按钮在前面，说明当前设置的是“填充”颜色。在输入文字以后，可以随时修改填充色或描边颜色。如图 4－26 所示，左图的“秋”是黑色填充，无描边，右边的“秋”设置为黄色填充，红色描边。

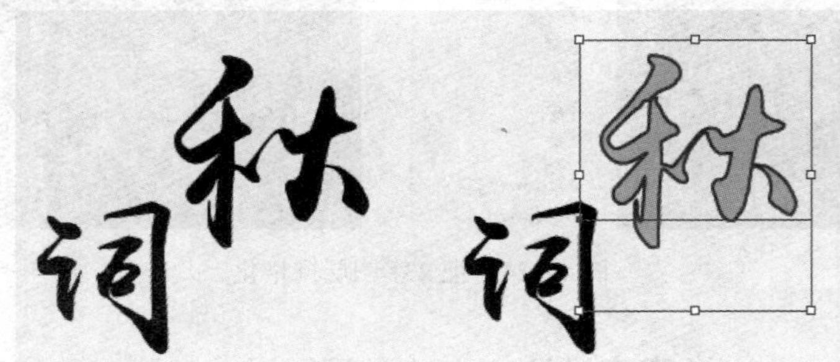

图 4－26　修改文字的填充色和描边色

在 Illustrator 中设置渐变色可以参考第 3 章的 3. 2. 3 小节的讲解。

本例中，首先双击“渐变工具”，打开【渐变】面板，设置渐变的类型为“线性”。秋天是层林尽染的季节，所以“秋”可以从棕红色（$H=28$，$S=90$，$B=57$）到橙红色（$H=30$，$S=90$，$B=100$）到黄色（$H=54$，$S=72$，$B=100$）变化。接下来在渐变色带下方单击，添加一个中间色标，分别双击这三个色标，确定渐变的颜色，如图 4－27 所示。此时工具箱底部的“渐变”按钮，已经变为刚才设置好的三种颜色渐变。

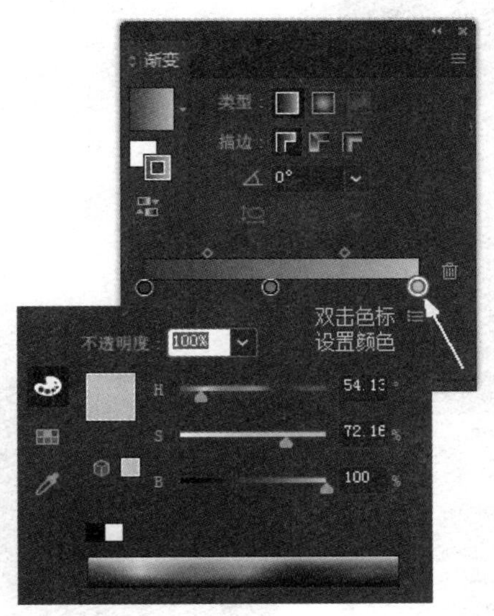

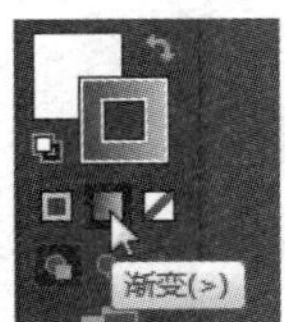

图 4－27　设置“秋”的三个颜色

（3）创建文字轮廓，将文字转变为曲线，填充渐变色：文字对象只能填充单一的颜色，如果要填充渐变色，则要把文字转化为矢量曲线图形。这一点相当于 Photoshop 中把文字图层栅格化为普通填充图层。利用“选择工具”单击文字“秋”，文字周围出现节点，单击右键，在出现的快捷菜单中选择【创建轮廓】命令，会把“秋”变为图形，如图 4－28 所示。此时“秋”不再具备修改字体等文字特性，沿着文字曲线的边缘出现了很多图形控制节点。接下来单击工具栏颜色设置中的“渐变”填充按钮，“秋”变为渐变字。

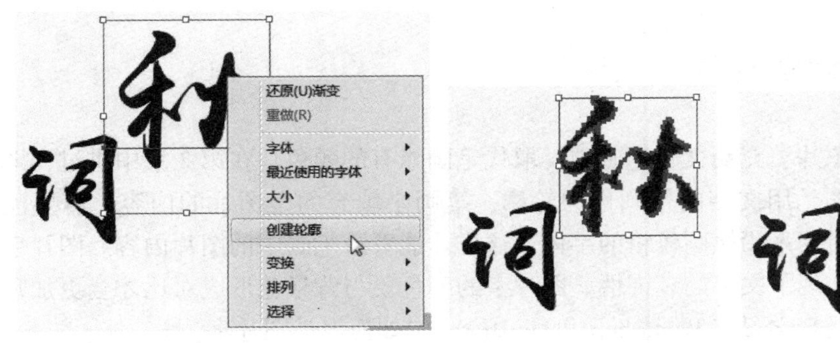

图 4－28　将文字创建轮廓填充渐变

（4）设置“词”为同样的渐变色：选中“词”，同步骤（3）一样，创建轮廓，把“词”转变为曲线图形，然后采用“吸管工具”单击“秋”，于是这两个文字都填充了同样的渐变色。

（5）为文字添加投影效果：按住【Shift】键同时选中“秋”和“词”两个文字，打开【效果】|【风格化】|【投影…】命令，如图4－29所示，打开“投影”对话框，选中“预览”复选框及时观看投影效果，如图4－30所示，设置适当的X和Y的位移及模糊程度。

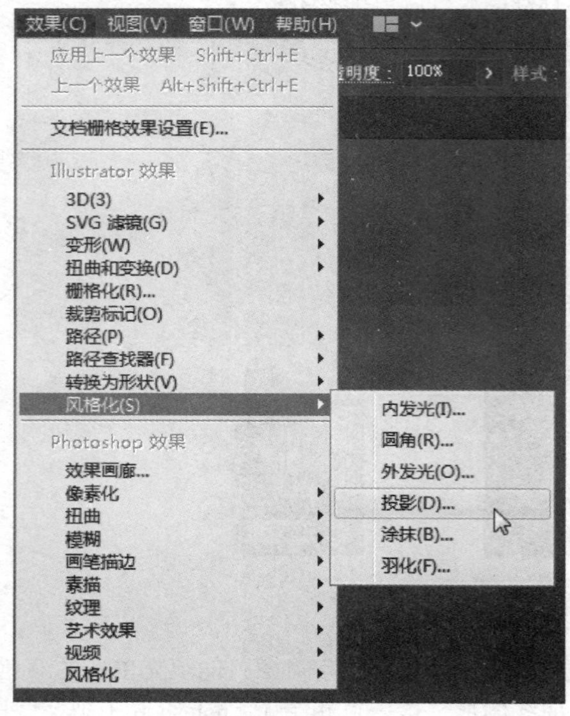

图4－29　效果菜单

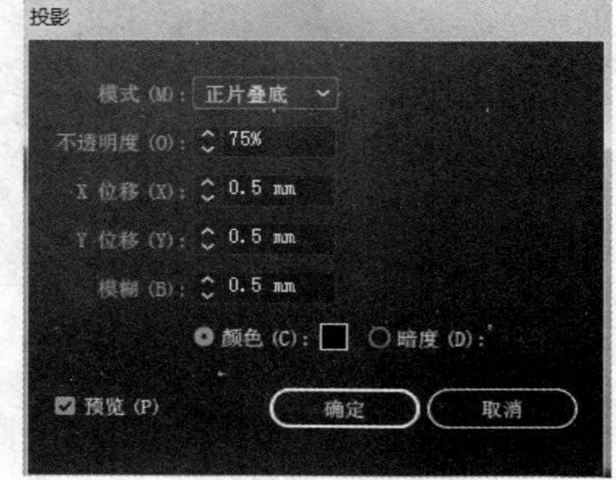

图4－30　设置投影效果的参数

特别提示：

通过例1和例2的设计，读者们很容易发现在文字设计的过程中，如果有清晰的设计思路，则采用哪种软件都可以做出来。可以根据最终的输出介质及用途来选择软件。

4.3.2　设计图片字

图片字是指将图片填充到文字笔画中，取代笔画原有的颜色。在第2章中讲过，图片字是一种特殊的轮廓图，用文字的笔画作为轮廓，笔画中填充的是图片的内容。需要注意的是，图片字在设计时要采用笔画较粗的字体，这样才能看清笔画中的图片内容。图片字增强了文字的表现力，体现了文字的装饰性。图片字的颜色要与背景色形成对比才会更加吸引注意力。下面通过实例来学习在Photoshop和Illustrator中如何设计图片字。

实例3　使用Photoshop设计图片字——“致青春”

效果如图4－31所示，“致我们终将逝去的青春”是图片字，深色背景，里面填充的是一张玉兰花图片，颜色鲜亮，与背景对比强烈，瞩目性强。制作图片字可以采用多种方法，本例通过创建和移动文字选区来控制图片的显示范围。

图 4-31　图片字“致青春”效果图　　　　视频二维码

设计思路：在图片上输入文字，修改文字大小，创建文字选区，调整选区位置，复制并粘贴选区中的图片内容生成“图片字”，调整其位置，使得构图更加均衡。

知识技能：修改文字大小，创建文字选区，移动选区。

实现步骤：

（1）在图片上输入文字：执行【文件】|【打开...】命令，打开“实例 3 原图 . jpg”文件，使用“横排文字工具”输入“致”，继续输入“青春”，字体都是“方正美黑_GBK”。继续输入“我们终将逝去的”，字体是“方正准圆_GBK”，这时，【图层】面板中出现了三个文字图层，分别对应“致”“青春”“我们终将逝去的”。为了减少背景对文字编辑的影响，隐藏背景图层。

（2）修改文字大小：针对文字图层“致”，采用快捷键【Ctrl】+【T】拖动，按比例放大文字。用同样的方法，修改其余两个文字图层。采用“移动工具”移动各文字的位置，并注意文字块的对齐，文字的排列效果如图 4-32 所示。

（3）创建文字选区：因为文字都是同样的颜色，可以采用“魔棒工具”来选择文字。设置魔棒容差为 10，不选中“连续”复选框，选中“对所有图层取样”复选框，在文字上单击，则三个文字图层的所有文字都被选中，如图 4-33 所示。

图 4-32　文字的排列

图 4-33　选中全部文字

（4）移动文字选区：显示出背景图层，隐藏三个文字图层，这时只看到画面中的文字选区。移动文字选区到合适位置，如图 4－34 所示。

（5）创建图片字：单击背景图层，把背景图层设置为当前活动图层，使用【编辑】|【拷贝】命令，复制文字选区中的内容，然后执行【编辑】|【粘贴】命令，这时【图层】面板中出现了一个新的图层——“图层 1”，“图层 1”就是图片字。再次隐藏背景图层，如图 4－35 所示。

图 4－34　调整文字选区的位置

图 4－35　图片字的效果

（6）修改背景色：把背景色填充为黑色，这时图片字非常清晰地呈现出来，最终效果如图 4－31 所示。

图片字有多种制作方法，还可以这样做：双击玉兰花背景图层，将其变为图层 0，设置图层 0 为当前图层，可以在步骤（4）得到文字选区并调整位置的基础上，反选，删除该选区以外的玉兰花图片，就可以得到图片字。第 2 章实例 7 中的“剪贴蒙版”也可以用来制作图片字，如图 4－36 所示。文字图层“致青春”在下（文字图层无须栅格化），图片层玉兰花在上，把图层 0 设为当前层，打开右上角的折叠菜单，如图 4－36（a）所示，采用【创建剪贴蒙版】命令，则呈现出如图 4－36（b）所示的图片字效果。这时的图片字仍然是两个图层（图层 0 和文字图层“致青春”），需要按住【Shift】键全选这两个图层，采用【Ctrl】+【E】合并选中图层，才能形成真正的图片字。

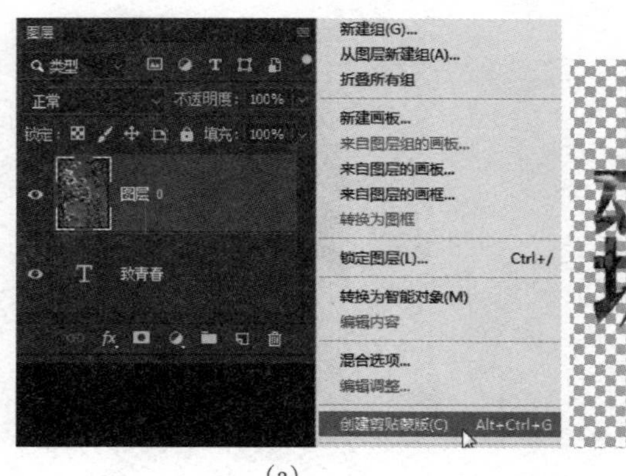

（a）

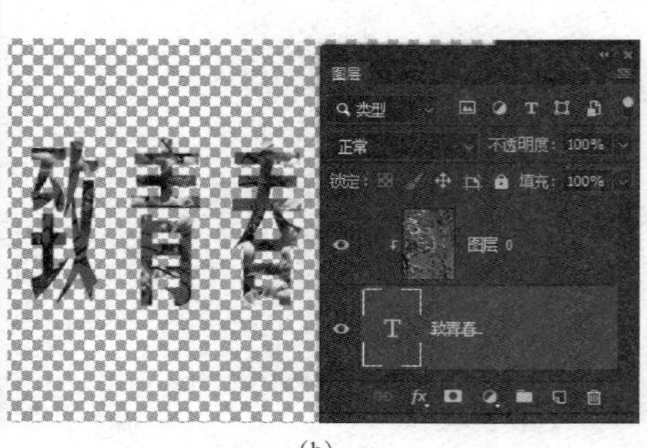

（b）

图 4－36　利用剪贴蒙版制作图片字

（a）选择上面的图层创建剪贴蒙版；（b）文字变成图片的显示范围

创建图层蒙版的简便方法是：按住【Alt】键，把光标放在两个图层之间的分界线上呈现↓□，此时单击鼠标，两个图层之间就创建了剪贴蒙版。

特别提示：

如果在 Illustrator 中制作图片字，要使得文字位于图片的上方，同时选择图片和文字，单击右键，在快捷菜单中选择【创建剪贴蒙版】命令。

4.3.3 设计分割重组文字

分割重组文字是指把原有的字号较大的文字进行切割，删除中间的某一部分，然后在删除的位置补充添加字号较小的文字。如图 4－37 所示，青岛的“青”删除一横，用“流水静深 沧笙踏歌”八个小字替代这个笔画；FEAR 是一个文字组合，倾斜切割一部分，用一句话来补充，延伸了文字本身的含义；“激”被切分成多个部分填充不同颜色，虽然没有删除笔画，但其颜色有切割重组的特点。

图 4－37 分割重组文字

实例 4 Photoshop 设计切割重组文字——“阅读”

设计思路：输入文字，修改文字大小，栅格化文字，创建选区删除文字笔画，在删除笔画的位置补充输入小文字，如图 4－38 所示。

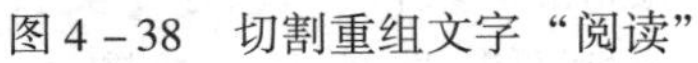

图 4－38 切割重组文字“阅读”

视频二维码

知识技能：文字的栅格化，删除文字笔画。

简略步骤：

（1）输入并栅格化文字：在 Photoshop 中新建文件，输入文字“阅读”，方正悠黑简体，放大文字，并栅格化文字，把文字图层变成普通的填充图层。只有把文字图层栅格化，才可以选择文字的部分区域进行编辑。

（2）选择文字局部，删除，并输入小文字：在文字中创建一个矩形选区，删除。创建的矩形选区要和输入的小文字的尺寸合理匹配。如图 4－39 所示，选区太小则显得拥挤，选区过大文字太小，则会影响文字的整体效果，减弱文字的可读性。

（a）　　（b）　　（c）

图 4－39　选区尺寸与文字尺寸的配合

（a）创建矩形选区；（b）选区太小；（c）选区太大

特别提示：

文字分割重组的样式是多种多样的，本例是用矩形水平分割，也可以采用竖直分割、倾斜分割、圆形分割、颜色分割等多种样式。用来分割重组的文字本身尺寸较粗较大，填充用的小文字和大文字字体要相同，意义相近或相反。

实例 5　Illustrator 设计多色文字——“COLOR”

设计思路：新建文件，输入文字，修改文字大小，创建轮廓，用线条分割文字，针对文字的多个部分设置颜色。其效果图如图 4－40 所示。

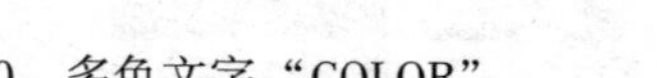

图 4－40　多色文字“COLOR”　　视频二维码

知识技能：创建轮廓，熟悉路径查找器的使用。

实现步骤：

（1）新建文件并输入文字：打开 Illustrator 软件，应用【文件】|【新建…】命令，打开“新建文件”对话框，单击“图稿和插图”选项卡，如图 4－41 所示，设置宽度为 80 mm，高度为 80 mm，颜色模式为 CMYK，单击“创建”按钮。使用工具箱中的“文字工具”，如图 4－42 所示，在页面上单击并输入文字“COLOR”，放大文字，字体设置为“Impact”，颜色任意，无描边。

图 4-41 “图稿和插图”选项卡

图 4-42 使用文字工具

（2）把文字转为曲线图形，并绘制多条直线：选中文字，单击右键，创建轮廓，把文字转化为曲线图形，可以看到每个字母上都有很多节点，如图 4-43 所示。

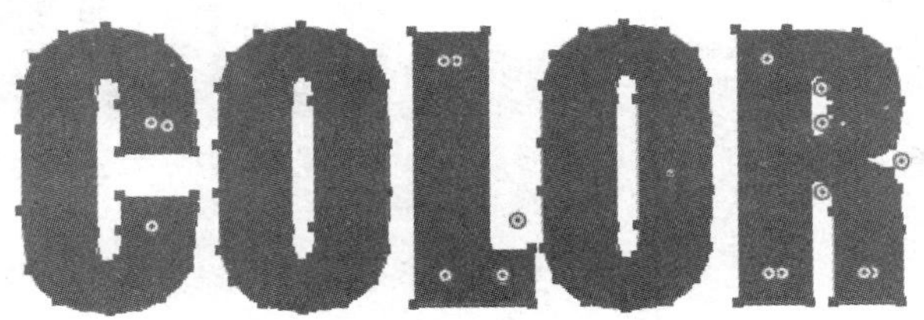

图 4-43 文字变为曲线图形

采用“直线段工具”，在【描边】面板中设置其粗细为 1pt，描边色任意（本例采用黑色），填充色为空，按住【Shift】键在文字上绘制水平直线，如图 4-44 所示。

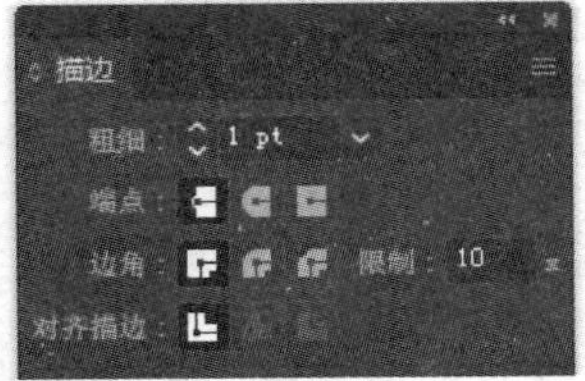

图 4-44 在文字上方绘制直线

按住【Alt】键，用“选择工具”单击并拖动直线，复制出多条直线。

（3）用线条来分割文字：用“选择工具”框选所有的文字和直线，打开【路径查找器】面板，如图 4－45 所示，单击“分割”图标，选中的所有图形实现了彼此之间的相互切割。这时，所有被切割的部分默认被编组成一个整体。保持所有对象处于被选中状态，单击右键，在快捷菜单中执行【取消编组】命令，如图 4－46 所示，现在所有的被分割的图形彼此独立，可以单独进行编辑了。

图 4－45　应用【路径查找器】的分割命令

（4）为文字设置多个颜色：选择“缩放工具”放大画面的显示效果，选择已经被分割文字局部，设置不同的填充色。也可以按住【Shift】键，同时选择多个对象设置为同样的颜色，如图 4－47 所示。文字其他被线条分割的部分也是采用相同的方法修改颜色，最终效果如图 4－40 所示，“COLOR”变成了多色文字。

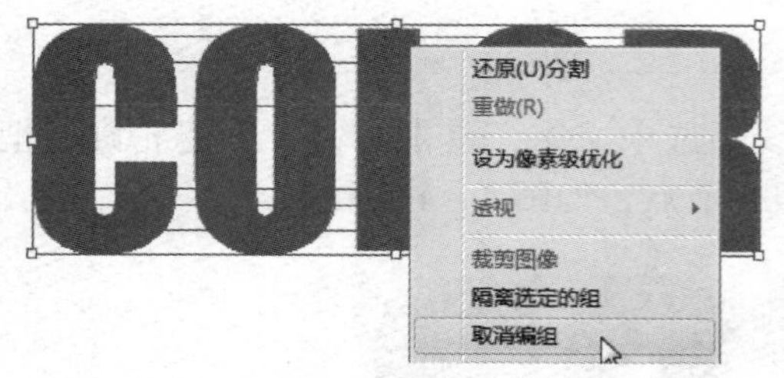

图 4－46　取消编组

图 4－47　为分割之后的图形设置颜色

4.3.4　设计反色文字

反色文字在颜色搭配上使用了上下呼应或者左右呼应的方法，我中有你，你中有我，相互配合。如图 4－48 所示，“忐忑”是水平分割的黑白文字，“伤”是垂直分割的黑白文字，“遇见”是在同一底色上的黑白分割文字。

图 4－48　反色文字实例

实例6 Photoshop制作反色文字——“黑白”

设计思路：将文字分为两部分，一半黑色，一半白色。白底上是黑色文字，黑底上是白色文字。其效果图如图4-49所示。

图4-49 “黑白”双色字效果图

视频二维码

知识技能：新建图层，合并图层，颜色反相。

实现步骤：

（1）新建文件：执行【文件】|【新建】命令，新建一个530像素×700像素、分辨率为96、颜色模式为RGB、白色背景的图片。

（2）建立文字图层“黑白”：使用“直排文字工具”输入“黑白”两个字，黑色，大小是82点，字体是“方正悠黑简体_中”。

（3）合并图层：使用快捷键【Ctrl】+【E】，合并文字和白底，使得黑文字和白底合为一层，如图4-50所示。

（4）选择部分选区，反相：用“矩形选区工具”在图中绘制一个选区，选择黑白文字的左半部分，执行【图像】|【调整】|【反相】命令或者使用快捷键【Ctrl】+【I】，使底色和文字颜色都反相，如图4-51所示，使图的左半部分变为黑底白字。

图4-50 合并图层

图4-51 反相

（5）输入小文字，保存文件成为“黑白反色字.jpg”。

特别提示：

【反相】命令可以将图像中的颜色和亮度全部翻转，将所有颜色都以它的互补的颜色显示，如将白色变为黑色，黄色转变为蓝色、红色变为青色。

思考一下：怎样设计绿白反色文字？注意，绿色和白色不是互补色。提示一下，其图层效果如图4－52所示，读者可以自行探索。

图4－52　绿白反色文字

视频二维码

如果利用Illustrator来制作反色文字，方法和实例5中的分割多色文字是类似的，使用【路径查找器】中的【分割】命令，把文字切成不同的部分重新填色。如图4－53所示，输入蓝色文字“清水源”，创建文字轮廓，绘制和文字同样颜色的椭圆形，把椭圆移动到文字下半部分，同时选中椭圆和文字，单击【路径查找器】中的“分割”图标，取消编组，重新选中文字的下半部分，填充白色。

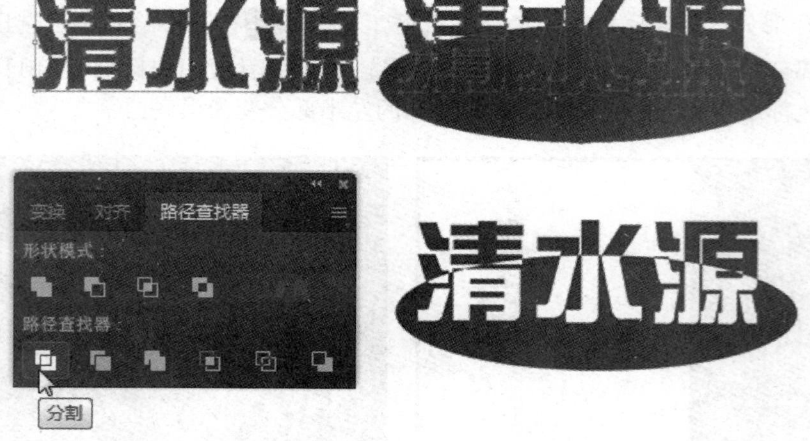

图4－53　Illustrator制作蓝白反色文字的过程

4.3.5 文字笔画的修改

文字笔画的修改包括笔画的拉长、缩短、删除、共用、加粗、变细、连接、图形化、装饰、变色等多种方式，目的是为了丰富文字的形式，与文字本身的含义吻合，或者传递企业或产品的信息。如图 4－54 所示，QQ 邮箱的标志“Mail”中的字母 a 变为企鹅图形和标准色的组合，能够传达企业品牌信息；“时间”中的笔画用指针和沙漏替换，使得文字更加生动形象。

图 4－54 文字笔画修改实例

实例 7 Illustrator 制作图形化文字——“信息”

设计思路：将文字调整好大小，创建轮廓变为图形，删除原有的笔画，绘制信封图形。

知识技能：文字创建轮廓，线条绘制。

实现步骤：

（1）输入文字并创建轮廓：在 Illustrator 中新建宽度为 80 mm、高度为 80 mm、颜色模式为 CMYK 的文件。输入文字“信息”，字体为“方正颜宋简体_大”，颜色为深红色，无描边。选中文字，创建轮廓，使文字变为曲线。

（2）删除笔画：创建轮廓之后，取消编组，选择文字“信”的右下角的笔画“口”，删除。

（3）添加同色矩形：信封图形由红色矩形和白色线条两部分组成。用“吸管工具”把填充色设置为和文字相同的颜色，在原来的笔画处绘制矩形，深红色填充，无描边。

（4）在矩形上添加白色线条：使用“直线段工具”在深红色矩形上绘制白色线条，粗细为 0.75 pt。绘制线条时，后来绘制的直线容易修改前面绘制的线条，为此，可以用“选择工具”在空白处单击，取消选择，然后采用“直线段工具”继续绘制即可。线条的粗细和样式在【描边】面板中设置。绘制完成之后，框选所有的文字和图形，按【Ctrl】+【G】键成组，便于移动和缩放等。

特别提示：

文字图形化的时候，选择替换笔画的图形，应该与文字本身所传递的信息紧密相关，不要破坏文字的可读性。在实例 7 中信封的尺寸要合理，保证文字原有的框架结构。

“信息”文字图形化的制作过程如图 4－55 所示。

信息 信息

第1步 第2步

信息 信息

第3步 第4步

图 4－55 “信息”文字图形化的制作过程 视频二维码

实例 8 Illustrator 制作笔画修改文字——“隆重开业”

本例用到了笔画的拉长、连接共用等方法，“隆”和“重”笔画共用，“开”的笔画进行了拉长，如图 4－56 所示。

图 4－56 “隆重开业”笔画修改效果图 视频二维码

设计思路：创建点文字，倾斜变形，把文字改变为曲线，改变笔画，填充两层描边。

知识技能：创建文字轮廓，路径的修改，偏移路径。

实现步骤：

（1）输入文字并倾斜变形：采用“矩形工具”绘制矩形，并填充深红色。锁定此深红色矩形（锁定非常重要，以免后面采用框选方法选择文字时会不小心移动了此矩形）。输入“隆重开业”文字，字体是“方正大黑_GBK”，字号较大，文字颜色设置为黄色。采用“倾斜工具”调整文字，呈现斜向上的状态，如图 4－57 所示。

（2）把文字变为曲线：右击文字，在快捷菜单中选择【创建轮廓】命令，这样文字的路径还可以修改形状，如图 4－58 所示。

图 4－57 创建倾斜变形的文字

图 4－58 把文字变为曲线

（3）拉伸“隆重”的笔画，且合并为一体：“隆重”二字下方共用一条横线，且“隆重”和“开业”位置高低不同，因此调整笔画形状时，把“隆重”作为一组，把“开业”作为一组。用“直接选择工具”选中锚点并拉伸，多余的锚点用“删除锚点工具”来删除，用最少的锚点来控制形状，如图 4－59 所示。用“直接选择工具”选中“隆重”二字所有的锚点，打开【路径查找器】面板，单击“形状模式”中的“联集”按钮，则“隆重”下方的横线合并为一个整体，如图 4－60 所示。

图 4－59 拉伸笔画

图 4－60 笔画的合并

（4）调整“隆重”笔画成为流畅的曲线：采用“添加锚点工具”和“删除锚点工具”调整锚点的数量，采用“锚点工具”调整曲线的曲率，文字笔画形状如图 4－61 所示。

（5）调整“开业”的位置与笔画：采用“直接选择工具”选中“开业”二字所有的锚点，向下移动，使得“开”的第一条横线对齐“重”的第一条横线。拉伸并调整“开”的笔画，如图 4－62 所示。

图 4－61 “隆重”笔画的调整

图 4－62 “开业”笔画的调整

（6）合并所有的文字成为一个整体：选中所有的文字图形，打开【路径查找器】面板，单击“形状模式”中的“联集”按钮，把所有的路径都合并为一个整体，如图 4－63 所示。

图 4－63　所有的文字合并为一个整体

（7）给文字描边：先复制文字，把副本移到画面之外（复制很重要）。选中“隆重开业”文字，单击菜单命令【对象】|【路径】|【偏移路径】，得到“偏移路径”对话框，如图 4－64 所示，设置“位移”的数值为 0.7 mm，单击“确定”按钮。此时的效果是路径向外扩展了，重新用白色填充路径。

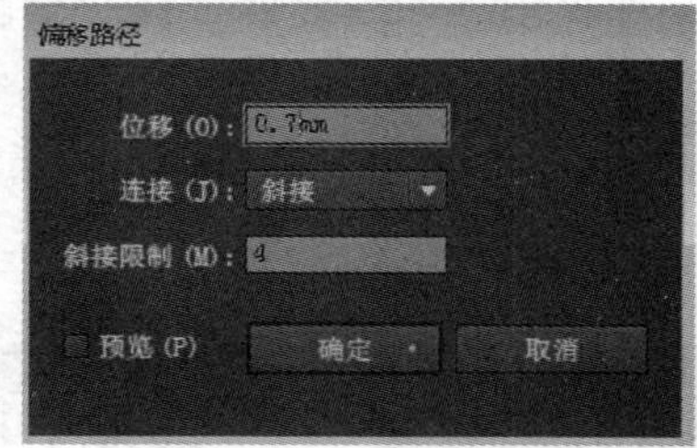

图 4－64　设置偏移路径并用白色填充

把刚才的文字副本移动到原来的位置，设置其描边颜色为黑色，效果如图 4－65 所示。

图 4－65　文字的描边效果

特别提示：

采用【外观】面板添加两层描边，如图 4－66 所示，最初是 1.5 pt 黑色描边，然后又添加了 0.5 pt 的白色描边，则最终的结果是环形边。因为黑边较宽，所以是外层的黑边包围着内层的白边。究竟采用哪一种方法，需要读者根据设计需求来决定。

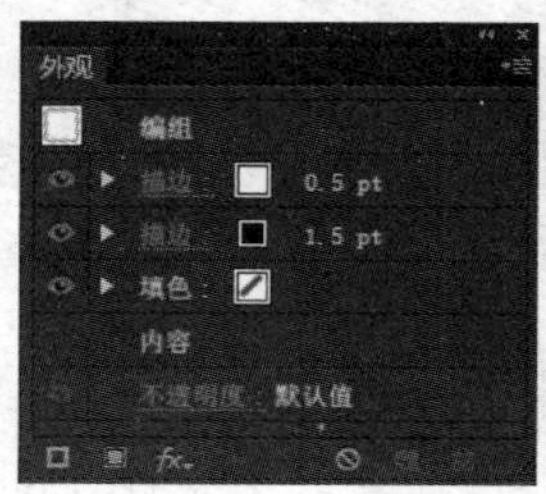

图 4－66　采用【外观】面板设置文字两层描边

4.3.6 设计路径文字

无论是 Photoshop 还是 Illustrator，其文字的种类、创建和修改的方法都是类似的，不同的版本中文字工具组稍有差别，但用法都完全相同。本节采用 Illustrator CC 2019 的界面进行讲解。单击 Illustrator 中的文字工具组，可以看到工具组中有“文字工具”“路径文字工具”“直排文字工具”，单击工具箱下方的“编辑工具栏”按钮 ，还可以看到里面有“区域文字工具”等多个文字工具，如图 4－67 所示。

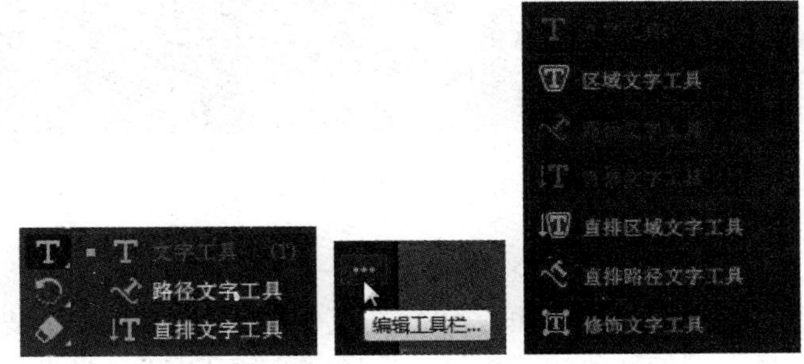

图 4－67　文字工具组

Illustrator 创建文字的方法主要有 3 种：从某一点输入文字（即为点文字），插入文字到指定区域（即路径区域文字或段落文字），沿路径创建文字（即为路径文字）。

1. 点文字

点文字是指从单击位置开始，随着字符的输入而扩展的一行或一列文字。文字不会自动换行，如果要换行，则需要按下回车键。这种方式非常适合在图稿中输入少量文本的情况，比如标志中的文字、图案中的文字、标题文字等。创建点文字通常采用“文字工具”和“直排文字工具”。（两个工具既可以创建点文字、段落文字，还可以结合开放路径创建路径文字，结合闭合路径创建路径区域文字）

“文字工具”可用来创建横排的点文字，而“直排文字工具”可用来创建直排的点文字。如图 4－68 所示，标题是横排文字，站名是直排文字。以“文字工具”为例，选择此工具，在页面中单击，设置文字插入点（一定不要拖拉出矩形框），单击处会出现闪烁的光标，此时输入文字即可创建点文字。

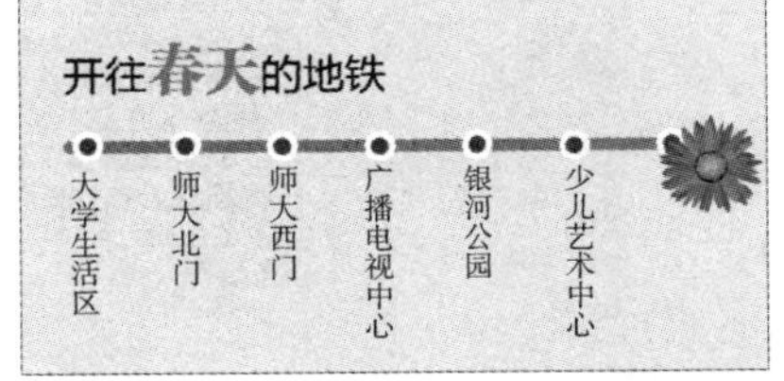

图 4－68　点文字效果

特别提示：

如果使用了特殊字体，为了保证字体能在其他软件环境或输出设备中准确再现，可以右击字体，选择【创建轮廓】命令，把文字变为曲线图形。文字转换成曲线后将不再具有任何文本属性，所以在使用该命令之前，一定要先设置好所有的文本属性。【创建轮廓】功能的使用与 Photoshop 中的文字“栅格化”类似。

2. 区域文字

区域文字，是指利用对象的边界来控制字符排列，当文本触及边界时会自动换行。区域文字适用于文字数量较多的情况，比如画册、宣传单中的文本段落以及各种特殊形状的文字块，如图4－69所示。区域文字可以在【字符】面板中设置文字的字符间距、行间距等，在【段落】面板中设置文字的左右缩进、首行缩进、首字下沉、段前段后间距等。

图4－69　区域文字的效果

常说的"段落文字"实际上就是区域文字的一种，它的边界是矩形边框。使用"文字工具"在画面中单击并拖出一个矩形框，然后在其中输入文字，这就是段落文字。如果事先绘制好一个闭合图形，例如黄色的五角星，选择"文字工具"，当光标移动到闭合图形中且靠近路径时，光标会变成，这时输入的文字就是水平排列的区域文字，原有的路径成为文字边框。如果采用"直排文字工具"，当光标移动到闭合图形中且靠近路径时，光标会变成，会得到直排的区域文字。这时原有的黄色五角星变成了无填充无描边的路径，成为文字的区域边框，如图4－70所示。

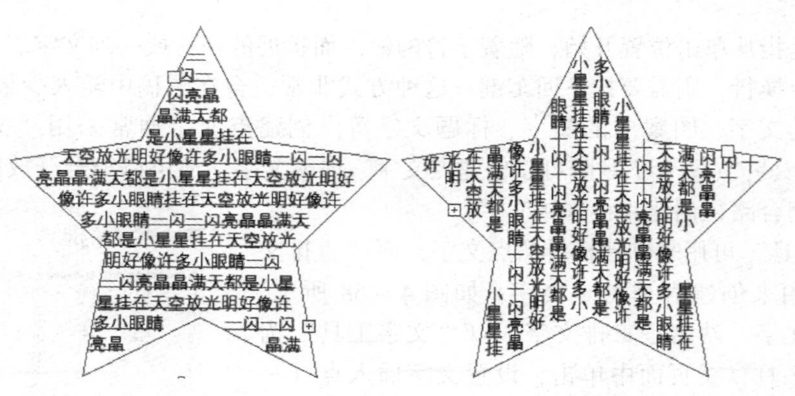

图4－70　横排区域文字和竖排区域文字

如果输入的文本长度已经超过区域的容量，则靠近边框区域底部的地方会出现标识，这是文字"溢出"现象，多余的文字无法显示。如果想要使溢出的文字显示出来，可调整文本区域的大小。还可以用光标单击溢出标志，光标呈现状态，然后绘制另外的显示区域，把文字串接到另一个对象中，如图4－71所示。

曲曲折折的荷塘上面，
弥望的是田田的叶子。
叶子出水很高，像亭亭
的舞女的裙。层层的叶
子中间，零星地点缀着
些白花，有袅娜地开着
的，有羞涩地打着朵儿
的；正如一粒粒的明珠

又如碧天里的星星，又如刚
出浴的美人。微风过处，送
来缕缕清香，仿佛远处高楼
上渺茫的歌声似的。这时候
叶子与花也有一丝的颤动，
像闪电般，霎时传过荷塘的
那边去了。叶子本是肩并肩
密密地挨着，这便宛然有了

一道凝碧的波痕。叶子底下是脉脉的流水，遮住了，不
能见一些颜色；而叶子却更见风致了。

图 4 – 71　区域文字的串接

3. 路径文字

路径文字，是指沿着开放或封闭的路径排列的文字，这时的路径将变为文字路径，即用户可以在路径上输入和编辑文字，如图 4 – 72 所示，文字沿着水杯的手柄排列。当改变路径时，沿路径排列的文字也会随之改变。

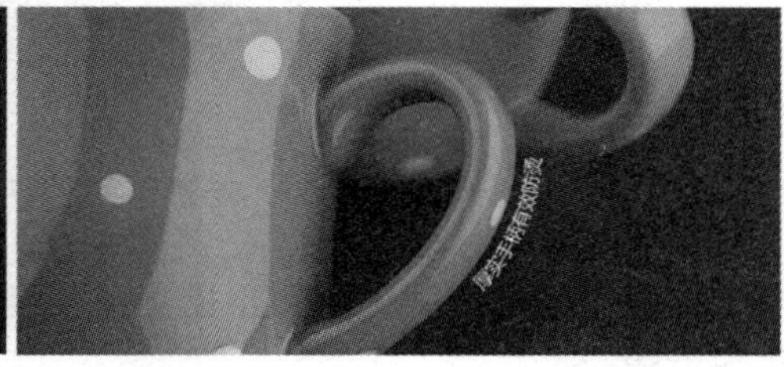

图 4 – 72　路径文字效果图

在创建路径文字时，首先都要绘制一条开放或闭合的路径。使用“路径文字工具”靠近路径时，光标会变成，文字会沿着路径排列，而且输入的文字其基线与路径平行。使用“直排文字工具”靠近开放的路径时，光标会变成，文字会沿着路径排列，而且输入的文字其基线与路径垂直。图 4 – 73 显示了文字的基线。如果输入的文本长度已经超过路径的容许量，则靠近路径末端会出现文字“溢出”标志，这时可以扩展路径来显示溢出文字或者将文字串接到另外的路径中。无论是采用哪种方式创建路径文字，原有的路径都会变成无填充无描边的透明样式。

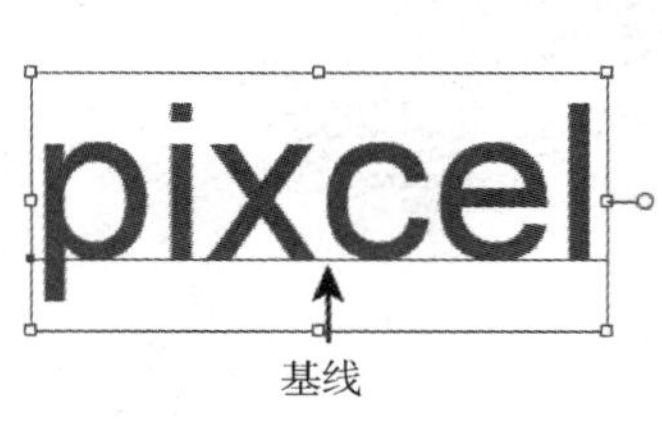

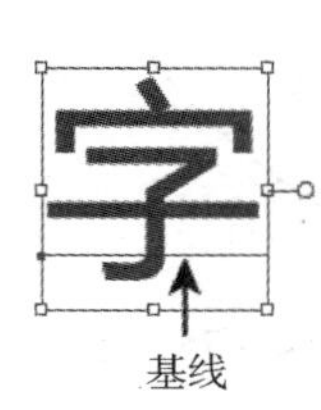

图 4 – 73　横排文字和直排文字

实例 9　Illustrator 制作心形路径文字

路径文字的制作，在 Photoshop 中利用其路径功能（钢笔工具组、形状工具组等）同样可以完成，其做法和 Illustrator 类似。

设计思路：绘制心形，在心形区域中输入文字，沿着心形路径输入文字，创建部分描边路径。其效果图如图 4－74 所示。

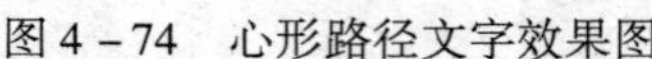
图 4－74　心形路径文字效果图

视频二维码

知识技能：创建区域文字和路径文字，绘制或截取部分路径并描边。

实现步骤：

（1）绘制心形：采用“钢笔工具”绘制心形，绘制方法和第 3 章实例 1 绘制心形一样，此处不再赘述。复制两个心形，以备后续使用（这一复制操作非常重要）。

（2）在粉色心形中创建区域文字：选择“区域文字工具”（使用“文字工具”也可以），单击心形路径，然后在心形中输入文字“LOVE”，Arial 字体，与心形边框尺寸相比，文字尺寸要较小，这样形成的文字区域更贴近心形，如图 4－75 所示。英文单词之间没有留空格，否则会造成文字的换行，影响美观。

图 4－75　创建心形区域文字

现在的心形已经变成无填充无边框的文字路径了，无法重新填充。而我们需要在文字下方放置一个粉色的心形背景。此时，就用到了步骤（1）复制的心形。移动这个心形，填充

粉色，移动其位置，单击右键，在快捷菜单中选择【排列】|【置于底层】命令。这时文字紧贴心形边界，可以把文字区域变小。按住组合键【Alt】+【Shift】，从中心位置保持比例调整心形大小，此时效果如图 4－76 所示。

图 4－76　在文字下方添加粉色心形背景

（3）创建外圈的“LOVE”路径文字：因为外圈是心形的路径文字，它所依托的心形要比区域文字大一圈，所以要复制一个步骤（1）的心形路径，并适当放大，如图 4－77 所示。采用“路径文字工具”，在路径上单击并输入“LOVE”，字体为“Spin Cycle”，字形较大，与区域文字形成对比，也构成了画面的视觉中心。用“直接选择工具”调整文字路径的起点和终点位置。当调整起点位置时，光标变成状态，当调整终点位置时，光标变成状态，如图 4－78 所示。

图 4－77　创建文字路径

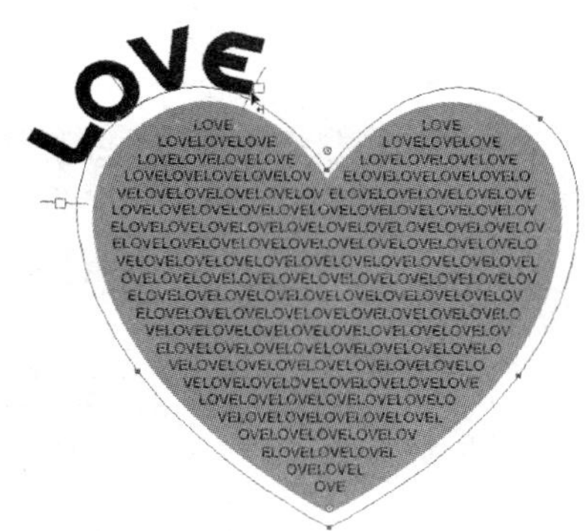

图 4－78　输入文字并调整文字路径的起点和终点

（4）创建外圈其他的汉字：重新复制第 1 步中的心形路径，并适当放大。为了编辑方便，最好不要和第 3 步的心形路径完全重合，可以适当错开位置。采用“路径文字工具”，在路径上单击并输入“只是因为在人群中多看了你一眼……”，字体为“微软雅黑”，大小适中，用“直接选择工具”调整文字路径的起点和终点位置，并调整文字的颜色，如图 4－79 所示。

图 4－79　创建心形文字

（5）创建两段描边路径：在外圈的路径文字“LOVE”两侧添加两段曲线，增强了图形的整体效果。这两段曲线可以用“钢笔工具”绘制，也可以把原有的心形路径进行拆分，最终效果如图 4－74 所示。

4.4 文字的编排设计

4.4.1 字距、行距、分栏

字距，指的是同一行中文字之间的距离。行距指的是行与行之间的距离。把握字距、行距，不仅是阅读功能的需要，也是形式美感的需要。在 Photoshop 或 Illustrator 中每种特定的字体和尺寸，其字距和行距都是计算机事先设定好的。在编排文字时，我们可以改变默认的字距行距，以求实现最佳的形式表现。较小的字距和行距会产生一种整体、紧密的视觉效果，然而当字距、行距太小，则会显得混乱，增加阅读的难度。拉大字距和行距，会使得单个文字回归到“点”，排列显得精致、优雅，但太大的字距和行距，也会降低阅读的速度，甚至混淆文字的横竖排列方式。如图 4－80 所示，呈现了不同字距、行距的效果。这些段落文字是在 Ilustrator 中输入的，字体是方正准圆，字号是 4.5 pt。段落 1 是默认的字距、行距，行距是字号的 1.2 倍，是 10.2 pt；段落 2 是把行距设置成 9 pt；段落 3 是把行距设置为 12.5 pt，字距设置为 50；段落 4 和段落 3 的行距一致，但字距设置为 600。比较这四个段落的显示效果，段落 3 是最容易阅读的。

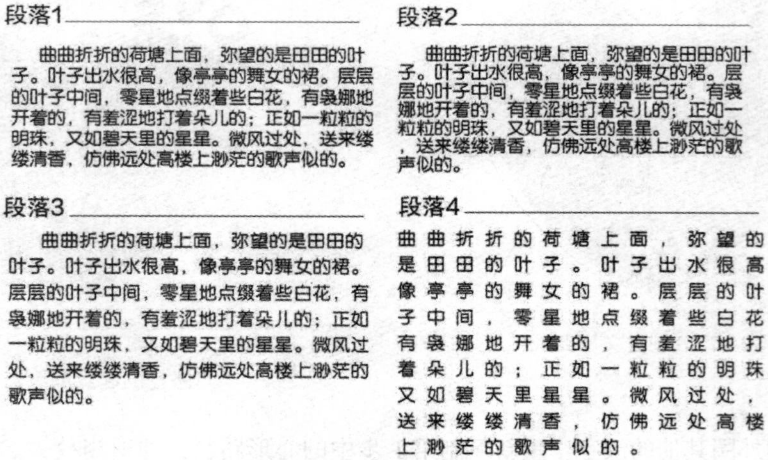

段落1

曲曲折折的荷塘上面，弥望的是田田的叶子。叶子出水很高，像亭亭的舞女的裙。层层的叶子中间，零星地点缀着些白花，有袅娜地开着的，有羞涩地打着朵儿的；正如一粒粒的明珠，又如碧天里的星星。微风过处，送来缕缕清香，仿佛远处高楼上渺茫的歌声似的。

段落2

曲曲折折的荷塘上面，弥望的是田田的叶子。叶子出水很高，像亭亭的舞女的裙。层层的叶子中间，零星地点缀着些白花，有袅娜地开着的，有羞涩地打着朵儿的；正如一粒粒的明珠，又如碧天里的星星。微风过处，送来缕缕清香，仿佛远处高楼上渺茫的歌声似的。

段落3

曲曲折折的荷塘上面，弥望的是田田的叶子。叶子出水很高，像亭亭的舞女的裙。层层的叶子中间，零星地点缀着些白花，有袅娜地开着的，有羞涩地打着朵儿的；正如一粒粒的明珠，又如碧天里的星星。微风过处，送来缕缕清香，仿佛远处高楼上渺茫的歌声似的。

段落4

曲 曲 折 折 的 荷 塘 上 面 ， 弥 望 的 是 田 田 的 叶 子 。 叶 子 出 水 很 高 像 亭 亭 的 舞 女 的 裙 。 层 层 的 叶 子 中 间 ， 零 星 地 点 缀 着 些 白 花 有 袅 娜 地 开 着 的 ， 有 羞 涩 地 打 着 朵 儿 的 ； 正 如 一 粒 粒 的 明 珠 又 如 碧 天 里 星 星 。 微 风 过 处 ， 送 来 缕 缕 清 香 ， 仿 佛 远 处 高 楼 上 渺 茫 的 歌 声 似 的 。

图 4－80 不同字距、行距的显示效果

文字的分栏是为了消除文字行宽过长带来的疲劳和紧张，提高阅读效率。这一点可以从报纸、杂志排版中得到启发。在文字编排中每一行到底多少文字合适呢？这与人的视野、文字的意群长度以及阅读媒体本身有关系。人的阅读视野决定文字数的上限，合适的文字数应该能保证阅读时不必摇头，只需要眼球做非常小的移动就能完成阅读，所以每行的文字不能太多。对于长篇幅的文字段落进行分栏处理，根据版面的大小通常分为 2～4 栏，会使得阅读舒服高效。如图 4－81 所示，内容被分成了整齐均一的 4 栏。有时正文是以不规则的折线分栏，依然能够保证文字的顺利阅读。

文字的意群长度决定着文字数的下限，比如诗歌的编排通常是一句一行，中间不加标点，如图 4 – 82 所示。无论是哪种阅读媒介，人们的阅读习惯需要文字离边界有一定的距离，文字不能紧贴边缘。

雨雪天上学，灵活安排更应有规可循

□钟倩

11月23日，济南市教育局发布《关于防范冰雪天气的通知》，为应对即将到来的雨雪天气来回侧挪。通知指出，根据天气情况，各县市区教育局和直属学校切实做好启动冰雪天气应急预案准备，灵活掌握上放学时间。(详见11月24日《齐鲁晚报》B08版"遇冰雪天气济南中小学可灵活安排上学放学")

遇到雨雪天，市区交通拥堵加剧不说，路面湿滑，[illegible]发、出行存在较大阻力，家长接送孩子将会面临较大困难。济南市教育局第一时间做出决定，将遇冰雪天气时的上放学自主权交给学校，此举很是人性化，值得肯定。以往，恶劣天气时，很多地方中小学上放学安排都是被动"等通知"，还遇到过停课通知来了天也放晴了的情况，令人很是尴尬。

从现实看，恶劣天气的上放学安排，如何层层执行与具体落实，十分关键。一方面，教育部门应将自主权放手给中小学校，这并非放了责任，反而应该绷紧监管的缰绳，督促学校完善应对恶劣天气的方案，做到细致完美。

另一方面，极端恶劣天气的停课并非学校"放羊"。对于停课安排，中小学应提高决策水平，联合教师委员会、家长委员会、校办等共同商定，民主决策，充分尊重师生们的实际需求。比如，哪些极端天气下安排停课，停课后各个年级的学习安排与生活安排如何进行。有网友的建议值得参考：可根据实际情况组织高年级学生室外堆雪人、拍雪景，这种创新安排也是对学生想象力与创造力的考量，学校应该有足够的勇气去实践。

此外，极端恶劣天气允许学生停课回家，而家长们大都不会因此而放假，也不能因孩子停课而转能回家，学生的看管与午餐就成为"烫手"的问题。当下，有些城市已在推行恶劣极端天气停工的举措，学生停课与家长停工能否有效对接，这也是值得探讨的问题。

图 4 – 81　《齐鲁晚报》排版实例

青春（之一）

所有的结局都已写好
所有的泪水也都已启程
却忽然忘了是怎麽样的一个开始
在那个古老的不再回来的夏日

无论我如何地去追索
年轻的你只如云影掠过
而你微笑的面容极浅极淡
逐渐隐没在日落後的群岚

遂翻开那发黄的扉页
命运将它装订得极为拙劣
含着泪 我一读再读
却不得不承认
青春是一本太仓促的书

1979.6

图 4 – 82　诗歌排版实例

4.4.2　文字编排的对齐

任何文字都不能在页面上随意安放，都应该与页面上的某个内容存在某种对齐关系，这样才能建立起条理清晰、精巧、清爽的外观。文字的对齐包括两端对齐、左对齐、右对齐和居中对齐。

1. 两端对齐

文字两端对齐是最常用的中文段落文字的对齐格式，整齐划一，清晰有序。如图 4 – 83 所示，文字段落与左右两侧的图片配合，非常规整。图 4 – 84 中的三个标题文本块通过改变文字大小、位置、添加色块线条等作出两端对齐的整齐感觉。淘宝的标题设计通常采用这种方式，读者们可以自行参考。如果标题和正文都采用同样的字体且都采用左右对齐，则可以采用不同的字号打破单一外观，体现层次关系，丰富编排形式。

SHANDONG　印象山大

印象山大

山大最美的是那片小树林。小树林种的都是法桐，以文史见长的山大，竟然没有给小树林起一个富有诗意的名字，可见山东的质朴。大音希声，大象无形。美到极致，就无需漂亮的语言来表达了。一年四季，她静静的就在那里，在我们的眼里，在我们的心里。刚来山大报到，正值秋天。高高的法桐色彩斑斓，微风过处，彼此之间低声细语。那阵子我每日都在小树林写书稿

到了秋末冬初，树叶开始掉落，绿叶对根总是有情有意。随着天气越来越冷，法桐的叶子每天都掉落很多，厚厚的一层，整个小树林的地面感觉软绵绵的，像一层软绵绵的被子。山大的教室、图书馆都送暖气了，在小树林长时间学习的人日渐减少。叶子落了，树木枝丫的线条感更醒目，适合黑白拍照和铅笔素描。后来我回家了，没能看到济南的冬天。老舍先生写的济南的冬天，永远只在儿时的课本上。　2017年春再到山大，小树林萌发了勃勃生机，叶子那么翠绿新鲜。林间出现了很多小鸟，鸣声上下，告诉我们春天到了。

图 4 – 83　页面段落文字排版的两端对齐

2. 左对齐

文字左边对齐符合阅读习惯，人们可以沿着左边整齐的轴线毫不费力地找到每一行的开头，而右侧的文字随意排列，规整而不刻意。如图 4－85 所示，页面正文的小文字采用左对齐，既方便了阅读，也体现出曲水亭街的人文情怀。

图 4－84　标题文本块两端对齐

图 4－85　正文文字左对齐

3. 右对齐

文字右边对齐是与人们的视觉习惯相反的，每一行的起始位置不规则，是新颖而个性的编排方式，往往是为了与图形、照片形成呼应。如图 4－86 所示，页面正文的每一句诗词都是右对齐排列，与左侧背景的芭蕉图片形成了呼应。

图 4－86　正文文字右对齐排列

图 4－87 文字居中对齐

4. 居中对齐

文字居中对齐是以中轴线为准，文字居中排列，左右两端字距可相等也可以长短不一。这种编排显得优雅、庄重、古典、严肃，但阅读不方便，适合文字较少的设计。图 4－87 所示的学术讲座海报整体采用居中对齐，大标题采用方正大黑体，其他文字都是微软雅黑，虽然字体的外观比较一致，但可以通过文字的大小和距离来创建文字之间的关联性，使得阅读信息的层级更加清晰，达到简化信息的作用。

5. 打破对齐

字体编排设计师戴维·朱里（David Jury）曾经说过“可以打破规则，但不能忽视规则”。无论是哪种对齐方式，都是我们根据设计要求所应该采用的编排规则。这些规则是设计的起点，方便衡量设计的优劣。每个设计主题都有不同的要求，有不同的传达信息，不同的构想，不同的受众，我们要综合考虑这些情况来决定如何使用或者放弃或者打破这些对齐的规则。如图 4－88 所示，图中的文字有四行是左对齐，显得比较整齐，而第三行文字打破了左对齐，显得比较生动活泼。

图 4－88 毕业纪念册页面

4.4.3 文字编排的方向性

文字最常见的排列方式是横排，中文最传统的编排方式是竖排，竖排的文字有传统的味道。文字还有斜排、绕排、多角度错排等方式，改变文字编排的方向会给读者带来不一样的感受。如图 4－89 所示，画面恬静优美，文字简洁雅致，有一种淡淡忧伤和文艺腔调。水平排列的文字，就像水平线一样，会带来开阔宁静的感受，尤其适合填写在画面大面积的空白上。

图 4－89　文字横排实例

图 4－90（a）所示，正文是端午节的古诗，文字竖排，字体是方正隶变简体，与画面中的边框、窗格等元素共同传递出中国传统文化的特色；图 4－90（b）中表达细腻纤柔情感的文字，也可采用较细的仿宋体竖直排列。

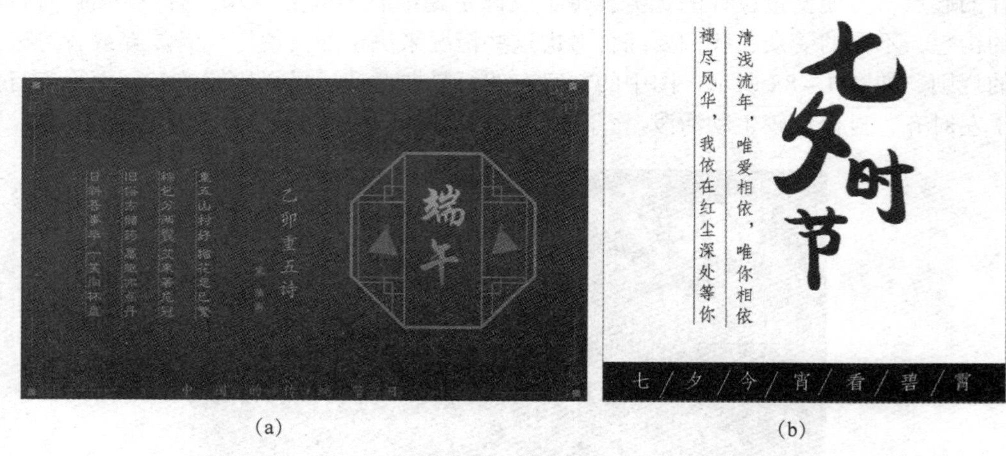

（a）　　　　（b）

图 4－90　文字竖排实例

（a）诗词类文字；（b）情感类文字

4.4.4　文字编排中的对比

拉大文字的对比，能够更好地区分信息在文本属性上的差异，常用的对比有粗细对比、大小对比、颜色对比、文字底色的对比、疏密对比等。对比还可以生成节奏感，用视觉表现信息的层级与主次关系，容易形成通畅的视觉流程。图 4－91 所示的文字编排充分体现出标题和正文的差别，“天秤座”用方正粗雅宋，字号较大，并与英文字母进行大小重组；“清明时节”用方正清刻本悦宋简体，排列错落有致，加淡绿色圆圈做底，增加编排的层次感和形式美；而图中的正文字体规整，尺寸较小，排列整齐有序。

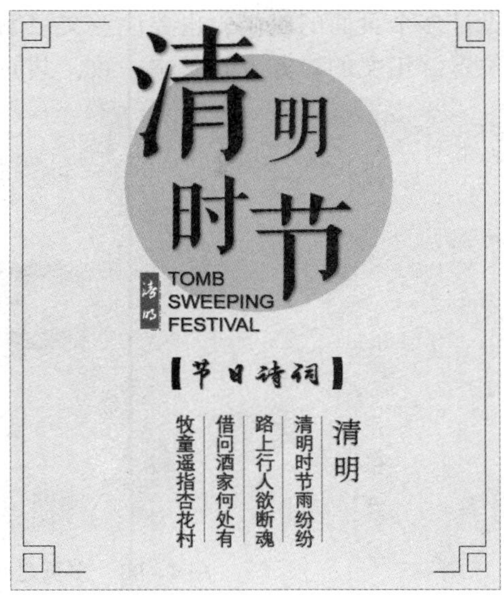

图 4－91 文字对比实例

4.4.5 文字编排格式的一致性

文字编排格式的一致性主要指相同功能的文字其外在形式要保持一致，或者风格一致。例如文字的间距、行距、颜色、字体、字号、添加的装饰效果等。这种一致性不仅体现在单张画面中，对于多页文档的设计更重要。格式的一致，其目的是形成统一的视觉效果。如图 4－92 是电子杂志《我不是完美小孩》的目录页，其下包含的六个内容版块的标题样式、文章题目的字体大小、间距等都是一致的，同样的风格表示这六大版块没有主次轻重之分，使读者在阅读的瞬间就能把握内容的分类。

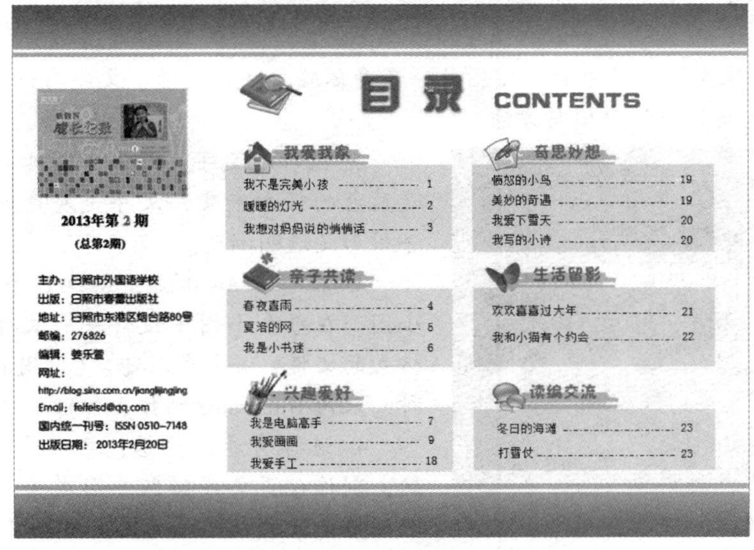

图 4－92 电子杂志《我不是完美小孩》目录

在设计多个页面的时候，也要注意文字编排的一致性。如图 4 –93 所示，这六个页面中标题的位置、正文的对齐方式基本一致，共同表达一个主题。

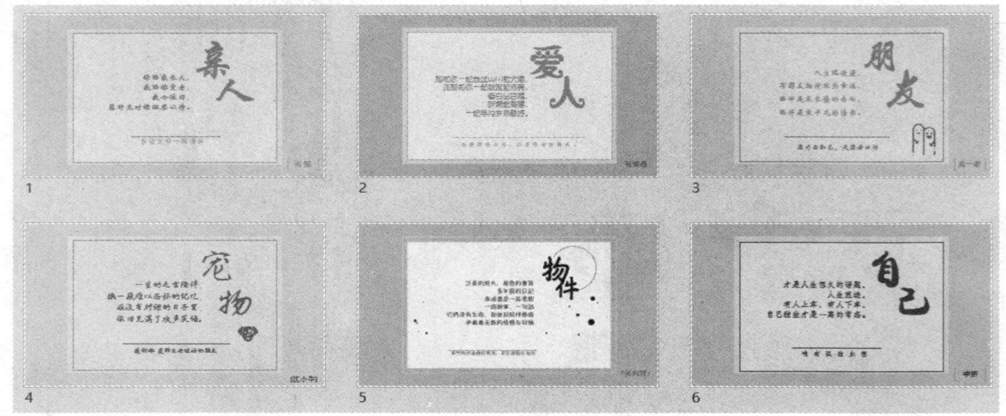

图 4 –93　多页之间文字编排的一致性

本章小结

文字作为平面设计的构成要素之一，其表现形式和排列影响着版面的视觉传达效果。本章讲解了文字的外形设计和多个文字的编排设计。首先从字体、大小两个方面讲述了文字的基本属性，并从易读性、瞩目性、一致性三个角度讲述了文字的设计原则。本章列举了多种文字设计的方法实例，并着重举例讲解了渐变字、图片字、分割重组文字、反色文字、多色文字、笔画修改和路径文字的设计方法。多个或者多行文字的编排要围绕设计主题，注意间距、对比、对齐，并沿着一定的方向排列，相同功能的文字其排列的效果要保持一致。

课后练习

1. 收集 10 张生活环境中的文字图片，亲身体验文字与生活、文字与设计之间的亲密关系，养成平日收集资料的习惯与方法。

图 4 –94　渐变字效果

2. 设计渐变字，效果如图 4 –94 所示：背景是蓝色的径向渐变，文字是灰色的线性渐变，文字投影是透明渐变。

3. 在一张 A4 纸上，绘制 6 个 8 cm ×8 cm 的小图，在每个小图中设计一种文字，保存成 PDF 格式的文件，并彩色打印。(采用 Photoshop 制作 3 种，采用 Illustrator 制作 3 种)

4. 选择青春、梦想、运动、阅读、美食等主题，制作 6 页文字排版，形成一个主题一致、排版风格一致的系列作品，尺寸为 1 366 像素 ×768 像素。

● ● ● ● 中 篇 ● ● ● ●

二维动画设计篇

第5章

动画的场景画面绘制

学习目标

- 熟悉 Animate CC 2019 的工作界面。
- 能够熟练运用各种工具绘制并编辑图形。
- 能够掌握整体场景的绘制步骤。
- 能够为单个元素和整体场景设置颜色。

2015 年 Adobe 宣布 Flash Professional 更名为 Animate CC，在维持原有 Flash 开发工具的基础上，为网页开发者新增 HTML 5 等新的创作工具，不仅支持 Flash 的原有格式，还为现有网页应用的音频、图片、视频、动画等提供创作支持。在 2016 年 1 月份发布新版本的时候，正式更名为 Adobe Animate CC，缩写为 An。本书使用的版本是 Adobe Animate CC 2019。

Animate 的功能非常强大，不仅可以制作二维动画，还可以制作复杂的网页和应用程序，设计各种游戏的启动屏幕和界面，还可以用脚本进行语言编程，在数字媒体、广告、新闻传播、教学、娱乐等多个领域广泛应用。Animate 作品体积相对较小、网络传输速度快；尺寸可自由缩放，线条图形和文字的输出质量基本能保持高质量；能通过可扩展架构去支持包括 SVG 在内的几乎任何动画格式，满足多种应用需求；具有较强的交互能力，可以通过编程制作交互功能强大的作品；作品的兼容性逐渐增强，可以在多种网络浏览器和播放器中运行。

在本章，我们从图形的绘制入手，进入 Animate 的神奇世界。

5.1 Animate CC 2019 的操作界面

安装完成软件之后，运行 Animate. exe [An]，进入图 5-1 所示的起始页面，在该页面中设置文档的大小。Animate CC 预设了多种文件尺寸和示例文件，有“角色动画”“社交”“游戏”“教育”“广告”“Web”等多种类别，也预设了 HTML5 Canvas 手机媒体的多种尺寸。默认的单位是像素，帧频（帧速率）是 30 fps 或 24 fps。

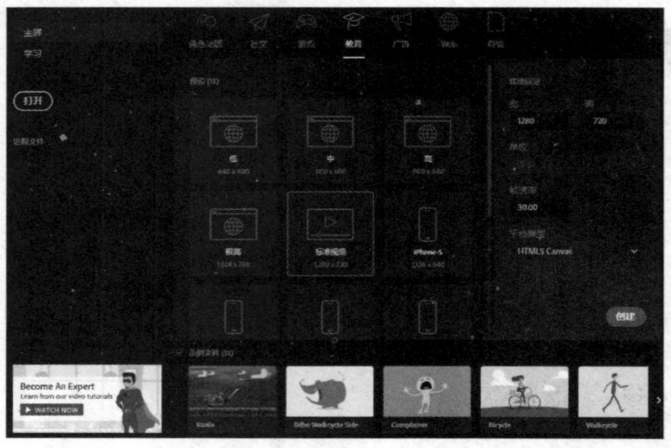

图 5-1　Animate CC 2019 起始页界面

如果自定义尺寸，可以单击“高级”图标，也可以在“预设”基础上修改，选择动画运行的平台、采用的脚本，动画的宽度、高度、帧速率等。如图 5-2 所示，选择尺寸为 1 280 像素 ×720 像素，帧速率是 24 fps，平台类型是 ActionScript 3.0，设置完成之后，单击“创建”按钮就可以新建一个动画文件。

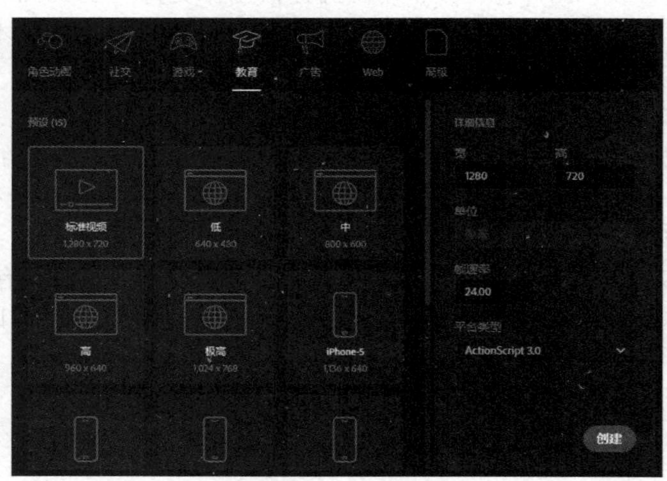

图 5-2　设定新建文件的参数

在 Animate CC 2019 的操作界面上，每个窗口和面板都可以拖动其位置，调整其宽高。图 5－3 所示的界面是本书编者偏好的面板位置：工具箱在左侧，时间轴在窗口上端，各种属性面板在右侧，输出面板在下方，舞台在中间，和 Photoshop 以及 Illustrator 的界面环境大致相同。

图 5－3 Animate CC 2019 操作界面

在此简单介绍一下【时间轴】面板。时间轴用于组织和控制一定时间范围内图层和帧中的显示内容，主要的构成组件是图层、帧和播放头。与电影胶片一样，Animate 文档也将时长划分为多个帧。图层和 Photoshop 的图层类似，每个图层的图形都能在某个时刻显示在舞台中。如图 5－4 所示，左边是图层控制区，显示所有图层的名称、类型、状态等，还可以新建或删除图层和图层文件夹，控制图层的显示、隐藏、锁定、轮廓化。右边是帧操作区，可以新建、编辑、删除某个帧，调整时间轴视图和帧速率等参数。

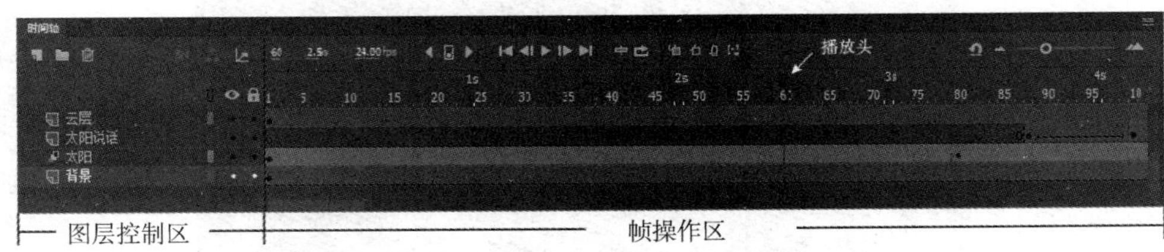

图 5－4 【时间轴】面板的组成

在播放文档时，时间轴顶部的红色播放头将移动，以指示舞台上显示的当前帧。时间轴标题显示动画的帧编号。要在舞台上显示某一帧，需将播放头移动到时间轴中该帧的位置。

【时间轴】面板中有多个功能按钮，当光标在某个按钮上稍作停留时，可以看到对这个按钮功能的解释，在此不做逐一讲解。一些基本或重要的操作，会跟随后面的各种实例进行讲解并应用。

“舞台”是非常重要的概念。如果是 Animate 的初学者，则要知道舞台是显示、播放和控制动画的区域。在图 5－2 中新建文件时设置的 1 280 像素 ×720 像素就是舞台的尺寸，而

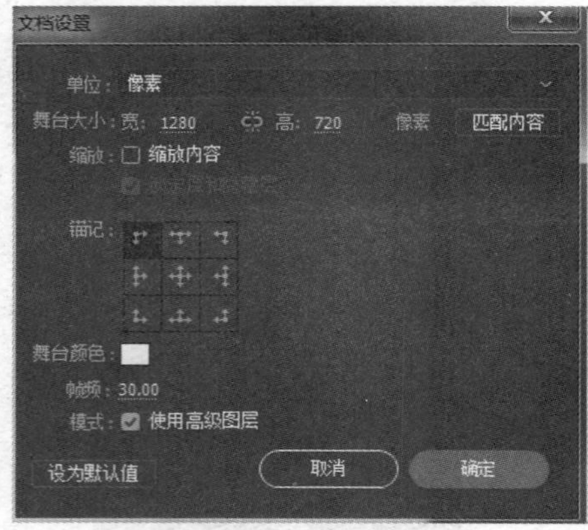

图 5－5 “文档设置”对话框

绘制动画元素时，元素可以在舞台外面绘制，这样就可以实现动画形象的上场和退场。单击【修改】|【文档】命令，打开“文档设置”对话框，如图 5－5 所示，可以改变舞台的大小、颜色、帧频等。

关于保存和发布文件，需要注意：

（1）在 Animate CC 2019 中保存文件时，默认的文件格式是 *. fla。这是 Animate 的源文件格式，可以重新编辑修改。

（2）使用菜单命令【控制】|【测试】，能够自动生成和源文件相同位置相同名字的 *. swf 文件。测试命令的快捷键是【Ctrl】+【Enter】。

（3）使用菜单命令【文件】|【导出】，能够把当前文件导出为图片或图片序列、mov 视频、swf 影片等。

（4）使用菜单命令【文件】|【发布设置】，出现“发布设置”对话框，如图 5－6 所示，可以设置多种文件格式，设置声音、图片的压缩参数，单击“发布”按钮，发布成为选中的文件格式。注意，不同的平台其发布设置是不同的。图 5－6 是 ActionScript 3. 0 的发布设置，如果新建文件时采用了 HTML5 Canvas，则发布设置就会发生变化。

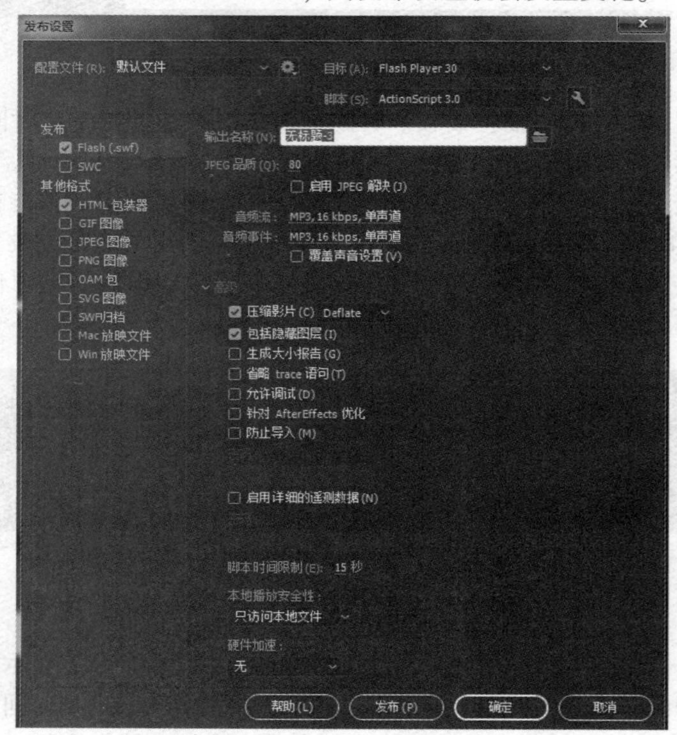

图 5－6 “发布设置”对话框

本书的所有操作都以 Adobe Animate CC 2019 作为软件环境，简称为 An。

本节通过绘制整体的场景实例以及场景中的各个元素，如草地、白云、小树、小花、风车等讲解常用的绘图工具、选择工具和编辑工具的用法。

5.2 绘图选项

在 An 中，使用【窗口】|【工具】命令可以打开工具箱，如图 5－7 所示，包括选择工具、部分选取工具，铅笔、钢笔、直线、矩形等各种绘图工具，颜料桶、墨水瓶等填色工具等。当前选中的是“矩形工具”，工具箱底部呈现了“矩形工具”的两个选项——“对象绘制”和“贴紧至对象”。

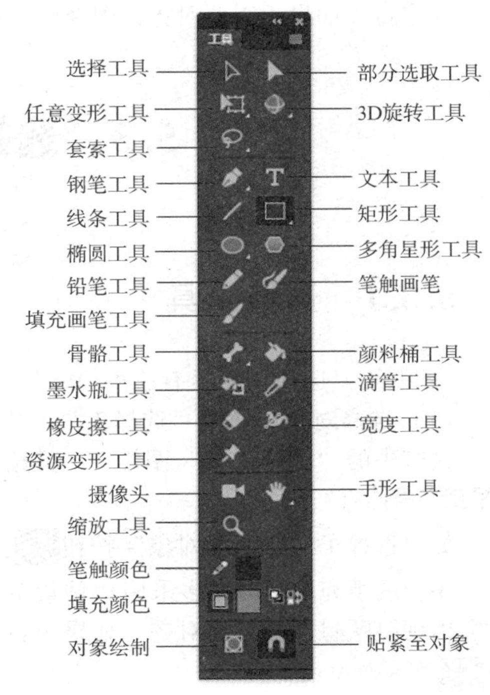

图 5－7 【工具】面板

1. 对象绘制

在 An 中有两种绘制模式：合并绘制和对象绘制。

（1）合并绘制：绘制图形时，会自动合并重叠的部分。选中图形时，图形上面显示很多细小的点。如果移动该图形，将会改变位于其下方的图形，这会造成图形的分割、合并。

（2）对象绘制：绘制图形时，所绘制的图形是一个个独立的对象，外面有矩形框线来标识。选中图形时，只会出现外面的矩形框线。并且在重叠时不会合并，如果移动该图形，将不会改变位于其下方的图形。

如图 5－8（a）所示，绘制斜线时，采用“合并绘制”模式，得到的是一个直线图形，直线上带有细小的点；采用“对象绘制”模式时得到的是一个成组的对象，选中时，外面带有矩形标识框线。同样是绘制四格圆盘，采用“合并绘制”模式时可以涂色，采用“对象绘制”模式时无法直接涂色。对象绘制，相当于把合并绘制的图形按【Ctrl】+【G】成组，变成一个组合对象，因此要想给对象涂色，方法一是解开组合，方法二是双击进入组合中进行涂色。

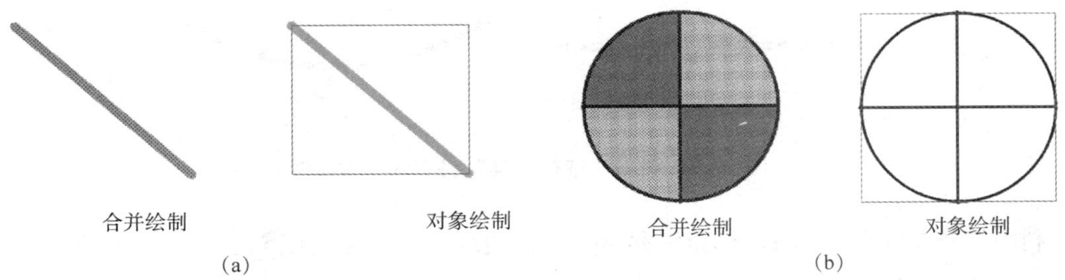

图 5－8 两种绘制模式

（a）绘制直线；（b）绘制圆盘

在默认情况下 An 使用“合并绘制”模式，如果单击附加选项栏中的“对象绘制”按钮，则采用对象绘制。在本书中，默认采用“合并绘制”模式。

2. 贴紧至对象

在默认情况下，An 绘图采用“贴紧至对象”模式，可以更好地对齐已有的图形，快速精确地定位。如果不需要对齐，则释放“贴紧至对象”按钮即可。

5.3 选择与编辑图形

5.3.1 选择工具

An 中的“选择工具”有三种功能：

（1）**选择对象**：使用“选择工具”在需要选取的对象上单击鼠标即可选中该对象。单击工具箱中的“选择工具”图标，工具箱下方会出现三个附加选项，分别是“贴紧至对象”“平滑”“伸直”。

如果选择了“贴紧至对象”按钮，可以自动将舞台上两个对象定位到一起。例如在绘制闭合的填充图形时大多采用“贴紧至对象”模式。使用“贴紧至对象”模式，在绘图时会出现跳跃感，会自动对齐。如果想自由绘制，就可以取消“贴紧至对象”模式，使按钮处于弹起状态。

选择“平滑”按钮，可以柔化选定的曲线；选择“伸直”按钮，可以锐化选择的曲线。

如果想选择多个对象，可以采用“选择工具”在绘图区框选，或者按住【Shift】键单击多个图形。

（2）**变形对象**：“选择工具”能使对象变形。将鼠标指针放在直线的中间，光标会变成，拖动鼠标可以把直线变成曲线，如图 5－9 所示。

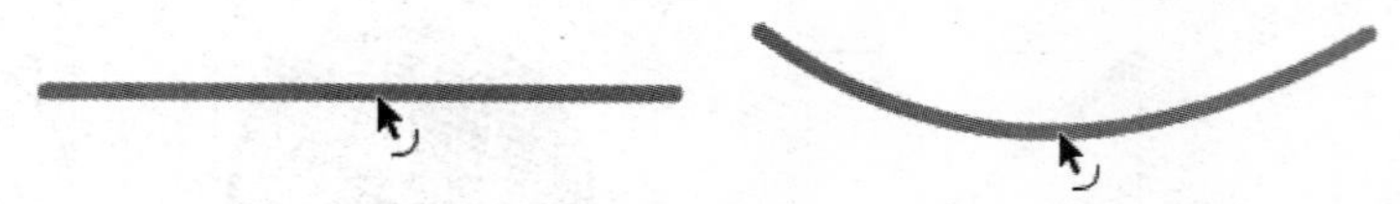

图 5－9　利用“选择工具”将直线变为曲线

利用“选择工具”，将鼠标指针移到对象的边缘，光标会变成，按住并拖动鼠标即可改变其位置。如图 5－10（a）所示，把光标放在矩形的顶点处向右拖动，能够把矩形变为梯形，如图 5－10（b）所示；继续向右拖动，直至变为图 5－10（c）中的三角形。

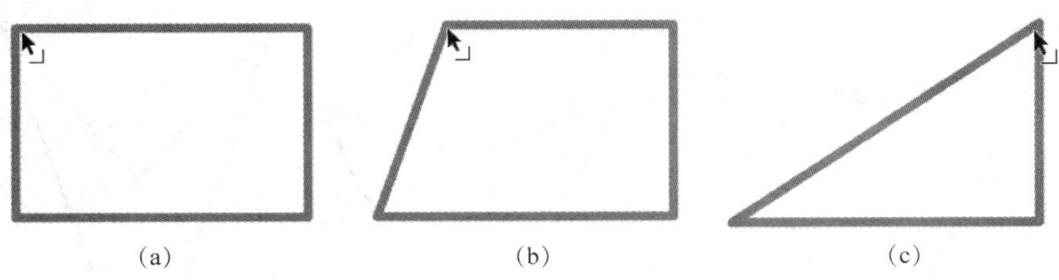

图 5-10 利用"选择工具"将矩形变为三角形的过程
(a) 矩形；(b) 梯形；(c) 三角形

特别提示：

用"选择工具"和【Ctrl】键或【Alt】键配合使用，可以在线条上增加锚点。例如绘制荷叶，如图 5-11 (a) 所示，先绘制一个椭圆，然后按住【Ctrl】键或【Alt】键，用"选择工具"在椭圆轮廓线上向内稍微拖动，可以得到一些不规则的曲边，如图 5-11 (b) 所示。在此基础上用"铅笔工具"绘出叶脉，最后得到如图 5-11 (c) 所示的荷叶图形。

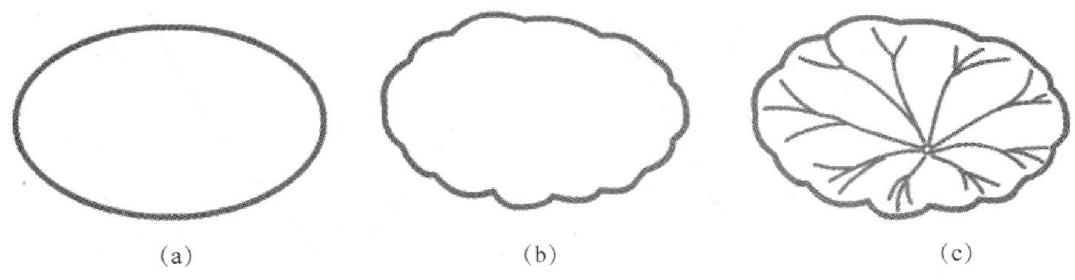

图 5-11 利用"选择工具"以椭圆为基础绘制荷叶
(a) 椭圆；(b) 在椭圆上添加锚点；(c) 绘制叶脉

(3) **复制对象**：利用"选择工具"，在按住【Alt】键，拖动所要复制的对象到需要的位置后松开鼠标，就可以将其复制。

5.3.2 部分选取工具

"部分选取工具"主要用于调整路径，改变图形的形状。选中该工具后，将鼠标单击某个图形，会出现一些变形锚点，在一个锚点上单击并拖动，可以调整对象的形状及位置。如图 5-12 所示，在绘制箭头图形的过程中，按住【Shift】键利用"部分选取工具"同时选中四边形上面两个锚点，如图 5-12 (a) 所示；向上一起拖动这两个锚点，如图 5-12 (b) 所示，可以同时改变这两个点的位置，最终得到如图 5-12 (c) 所示的较细的箭头。

图 5-13 中的四边形，利用"部分选取工具"按住【Alt】键单击并拖动上面两个锚点，可以把直线锚点变为曲线锚点，从而把四边形变为心形。

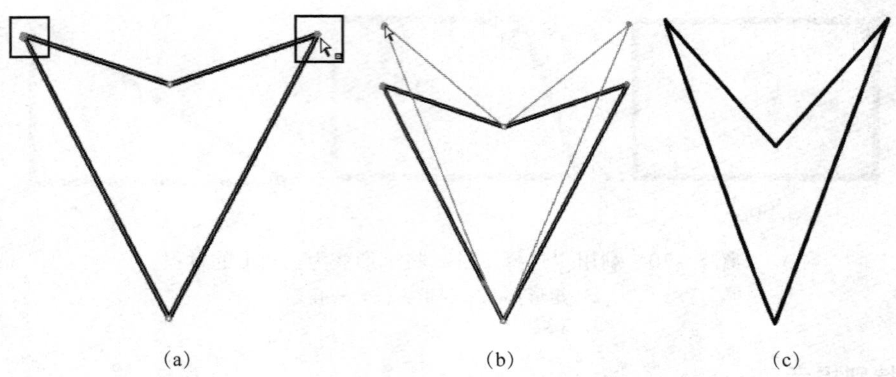

图 5-12　利用“部分选取工具”同时移动两个锚点的位置

（a）选中上面两个锚点；（b）向上移动锚点；（c）最终效果

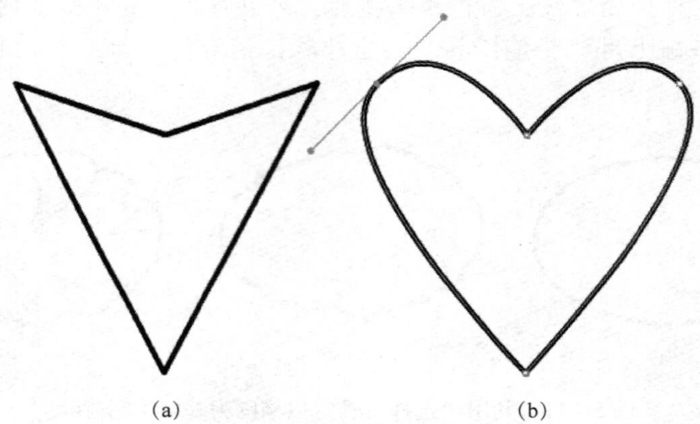

图 5-13　利用“部分选取工具”把四边形变为心形

（a）四边形；（b）调整上面两个锚点

5.3.3　任意变形工具

制作动画时，经常需要对场景中的图形或图像进行各种变形（旋转对象、缩放对象、扭曲对象、水平或垂直翻转对象等）。An 中“任意变形工具”主要用于旋转、缩放、扭曲、倾斜和封套对象。选择“任意变形工具”后，在工具箱的下部将出现其附加选项，包括“贴紧至对象”按钮、“旋转与倾斜”按钮、“缩放”按钮、“扭曲”按钮和“封套”按钮。

在 An 中，所有的群组对象、实例、文本块、位图都有一个中心点。在对所选对象执行旋转、扭曲等变形操作时，对象的中心会出现一个变形点，默认的变形点在图形中心。如图 5-14（a）所示，先绘制椭圆，接下来按住【Alt】键用“选择工具”在椭圆顶部向下拖动，得到一个凹部，按住【Alt】键在椭圆底部向下拖动，拖出一个尖，如图 5-14（b）所

示，得到一片花瓣的形状。单击“任意变形工具”，变形点默认在花瓣中心。当对象的变形点发生改变时，变形操作会以新的变形点为中心来进行。如图 5－14（c）所示，把变形点拖到花瓣下方，采用【窗口】|【变形】命令（或用快捷键【Ctrl】+【T】），打开如图 5－14（e）所示的【变形】面板，设置旋转角度为 60°，单击下方的“重制选区和变形”按钮，重复单击此按钮，可以重复刚才的旋转操作，重复 5 次，可以得到图 5－14（f）中最后的花朵形状。

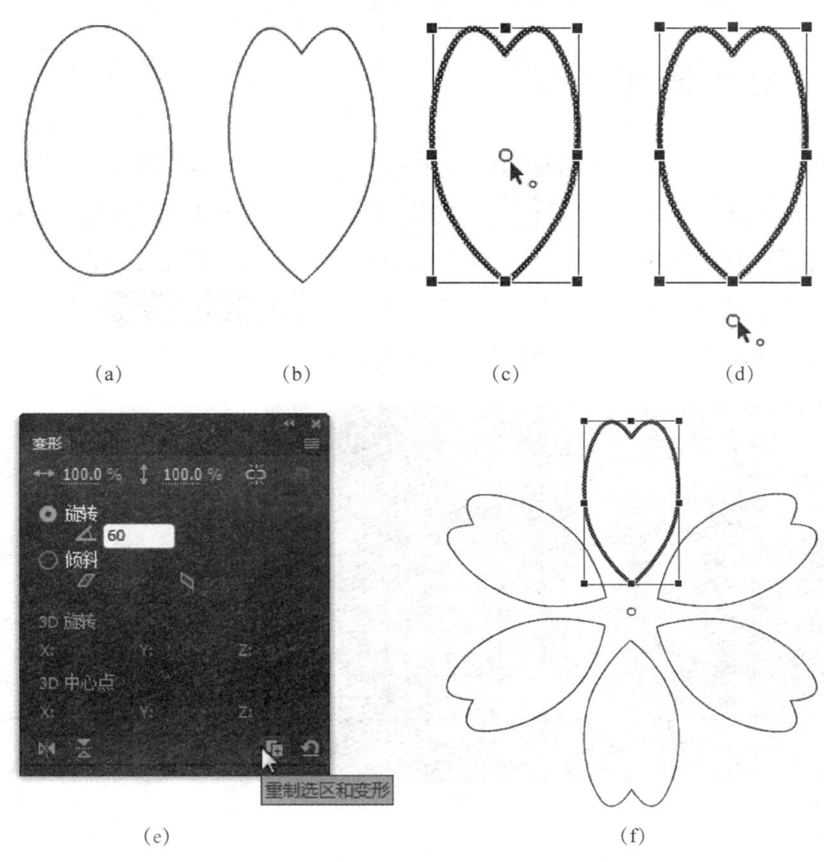

图 5－14　使用“任意变形工具”绘制花朵

（a）绘制椭圆；（b）拖动上下两个锚点；（c）出现变形锚点；
（d）拖动变形中心点；（e）【变形】面板；（f）复制变形效果

选中“任意变形工具”单击要修改的对象时，对象周围会显示有 8 个锚点的变形框。将光标在不同的锚点上拖动即可使对象进行缩放、旋转与倾斜操作，其做法与 Photoshop 的“自由变形”类似。要想使某个图形对象精确变形，可以利用【视图】|【网格】|【显示网格】命令，在绘图区显示网格作为参照。

特别提示：

扭曲与封套操作只能针对形状对象，不能对元件、位图、视频对象、文本等进行操作，如果想对这些对象进行扭曲或封套操作，必须先利用【修改】|【分离】命令将它们分离（快捷键是【Ctrl】+【B】）。

5.4 颜色填充与描边

An 中的图形上色有颜色填充与描边两种类型，与 Illustrator 中的图形上色类似。“颜料桶工具”用来给图形填色，“墨水瓶工具”用来给线条轮廓上色，也叫设置笔触色。

5.4.1 颜色填充

“颜料桶工具”可以对绘制的封闭区域填充颜色。单击工具箱中的“颜料桶工具”，在工具箱下方就会出现填充的属性，单击色块，就会出现默认色板，如图 5－15 所示。选择某种颜色后，用“颜料桶工具”在空白的图形闭合区域中填充，这部分图形就会被填充上选中的颜色，如图 5－16 所示。利用色板上的按钮 Alpha:% 100，还可以设置填充透明度、空白填充或者打开“颜色”对话框自定义颜色。

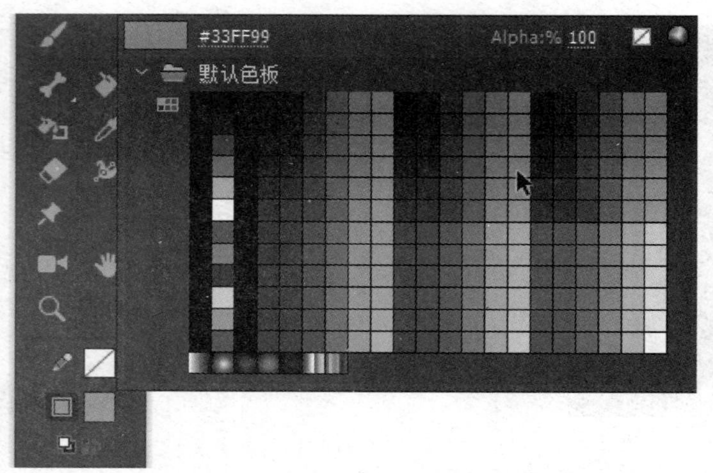

图 5－15 “填充颜色”的默认色板

图 5－16 给闭合区域填色

如果要精确设置某种颜色或者采用渐变填充，则要单击【窗口】|【颜色】命令，打开【颜色】面板，如图 5－17 所示。填充的颜色类型有“无”“纯色”“线性渐变”“径向渐变”和“位图填充”。

如果要改变图形中已经有的填充色，可以用“选择工具”单击某个颜色，然后重新选择色板。如图 5－18 所示，选中一个绿色花瓣，重新设置为黄色。

“颜料桶工具”只能对封闭的绘制区域进行填充，不能对线条进行填充。如果图形的区域有小空隙，可以采用颜料桶的附加选项“空隙大小”包含的各项命令，可以选择“封闭小空隙”、“封闭中等空隙”、“封闭大空隙”，默认选项是“不封闭空隙”。

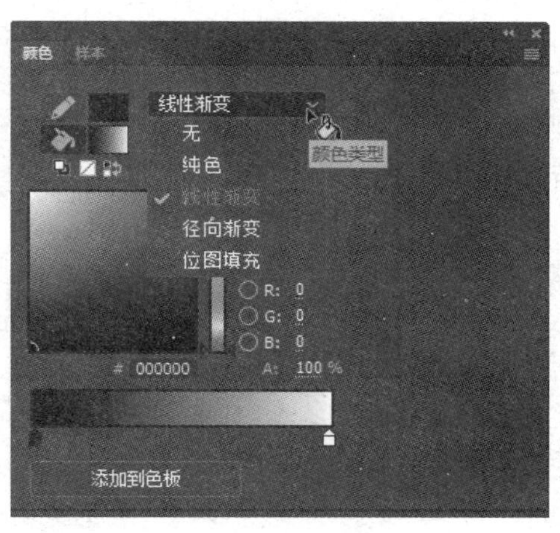

图 5-17 颜色填充类型

图 5-18 重新填色

特别提示：

在绘图时选择“贴紧至对象”选项，则区域内部不会出现空隙。如果绘制时不选中“贴紧至对象”选项，则绘制比较自由，不会出现跳动感，但绘制完成以后，也要利用“选择工具”，选择“贴紧至对象”选项，对边角位置进行修改，封闭小空隙。如果确实存在空隙没有及时封闭，则使用“颜料桶工具”填色时选中“封闭大空隙”选项。

5.4.2 线条上色

采用“墨水瓶工具”对图形中的线条上色，或者说可以用“墨水瓶工具”来设置笔触颜色和样式。墨水瓶的用法与颜料桶类似，打开工具箱中的“笔触颜色”，出现默认的色板，如图 5-19 所示，选择需要的颜色，然后在舞台中单击线条或空白边缘即可。图 5-20（a）的笔触为空白，可以使用“墨水瓶工具”添加笔触线条，如图 5-20（b）所示，添加粗细为 2 像素的黑色实线。

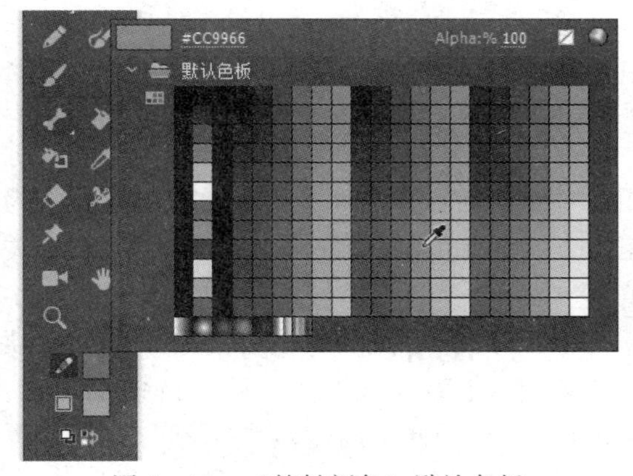

图 5-19 “笔触颜色”默认色板

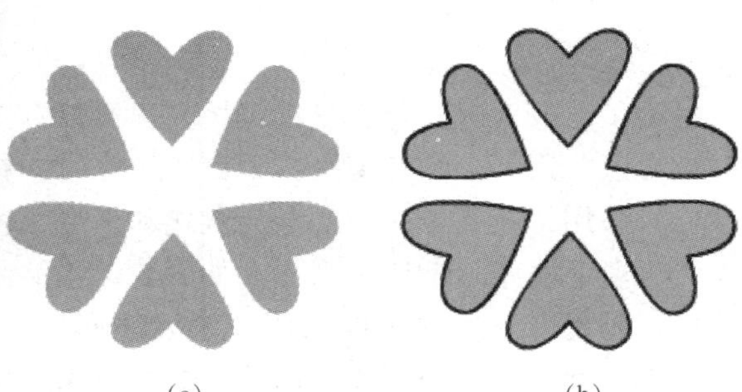

图 5-20 使用“墨水瓶工具”添加线条

（a）图形笔触为空白；（b）图形笔触为 2 像素的黑线

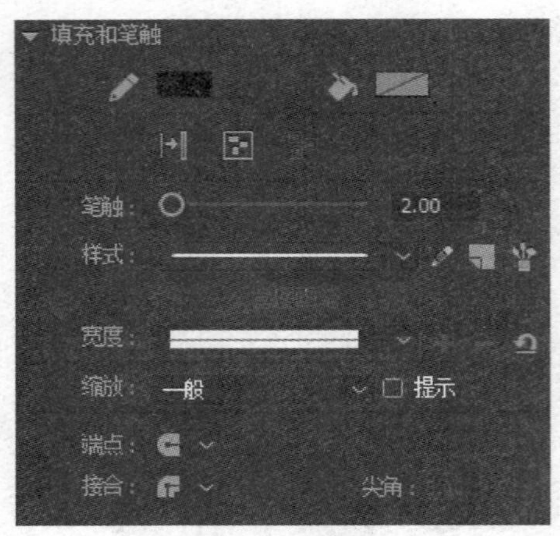

图 5－21 “填充和笔触”属性

在【窗口】|【颜色】面板中，可以看到笔触的颜色同样有“无”“纯色”“线性渐变”“径向渐变”和“位图填充”选项。如果要改变图形中已有的笔触色，可以用“选择工具”单击该笔触色，然后重新在色板中选择其他颜色。

另外，在【窗口】|【属性】面板中，有“填充和笔触”参数设置，如图 5－21 所示，可以设置笔触颜色、粗细、样式等，也可以在此设置填充色。

特别提示：

如果图形的填充区是透明的，无法选中其中的颜色，则一定要用“颜料桶工具”在闭合区域中单击才可以上色。同样道理，如果图形的笔触是透明的，一定要采用“墨水瓶工具”单击图形边缘才能上色。

5.4.3 复制颜色和样式

利用“滴管工具”可以将图形上的填充样式或者笔触样式复制到其他对象上，包括颜色、粗细等。取样时，只需用“滴管工具”在颜色区单击一下即可。如图 5－22 所示，最初花瓣 1 是渐变色，花瓣 2 是单色。用滴管在花瓣 1 上单击“取色”按钮，然后在花瓣 2 上单击，默认情况是使用“锁定填充”，第 2 个花瓣则全部变为花瓣 1 的边缘色。如果单击“锁定填充”按钮解除颜料桶的锁定标志，在花瓣 2 上单击，则重新对花瓣 2 设置径向渐变，单击的位置变成径向渐变的中心。

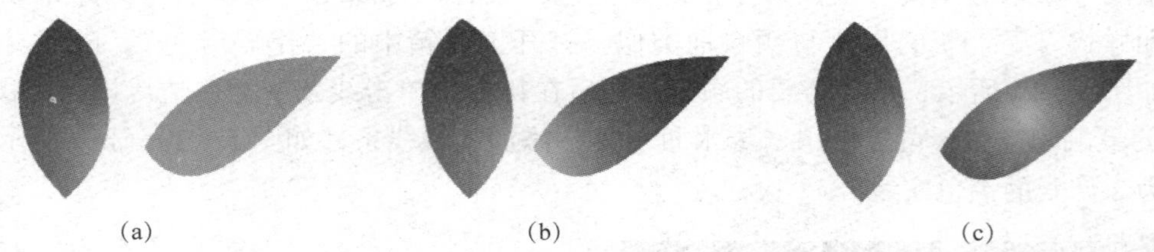

(a)　　(b)　　(c)

图 5－22 用“滴管工具”取样并填充

（a）花瓣 1 和花瓣 2 原始图；（b）花瓣 2 锁定填充效果；（c）花瓣 2 取消锁定填充效果

为了更好地理解什么是锁定填充，可以看图 5－23，锁定填充时，花瓣 2 和花瓣 1 作为一个选区共用一个渐变范围；不锁定填充时，花瓣 2 的渐变范围是独立的，与花瓣 1 没有关系，只采用了花瓣 1 的径向渐变方式和渐变颜色。

“锁定填充”功能很常用。如图 5－24（a）所示，由于某种原因花瓣丢失了一部分填充色，要想恢复原样，可以用“滴管工具”在花瓣的其他部分取样，然后保持锁定填充，在空白区单击一下即可成功修补。如果不用“锁定填充”，即便采用“滴管工具”取样，也不会得到满意的修复结果，本例很像是花瓣上出现了一颗水珠。

利用“滴管工具”同样可以吸取位图进行填充。如图 5－25 所示，睡莲的叶子图形是

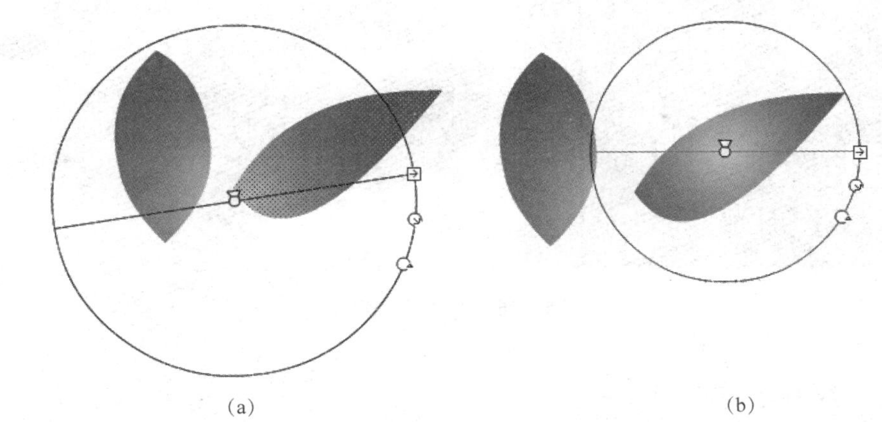

图 5－23 锁定填充的渐变范围

（a）对花瓣 2 采用“锁定填充”；（b）花瓣 2 未采用“锁定填充”

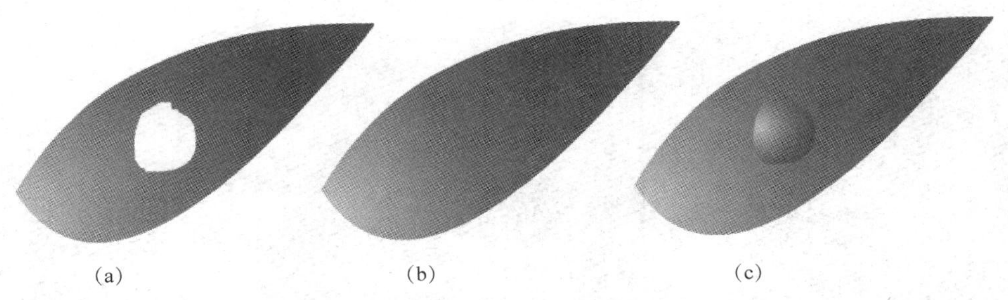

图 5－24 用“滴管工具”修补花瓣

（a）不完整的花瓣；（b）锁定填充效果；（c）不锁定填充效果

纯色填充。选中最大的叶子图形，在【颜色】面板中选择“位图填充”，选择一张睡莲图片，则大叶子中会被睡莲图片填充。如图 5－26 所示，用“滴管工具”在大叶子中取样，锁定填充到其他小叶子中，则所有的叶子图形作为一个整体被睡莲图片填充。这种效果在以后也可以用“遮罩图层”来实现。

图 5－25 睡莲图形和位图

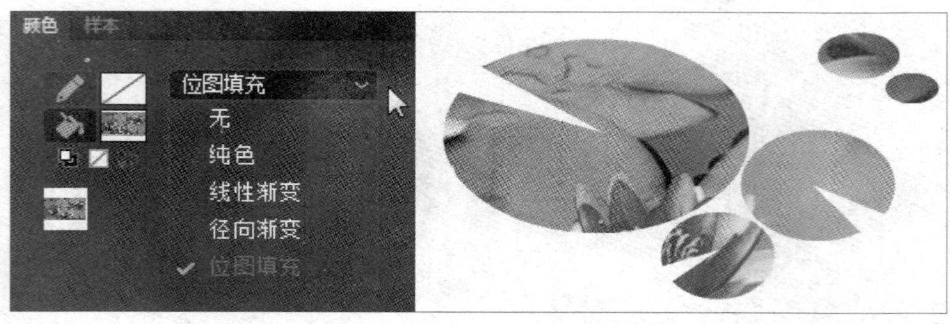

图 5 - 26　位图填充效果

实例 1　绘制小花小树

绘制小花和小树，要求最后的效果图如图 5 - 27 所示。

图 5 - 27　小花小树图形

视频二维码

知识技能：直线、椭圆等绘图工具的用法，选择工具、变形旋转的用法，给图形填色。

实现步骤：

（1）打开背景文档：单击【文件】|【打开】命令，打开素材文件夹中的“实例 1 - 小树小花 - 背景 . fla”文件，此文件已经绘制好天空、草地和小河。读者也可以自行新建背景，采用【文件】|【新建】命令，在出现的“新建文档”对话框中设置宽度为 1 280 像素，高度为 720 像素，平台类型为 ActionScript 3. 0，单击“创建”按钮。

（2）绘制小花：绘制模式全部采用默认的“合并绘制”，“对象绘制”按钮处于弹起状态，以方便图形的调整和填色。

小花 1：小花 1 是把五角星调整为花朵。具体做法如下：

①设置笔触色为黑色，填充色为空白。在工具箱中采用“多角星形工具”，在【属性】面板的“工具设置”中单击 选项... 按钮，出现“工具设置”对话框，如图 5 - 28 所示，“样式”设置为“星形”，其他默认，确定。

②在舞台中绘制五角星，利用“部分选取工具”按住【Alt】键，调整五个尖角，变为曲线锚点。在中间绘制圆形，用“颜料桶工具”上色，花朵就出现了，如图 5 - 29 所示。

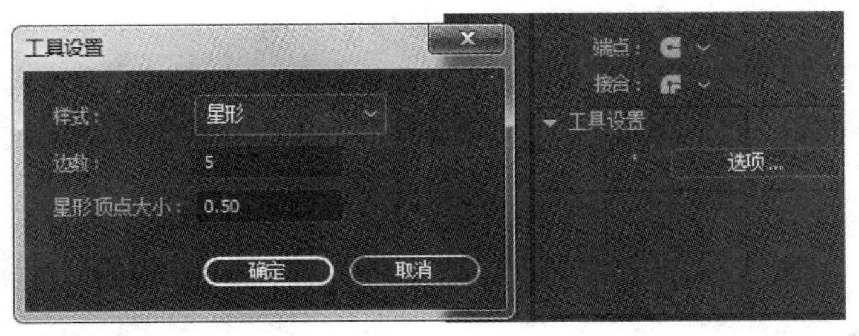

图 5－28　“工具设置”对话框

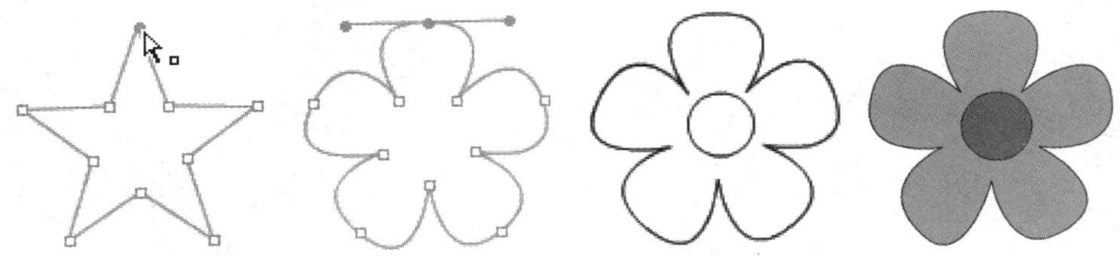

图 5－29　使用“部分选择工具”把五角星变成花朵

小花 2：利用不同颜色的椭圆叠加得到一个花瓣，复制旋转花瓣得到花朵。具体做法如下：

①采用“椭圆工具”，在附加选项中按下“对象绘制”按钮，设置椭圆的笔触为空白，填充色为紫色，在舞台中绘制一个紫色的较宽的椭圆。设置填充色为浅紫，绘制一个较窄的椭圆，叠放在紫色椭圆上面，底端靠在一起，如图 5－30 所示。之所以采用“对象绘制”，是因为两个椭圆需要彼此独立，便于调整位置和尺寸。这两个不同颜色的椭圆构成一个花瓣。

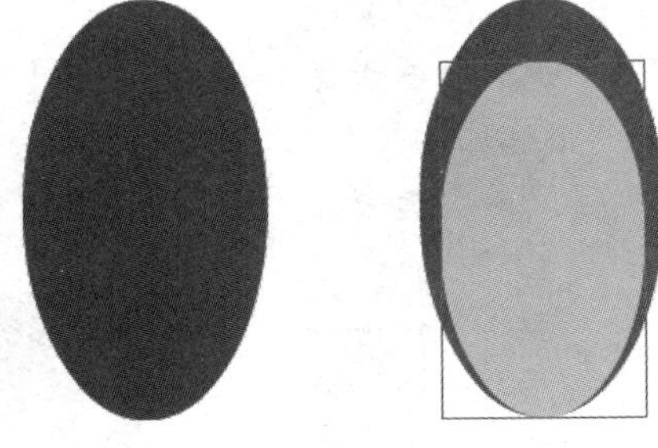

图 5－30　绘制两个椭圆叠放

②利用“选择工具”全选这两个椭圆，按“任意变形工具”，拖动变形点到花瓣下方，如图 5－31 所示，打开【变形】面板（也可用快捷键【Ctrl】+【T】），输入旋转角度 45°，不断单击“重制选区和变形”按钮，直到出现八个花瓣。

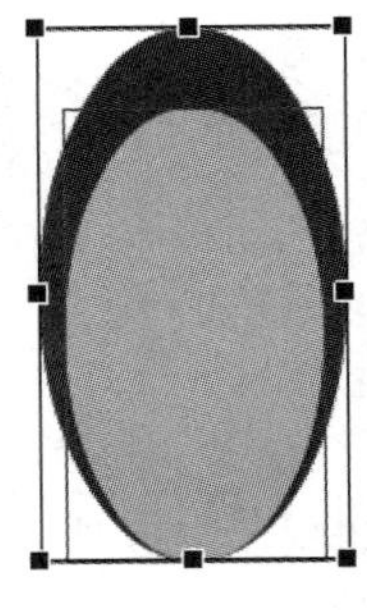

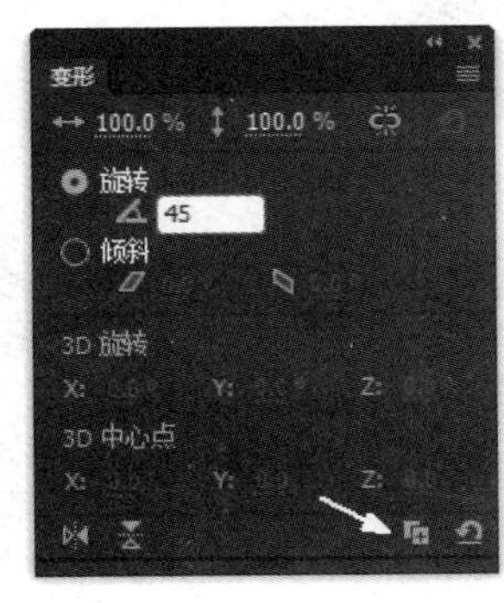

图 5－31　利用【变形】面板旋转复制花瓣

③选中图 5－31 中的两个花瓣，用“任意变形工具”使之变窄，然后按【Ctrl】+【G】键组合成一个整体，如图 5－32 所示，重新复制变形，得到较细的八个花瓣。全选这八个花瓣，按【Ctrl】+【G】组合键，用“任意变形工具”旋转一定角度。把两层花瓣叠合在一起，较粗的花瓣在下，较细的花瓣在上，中间绘制浅黄色花蕊，最终效果如图 5－33 所示。

图 5－32　复制较细的花瓣并旋转　　　　图 5－33　花朵效果图

特别提示：

如果把图形变窄时，【变形】面板出现了宽度的百分比数值，如图 5－34 所示，则采用“重制选区和变形”按钮时不仅会复制旋转角度，还会复制变窄的比例。解决办法是：变窄之后，再次选中两个椭圆并按【Ctrl】+【G】键进行组合。

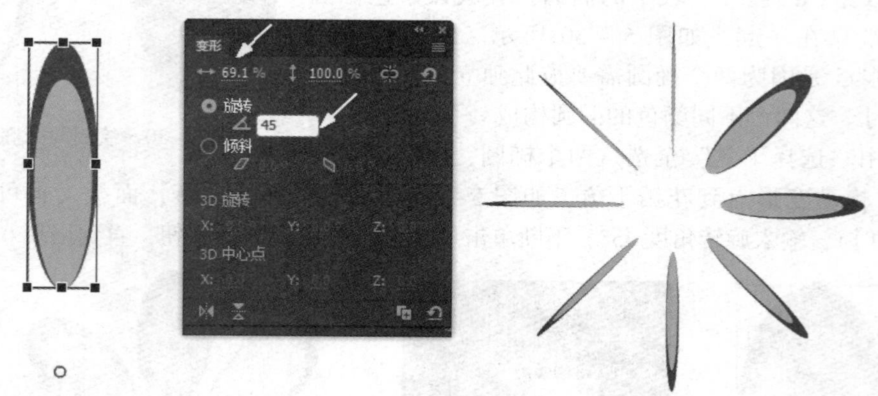

图 5－34　复制宽度比例和旋转角度

（3）绘制 4 种不同的小树。

小树 1：利用“椭圆工具”和“矩形工具”绘制。具体绘制过程如图 5－35 所示。

①首先，使用“椭圆工具”绘制椭圆，填充为空白，笔触为 2。按住【Ctrl】键在椭圆上部单击并拖动，增加一个节点，向外拖出一个角，当作树冠。树干用“矩形工具”来绘制。由于绘制模式全部采用“合并绘制”，很容易删除多余的线条，树冠填充绿色渐变，上面浅色，下面深色。树干用棕色填充。

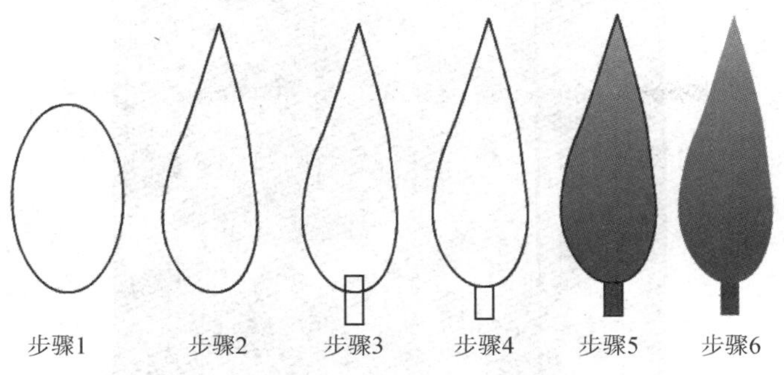

图 5－35　小树 1 的绘制过程

②全选“步骤 5”中的图形，单击【属性】面板，在“填充和笔触”选项中设置“笔触颜色”为空白，如图 5－36 所示。即删掉图形上所有的边线。最后选中树冠和树干图形，按【Ctrl】+【G】键进行组合。

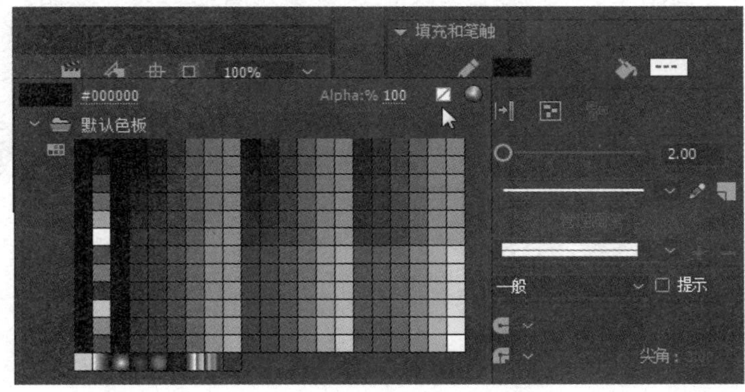

图 5－36　设置“笔触颜色”为空白

小树 2：利用“椭圆工具”“矩形工具”和“钢笔工具”绘制。具体绘制过程如图 5－37 所示。

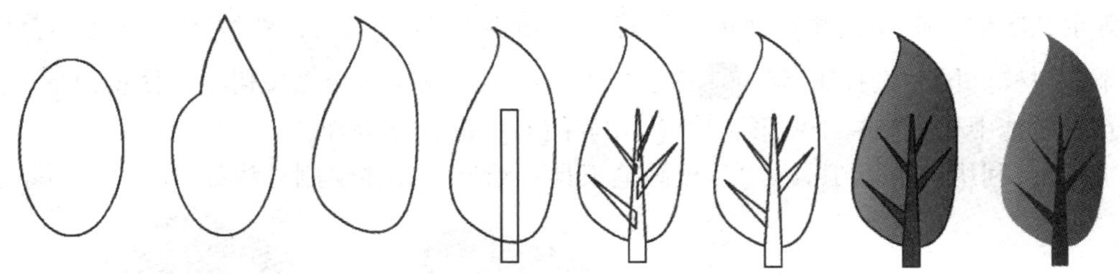

图 5－37　小树 2 的绘制过程

使用“椭圆工具”绘制椭圆，按【Ctrl】键添加锚点并调整成树冠的模样。采用“矩形工具”绘制小树的主干，用“钢笔工具”绘制小树的枝干。删除多余的交叉线条，树冠填充黄绿色渐变，树干填充棕色。如果枝干的闭合区域太小，不方便填充，可以打开百分比选项，如图 5－38 所示，设置为 400% 后再行填充。

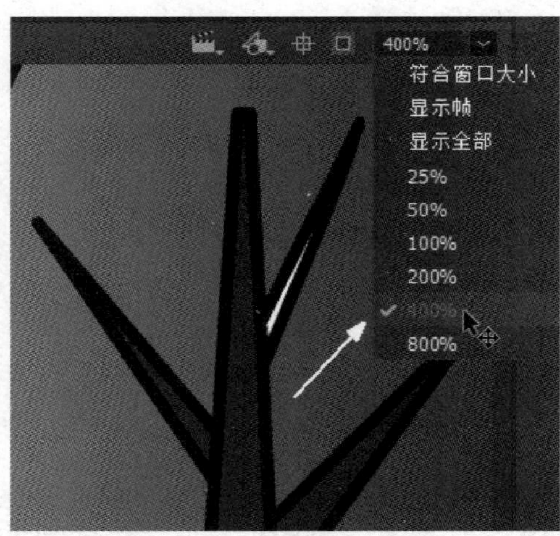

图 5－38　调整画面的百分比

小树 3：利用“椭圆工具”“钢笔工具”和“填充画笔工具”绘制。具体绘制过程如图 5－39 所示。

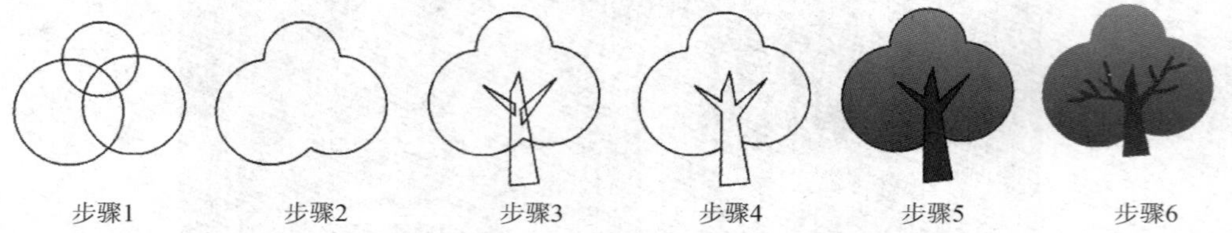

图 5－39　小树 3 的绘制过程

①首先利用“椭圆工具”绘制一个椭圆，按【Ctrl】+【G】键成组，把椭圆图形组成一个对象，便于编辑和移动。复制两个椭圆，用“任意变形工具”修改其大小，调整位置。

②全选这三个椭圆，按【Ctrl】+【B】键分离图形，删除多余的线条，得到云朵形的树冠。

③用“钢笔工具”绘制树干，并删除多余的线条。

④树冠填充绿色渐变，树干填充棕色。

⑤全选图形，在【属性】面板中设置“笔触颜色”为空白，然后用“画笔工具”适当添加树枝。用“选择工具”移动树干下端的锚点，适当缩短树干，使得树形更美观。

⑥最后选中树冠和树干图形，按【Ctrl】+【G】键进行组合。

小树 4：利用“椭圆工具”“填充画笔工具”绘制。具体绘制过程如图 5－40 所示。

图 5－40　小树 4 的绘制过程

①利用“画笔工具”绘制树干。如图 5－41 所示，在【属性】面板的“画笔”选项中设置画笔大小，树干的主干大小为 15，左侧枝干大小为 8，右侧为 10。

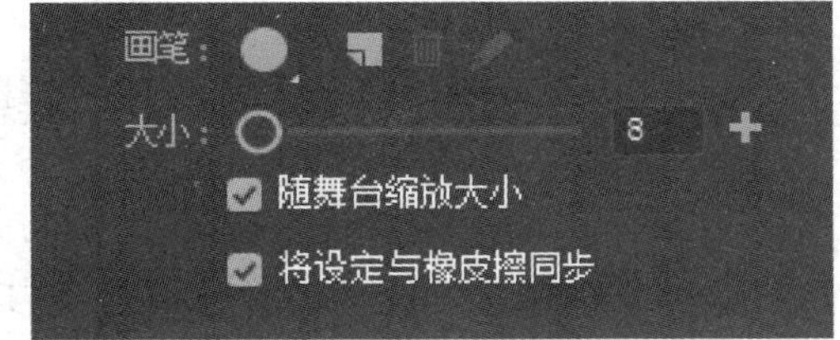

图 5－41 设置画笔大小

②采用“椭圆工具”，使用“对象绘制”，笔触为空白，填充为绿色渐变，在树枝上绘制椭圆。使用“对象绘制”的目的，是使椭圆之间彼此独立，不会相互融合切割，便于调整大小和位置。

③在树枝的各个位置继续绘制大小不同的椭圆。这些椭圆形成了树冠，其形态可以稠密，也可以稀疏。

④调整树干的底部为水平，过程如图 5－42 所示。首先进入树干的编辑状态，用“部分选取工具”单击树干，出现锚点，用“删除锚点工具”单击树干底部中间的锚点，用“转换点工具”单击底部的两个锚点，变为直线锚点。最后树干底部呈现水平。

图 5－42 调整树干的底部

⑤最后选中树冠和树干图形，按【Ctrl】+【G】键进行组合。

实例 2 绘制风车和房子

要求绘制出的风车和房子，其效果如图 5－43 所示。

图 5－43 风车和房子

视频二维码

实现步骤：

（1）新建文档：单击【文件】|【新建】命令，在出现的“新建文档”对话框中设置宽度为 1 280 像素，高度为 720 像素，平台类型为 ActionScript 3.0，单击“创建”按钮。绘制模式全部采用默认的“合并绘制”，以方便图形的调整和填色。

（2）绘制纸风车：纸风车是在单个叶片的基础上旋转复制而成的。

第一步：首先需要绘制单个叶片。单个叶片是在矩形的基础上进行的编辑修改，绘制过程如图 5－44 所示。这里的矩形变梯形、梯形的右边变曲线，都是采用了“选择工具”进行的调整。对叶片中的两个闭合区域都填充蓝色渐变。

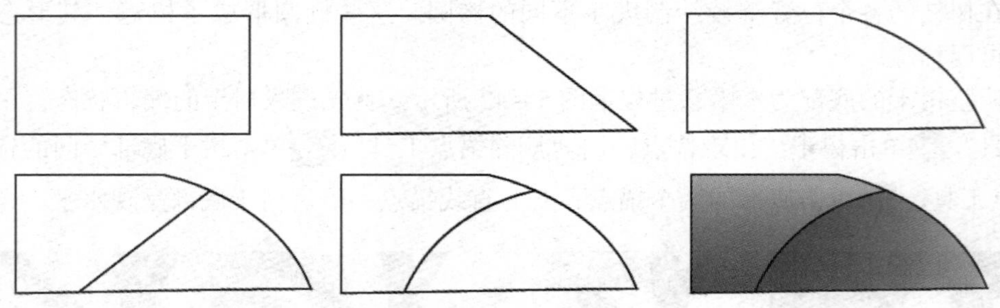

图 5－44　纸风车叶片的绘制过程

全选单个叶片，在【属性】面板中设置“笔触颜色”为空白，然后按【Ctrl】+【G】键成组。接下来绘制叶片反光。使用“矩形工具”，采用“对象绘制”，笔触为空白，填充为白色，如图 5－45 所示。打开【颜色】面板，如图 5－46 所示，设置填充的白色透明度 Alpha 值为 40%，即 $A=40\%$。

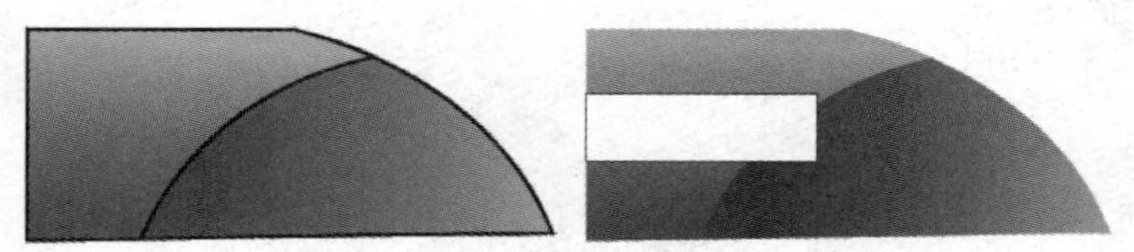

图 5－45　添加白色矩形

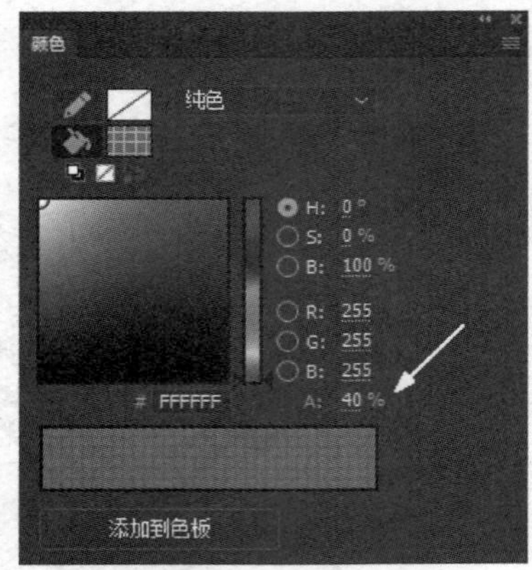

图 5－46　设置白色为半透明

此时的半透明矩形是一个对象组合，不是分离的图形，需要双击进入该组合的编辑环境，用“选择工具”调整其形状，如图 5－47 所示，成为纸风车叶片上的反光。

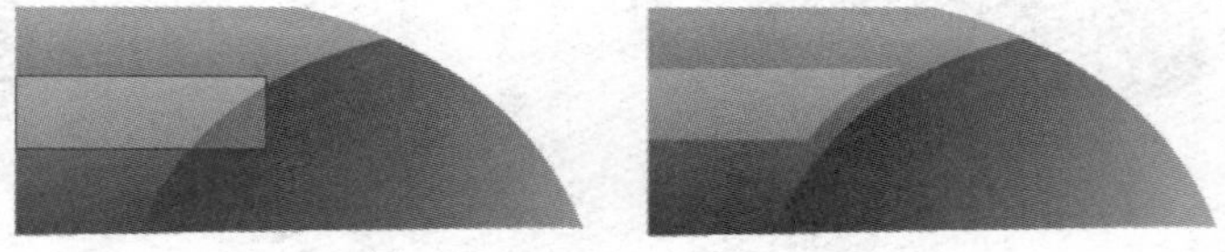

图 5－47　纸风车叶片反光的绘制

第二步：对单个叶片进行旋转复制。全选图 5-47 中的叶片和反光，按【Ctrl】+【G】键成组。利用“任意变形工具”拖动变形点到叶片左下方，在【变形】面板中输入旋转角度为 90°，不断单击“重制选区和变形”按钮，直到出现 4 个叶片。

第三步，添加铆钉。需要有一个铆钉来钉住 4 个叶片，这个铆钉用“椭圆工具”绘制。对圆形填充径向渐变之后，采用“渐变变形工具”（和“任意变形工具”在工具栏的同一位置）单击圆形，拉大渐变半径，如图 5-48 所示，使渐变更加柔和自然。按【Ctrl】+【G】键成组，使得铆钉变成组合对象，用“选择工具”调整位置，放在 4 个叶片的上方，如图 5-49 所示。全选铆钉和叶片，按【Ctrl】+【G】键组合对象，使得铆钉和叶片成为一个整体。

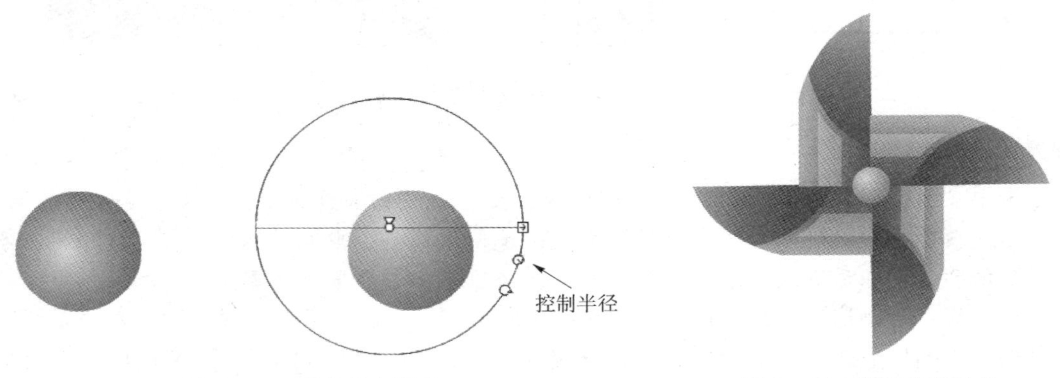

图 5-48　调整径向渐变　　图 5-49　纸风车的叶片

第四步，添加木棍。利用矩形工具，绘制笔触为空白，填充为线性渐变色。渐变色的设置如图 5-50 所示，是一种灰色的渐变，一共有 3 个色标，左侧和右侧都是 6A6E70，中间是 9EA0A1。矩形的粗细要合适，调整其排列顺序，放在叶片的下方，适当旋转叶片的角度，最终效果如图 5-51 所示。

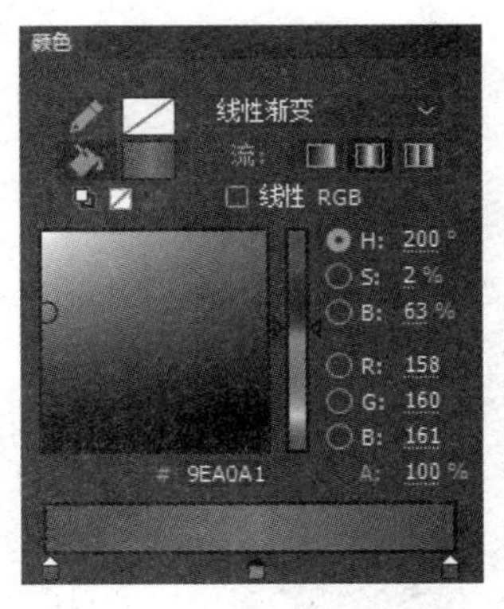

图 5-50　线性渐变色设置

图 5-51　纸风车

（3）绘制大风车：大风车由围墙、房顶和叶片组成。

第一步：绘制围墙。绘制过程如图 5－52 所示。在矩形的基础上修改，变成三面围墙。绘制上门窗，填色。最后把笔触颜色变为空白，全选围墙和门窗等所有图形，按【Ctrl】+【G】键进行组合。注意三面围墙的颜色，左侧是最亮的，右侧为最暗的，因为颜色的差异会形成空间感。

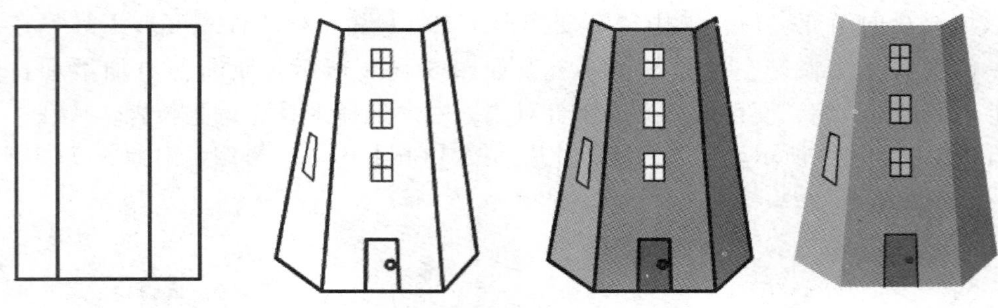

图 5－52　绘制大风车的围墙

特别提示：

采用“直线工具”“选择工具”的时候，要单击“贴紧至对象”，以保证区域的闭合，否则无法填色。在绘制的过程中为了更加灵活地使用线条，取消选择“贴紧至对象”，不会出现跳动感，但在后期进行形状调整的时候，必须单击“贴紧至对象”。

第二步：绘制房顶，绘制过程如图 5－53 所示。三个面的颜色深浅不同，左侧最浅，右侧最深。绘制完成之后，把房顶和阴影分成两个部分，按【Ctrl】+【G】键把房顶组合成一个整体，再按【Ctrl】+【G】键将阴影成组。

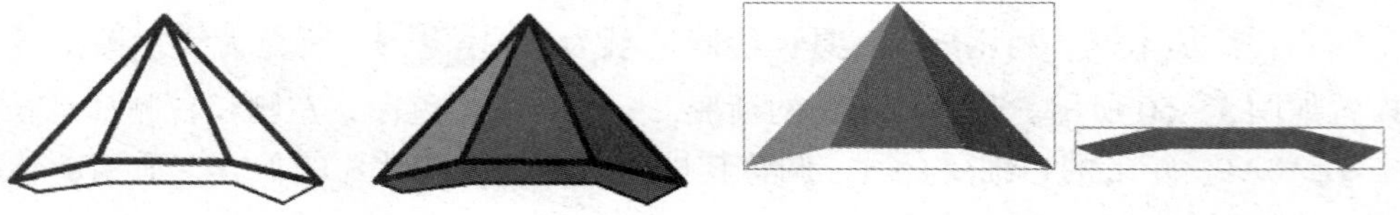

图 5－53　大风车房顶

第三步：把围墙和房顶组合起来。使房顶位于最上层，围墙在中间，阴影在最下层。在正面，房顶和围墙之间也添加阴影，使得到的风车房子视觉效果更正常，如图 5－54 所示。

图 5－54　风车房

第四步：绘制叶片，做法和纸风车类似。先绘制单个叶片，再旋转复制得到4个叶片，上面再加上铆钉即可，绘制过程如图5－55所示。如果叶片安装在风车正面，则叶片不要太长，要留出门的高度，转动的时候不能妨碍人物出入。

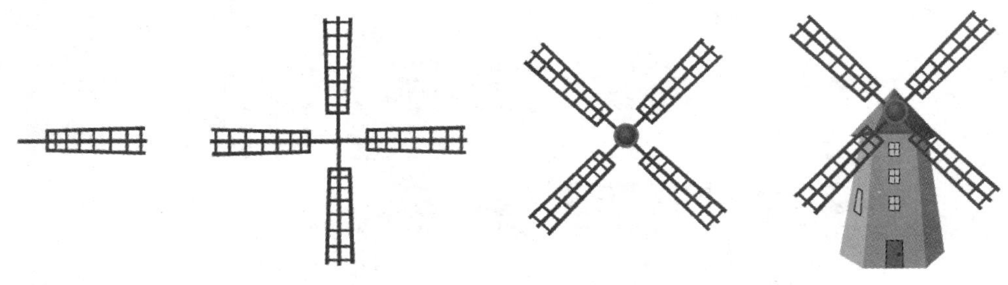

图5－55　叶片的绘制及整体组装

5.5　文本的创建与编辑

An 动画的文本包括静态文本、动态文本、输入文本三种类型。静态文本的内容在动画运行期间是不可以编辑修改的，它是一种普通文本。动态文本是一种比较特殊的文本，在动画运行的过程中可以通过 ActionScript 脚本进行编辑修改，比如当前时间的显示能够时时更新。输入文本在动画运行时可以向文本框中输入文字，也可以对输入的文本进行剪切、复制、粘贴等基本操作。默认的文本类型是静态文本。

插入文字时，单击工具箱中的“文本工具”，键入文字，并在文字的【属性】面板中设置文本类型、字体、字号、间距、排列方式、颜色、边框、滤镜效果等。如图5－56所示，在舞台上拖动鼠标拉出一个文本框，在文本框内输入“一蓑烟雨任平生”，文本类型是静态文本，字体为“方正隶二_GBK”，大小为46磅，蓝色，横排，无边框，投影滤镜。单击文本框外或工具箱里的其他任意工具，确定文本的输入。

一蓑烟雨任平生

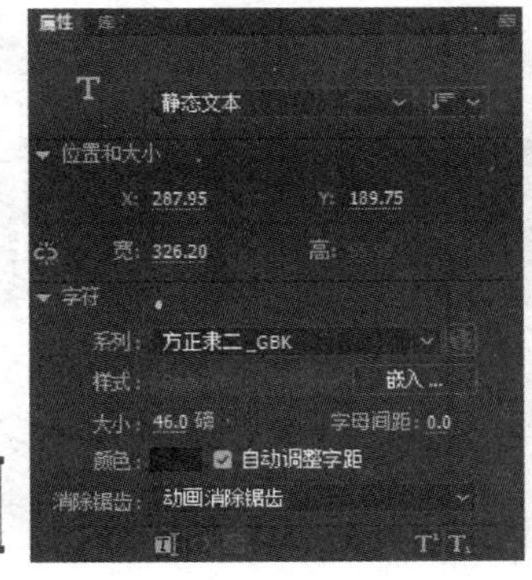

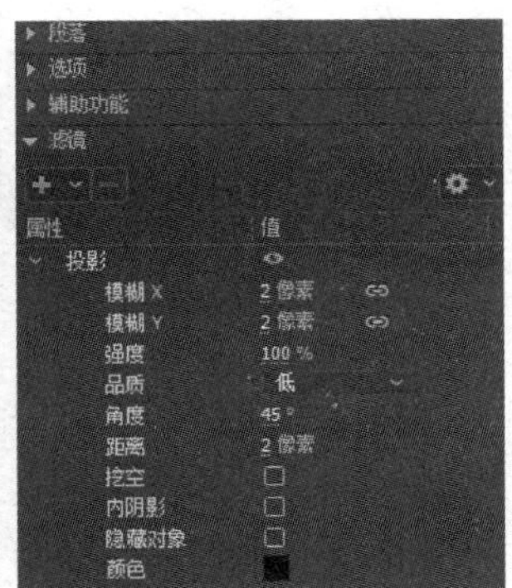

图5－56　文本工具的【属性】面板

键入文字之后，初始文字是一个组合的对象，是一个整体，如图5－57所示。采用菜单命令【修改】|【分离】（或者按键盘上快捷键【Ctrl】+【B】）一次，得到7个分散的文字，

这7个文字依然具有文字的属性，可以分别编辑修改内容。再分离一次，则文字真正地变成了填充图形。接下来，可以用“墨水瓶工具”设置其笔触色为绿色，并删除原有的填充色，形成空心文字效果。

图5－57　文字的各种效果

如果文字较少，且无须再次编辑，可以采用菜单命令【修改】|【分离】（快捷键【Ctrl】+【B】），把文字变成图形，这样不会出现文字缺少或字体丢失的情况。

特别提示：
针对一些特殊的字符，如版权符号、数字序号、标点符号等，可以先在Word等文字处理软件中输入，然后复制粘贴到An的文本框中。

实例3　设计编排文字“7天学会作动画”

设计编排文字“7天学会作动画”，要求其编排效果如图5－58所示。

图5－58　渐变字

视频二维码

知识技能：文字的创建，文字的分离，渐变色填充。

实现步骤：

（1）创建文字并分离一次：新建一个任意尺寸的文档。选择“文本工具”，在舞台上中输入“7天学会作动画”7个字，如图5－59所示，这7个字外面有蓝色框线，是一个组合对象。在文本的【属性】面板中设置任意字体（后面要修改），40磅大小，黑色。按

【Ctrl】+【B】键分离一次，这时每个文字外面都出现了蓝色框线。

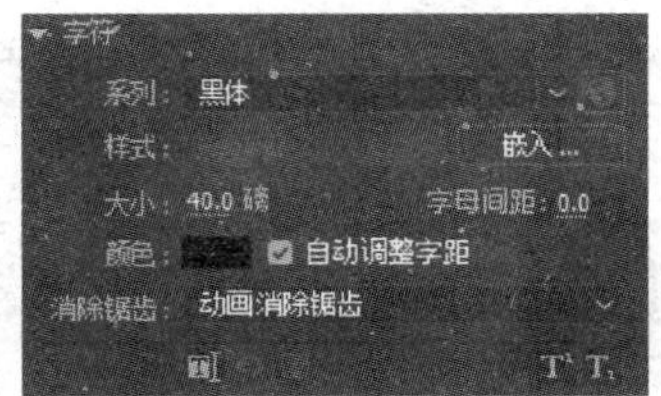

图 5－59　输入文字并分离一次

（2）调整文字的位置：文字“7 天学会作动画”分离一次之后，成为彼此独立的 7 个字。利用“选择工具”调整其位置，利用“任意变形工具”调整其大小。如图 5－60 所示，数字 7 被放大，其他的文字变成两行放在数字右侧。

图 5－60　调整每个字的位置及大小

（3）重新设置字体：字体是文字设计的灵魂，本例中把数字 7 设置为英文的 century 字体，红色，96 磅；“天学会”字体是“华康俪金黑”，黑色，58 磅；“作动画”字体也是“华康俪金黑”，黑色，68 磅。效果如图 5－61 所示。

图 5－61　重新设置字体

7天学会作动画

图 5－62 文字分离变成图形

（4）文字再次分离，填充渐变色：选中所有文字，再次按下【Ctrl】+【B】键进行分离，此时文字上面布满了小点，变成了矢量图形，不再具有文字属性，如图 5－62 所示。利用“选择工具”框选“作动画”3 个字，打开【颜色】面板，如图 5－63 所示，设置为蓝色渐变。左侧色标为 3DA2DE，右侧色标为 08314A，色相保持不变，主要是颜色的浓淡和明暗的变化。最终文字的编排效果如图 5－58 所示。

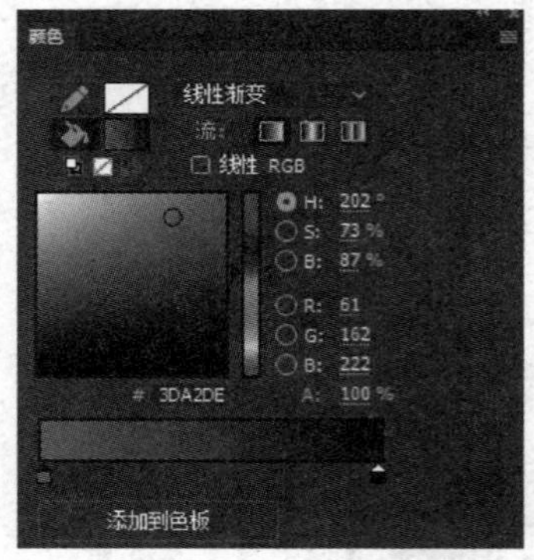

作动画

图 5－63 设置渐变色

特别提示：

制作渐变填充文字时要选择一种较粗的字体，例如粗黑、综艺、大黑等，不能采用宋体、幼圆等笔画较细的字体。

5.6 使用可变宽度工具增强笔触和形状

利用工具箱中的“宽度工具”能够改变笔触的粗细，使线条粗细不均匀，还可以将可变宽度另存为宽度配置文件，以便应用到其他笔触。

选择“宽度工具”，当鼠标悬停在一个线条上时，会显示带有手柄（宽度手柄）的点数（宽度点数），如图 5－64 所示，宽度工具的外观也会变为，表示宽度工具处于活动状态，可对笔触应用可变宽度。修改笔触的宽度时，宽度信息会显示在【信息】面板中。

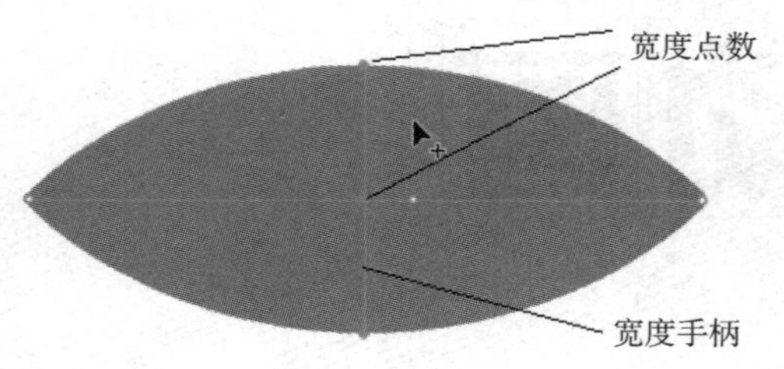

图 5－64 使用“宽度工具”调整线条宽度

对于绘制的线条，可以利用【属性】面板从“宽度”选项中选择宽度配置文件，将宽度配置文件应用到所选路径，从而丰富线条的表现效果。当选中的线条没有可变宽度时，该列表将显示“均匀”选项。如图 5－65 所示，就是针对 40 粗细的直线采用了“宽度配置文件 1”得到的笔触效果。

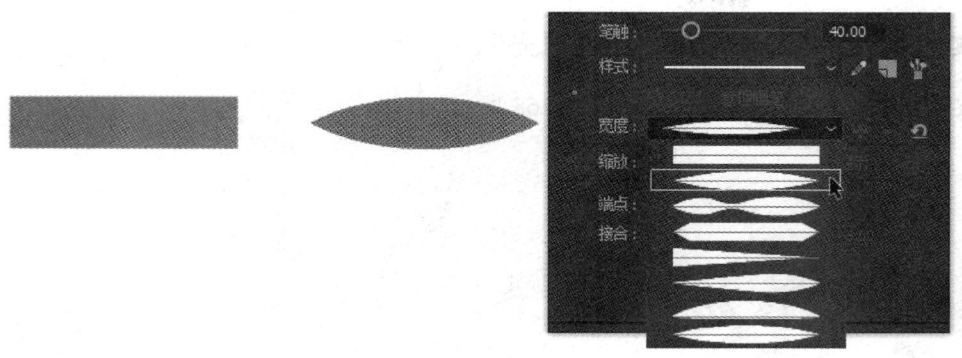

图 5－65　笔触的宽度配置

可以对笔触添加多个宽度点数，也可以移动、按【Alt】键复制或者按【Delete】键删除。对于舞台中使用“宽度工具”定制的线条，针对其可变宽度可以采用【属性】面板中的“宽度”选项保存宽度配置文件。如图 5－66 所示，把这种特殊的笔触宽度定义为“波浪线条”，笔触粗细变成 36。

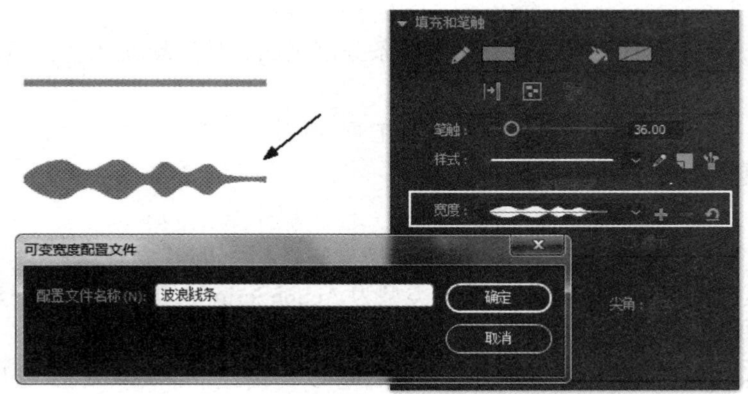

图 5－66　保存可变宽度配置文件

例如在绘制小树时，可以采用“铅笔工具”，用“对象绘制”模式，利用“宽度配置文件 1”，在树干上添加树叶。设置不同的线条粗细和颜色，可以得到如图 5－67 所示的小树。

图 5－67　利用“铅笔工具”（可变宽度）绘制小树

实例 4　整体场景绘制“田园风光”

要求绘制出的田园风光效果如图 5－68 所示。

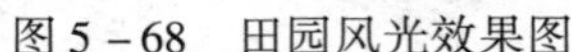

图 5－68　田园风光效果图

视频二维码

设计思路：确定画面尺寸之后，先用线条分割画面，然后填充颜色，最后添加各种图形元素。

知识技能：画面整体的设计，各种画图工具的使用，图像的描图，颜色的填充，组合及取消组合，对象的复制，自由变形。

实现步骤：

（1）新建文档：单击【文件】|【新建】命令，在出现的“新建文档”对话框中设置宽度为 1 280 像素，高度为 720 像素，平台类型为 ActionScript 3.0，单击“创建”按钮。绘制模式全部采用默认的“合并绘制”，以方便图形的调整和填色。

（2）绘制背景：如果学习者有绘图经验，可以自由绘制。如果缺少绘图经验，可以从网上搜索关键词“风景插画”等，下载一些美丽的田园风景图片。本例采用下载的图片作为绘制背景图的参照。

采用菜单命令【文件】|【导入】|【导入到舞台】，从本章“素材”文件夹中选择一张风景图“风光.jpg”，该图层默认名称为“图层_1”，重命名为“风光参考图”。图层的重新命名是为了方便查找和编辑修改。选中图片，在【属性】面板中调整图片的宽度和高度，使之与舞台等大，如图 5－69 所示，宽为“1280”，高度为“720”，表示位置的 X、Y 值都等于 0。单击小锁锁定该层，使田园图片固定不动。

单击“新建图层”按钮，新建“图层_2”，重命名为“背景”，如图 5－70 所示。选择“矩形工具”，设置“笔触颜色”为黑色（其他颜色也可以，要便于识别），粗细为“2”，填充为空白。绘制一个矩形框，用“选择工具”选中此矩形框，在【属性】面板中设置宽为“1280”，高度为“720”，X、Y 值都等于 0，与舞台和背景参考图尺寸相同。

特别提示：

一定要绘制空白矩形框，以备切割画面填充颜色。如果没有空白矩形框，就无法生成闭合区域，无法填色。

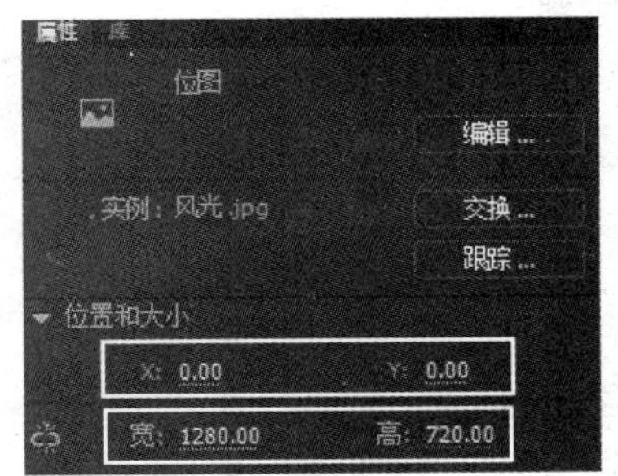

图 5 – 69 调整图像文件的大小和位置

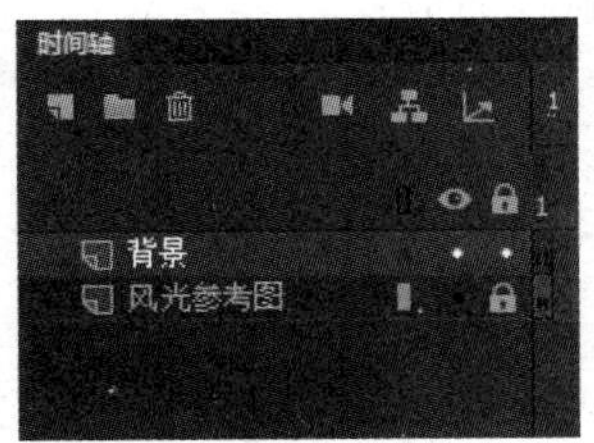

图 5 – 70 新建图层

采用“直线工具”沿着参考图的地平线、草地等分割矩形框，即分割画面，把画面分成天空和几块草地，如图 5 – 71 所示。线条不一定必须和参考图完全重合，也可以适当调整。

图 5 – 71 分割画面

（3）绘制小路和白云：采用“直线工具”在草地上绘制小路。如果采用“贴紧至对象”选项，有时会出现跳动感，无法连接某个点。这时就可以取消“直线工具”的“贴紧至对象”选项。使用“选择工具”调整线条的端点（采用“贴紧至对象”），保证区域的闭合。为了防止“合并绘制”模式下线条的切割融合，可以采用图 5 – 72 所示的绘制方法，先绘制较短的直线，如图 5 – 72（a）所示，然后调整成图 5 – 72（b）所示的曲线。之后再拖动其端点，保证线条连接在一起，如图 5 – 72（c）所示。小路绘制完成之后，隐藏“风光参考图”图层 风光参考图 。

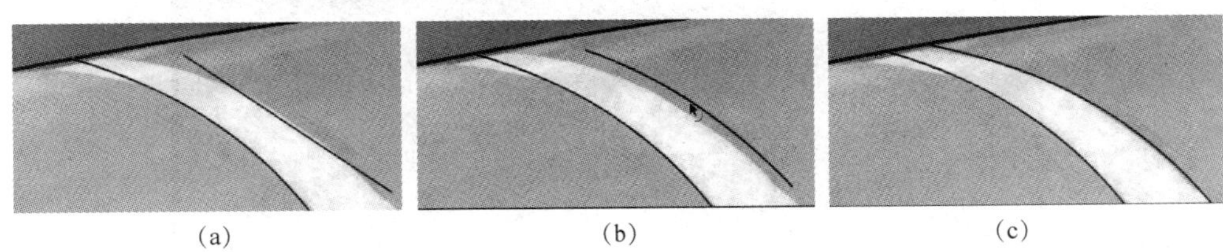

(a) (b) (c)

图 5 – 72 小路线条的绘制

（a）沿着底图绘制直线；（b）把直线调整为曲线；（c）移动曲线端点

地平线附近白云的画法有很多种，本例中采用“椭圆工具”在地平线上面绘制多个相交的椭圆（采用“合并绘制”），大小不等，一定要与矩形的左右边界相交，如图 5 – 73 所示。删掉多余的线条，得到白云的外部轮廓。选中所有的白云轮廓线条，按键盘上的向下箭头，稍微向下移动，如图 5 - 74 所示。远处的树丛、山峦都可以采用这种办法绘制。到此为止，背景的画面分割已经完成。

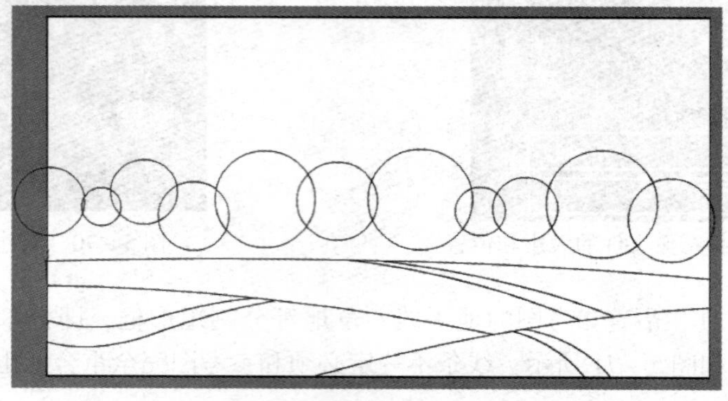

图 5 - 73　用圆圈绘制成片的白云

图 5 - 74　删除线条后的白云

（4）填色：当前画面中白云、草地、小路把画面分割成了不同的区域。天空的颜色为浅蓝色的线性渐变（#65C8D0 到#ECFBFC）；草地的颜色为草绿到嫩黄的线性渐变（#6AA61A 到#D6E144）；小路是非常浅的黄绿色。填充效果如图 5 - 75 所示。最后框选所有的图形，包括外面的矩形框，在【属性】面板中设置笔触为空白，即删除笔触，效果如图 5 - 76 所示。

图 5 - 75　给不同的闭合区域上色

图 5－76　背景效果图

特别提示：

设置渐变色时，不要出现色带，渐变的两个颜色差别不要太大，要实现自然过渡。如图 5－77（a）所示，天空出现了较生硬的渐变色带，可以利用“渐变变形工具”拉大渐变的范围，或者调整起点色和终点色使色带消失，如图 5－77（b）所示。

（a）　（b）

图 5－77　渐变要自然过渡

（a）出现色带；（b）色带消失

（5）添加风车、小树、小花、小鸟：新建图层“小树小花”，把实例 1 绘制的小树、小花复制到舞台中（采用快捷键【Ctrl】+【C】和【Ctrl】+【V】）。要确保实例 1 中的小树小花都已经各自成组，便于复制。在本实例的舞台中调整其大小和位置，并按【Alt】键多次复制，利用“任意变形工具”调整大小。

新建“风车”图层，把实例 2 中绘制的纸风车、大风车都复制到本实例的舞台中。新建“小鸟”图层，绘制几只小鸟，增加画面的活泼生动性。

有的小树超出舞台的边界，可以单击舞台编辑窗口右上角的按钮，裁切掉舞台范围以外的内容，如图 5－78 所示。这种“裁切”只是一种视觉效果，并不是真正的裁切图形，当按钮弹起之后，左右两棵小树就变回原始状态。

图 5－78　复制各个图形元素并裁切掉舞台之外的内容

在绘制整体场景的过程中，要考虑到动画的效果。比如本实例中，天空、草地、小树和小花都是静止的，可以放在一个图层中当作背景。而风车要转动，小鸟要飞行，因此风车和小鸟要各自单独成为一个图层，便于制作动画或编辑修改。在后面几节会在此基础上讲述动画的制作。

本章小结

本章讲解了 An 运用各种工具绘制单个元素和整体场景的方法以及填色技巧。这是设计与制作 An 动画的基础技能。

课后练习

绘制“夏日荷塘”“田园暮色”等场景，如图 5－79 所示。从网上搜索图片，采用描图法和基本绘图法相结合的方法来完成。

图 5－79　效果图实例

第 6 章

An 基础动画设计

学习目标

- 熟悉 An 动画的类型。
- 熟练掌握各类动画的创建方法和注意事项。

An 中有 4 种常见的动画形式：逐帧动画、补间动画、补间形状，以及利用 ActionScript 脚本控制的动画。遮罩层作为一个特殊的图层，能够结合其他动画形式作出更加丰富的效果。以往版本中的引导层常常和传统补间相结合制作引导动画，而在 An 中补间动画已经能够实现灵活调整运动路径了。

6.1 逐帧动画

6.1.1 帧的概念与分类

“时间轴”是 An 动画的核心，而“帧”是时间轴的核心。在制作动画之前，首先要掌握“帧”的含义与分类。帧，就是动画中最小单位的单幅画面，相当于电影胶片上的一格镜头。一帧就是一幅静止的画面，多个帧连续排列就形成动画。帧频用 FPS（Frames Per

Second）表示，就是在 1 秒钟时间里显示的画面的帧数。帧频越高，每秒钟显示的画面数量越多，动画效果就越流畅、越逼真。

An 动画中的帧有 5 种类型：关键帧、空白关键帧、属性关键帧、普通帧和过渡帧。这些帧在时间轴上的表现形式不同。打开源文件及素材中的“6－1. fla”，可以看到时间轴如图 6－1 所示。

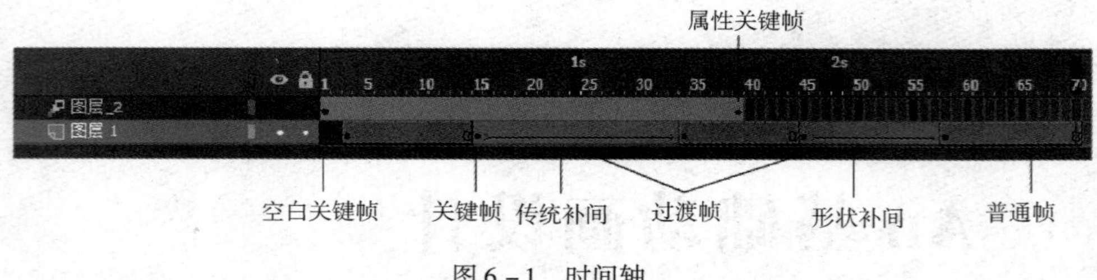

图 6－1　时间轴

- 关键帧：关键帧是带有小黑点的帧，表示该帧中有内容。关键帧是定义动画的关键环节，其内容可以编辑修改，可以添加脚本。按【F6】键可以插入关键帧。
- 空白关键帧：空白关键帧上带有白色圆圈，表示该帧中没有图形。每个层的第 1 帧默认为空白关键帧，可以在上面创建内容变成关键帧。可以将空白关键帧添加到时间轴中作为计划稍后添加的元件的占位符。按【F7】键可插入空白关键帧。
- 属性关键帧：属性关键帧上面有一个小菱形标志，是指关键帧里的对象仍然是前一个关键帧里的内容，只是属性发生了变化。属性关键帧只出现在补间动画中。
- 普通帧：普通帧是灰色的，是关键帧内容的延续，和前一个关键帧内容相同。按【F5】键可以插入普通帧。
- 过渡帧：过渡帧是针对补间动画来说的，补间动画的过渡帧是棕黄色的，传统补间两个关键帧之间是蓝紫色的过渡帧，形状补间两个关键帧之间是棕红色的过渡帧。对于过渡帧，无法修改该帧内容，是计算机的补间动画自动生成的。

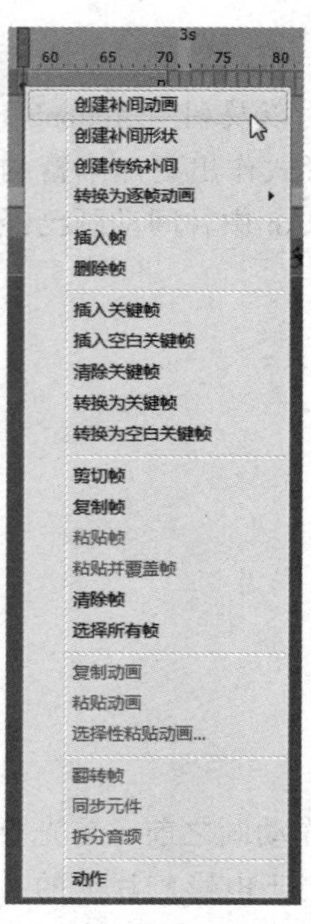

图 6－2　帧的快捷菜单

特别提示：

在帧上右击，可以打开帧的快捷菜单，选择与帧有关的命令，如“插入帧”“删除帧”“插入关键帧”等，如图 6－2 所示。

6.1.2　逐帧动画的概念

逐帧动画，是在“连续的关键帧”中分解动画动作，也就是每一帧中的内容不同，利用人眼的视觉暂留特性，这些帧连续播放而成动画。由于逐帧动画的帧序列内容不一样，不仅增加制作负担而且最终输出的文件量也很大，但逐帧动画很适合于表演很细腻的动作，如旗帜飘动、人走路、花朵开放、鸟儿飞动、火焰燃烧等效果。

如图 6－3（a）所示，旗帜飘动的逐帧动画在时间轴上由“旗杆”和“旗面”两个图层构成，旗杆不变，在旗面图层中连续出现

6个关键帧，每一帧内容不同，如图6－3（b）所示。逐帧动画具有非常大的灵活性，几乎可以表现任何想表现的内容。

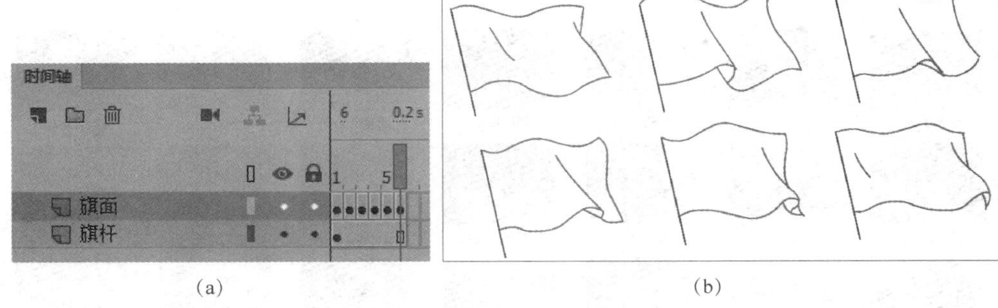

（a）　（b）

图6－3　旗帜飘动的图层和帧图形

（a）【时间轴】面板的图层；（b）各帧的图形

创建逐帧动画有以下几种方法：

（1）用导入的图片序列建立逐帧动画。

在An中连续导入JPG、PNG等格式的静态图片，就会建立一段逐帧动画。还可以导入GIF序列图像、SWF动画文件等产生的动画序列。

（2）绘制矢量逐帧动画。

在场景中一帧帧地画出帧内容。

实例1　静态图片序列建立逐帧动画

知识技能：导入图片序列，调整动画延续的时间。

实现步骤：

（1）新建文档：尺寸为800像素×600像素，帧速率为24 fps，平台类型为ActionScript 3.0，如图6－4所示。

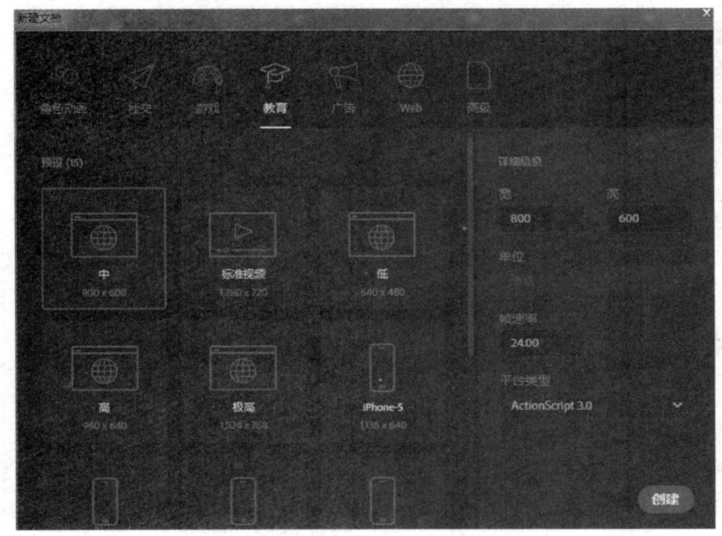

图6－4　新建文档

视频二维码

（2）生成图片序列：针对拍摄完成的图片，采用命名软件（如 FreeRename 软件）改成序列名字，如图 6－5 所示，图片名字是“动画 01”“动画 02”等，一共 34 个图片。

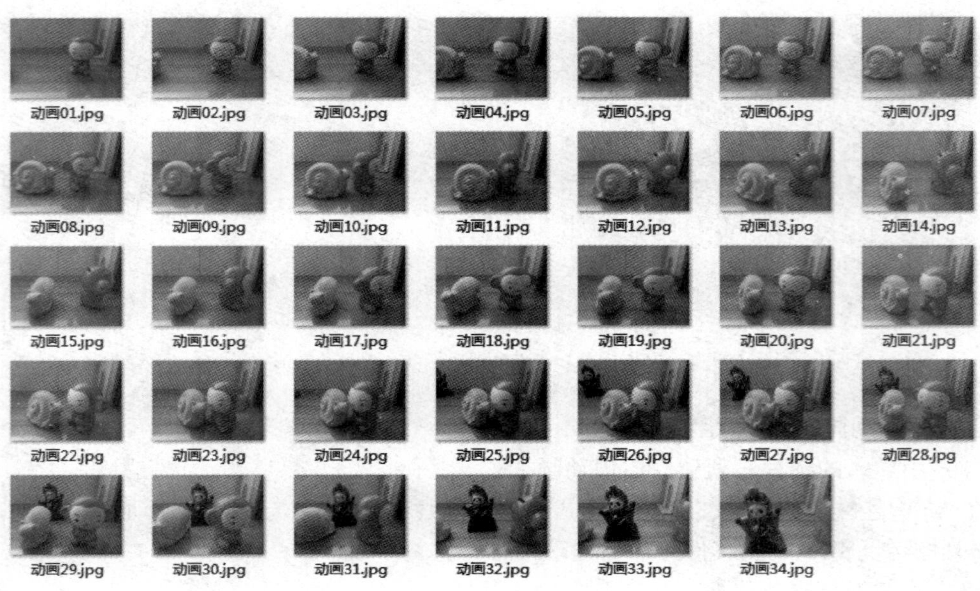

图 6－5　图片改名生成图片序列

（3）导入舞台：单击第 1 帧，采用菜单命令【文件】|【导入】|【导入到舞台】，选中素材文件夹中的“动画 01. jpg”，打开，如图 6－6 所示。

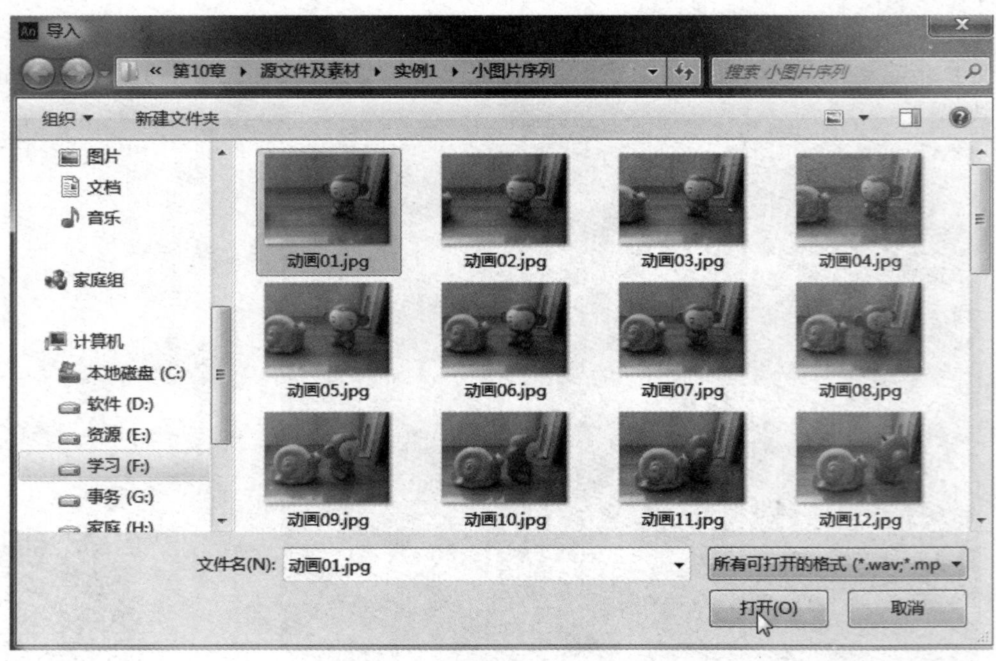

图 6－6　导入图片

随之出现警告框，如图 6－7 所示，单击“是”按钮。这时在 An 的时间轴窗口会出现如图 6－8 所示的效果，每个图片成为单独一帧出现。

图 6－7　导入图片序列对话框

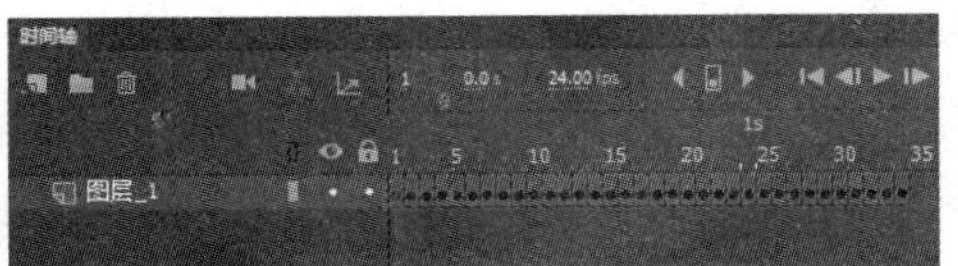

图 6－8　图片序列生成帧

（4）调整时间：第 3 步把 34 张图片生成了 34 帧，按【Ctrl】+【Enter】键测试动画，生成的动画缺少节奏感。一般来说，动画运动到一个点，要静止一下，给观看者一定的视觉停留。因此需要根据动画的故事情节来调整时间：蜗牛追小猴，小猴不搭理，蜗牛只好离开，小猴思索片刻又回头，然后两人快乐地玩耍。随后大花脸上台，蜗牛和小猴都跑掉了。例如，小猴不理蜗牛的时间要拉长，可以单击第 25 帧，多次按【F5】键就可以插入多个普通帧，相当于拉长这一画面的持续时间。

还可以通过时间轴右上角的调整时间轴视图（见图 6－9），使得更多的帧进入视图。最后一个画面是停止画面，要有停顿，此处留出 15 帧，到第 105 帧时按下【F5】键，结束动画。

图 6－9　调整插入帧和时间轴

（5）保存动画，命名为“蜗牛和小猴 . fla”，按【Ctrl】+【Enter】键，生成“蜗牛和小猴 . swf”动画。动画的延长时间需要多次测试，多次调整。

图片序列生成的动画也可以用专门的定格动画制作软件来生成。

特别提示：

如果想把 34 张图片的大小都改成 800 像素 ×600 像素，可以采用 Photoshop 的【动作】

面板把修改大小录制成为一个新动作，然后采用【文件】|【自动】|【批处理】命令针对整个文件夹的图片进行大小修改。

实例 2　绘制旗帜飘动逐帧动画

视频二维码

知识技能：分层绘制矢量动画。

实现步骤：

（1）新建文档：尺寸为 1 280 像素 ×720 像素。把图层 1 改名为“旗杆”，在第 1 帧上，绘制一条粗细为“4”的斜线。在第 9 帧按【F5】键建立普通帧。

（2）绘制旗面：新建图层 2，改名为“旗面”，在第 1 帧绘制旗面；在第 4 帧按【F6】键建立关键帧，现在第 4 帧的内容和第 1 帧相同，修改旗面图形；在第 7 帧上按【F6】键建立关键帧，该关键帧的内容与第 4 帧相同，继续修改旗面图形。在第 9 帧按【F5】键建立普通帧，与“旗杆”图层的帧数相同，如图 6－10 所示。这三个关键帧在时间轴上并不连续，中间间隔两个普通帧，这样做旗帜飘动不会太快。

图 6－10　“旗帜飘动”的时间轴

在第 1 帧、第 4 帧、第 7 帧上绘制旗面的图形，如图 6－11 所示。

图 6－11　“旗帜飘动”的 3 个关键帧图形

旗帜在飘动时，其上边和下边都是波浪式前进的，是波形曲线的变化。上面的皱褶是从左到右循环运动的。在此只用了 3 个关键帧呈现旗帜的飘动，稍微生硬一些。如果要呈现细腻的飘动，可以绘制如图 6－3 所示的 6 个关键帧图形。

（3）保存文件，按快捷键【Ctrl】+【Enter】测试动画。

6.1.3 绘图纸功能

1. 绘图纸的功能

绘图纸是一个帮助定位和编辑动画的辅助功能，这个功能对制作逐帧动画特别有用。通常情况下，An 在舞台中一次只能显示动画序列的单个帧。使用绘图纸功能后就可以在舞台中一次查看两个或多个帧了。

如图 6－12 所示，这是使用绘图纸功能后的场景。可以看出，当前帧中内容用全彩色显示，其他帧内容以半透明显示，好像所有帧内容是画在一张半透明的绘图纸上，这些内容相互层叠在一起。默认只能编辑当前帧的内容。

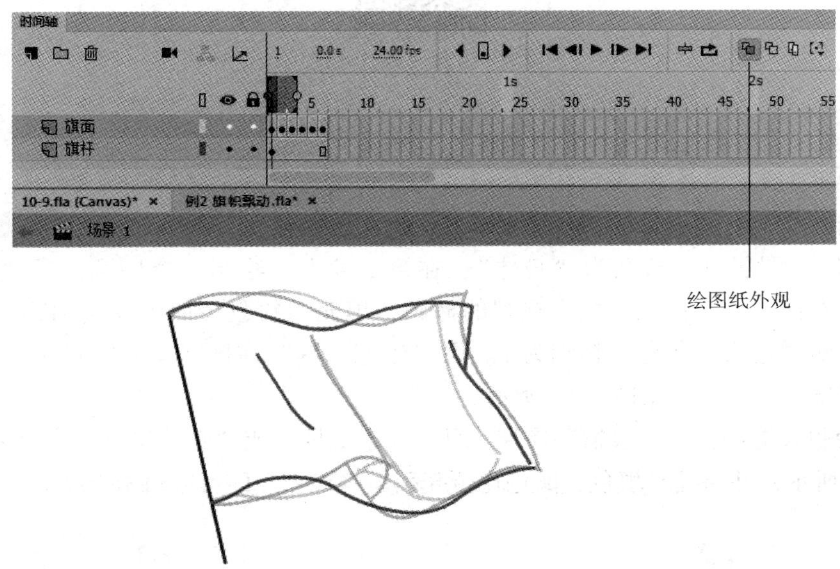

图 6－12　使用“绘图纸”同时显示多帧内容

2. 绘图纸各个按钮的功能

- 绘图纸外观：按下此按钮后，在时间帧的上方，出现绘图纸外观标记。拉动外观标记的两端，可以扩大或缩小显示范围。图 6－12 中绘图纸包含了 1 ~3 帧。
- 绘图纸外观轮廓：按下此按钮后，场景中显示各帧内容的轮廓线，填充色消失，特别适合观察对象轮廓，另外可以节省系统资源，加快显示过程。
- 编辑多个帧：按下后可以显示并编辑多个帧。
- 修改绘图纸标记：按下后弹出菜单，菜单中有以下选项：
  - “总是显示标记” 选项会在时间轴标题中显示绘图纸外观标记，无论绘图纸外观是否打开。

➢“锚定绘图纸外观标记”选项会将绘图纸外观标记锁定在它们在时间轴标题中的当前位置。通常情况下，绘图纸外观范围是和当前帧的指针以及绘图纸外观标记相关的。通过锚定绘图纸外观标记，可以防止它们随当前帧的指针移动。

➢“绘图纸 2”选项会在当前帧的两边显示 2 个帧。

➢“绘图纸 5”选项会在当前帧的两边显示 5 个帧。

➢“绘制全部”选项会在当前帧的两边显示全部帧。

实例 3　绘制走路逐帧动画

视频二维码

知识技能：动画角色走路的分解动作。

实现步骤：

（1）新建文档：大小是 1 280 像素 ×720 像素，帧速率为 30 fps，平台类型为 ActionScript 3.0。把“图层_1”改名为“身体”，在第 1 帧上，绘制一个椭圆，用“选择工具”调整椭圆的右侧边线，使之变成不规则的椭圆，填充肉粉色径向渐变（#F3DCD4 到#DEBCA9），笔触颜色为深灰色，粗细为 1。用“铅笔工具”在椭圆顶上绘制卷毛，笔触颜色为深灰，粗细为“2”，如图 6 – 13 所示。

（2）绘制表情：新建“表情”图层，用“线条工具”或“铅笔工具”绘制眼睛和嘴巴，如图 6 – 14 所示，并给嘴巴填色，颜色比蛋壳稍微鲜艳一点即可（#F3BDA8）。

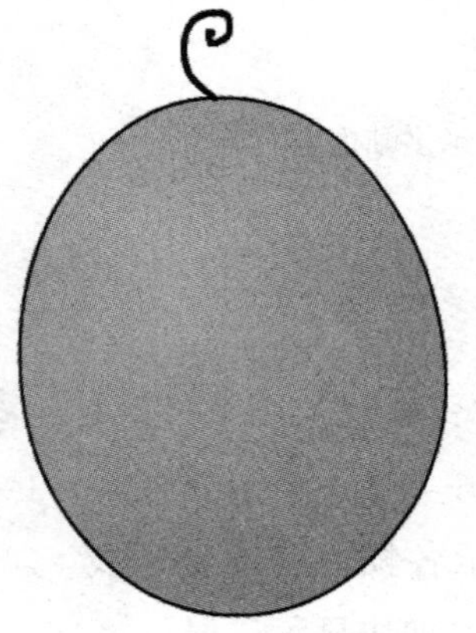

图 6 – 13　鸡蛋外壳

图 6 – 14　绘制表情

（3）绘制四肢：新建“四肢”图层，采用“铅笔工具”绘制走路时手和腿的各种形态。如图 6 – 15 所示，这是走一步的简单形态。如果想使走路更加自然流畅，至少需要 8 个图形来表示。

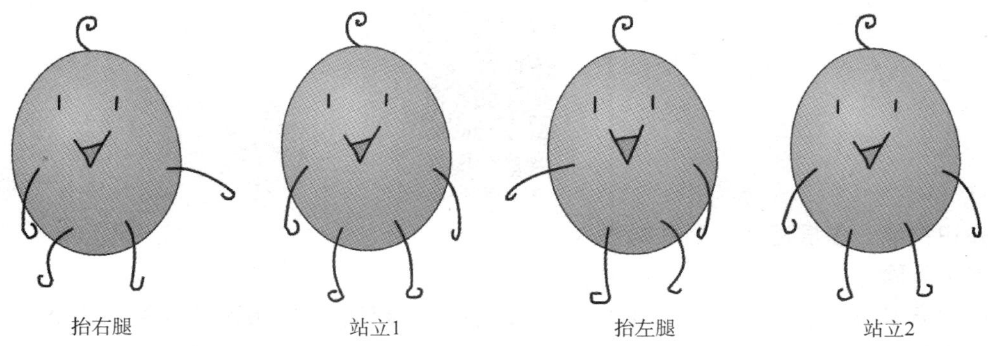

图 6－15　走一步路的形态

在“四肢”图层的第 1 帧绘制“抬右腿”，第 2 帧绘制“站立 1”，第 3 帧绘制“抬左腿”，第 4 帧绘制“站立 2”。在绘制的过程中，锁定“身体”图层，以免被移动。四肢都是采用“合并绘图”模式，是在旋转的基础上进行修改调整，保持手臂、腿与身体的连接部位固定不动。如图 6－16 所示，把变形点的位置移动到手臂的根部，以根部为基准进行旋转，旋转完成之后，可以调整形状。

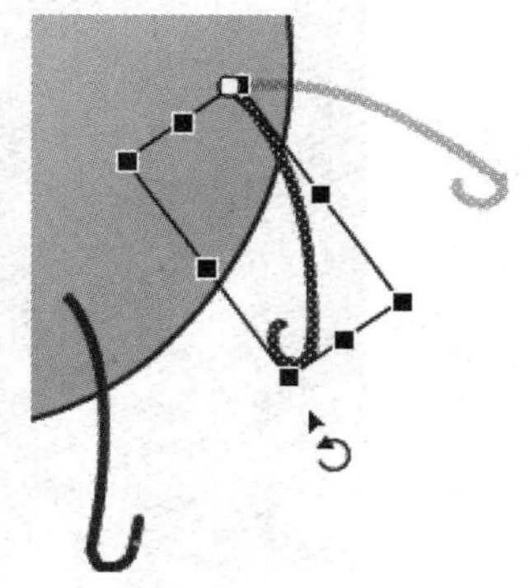

图 6－16　旋转手臂

（4）设定帧数：针对“四肢”图层，图 6－15 的 4 个状态如果每个只占用 1 帧时间，则走路的动作太快，所以需要给每种状态延长时间。如图 6－17（a）所示，单击第 1 帧，按 4 次【F5】键，即插入 4 个普通帧，也就是延长了第 1 帧的状态。同样的在其他 3 个关键帧上也按【F5】键插入 4 个普通帧，整个动画最终一共有 20 帧。

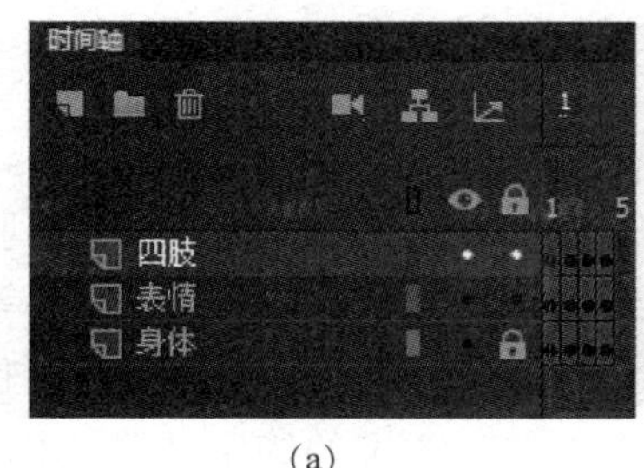

（a）

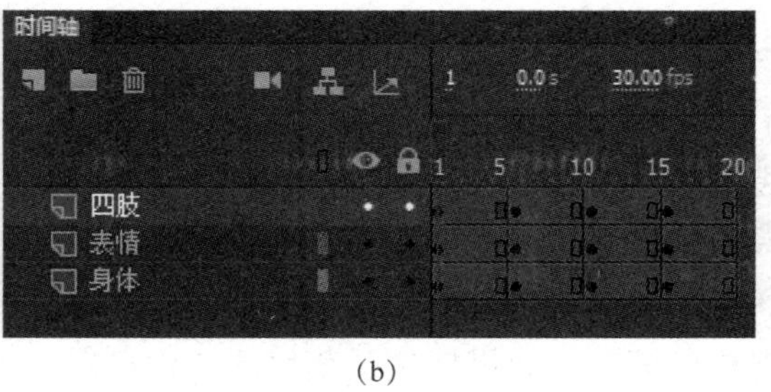

（b）

图 6－17　插入普通帧

（a）每个动作持续 1 帧；（b）每个动作持续 5 帧

鸡蛋壳所在的“身体”图层需要微调，针对第 1 帧和第 15 帧，鸡蛋壳都要采用向上箭头移动 3 个像素，实现身体上下起伏运动的效果。“表情”图层中的眼睛、嘴巴也可以适当改动，避免呆板。

（5）保存动画，命名为“鸡蛋原地走路 . fla”，按【Ctrl】+【Enter】键测试动画。

读者们还可以尝试制作一下鸡蛋侧面行走和背面行走的动画。

实例 4 绘制表情逐帧动画

视频二维码

知识技能：多层逐帧动画的制作。

实现步骤：

（1）新建文档：大小为 1 280 像素 ×720 像素，帧速率为 30，平台类型为 ActionScript 3.0，如图 6－18 所示。

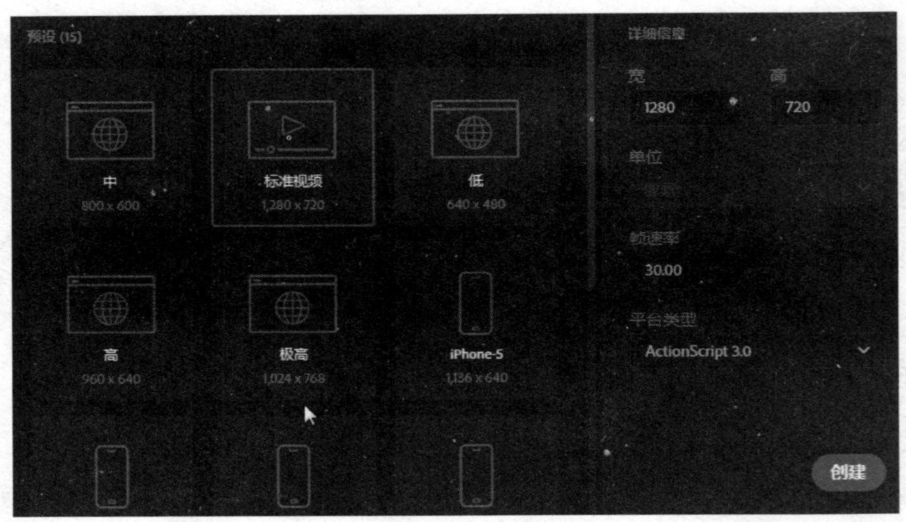

图 6－18 新建文档

（2）分层绘制各帧动画图形：可以事先绘制表情图片作为动画草稿图，图 6－19 呈现了 4 个表情图片。在设计动画时可以以此为基础进行绘制或调整。在表情动画中，脸盘形状不变，只微调尺寸，因此“脸盘”位于一个独立图层。眉毛、眼睛、鼻子、嘴巴等位于一个图层。于是在本例中新建“草图”“脸盘”和“眉眼”三个图层。在绘制的过程中，脸盘填充肉粉色渐变，如果挡住了草稿图，则可以单击“脸盘”图层的锁定和隐藏标志，锁定并隐藏该图层。

图 6－19 表情动画草稿图

注意，在绘制表情的时候，建议采用“对象绘制”模式，便于移动和调整，避免眉眼之间的相互切割融合。如果需要融合或者填色，则可以选中这些图形对象，按【Ctrl】+【B】键分离即可。表情动画的时间轴如图 6－20 所示。

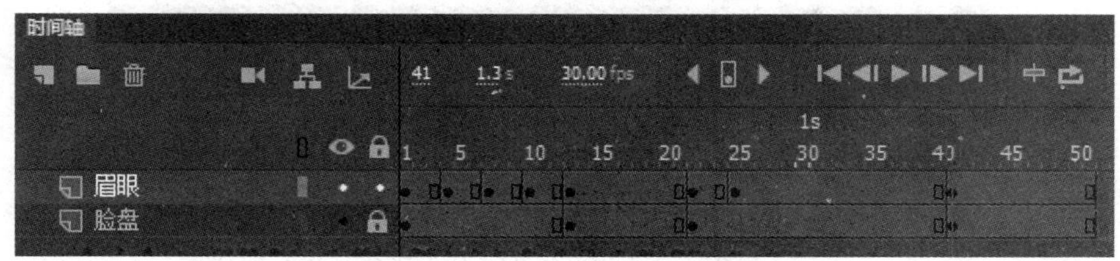

图 6－20　表情动画的时间轴

(3) 保存动画，命名为“表情动画 . fla”，按【Ctrl】+【Enter】键测试动画。

每个表情都可以微调细化，制作更加精细的逐帧动画效果。

6.2　补间动画

6.2.1　补间动画的定义与特点

1. 补间动画的概念

补间动画用于在 An 中创建动画运动。补间动画是通过为第 1 帧和最后一帧之间的某个对象属性指定不同的值来创建的，这些对象属性包括位置、大小、颜色、效果、滤镜及旋转角度等。

在创建补间动画时，可以单击补间中的任一帧，然后在该帧上移动动画元件，An 会自动构建运动路径，以便为第 1 帧和下一个关键帧之间的各个帧设置动画。补间动画省去了中间动画制作的复杂过程，存储的仅仅是关键帧上的内容，因此补间动画的存储数据量较小。但这种动画不够精细，也无法满足所有的动画制作需求。

当需要通过改变元件的大小、位置、旋转角度、透明度、色调等属性来制作动画效果时，采用补间动画。

Flash CS3 以及之前的版本无法实现一些新的功能，比如 3D 旋转平移等，为了区别就把以往的补间动画改为“传统补间”。

2. 构成补间动画的元素

构成补间动画的元素是元件及元件的实例，包括影片剪辑、图形元件、按钮等。位图、图形组合等都必须要转换成元件才能创建补间动画。在 An 中，文本无须转换成元件，可以直接创建补间动画。针对其他图形对象，如果没有转换成元件，则会出现“将所选的内容转换为元件以进行补间”的对话框，如图6－21所示，单击“确定”按钮，会自动把图形对象转换成影片剪辑元件。在传统补间中，所有对象包括文字都必须转变成元件才可以创建补间动画。

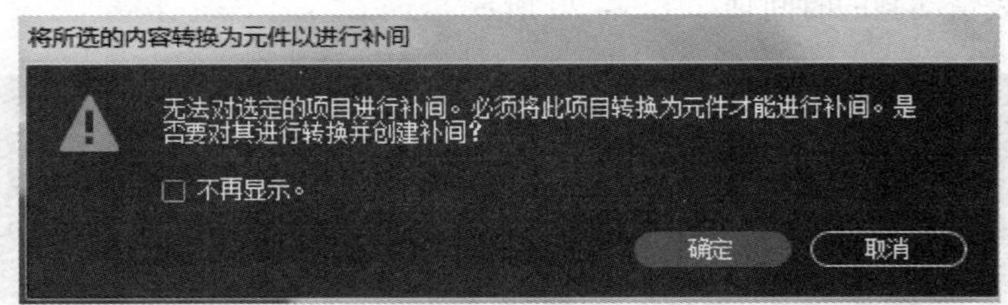

图6－21 “将所选的内容转换为元件以进行补间”对话框

3. 补间动画在【时间轴】面板上的表现

在第1帧插入元件之后，单击该帧，右键单击，在快捷菜单中可以直接选择【创建补间动画】命令，如图6－22所示。创建补间动画只需要一个关键帧，创建之后，默认的动画时长是1 s，把播放头放在最后一帧，修改元件实例的大小、位置、色调等，则最后一帧会出现一个菱形的帧标记◆，即生成了属性关键帧，且自动生成运动路径。如图6－23所示，动画长1 s，即30帧，最后一帧出现菱形标记，第1帧和第30帧之间呈现棕黄色的过渡帧。

图6－22 帧的快捷菜单

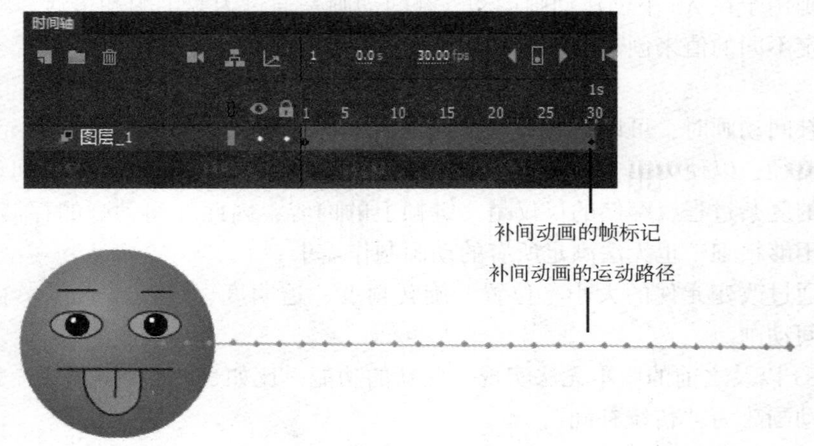

图6－23 补间动画的帧和路径

创建“传统补间”动画，需要两个关键帧，每个关键帧上都是同一个元件的实例，而且只能有一个实例，实例的大小、位置、颜色、透明度等属性有所不同。这两个关键帧代表的是动画起点和终点的两种状态。然后选择第1个关键帧，在帧上单击右键，如图6－22所示，然后在快捷菜单中选择【创建传统补间】命令。传统补间的两个关键帧之间呈现的是蓝紫色的过渡帧，如图 6－24 所示，第 1 帧和第 30 帧都是带黑点的关键帧标志，之间还有一个长长的箭头。

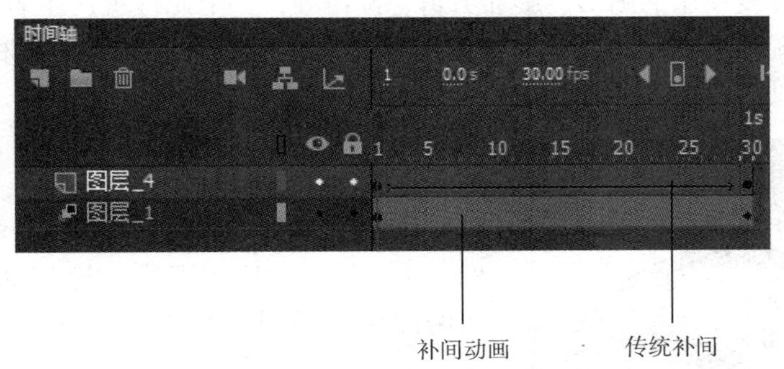

图 6－24　传统补间和补间动画在时间轴上的显示

表 6－1 是 Adobe 官网上列出的补间动画和传统补间的区别。在本书中会结合具体实例讲解二者制作动画的差别。

表 6－1　补间动画和传统补间的区别

补间动画	传统补间
强大且易于创建，可以对补间动画实现最大程度的控制	创建复杂，包含在 Animate 早期版本中创建的所有补间
提供更好的补间控制	提供特定于用户的功能
使用属性关键帧	使用关键帧
整个补间只包含一个目标对象	在两个具有相同或不同元件的关键帧之间进行补间
将文本用作一个可补间的类型，而不会将文本对象转换为影片剪辑	将文本对象转换为图形元件
不使用帧脚本	使用帧脚本
拉伸和调整时间轴中补间的大小并将其视为单个的对象	由时间轴中可分别选择的几组帧组成
对整个长度的补间动画范围应用缓动。若要对补间动画的特定帧应用缓动，则需要创建自定义缓动曲线	对位于补间中关键帧之间的各组帧应用缓动
对每个补间应用一种颜色效果	应用两种不同的颜色效果，如色调和 Alpha 透明度
可以为 3D 对象创建动画效果	不能为 3D 对象创建动画效果
可以另存为动画预设	不可以另存为动画预设

“元件”是制作补间动画的重要组成。先来了解一下什么是“元件”。

6.2.2　元件的定义与分类

元件是指可重复使用的图形、影片剪辑、按钮等，一个元件可产生若干个实例。“一个对象，多次使用”是元件最大的优点，使用元件可以缩小不少动画的体积。我们可以把元件比作演员，存到【库】面板中，每个演员可以在舞台上扮演多个角色。元件都放在文件的【库】面板中，如图6-25所示，“小车”“轮子”等都是元件，元件名称不能有重复。从【库】中把小车拖放到舞台中，小车就变成了“小车”元件的实例。小车从这边跑到那边，起点和终点的位置不同，实例的位置不同，但都是“小车”元件的实例。同理，小车的2个轮子都是“轮子”元件的实例。

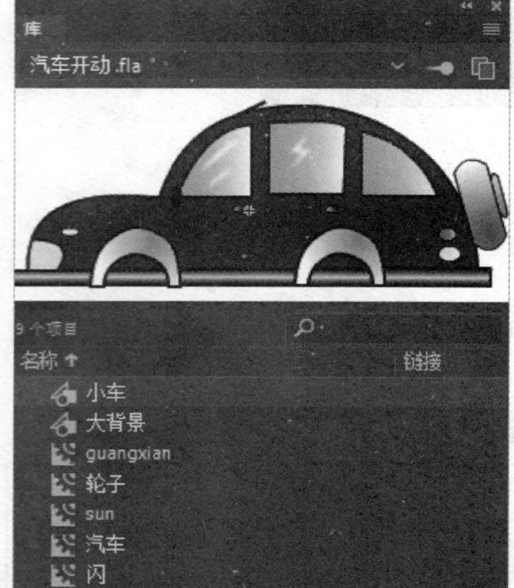

图6-25　【库】面板中的元件

元件可以包括多个对象，也可以进行嵌套。比如把汽车当成一个元件，则其中可以包括车身、玻璃、闪光等对象，还可以包括轮子等小元件。

An中主要包含三种元件类型：影片剪辑、按钮和图形。

①影片剪辑元件本身可以是一段动画，也可以是静态的图形。只有影片剪辑元件能够响应脚本行为，可以拥有独立的时间轴，是主动画的一个重要组成部分。

②按钮元件是用来控制动画交互的元件，如“播放”“退出”等按钮。

③图形元件是静态的，可以反复应用于影片剪辑、按钮或场景动画中。

6.2.3　元件的创建

一般有两种方法用于创建元件，一是新建元件，在元件场景中编辑它的内容；二是将场景中的对象转换成元件。

1. 新建元件

单击菜单命令【插入】|【新建元件】或者按下【Ctrl】+【F8】组合键，就可弹出如图6-26所示的“创建新元件”对话框。

图6-26　“创建新元件”对话框

在“名称”文本框中输入要创建元件的名称，在“类型”栏选择要创建的元件类型，然后单击“确定”按钮，就进入了元件编辑窗口，可以进行输入文本或绘制图形等操作。元件做好之后，单击 场景 1 就返回动画的主场景中，创建好的元件会出现在【库】面板中，可以任意多次拖入到舞台的任意位置进行使用。

特别提示：

在元件的编辑窗口上有一个“+”，称为元件的注册点，这是“元件编辑”模式与“场景编辑”模式的区别，注册点是元件编辑窗口的中心点。

2. 将场景中的对象转换成元件

如果一个图形对象只有一个图层，将它转换成元件比较简单。首先在场景中选择要转换为元件的对象，单击右键出现快捷菜单，如图 6－27 所示，采用【转换为元件】命令，或者按下键盘上的【F8】键，弹出“转换为元件”对话框，如图 6－28 所示。

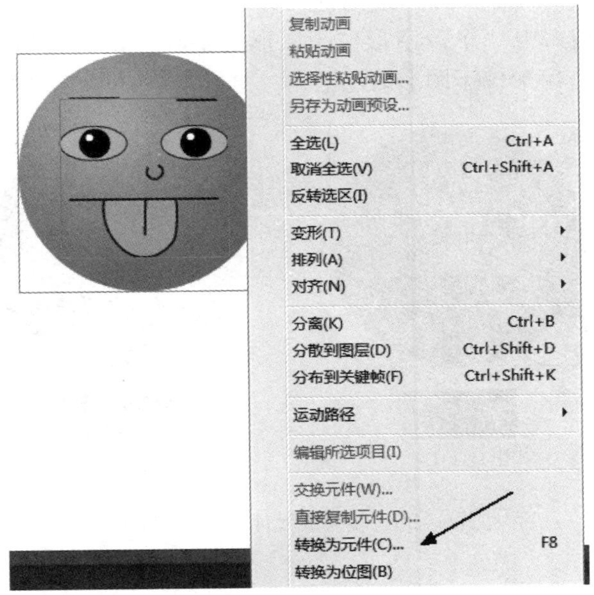

图 6－27　舞台中的图形的快捷菜单

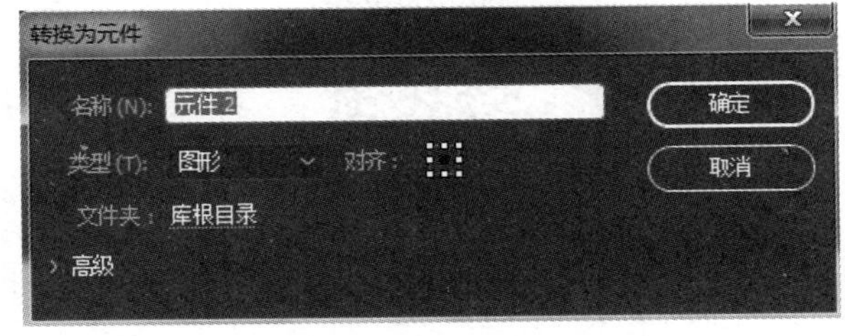

图 6－28　“转换为元件”对话框

选择好名字和类型，单击“确定”按钮，这时在【库】面板中会出现转换好的元件名，而选中的舞台上的对象会变成该元件的一个实例。

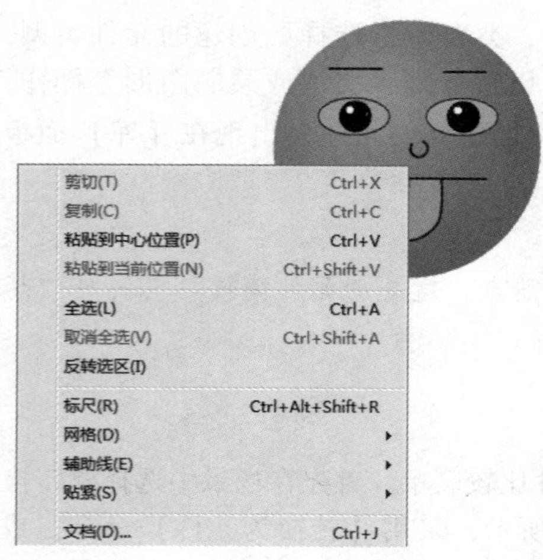

图 6－29　舞台的快捷菜单

特别提示：

单击某一帧，则该帧所有的对象都被选中，在舞台上单击右键，则对象上的选择框消失，出现的快捷菜单如图 6－29 所示，没有【转换为元件】命令。单击某一帧，同时在舞台上框选某个对象，单击右键，则会出现针对该对象的快捷菜单，如图 6－27 所示。

“转换为元件”对话框和“创建新元件”对话框的内容基本相同，但是多了一个“对齐”选项 对齐：。“对齐”是用来确定元件在舞台中的坐标是以元件的哪个点为基准，在选项中有 9 个小方块，每个小方块都代表着元件上的一个点，默认以左上角为对齐点。如图 6－30 所示，如果以中心点为对齐点，则在元件编辑窗口中“＋”字形位于图形的中心；如果以左上角作为对齐点，则在元件编辑窗口中“＋”字形位于图形的左上角。

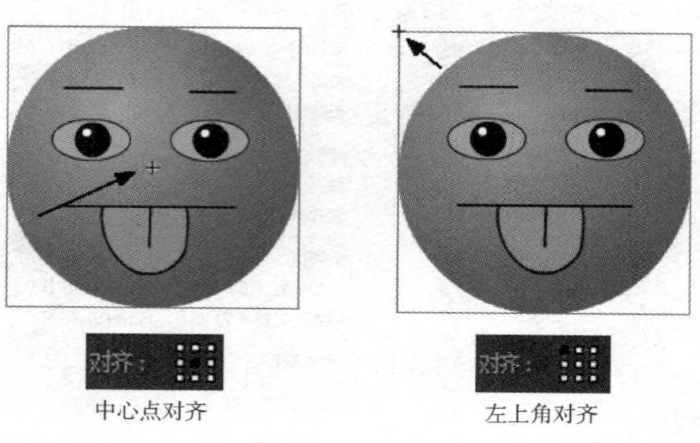

图 6－30　转换成元件时的对齐方式

实例 5　转动的风车

视频二维码

知识技能：将图形转换成元件，旋转补间动画的制作。

实现步骤：

（1）新建文档：大小为 1 280 像素 × 720 像素，帧速率为 30 fps，平台类型为 ActionScript 3.0，保存为“风车转动 . fla”。把“图层_1”改名为“风车房子”，新建“图层_2”，改名为“叶片转动”。

（2）不同文件之间图形的复制：打开第5章的实例2“风车.fla”文件，是之前我们绘制的纸风车和大风车。以大风车为例进行补间动画的制作。

选中绘制的大风车组合，按【Ctrl】+【C】键进行复制，回到“风车转动.fla”文件，粘贴在“风车房子”图层的第1帧。选中旁边的小房子，也同样复制粘贴到“风车房子”图层的第1帧，放在大风车旁边。选中四个叶片和铆钉组合，复制粘贴到本文件“叶片转动”图层的第1帧。调整图形的位置，使叶片位于大风车房顶上。

（3）把图形转换成元件：回到当前的“风车转动.fla”文件，在“叶片转动”图层的第1帧，选中四个叶片和铆钉组合，单击右键，弹出快捷菜单如图6－31（a）所示，采用【转换为元件】命令，出现图6－31（b）所示的对话框，元件名称为“四个叶片”，类型是“图形”元件，对齐方式是中心点对齐。

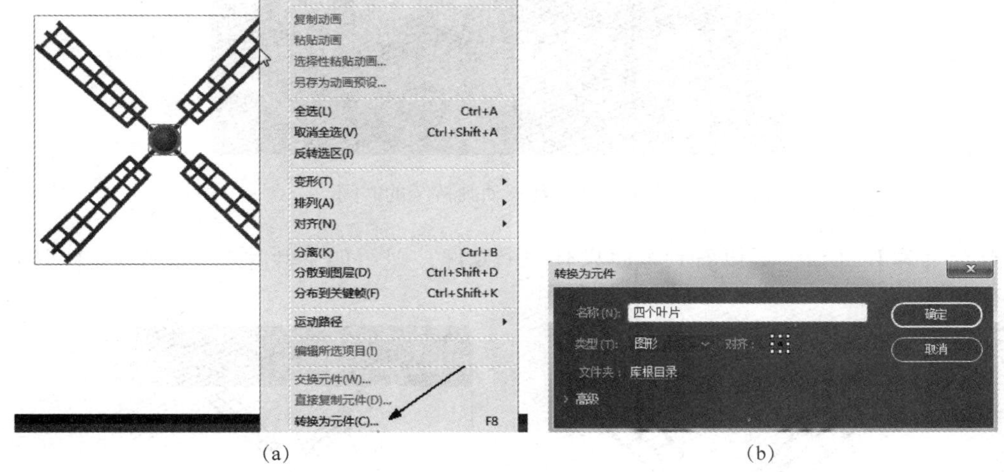

（a） （b）

图6－31 把四个叶片的图形组合转换成元件

（a）图形的快捷菜单；（b）“转换为元件”对话框

（4）创建补间动画：单击“叶片转动”图层的第1帧，在帧上单击右键，如图6－32（a）所示，选择【创建补间动画】命令，然后在这一帧的【属性】面板中设置旋转1次，顺时针方向，如图6－32（b）所示。默认的动画时间是1 s，即30帧。在“风车房子”图层中，选择第30帧，按【F5】键，使风车房子持续显示在这里，如图6－33所示。

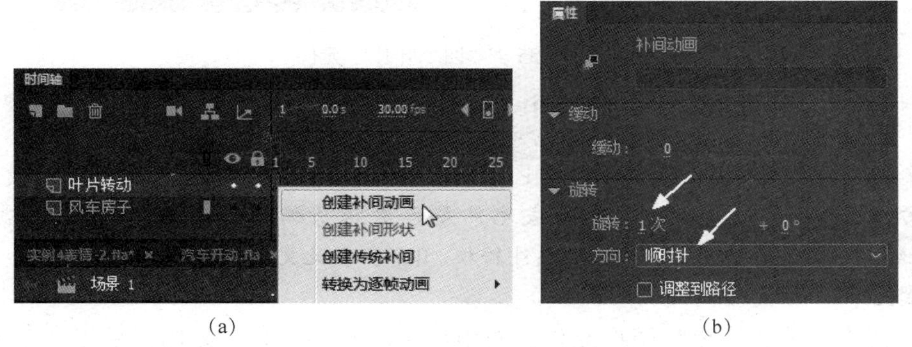

（a） （b）

图6－32 创建补间动画

（a）第1帧的快捷菜单；（b）第1帧的【属性】面板

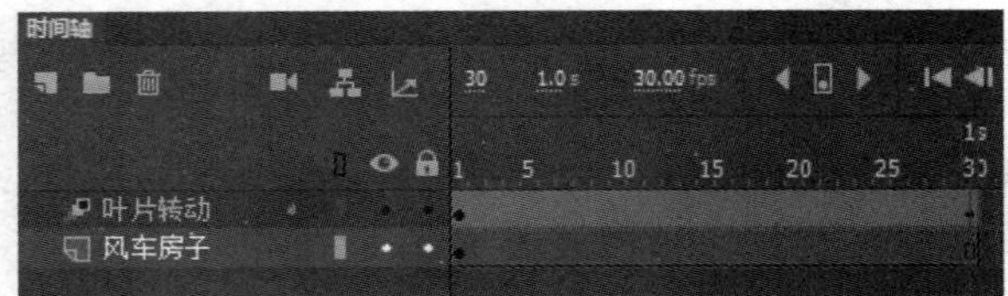

图 6-33　风车转动的时间轴面板

(5) 调整动画的时间：按【Ctrl】+【Enter】键测试影片，发现风车叶片转动得很快。旋转 1 周只用了 1 s。为了使叶片旋转缓慢一些，需要增加过渡帧的帧数。可以把光标放在"叶片转动"图层的最后一帧的边界上，向右拉，如图 6-34 所示，拉到第 150 帧时松开鼠标。即旋转一圈用 5 s。同样的，在"风车房子"图层的第 150 帧按【F5】键，使风车房子图形持续显示到此。按【Ctrl】+【Enter】键测试影片，风车叶片缓慢转动，效果比较真实自然。

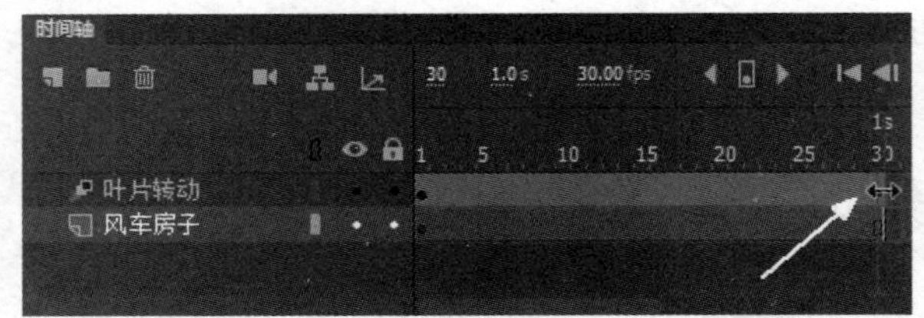

图 6-34　延长动画持续的时间

打开【库】面板，可以看到里面只有一个元件，即"四个叶片"，如图 6-35 所示。然后保存文件。

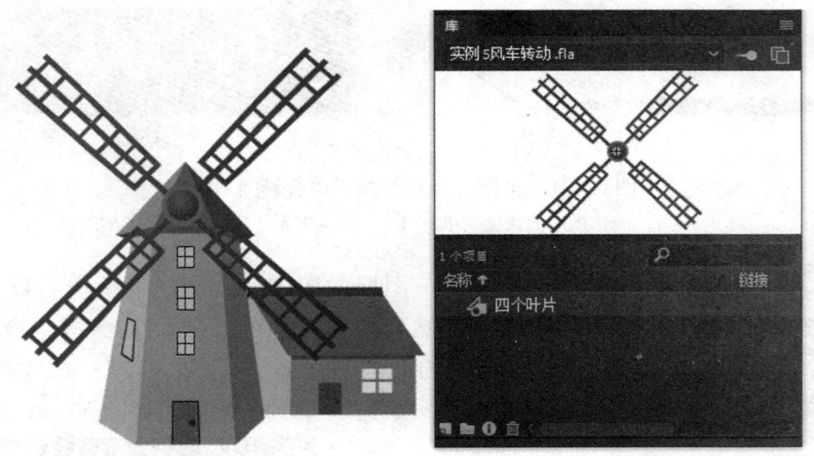

图 6-35　"四个叶片"元件

特别提示：

制作补间动画的要点是静止不变的图形放在一层，准备创建动画的元件单独放置一层。

思考一下：如果把单个叶片转换成元件是否更容易编辑修改呢？怎么操作呢？请把"风车转动.fla"另存为"风车转动_元件转换.fla"，在此文件上制作即可。

步骤如下：

(1) 新建"单个叶片"图形元件：选中单个叶片的图形，复制，采用菜单命令【插入】|【新建元件】，出现"创建新元件"对话框，如图 6-36 所示，将其命名为"单个叶片"，然后单击"确定"按钮。

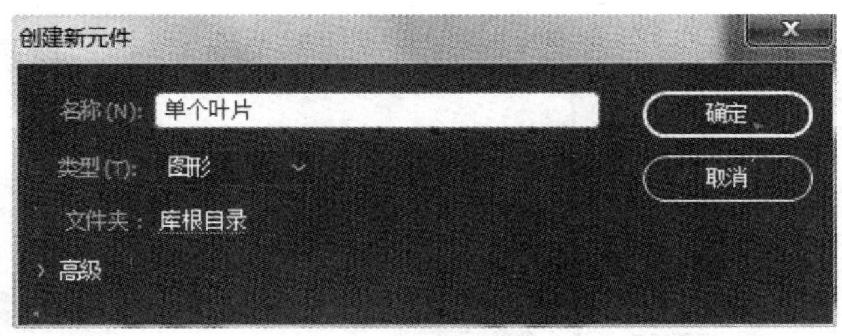

图 6－36 “创建新元件”对话框

在“单个叶片”的元件编辑窗口 场景 1 单个叶片，按【Ctrl】+【V】键粘贴刚才复制的图形。用“任意变形工具”把叶片调整成水平。

（2）新建“四个叶片”图形元件：采用菜单命令【插入】|【新建元件】，出现“创建新元件”对话框，命名新元件为“四个叶片_new”。

在“四个叶片_new”的编辑窗口中 场景 1 四个叶片_new，从【库】面板中选择“单个叶片”，拖放到编辑区。利用“任意变形工具”把变形点拖放到叶片根部，如图 6－37（a）所示，在【变形】面板中旋转 90°，重制选区变形，如图 6－37（b）所示，得到四个叶片。

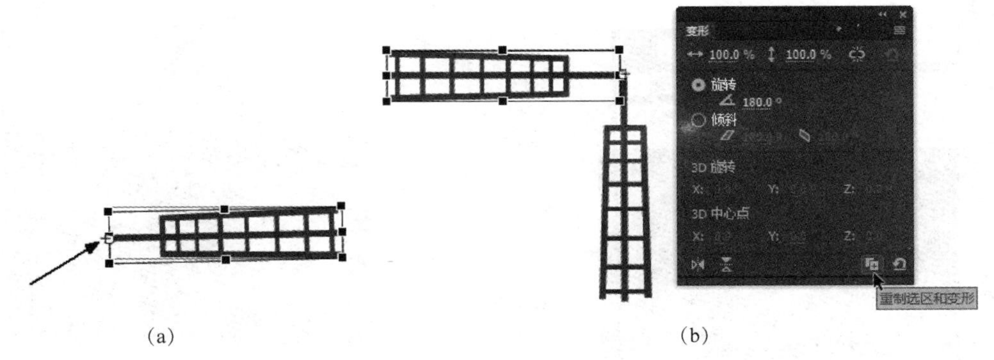

（a） （b）

图 6－37 编辑元件“四个叶片_new”
（a）图形的快捷菜单；（b）重制 90°旋转

（3）重新创建动画：回到场景 1 编辑窗口，删除原来的“叶片转动”图层，新建一个“叶片转动”图层，单击第 1 帧，从【库】面板中选择元件“四个叶片_new”拖放到绘图区，参考上面实例 5 的步骤（4）创建补间动画。【时间轴】面板和“风车转动 . fla”完全一样。按【Ctrl】|【Enter】键测试影片，可以看到风车也一直在不停地转动。

把单个叶片作成图形元件的优势是修改灵活。如图 6－38（a）所示，修改了单个叶片的图形，填充了彩色，则“四个叶片_new”元件的图形会自动修改，如图 6－38（b）所示，风车动画也会自动修改，如图 6－38（c）所示。“风车转动 . fla”中的单个叶片不是元件，只能在“四个叶片”元件中逐个修改，修改工作比较繁重。

打开“风车转动_元件转换 . fla”的【库】面板，打开右上角的折叠菜单，如图 6－39（a）所示，采用【选择未用项目】命令，则“四个叶片”元件会被选中，如图 6－39（b）所示，删除此元件即可。

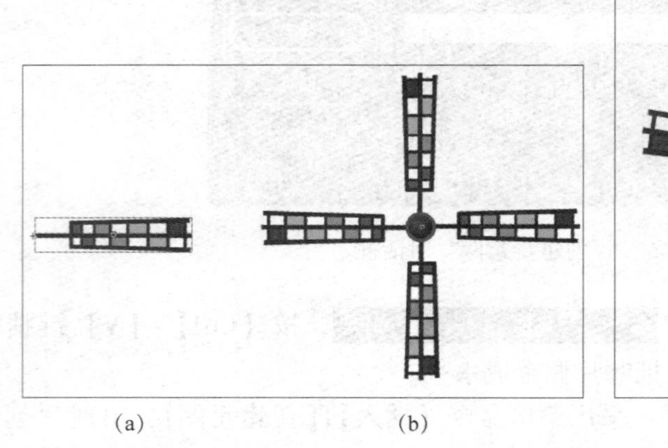
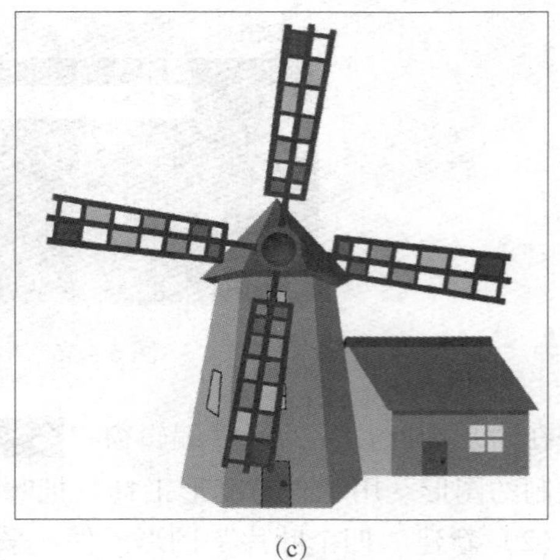

(a) (b) (c)

图 6－38 修改的元件和动画

（a）单个叶片；（b）四个叶片；（c）风车

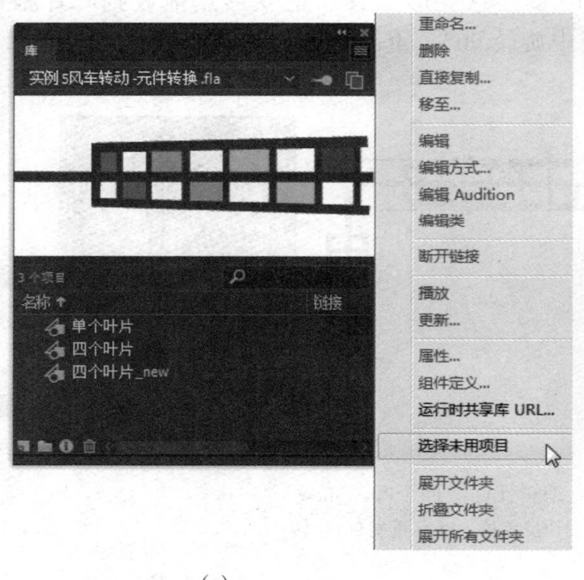

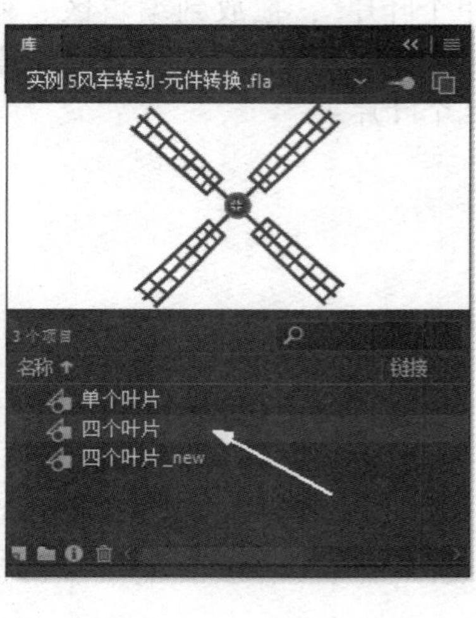

(a) (b)

图 6－39 选择未用项目

（a）【库】面板的折叠菜单；（b）未用的“四个叶片”元件被选中

思考一下：如何把转动的大风车放到第 5 章实例 4 绘制的“田园风光”场景画面中呢？这里就涉及把一段动画转变成元件的问题。

6.2.4 元件的转换

1. 把静态图形转换成元件

如果图形对象只有一个图层，将它转换成元件比较简单。首先在场景中选择要转换为元件的对象，单击右键出现快捷菜单，采用【转换为元件】命令，或者按下键盘上的【F8】键即可。在 6. 2. 3 中已经讲过具体步骤。

有时图形对象由多个图层构成，如图 6－40 所示荷花图形由五个图层组成：花茎、底层花瓣、上层花瓣、莲蓬和花蕊莲子。这些图层有前后遮挡关系。若把荷花放入荷塘中，则发现还要继续添加关于荷塘的若干图层，而且荷花的大小无法改变。如果把荷花做成一个元件放入【库】中，在做动画的时候就能够随时灵活方便地调用。

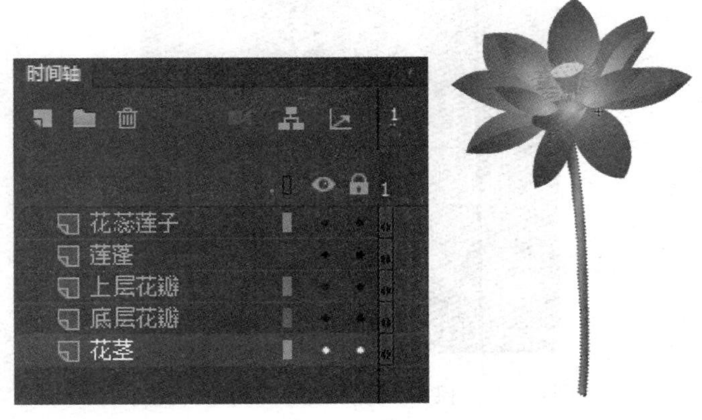

图 6－40 描图荷花的多个图层

按照之前学过的转换元件的方法，框选舞台上的荷花，则所有层的第 1 帧都被选中。这时按【F8】键，出现“转换为元件”对话框，将其转换成图形元件“荷花”。在“荷花”元件的编辑窗口，只有一个图层、一个关键帧，荷花变成了一个整体图形，其他图层都消失了，很多修改无法进行，比如无法移动花瓣的位置。如图 6－41 所示，花瓣之间彼此融合，已经无法拆分了。

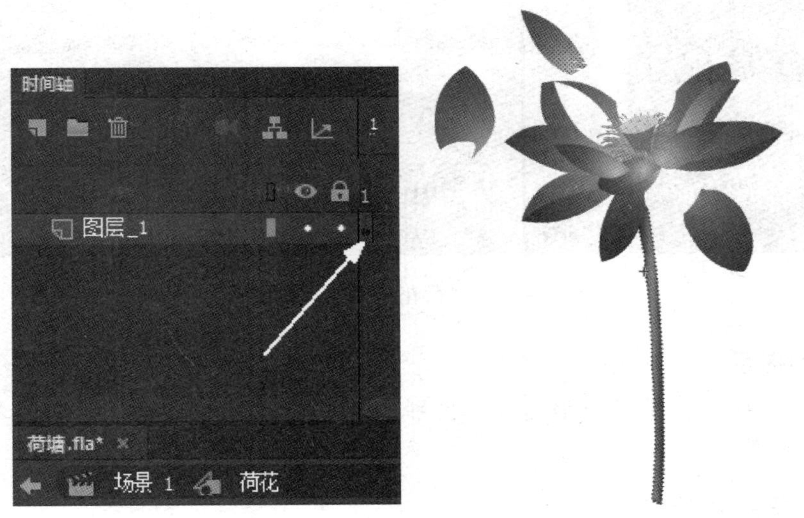

图 6－41 只有 1 帧的荷花元件

如果希望“荷花”元件依然保持原有的层和帧，可以采用如下方法转换：

第一步，选择其中一个帧并右击，在弹出的快捷菜单中采用【选择所有的帧】命令，继续在帧上右击，在弹出的快捷菜单中选择【复制帧】命令。

第二步，利用菜单命令【插入】|【新建元件】，新建一个图形元件，命名为“荷花”，在“荷花”元件编辑窗口，在第 1 帧上右击，在弹出的快捷菜单中选择【粘贴帧】命令，则“荷花”元件会保留当时所有的层和帧，如图 6－42 所示。

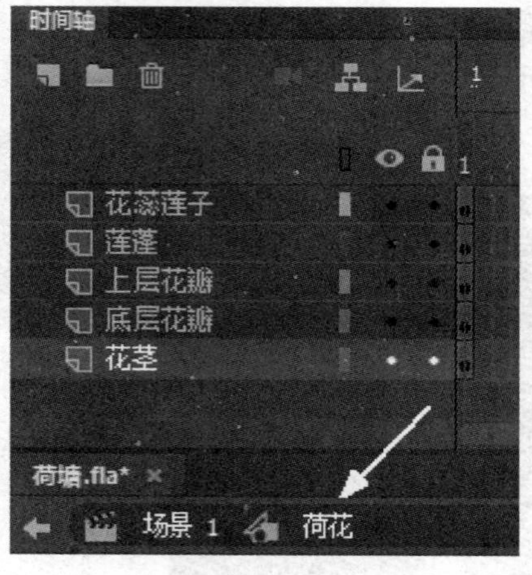

图 6－42　保留多层多帧的“荷花”元件

荷花转变成图形元件以后可以随时调用。如图 6－43 所示，荷塘包括荷花、荷叶、水波、柳树等多个图层，“荷花”元件的三个实例被放到了荷塘场景的三个位置上，大小各不相同。

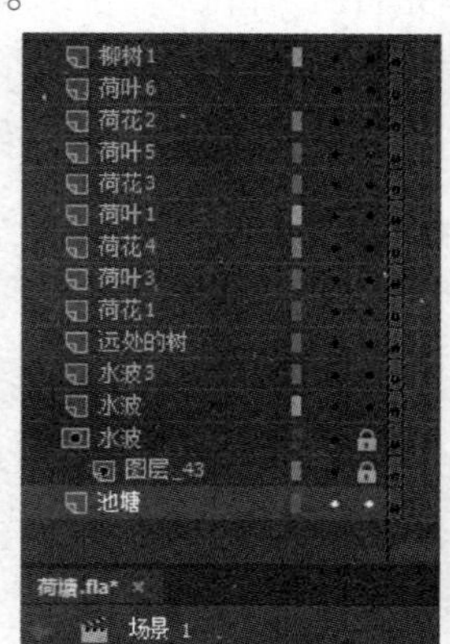

图 6－43　“荷花”元件被多次使用

特别提示：

静态的图形可以转变成图形元件，也可以转变成影片剪辑元件，二者之间的区别在 6.2.5 中进行讲解。

2. 把一段动画转换成元件

想把前面制作的转动的大风车放在“田园风光”场景画面中，则需要把风车转动的动画转换成元件。转换的方法，也同样采用帧的复制和粘贴方式。

以实例 5 的“风车转动 . fla”为例，本动画的时间轴如图 6－44 所示。

图 6－44 “风车转动”的【时间轴】面板

动画是在“场景 1”中制作的，是主时间轴动画，可以把主时间轴动画转变成影片剪辑元件（图形元件也可以）。具体操作步骤如下：

第一步，右击该文件主时间轴的任意一帧，在弹出的快捷菜单中选择【选择所有帧】命令，再右击，在弹出的快捷菜单中选择【复制帧】命令。

第二步，打开第 5 章的实例 4 的“田园风光 . fla”文件，另存为“田园风光－动画 . fla”。在此文件中，利用菜单命令【插入】|【新建元件】，弹击如图 6－45 所示对话框，新建一个影片剪辑元件，命名为“风车转动_MC”。在“风车转动_MC”元件编辑窗口第 1 帧上右击，在弹出的快捷菜单中选择【粘贴帧】命令，这时“风车房子”“叶片转动”两个图层中所有的帧都复制进来了，如图 6－46 所示。

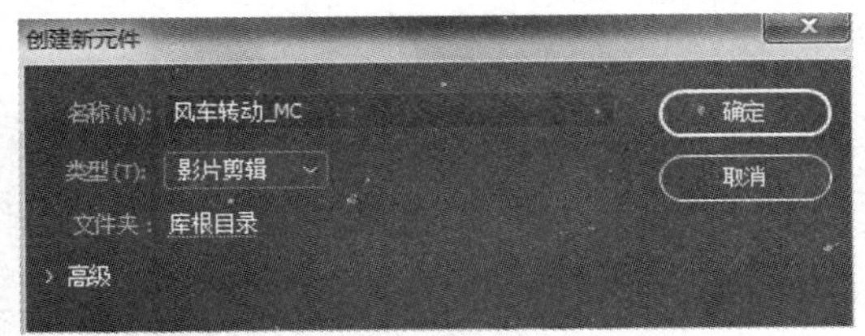

图 6－45 新建影片剪辑元件

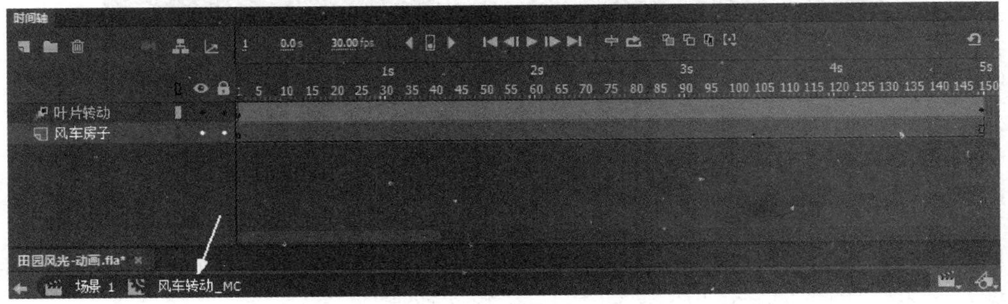

图 6－46 “风车转动”影片剪辑元件的层和时间轴

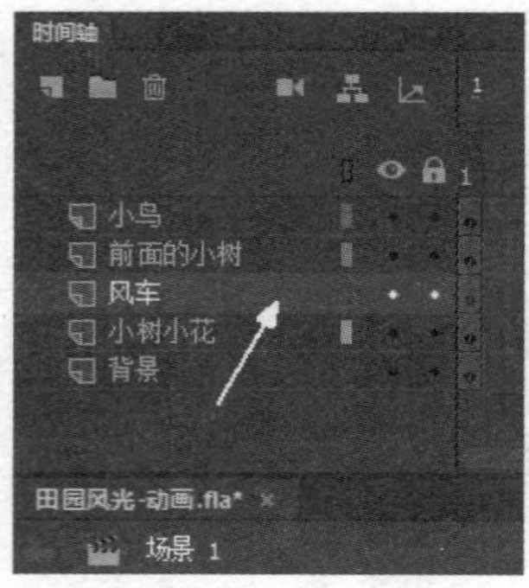

图 6－47　删除“风车”图层的风车图形

第三步，回到“田园风光－动画.fla”文件的场景1，在“风车”图层，删除舞台上的大风车和房子图形，如图6－47所示。打开【库】面板，把“风车转动_MC”影片剪辑元件 风车转动_MC 拖放到舞台中，移动位置，用“任意变形工具”调整大小。

按【Ctrl】+【Enter】键测试影片，大风车开始转动，此时“场景1”的主时间轴只有1帧。

6.2.5　图形元件和影片剪辑元件的比较

既然图形元件和影片剪辑元件都可以包含静态图形和动画，那么创建元件时如何选择和使用呢？先来学习图形元件和影片剪辑元件的特点和用法。

1. 图形元件的特点

（1）把图形元件从【库】中调入舞台，可以改变其大小、位置、角度、颜色、透明等。

（2）将带有动画的图形元件实例放在主时间轴上时，需要为其添加与动画片段等长的帧，否则播放时无法完整播放。

如果将大风车转动的动画按照上面所讲的方法转变成一个图形元件“风车转动 Graphic”，在“田园风光_动画.fla”中将【库】面板的“风车转动 Graphic”拖入到舞台上，如果要播放完整的风车转动动画，则所有图层的主时间轴都要拉到第150帧，和“风车转动.fla”原有的帧数相同。【时间轴】面板如图6－48所示。

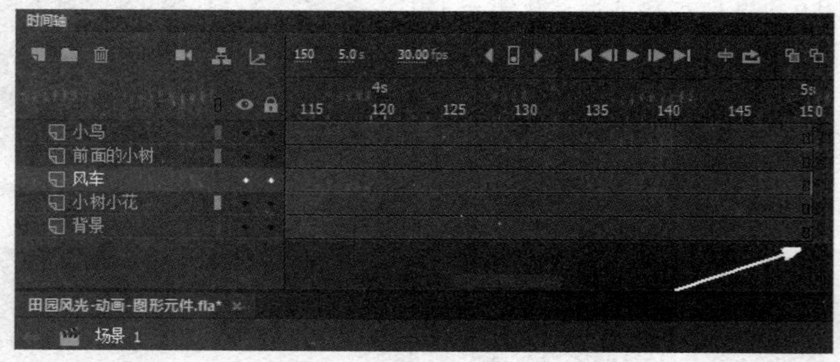

图 6－48　把动画转变成图形元件的【时间轴】面板

这一点与影片剪辑元件不同，影片剪辑元件在主场景的时间轴上只需要1帧即可，它有自己独立的时间轴。当按【Enter】键在时间轴上预览动画时，可以预览图形元件实例内的动画效果，不需要按快捷键【Ctrl】+【Enter】测试动画。

（3）动作脚本不能控制舞台上的图形元件。

2. 图形元件的应用情境

（1）当静态图形或图像需要重复使用，或用来制作补间动画时，可将其制作成图形元件。

（2）如果想把做好的 An 动画导出成 GIF 等格式的图像动画，或导出成图像序列，那么其中包含动画片段的元件必须是图形元件。影片剪辑元件只能导出第 1 帧。

（3）图形元件中的动画可以在主时间轴上直接预览，所以在制作大型动画时一般都会使用图形元件，这样方便配音和对动画进行调整。

3. 影片剪辑元件的特点

（1）由于影片剪辑具有独立的时间轴，所以即使主时间轴只有 1 帧也可以完整播放影片剪辑中的动画。

（2）无法在主时间轴上预览影片剪辑实例内的动画效果，在舞台上看到的只是影片剪辑第 1 帧的画面。如果要欣赏影片剪辑内的完整动画，必须按快捷键【Ctrl】+【Enter】测试影片才行。

（3）可以在影片剪辑内部添加动作脚本和声音，也可以用动作脚本控制舞台上的影片剪辑实例。

（4）可以为影片剪辑实例添加“滤镜”效果，还可以在属性中设置其“3D 定位和视图”。

4. 影片剪辑元件的应用情境

（1）当需要制作带有声音和动作脚本的动画片段时，应使用影片剪辑。

（2）当需要制作独立于主时间轴的动画片段时，应使用影片剪辑。

（3）当需要制作带有 3D 功能的动画片段时，应使用影片剪辑。

图形元件和影片剪辑元件的相同点是，二者都可以重复使用。当需要对重复使用的元素进行修改时，只需要编辑元件，所有该元件的实例都会自动更新。

6.2.6 元件的修改与编辑

元件的改名：双击【库】面板上的某个元件的名称，即可出现一个文本框，可以在此文本框中输入元件的新名称，按【Enter】键确定新名字。

修改元件的类型：修改元件的类型操作也非常简单，在【库】面板中要修改类型的元件名称上右击鼠标，在弹出的快捷菜单中选择【属性】命令，弹出“元件属性”对话框，在对话框中选择新的类型后单击“确定”按钮即可。

修改元件内容：An 中提供了多种方法对元件的内容进行编辑修改。不管使用哪种方法编辑元件的内容，结果会使文件中所有该元件的实例都发生同步更新。下面介绍两种常用的元件编辑方法。

1. 在元件的编辑窗口修改元件内容

在【库】面板中，双击元件，则进入该元件的编辑窗口进行修改元件的形状、大小、颜色等。或者在主场景中，右击元件，在弹出的快捷菜单中选择【在新窗口中编辑】命令。这个窗口是单独的，只显示元件的内容及时间轴，而其他对象都不会显示。

修改完成之后，单击“场景 1”，回到动画的主场景中。

2. 在场景中编辑元件内容

在动画的场景中选中要编辑的元件，双击元件即可对元件进行形状、大小、颜色等各种调整；在元件以外的地方双击鼠标或者单击所在场景的按钮 场景 1，回到动画的主场景中，完成元件的编辑修改。

在场景的当前位置编辑元件内容的好处是可以保证整体效果。使用此方法编辑元件时，该元件是和其他对象一起显示在编辑窗口中的，但是只有该元件可以进行编辑修改，其他对象是半透明显示的。

6.3 补间形状

6.3.1 补间形状动画的定义与特点

1. 补间形状动画的定义

在 An 的【时间轴】面板上，在一个关键帧绘制一个形状，然后在另一个关键帧更改该形状或绘制其他形状，软件会根据二者之间的帧的值或形状自动插入一些中间的过渡形状，创建从一个形状变形为另一个形状的动画效果，这种动画被称为“补间形状”动画。如果说补间动画是图形在大小、位置、角度、透明度、色调等方面的量变，那么补间形状则可以做到质变，图形由一个彻底变成另一个。当然，补间形状也能实现图形大小、位置、颜色的变化。

2. 构成补间形状动画的元素

补间形状动画可以实现两个图形之间颜色、形状、大小、位置的变化，其变形的灵活性介于逐帧动画和补间动画二者之间，使用的元素多为用鼠标或压感笔绘制出的形状。如果要对图形元件、位图、文字、组合对象等设置形状补间，则必先按【Ctrl】+【B】键分离它们。如果文字数量大于 1，则需要分离两次。

3. 补间形状动画在【时间轴】面板上的表现

形状补间动画建好后，【时间轴】面板上在起始帧和结束帧之间有一个长长的箭头，而且背景色变为了棕红色，如图 6－49 所示。

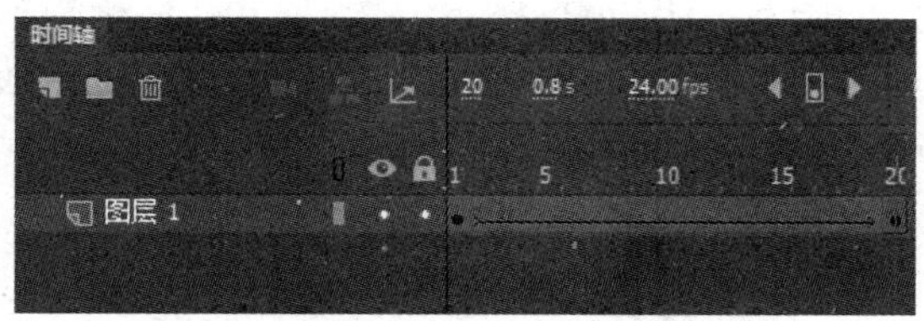

图 6－49 补间形状在【时间轴】面板上的呈现

实例 6 花朵变文字

视频二维码

制作要求：花朵由小到大逐个出现，停留 20 帧，分别变为“开”“讲”“啦”三个文字。

知识技能：文字的分离，补间形状动画的制作。

实现步骤：

（1）新建文档：新建一个文档，其大小为 1 280 像素 ×720 像素，帧速率为 30 fps，平台类型为 ActionScript 3.0，保存为“花朵变文字 . fla”。把“图层_1”改名为“花朵 1”，然后新建两个图层，命名为“花朵 2”和“花朵 3”。

（2）插入关键帧，在关键帧上绘制花朵：在“花朵 1”图层的第 1 帧采用“合并绘制”模式绘制玫红色花朵，尺寸较小，如图 6－50（a）所示。在第 10 帧按【F6】键插入关键帧，此时第 10 帧的内容和第 1 帧完全相同。选中花朵，采用“任意变形工具”，按住【Shift】键以中心点为基准调整大小，放大到 400%，效果如图 6－50（b）所示。即第 1 帧是小花朵，第 10 帧变成大花朵。本例中所有的调整大小都是以中心点为基准调整的。

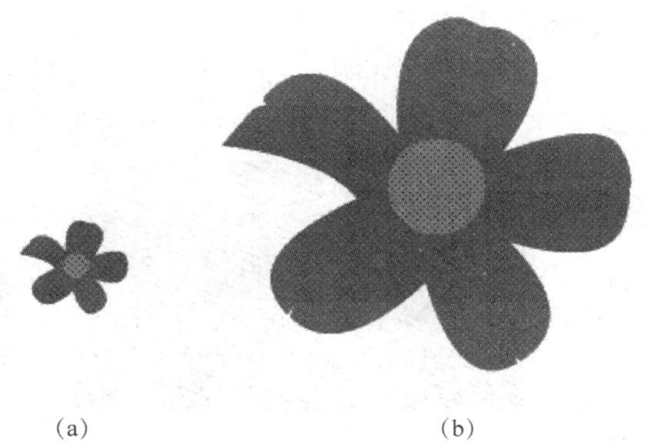

（a） （b）

图 6－50 第 10 帧放大图形

（a）第 1 帧的小花朵；（b）第 10 帧的大花朵

（3）在大小花朵之间创建补间形状：单击第 1 帧，右击，如图 6－51（a）所示，在快捷菜单中选择【创建补间形状】命令。这时从第1帧到第10帧之间自动生成了补间形状，播放头在第1帧的位置，如图6－51（b）所示。按【Enter】键播放动画，可以预览补间形状的效果，就是花朵匀速地由小变大。单击第10帧，继续采用【创建补间形状】命令，在第13帧按【F6】键插入关键帧，使用“任意变形工具”稍微缩小花朵（调整其大小为第10帧的80%），在第16帧按【F6】键插入关键帧，稍微放大花朵。在第16帧，右击，在快捷菜单中选择【删除形状补间动画】，到第36帧按【F6】键插入关键帧。按【Enter】键能够浏览到花朵从小变大，再微微变小变大一次。

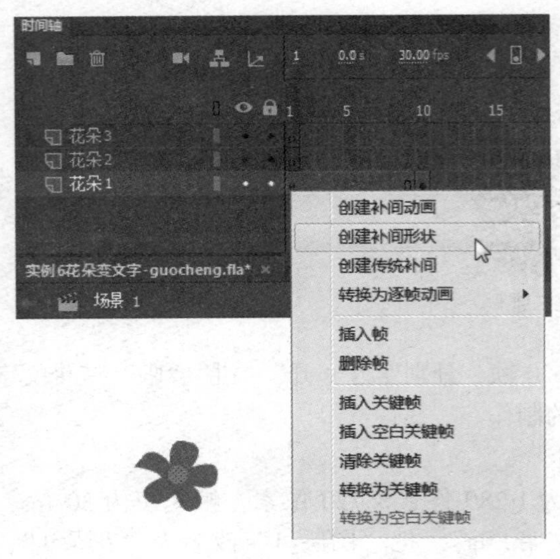

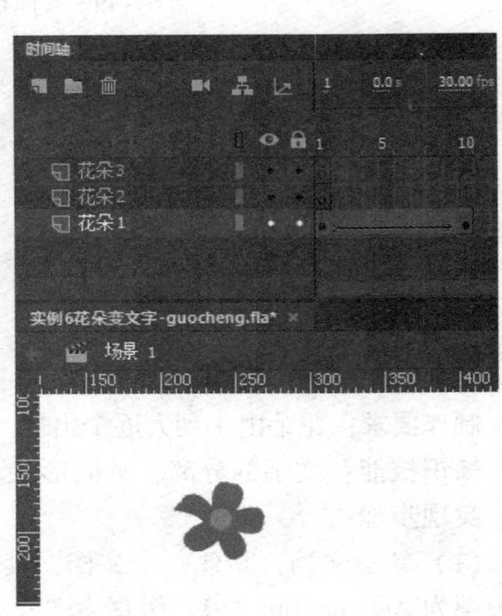

图6－51　第1帧的快捷菜单和在第1帧和第10帧之间生成补间形状

（a）第1帧的快捷菜单；（b）在第1帧和第10帧之间生成补间形状

（4）把花朵变成文字：单击第36帧，在快捷菜单中应用【创建补间形状】命令，在第46帧按【F6】键插入关键帧，输入文字“开”，如图6－52（a）所示，在【字符】面板中设置为“汉仪太极体”，96磅。文字颜色和花朵同色，文字比花朵整体稍微小一些，删掉原有的花朵。按【Ctrl】+【B】键分离文字，得到文字图形，如图6－52（b）所示。此时第36帧是花朵图形，第46帧是文字图形，如图6－53所示。按【Enter】键，看到玫红色花朵大小变化之后，变为同色文字“开”。动画的时间轴如图6－54所示。

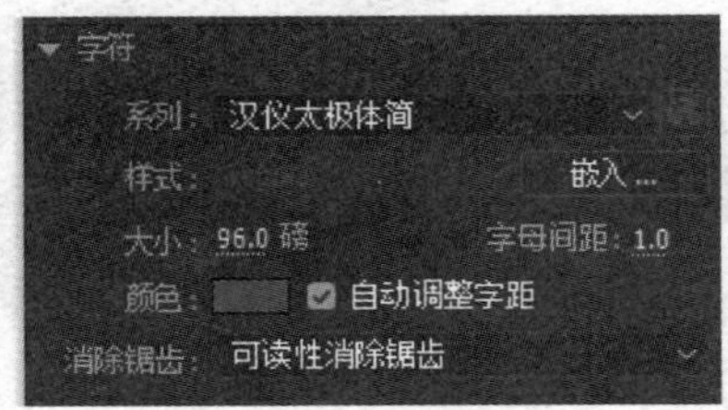

（a）

（b）

图6－52　输入文字并分离

（a）输入文字并设置其属性；（b）把文字分离成为图形

第36帧　　　　第46帧

图 6－53　文字变花朵的起始和终止状态

图 6－54　玫红色花朵变成“开”字的时间轴

（5）制作“花朵2”图层和“花朵3”图层的动画：复制“花朵1”图层第1帧的玫红色小花朵图形，在“花朵2”图层的第10帧按【F6】键插入关键帧，按【Ctrl】+【V】键把复制的小花朵粘贴到此处。修改花朵的颜色为橙黄色，并向右移动位置。制作动画的方法和玫红色小花朵一致，橙黄色的小花朵变成橙黄色的文字“讲”，动画是从第10帧到第56帧。

“花朵3”图层的动画是蓝色的花朵变成蓝色的文字“啦”。制作的时候可以像“花朵2”图层动画一样，也可以采用“复制帧”的方法。用“复制帧”的方法制作动画的步骤如下：

首先按住【Shift】键选中第1帧和第46帧，复制帧。单击“花朵3”图层的第20帧，右击，在快捷菜单中选择【粘贴帧】命令，刚才复制的46帧就会粘贴到第20帧到第66帧。然后选中每个关键帧，修改颜色和位置即可。为了更好地定位，可以打开【视图】|【标尺】命令，拖出几条辅助线。

“图层2”和“图层3”的动画效果制作完成之后，其时间轴如图6－55所示，动画时长一共66帧。每个层花朵的变形都是持续46帧，每个层的动画开始时间延后10帧。“花朵1”从第1帧开始，“花朵2”从第10帧开始，“花朵3”从第20帧开始。

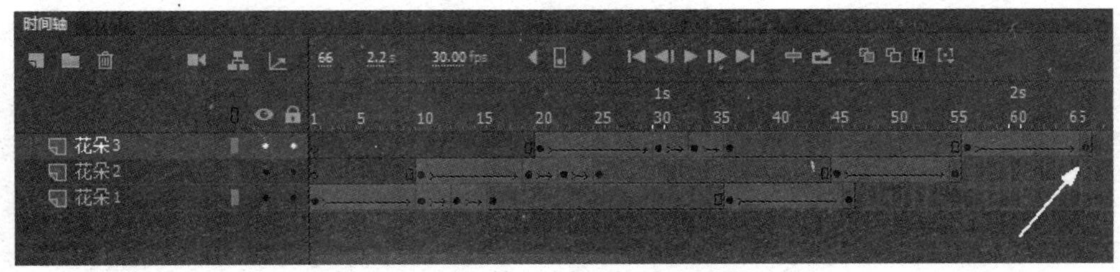

图 6－55　三个层的动画制作完成

按【Ctrl】+【Enter】键测试动画。这时我们看到三个花朵逐个变成文字，但下一个文字出现时，前一个文字已经不见了，接下来要对动画的细节进行调整。

（6）调整动画细节：要使得文字逐个出现且不消失，一直停留在画面上，需要把“花朵2”图层和“花朵3”图层按【F5】键插入普通帧，都延长到66帧。测试动画，发现当三个文字同时呈现在画面上的时候，画面一闪而过。因此需要延长最后一个画面的停顿时间，这样看起来更符合视觉心理，更舒适。用鼠标框选这三个图层的第90帧，如图6－56所示，按【F5】键，这三个图层同时延长到第90帧，如图6－57所示，在每个层动画的最后一个关键帧中调整文字的角度。然后测试动画，感觉动画效果更合理更自然了。最后保存文件。

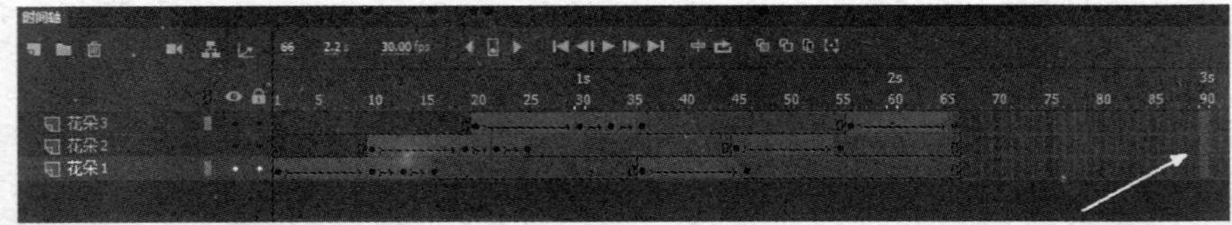

图6－56　框选所有图层的第90帧

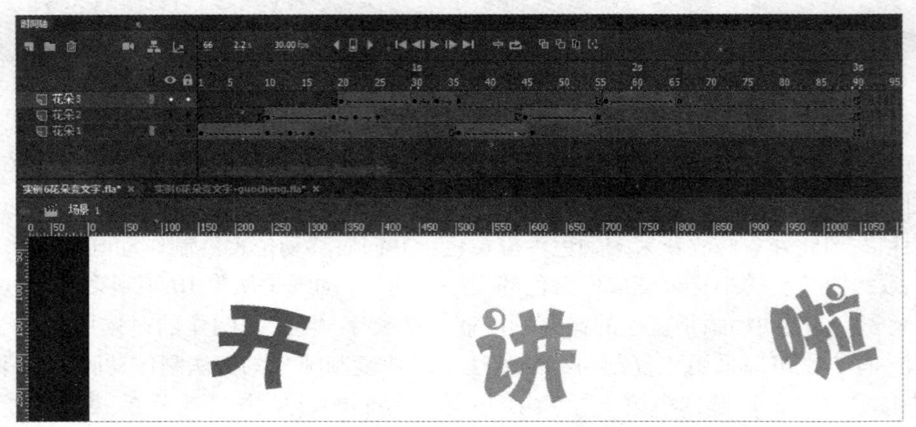

图6－57　动画延长到90帧

特别提示：

每个花朵由小变大、由大变小这部分动画也可以用“补间动画”来实现，但需要把花朵转换成元件。花朵变成文字这部分动画，必须是“补间形状”，动画起点的花朵和终点上的文字都必须是分离的填充形状。

实例7　太阳发光动画

视频二维码

制作要求：太阳的圆脸表情丰富，外层要有变化的光焰。

知识技能：把逐帧动画转换成影片剪辑元件，逐帧动画和补间形状的结合。

实现步骤：

（1）新建文档：新建一个文档，其大小为 1 280 像素 ×720 像素，帧速率为 30 fps，平台类型为 ActionScript 3.0，保存为“太阳发光 . fla”。把“图层_1”改名为“太阳光焰”，然后新建“图层_2”，命名为“表情”。

（2）把之前做的表情转换成影片剪辑元件：打开“表情_3. fla”文件，其【时间轴】面板如图 6－58 所示，该动画有 5 个图层，63 帧。右击任意帧，在快捷菜单中单击【选择所有帧】命令，再次右击任意帧，在快捷菜单中选择【复制帧】命令。

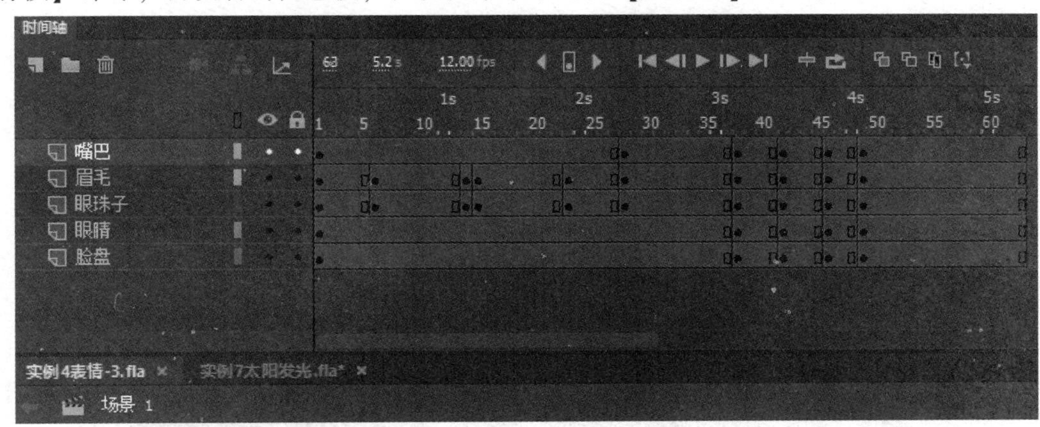

图 6－58 表情动画的时间轴

回到当前的文件“太阳发光 . fla”，采用【Ctrl】+【F8】组合键新建元件，如图 6－59 所示，新建“太阳表情_MC”影片剪辑元件。在该元件的编辑窗口图层_1 的第 1 帧，右击，在快捷菜单中选择【粘贴帧】命令，则表情动画所有的层和帧都复制进来。此时，把表情动画转换成影片剪辑元件“太阳表情_MC”。这个元件自动保存在“太阳发光 . fla”文件的库中。

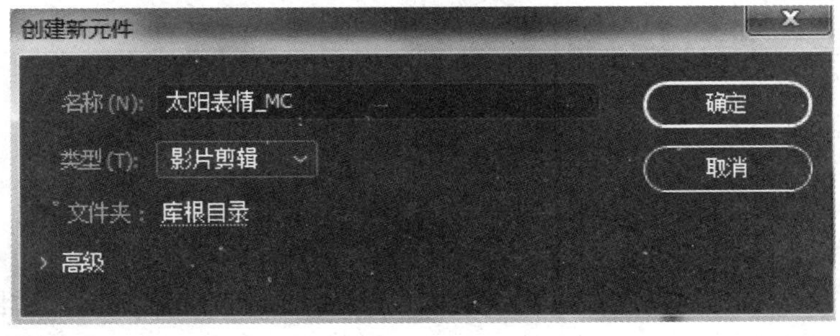

图 6－59 新建影片剪辑元件

（3）插入影片剪辑元件：回到实例 7“太阳发光.fla”文件的场景 1。单击“表情”图层的第 1 帧，从【库】面板中拖放“太阳表情_MC”到舞台中央。

（4）绘制太阳光焰：采用“多角星形工具”，如图 6－60（a）所示，在【属性】面板中设置黄色填充色，笔触为空白，单击“选项”按钮，打开【工具设置】面板，如图 6－60（b）所示，设置边数为 8。单击“太阳光焰”图层的第 1 帧，绘制一个八边形，衬托在太阳表情下面，如图 6－61（a）所示。用“选择工具”调整八边形的边线，如图 6－61（b）所示，把八边形调整成太阳的光焰形状。采用其他方式绘制光焰也可以。

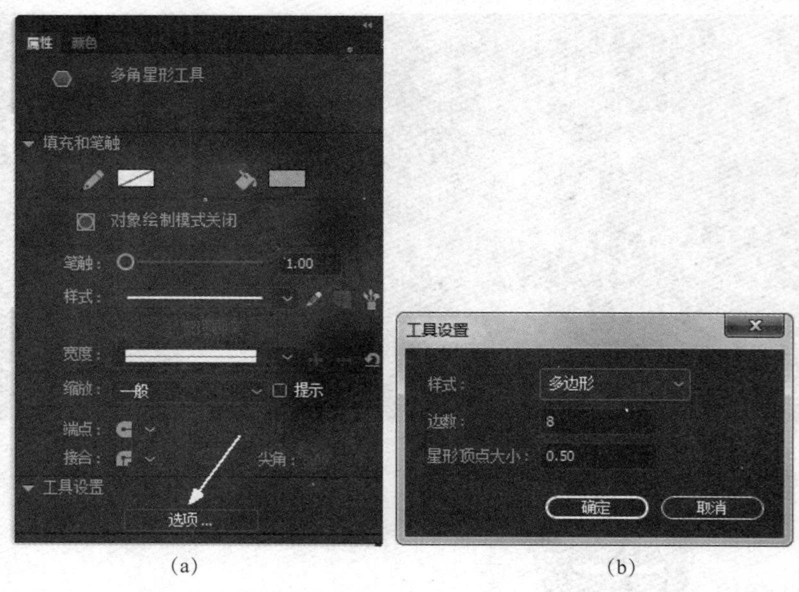

（a）　　　　（b）

图 6－60　八边形的选项设置

（a）图形的【属性】面板；（b）【工具设置】面板

（a）　　　　（b）

图 6－61　把八边形调整成光焰

（a）八边形；（b）光焰形状

（5）创建太阳光焰的补间形状：在“太阳光焰”图层第 20 帧按【F6】键插入关键帧，此时的太阳光焰和第 1 帧相同，用“选择工具”调整光焰的形状；同样地在第 40 帧插入关键帧并修改光焰形状，在第 60 帧插入关键帧并修改形状，第 80 帧插入关键帧并修改形状。每个关键帧的形状如图 6－62 所示，注意，每个形状都是在前一个关键帧形状的基础上进行修改。到第 100 帧时按【F5】键插入普通帧。把“表情”图层也延长到 100 帧，即在“表情”图层的第 100 帧按【F5】键。

图 6－62　太阳光焰的形状变化

按【Ctrl】+【Enter】键测试影片。最后的【时间轴】面板如图 6－63 所示。

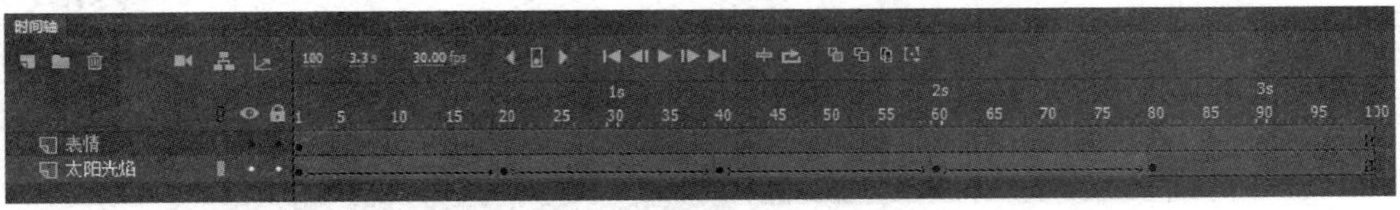

图 6－63　“太阳发光”动画时间轴

读者们可以尝试一下按照上一节讲的方法，把“太阳发光”动画转换成影片剪辑元件放在“田园风光”场景中。这样“田园风光”场景里面不仅有转动的大风车，还有动态的太阳悬挂在天空上，如图 6－64 所示。源程序可参看素材中的“田园风光－动画 2. fla”。

图 6－64　带有转动风车和发光太阳的田园

思考一下：如果太阳的光线是旋转的，或者是长短、颜色变化的，那么应该怎么制作动画？

6.3.2　使用形状提示控制形状变化

若要控制更加复杂的形状变化，可以使用形状提示，形状提示会标识起始形状和结束形状中相对应的点。例如制作矩形变梯形的过程中，默认的形状补间并不像设想的那样，而是中间会出现一些不必要的旋转，如图 6－65 所示。

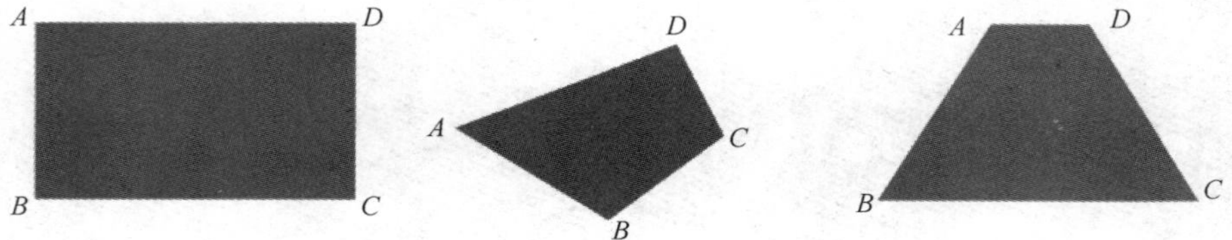

图 6-65　默认的矩形变梯形的过程

初步设想矩形的 *B* 和 *C* 两个顶点不动，*A* 和 *D* 由两侧移向中央。为了实现这种补间动画效果，可以在第 1 帧创建了补间形状以后，单击第 1 帧，采用菜单命令【修改】|【形状】|【添加形状提示】（见图 6-66），或者按快捷键【Ctrl】+【Shift】+【H】两次，添加 a、b 两个形状提示，即两个红色的标记字母的圆圈。

图 6-66　添加形状提示

在补间形状的第 1 帧，利用“选择工具”移动 a、b 两个形状提示到矩形上面两个顶点，作为两个标记点，如图 6-67（a）所示。在补间形状的最后一帧，也同样移动形状提示，标记点位置要和第 1 帧相对应，如图 6-67（b）所示，起始关键帧中的形状提示是黄色的，结束关键帧中的形状提示是绿色的。详细动画可以参看素材中的“形状提示 . fla”文件。

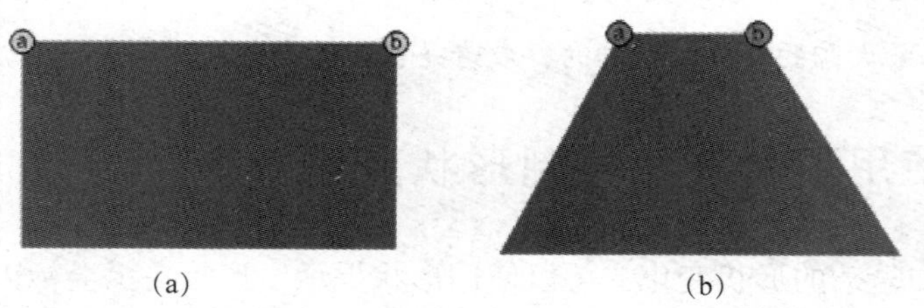

图 6-67　补间形状第 1 帧和最后 1 帧的形状提示

（a）形状提示在矩形上端两个端点；（b）形状提示在梯形上端两个端点

特别提示：

利用“选择工具”移动形状提示位置的时候，选中“贴紧到对象”，这样才能保证标记点的位置一致。如果已经添加的形状提示消失不见，可以采用菜单命令【视图】|【显示形状提示】使之出现。

6.4 运动路径的编辑与应用

6.4.1 修改运动路径

第2节讲了设计补间动画的基本要求，通过“转动的风车”实例掌握了补间动画怎样旋转元件的角度，没有涉及运动路径和速度改变的问题。当元件的位置发生改变时，如图6－68所示，默认的动画补间的路径是直线，在起始帧和终止帧之间取直线作为运动路径。其中的均匀分布的圆点叫作“补间点”或“帧点”，用来表示时间轴中目标对象沿路径的位置。

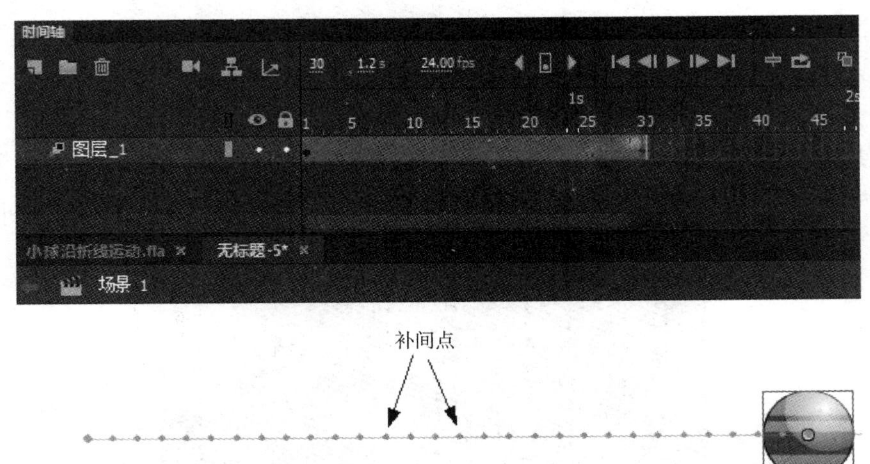

图6－68　补间动画的运动路径

但很多时候动画并非沿直线运动，还有曲线、折线、螺旋线等运动方式，我们可以修改默认的直线运动路径。常用的修改运动路径的方法包括以下几种：

（1）在补间范围的任何帧中移动对象的位置，路径会随之修改：如图6－69所示，在第5帧向上移动小球，在第15帧向下移动小球，则第5帧和第15帧都会自动生成属性关键帧。

这时，运动路径上原本均匀分布的帧点有了疏密的差别，这种疏密体现的就是运动速度不一致。帧点的间距越大，小球运动越快；帧点间距越小，则小球运动越慢。如果想让小球继续呈现匀速运动，则可以在补间动画的第1帧右击，在弹出的快捷菜单中选择【将关键帧切换为浮动】命令，则帧点恢复均匀分布，小球变成匀速运动，时间轴的补间范围内新增加的属性关键帧都消失了。

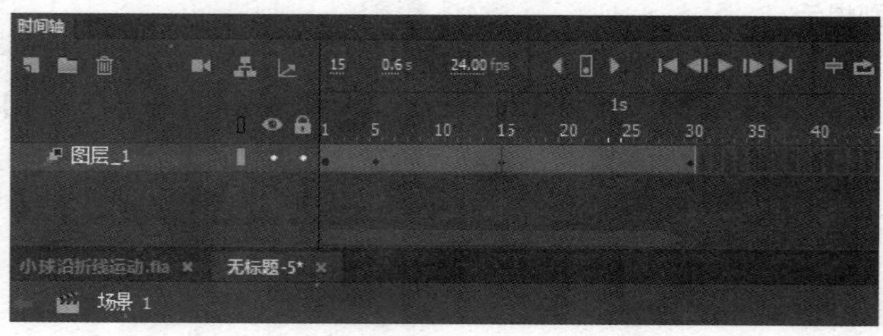

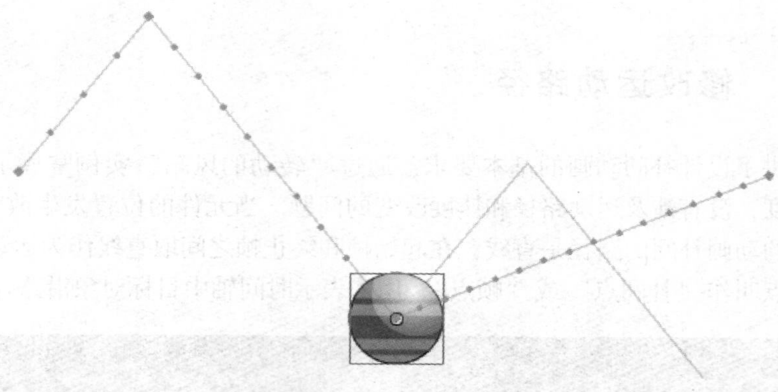

图 6－69　移动对象的位置从而改变路径

（2）使用“选择工具”“部分选择工具”“任意变形工具”和【变形】面板等改变路径的形状和大小。如图 6－70 所示，用“选择工具”把小球的直线运动路径调整成曲线。

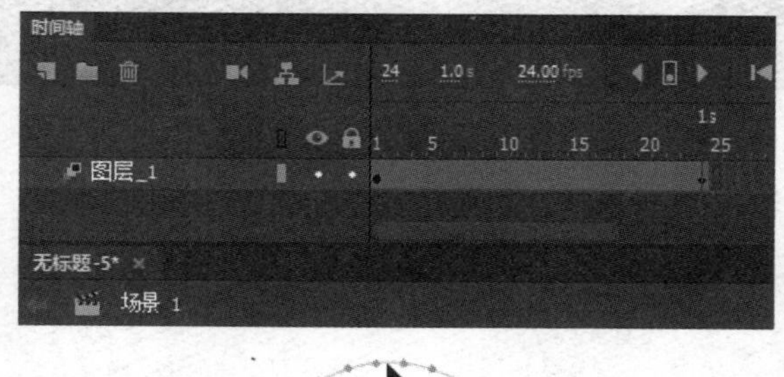

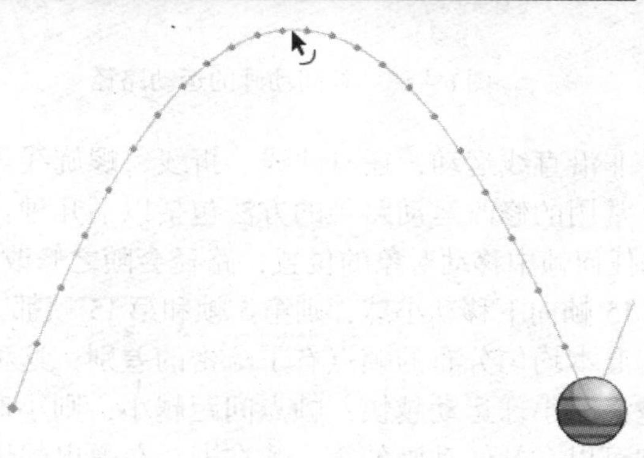

图 6－70　用“选择工具”修改路径

针对补间范围内的属性关键帧◆，在路径上都有一个对应的帧点，使用“部分选取工具”单击帧点，可以调整其贝塞尔手柄，如图6-71所示，可使用这些手柄改变属性关键帧点周围的路径的形状。还可以利用“部分选择工具”将整个运动路径移到舞台上的其他位置。

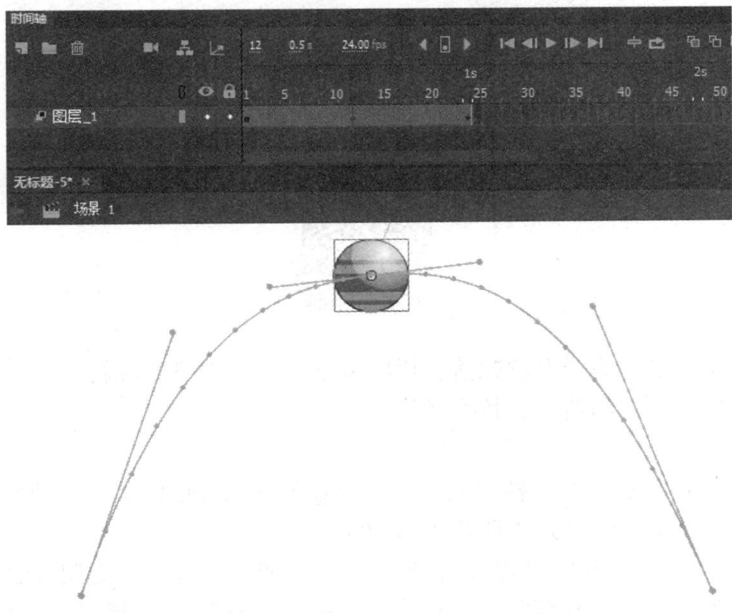

图6-71 用“部分选取工具”调整属性关键帧点的控制手柄

6.4.2 自定义线条作为运动路径

将An中的自定义线条作为运动路径，就相当于以前版本的“创建运动引导层”动画。如图6-72所示，引导层是由“铅笔工具”绘制的线条，用它来引导树叶的运动轨迹。

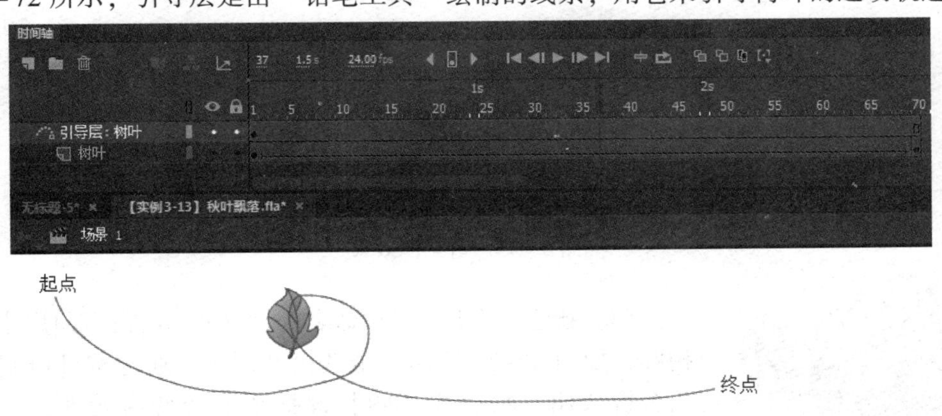

图6-72 引导层动画

在An中，可将来自其他图层或其他时间轴的线条作为补间的运动路径进行应用，用一个层实现对运动的引导。线条和原来的引导层一样，一定不能闭合、不能间断，也不要有太

多交叉点。具体做法是：首先绘制运动路径的线条，然后复制该线条，回到时间轴的动画补间范围，粘贴线条即可。An 会将线条作为动画补间范围的新运动路径进行应用。如果要反转动画补间的起点和终点运动方向，则在补间范围内任意一帧上右击，在快捷菜单中选择【运动路径】|【翻转路径】命令即可实现。

实例 8　秋叶飘落

视频二维码

制作要求：树叶沿着曲线自然飘落，树叶飘落的同时本身要翻转。

知识技能：自定义运动路径，替换元件。

实现步骤：

（1）新建文档：新建一个文档，其大小为 800 像素 ×600 像素，帧速率为 24 fps，平台类型为 ActionScript 3.0，保存为“秋叶飘落 . fla”。

（2）把“图层_1”改名为“背景”：如图 6 – 73 所示，背景的绘制方法可以参考第 5 章的“田园风光”实例，自身包含树、房子、白云等多个图层，绘制完成后转换成图形元件，元件名为“背景图”。在本文件的“背景”图层中只占 1 帧。

图 6 – 73　背景图效果

图 6 – 74　绘制树叶

（3）新建“图层_2”，命名为“树叶”：在本图层中，绘制树叶，如图 6 – 74 所示，全选树叶图形，通过按【Ctrl】+【G】组合键成组，然后按【F8】键把图形转变为元件，名为“树叶 1”，移动到舞台左上角边界之外。在【库】面板中，双击元件名字也可以改名。

（4）在“树叶”图层创建补间动画：在“树叶”图层的第 1 帧右击，创建补间动画，默认持续到 24 帧。在第 24 帧的位置拖动

“树叶 1”元件到舞台右下侧边界之外，如图 6－75 所示。把“背景”图层延长到第 24 帧。

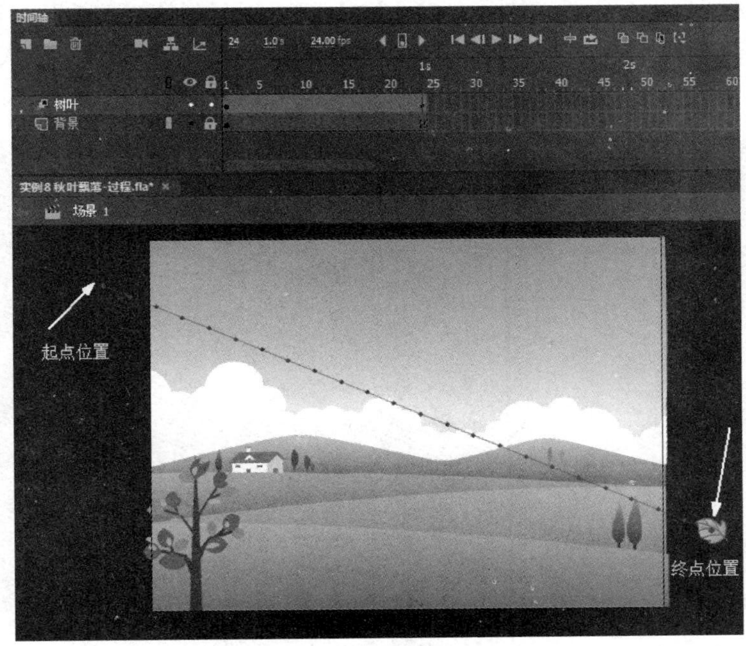

图 6－75　设置补间动画的起始和终止帧

（5）绘制新的运动路径并应用到补间动画中：新建“图层_3”，采用“铅笔工具”，设置为黑色，粗细为 2，在舞台上绘制线条，如图 6－76 所示。线条要超过舞台的边界，使得树叶在运动时能从画面之外飘进来，然后再飘出去。

图 6－76　绘制新的运动路径

选中“图层_3”中的线条，按【Ctrl】+【C】键进行复制，然后单击“树叶”图层从第1帧到第24帧的任何一个位置，按【Ctrl】+【V】键，把复制的线条粘贴在补间动画的范围之内，效果如图6－77所示，“图层_3”中的线条变成了树叶新的运动路径，此路径上均匀分布着24个帧点。按【Enter】键播放动画，发现树叶已经沿着路径运动了，但速度较快。

图6－77　补间动画应用新的路径

（6）调整动画持续的时间，使树叶飘落的过程持续4 s：把鼠标放在“树叶”图层的最后一帧边界上，光标呈现双向箭头时，向右拖动，一直拖到第96帧。在“背景”图层的第96帧按【F5】键，“背景”图层也同样持续4 s。如图6－78所示，此时运动路径上的帧点变得密集，从24增加到96。按【Enter】键播放动画观看效果。然后删除“图层_3”，删除之前绘制的路径。

图6－78　拉长运动持续时间

（7）把“树叶1”元件替换成转动的树叶：按【Ctrl】+【F8】键新建影片剪辑元件“树叶2_MC”。在元件的编辑窗口，把【库】中的图形元件“树叶1”拖放到舞台中，如图6－79（a）所示，单击“图层_1”的第1帧，创建补间动画，在第1帧的【属性】面板中设置顺时针转动1次，如图6－79（b）所示。默认时长是24帧。光标放在第24帧边界上呈现↔时，向右拖动至第50帧，即动画延长到第50帧。此时“树叶2_MC”成为一个缓缓转动的树叶。

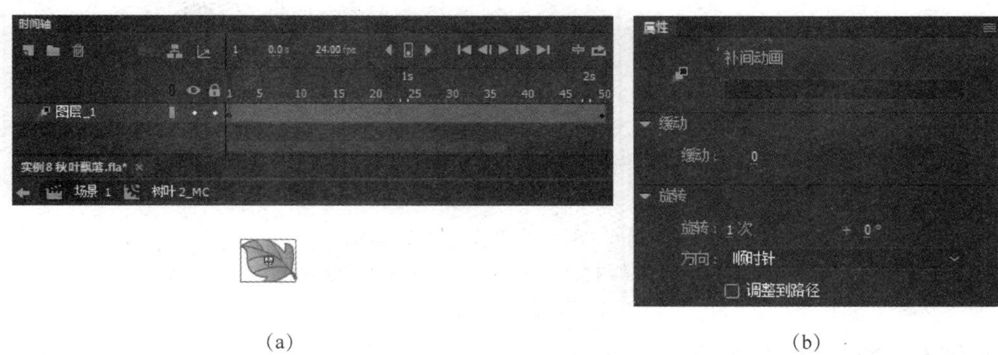

（a）　　　　　（b）

图6－79　设置树叶旋转的补间动画

（a）把树叶元件放入第1帧；（b）第1帧的【属性】面板

回到“场景1”的编辑窗口，单击“树叶”图层的第1帧，单击编辑窗口的图形元件“树叶1”，在【属性】面板中单击“交换”按钮，如图6－80所示，出现“交换元件”对话框，选择“树叶2_MC”，这样就用影片剪辑元件“树叶2_MC”替换了图形元件“树叶1”，即用旋转的树叶取代了静态的树叶。按【Ctrl】+【Enter】键测试影片，会看到树叶一边旋转，一边沿着路径飘落。

最后按下编辑窗口右上方的“切掉舞台范围以外的内容”图标□，则多余的背景图和舞台外的树叶都消失不见。然后保存文件，再次按【Ctrl】+【Enter】键测试影片。

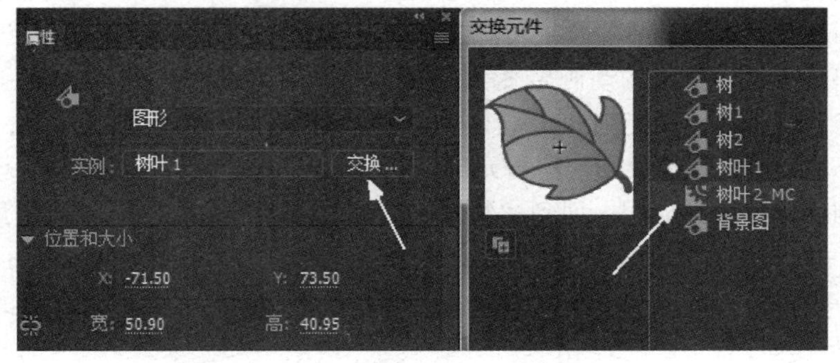

图6－80　交互元件

6.4.3　调整到路径

在创建曲线路径时，可以让补间动画的对象在沿着该路径移动时进行旋转。若要使相对于该路径的方向保持不变，就要在【属性】面板中选择“调整到路径”选项 调整到路径 。

图 6-81（a）是小汽车沿着斜坡开动，未选中“调整到路径”的情况，小汽车的方向会很怪异；图 6-81（b）是选中“调整到路径”后，小汽车的运动方向保持与路径平行。在实例 8“秋叶飘落.fla”中，如果采用的是静态的图形元件“树叶 1”，也可以尝试选中“调整到路径”，则树叶在飘落的过程中也会出现回旋飘落的效果。

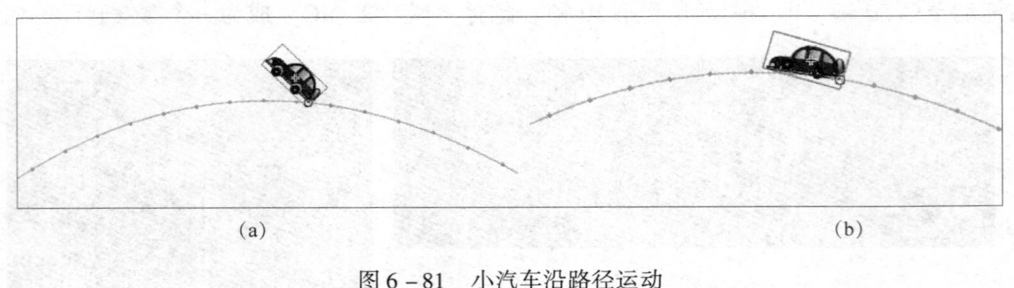

(a)　　(b)

图 6-81　小汽车沿路径运动

（a）未选中“调整到路径”；（b）选中“调整到路径”

实例 9　转圈走路动画

视频二维码

制作要求：鸡蛋沿椭圆路径侧身行走。

知识技能：自定义运动路径并应用，实现元件变形。

实现步骤：

（1）新建文档：新建一个文档，其大小为 1 280 像素 ×720 像素，帧速率为 30 fps，平台类型为 ActionScript 3.0，保存为“转圈走路.fla”。

（2）把鸡蛋原地侧身走的动画转变为元件：打开“鸡蛋侧面走路.fla”文件，选择所有帧，复制帧。回到“转圈走路.fla”，新建影片剪辑元件“侧面走路_MC”，粘贴帧，即把鸡蛋原地侧身走的动画转换成影片剪辑元件。

（3）绘制椭圆路径并应用：回到“场景 1”编辑窗口，在“图层_1”中用“铅笔工具”在第 1 帧绘制一个大椭圆，笔触粗细为 2，黑色，空白填充，如图 6-82 所示，用“橡皮擦工具”擦掉一段路径，形成一个小口。因为运动路径不能闭合，必须是开放的路径。

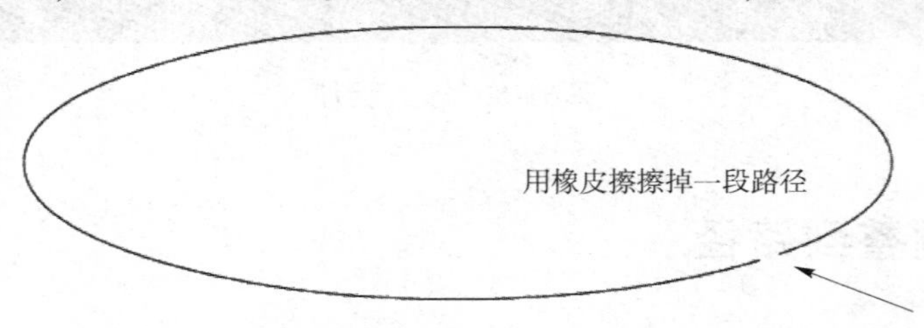

图 6-82　绘制运动路径

新建“鸡蛋走路”图层，把【库】中的“侧面走路_MC”拖放到舞台上椭圆路径小口附近。单击第1帧，创建补间动画，默认第30帧是结束帧，移动一下元件的位置。在“图层_1”选中椭圆路径，按【Ctrl】+【C】键进行复制，回到“鸡蛋走路”图层的补间范围中，按【Ctrl】+【V】键后，则补间动画会把椭圆作为新的运动路径。按【Ctrl】+【Enter】键后，鸡蛋沿着椭圆行走，但速度太快，因此把结束帧从第30帧拖到第220帧。然后删除图层_1。

（4）变形影片剪辑元件：刚才作的动画是鸡蛋沿着椭圆行走，但不能够转圈，如图6－83所示，走在椭圆的远近两侧都是同一个方向。

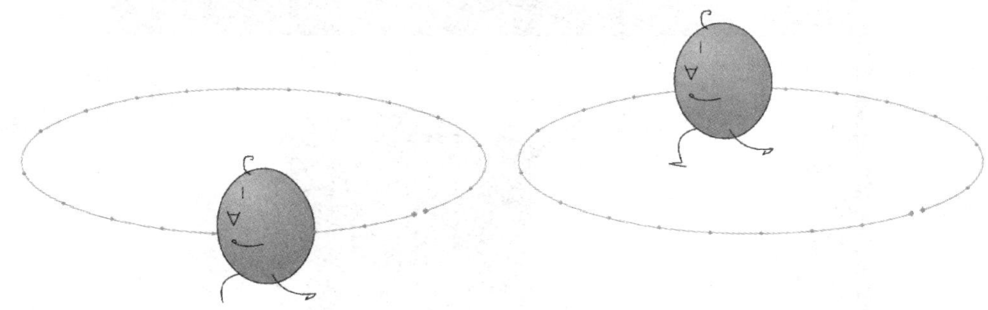

图6－83　鸡蛋在路径内外两侧运动的方向相同

如果想使得鸡蛋行走到椭圆另一侧的时候转向，则需要在椭圆横轴的两个端点附近使鸡蛋转向。如图6－84所示，当鸡蛋走到椭圆路径左边端点的时候，在【时间轴】面板的第95帧上按【F6】键插入关键帧，在第96帧也按【F6】键插入关键帧。

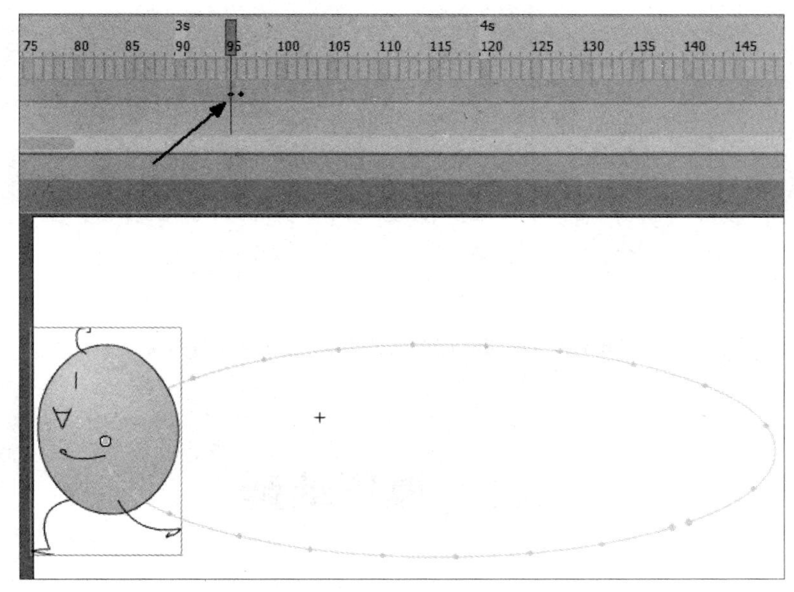

图6－84　在椭圆的左侧端点插入两个关键帧

单击第96帧，选择鸡蛋元件，使用“任意变形工具”左右拖动元件上的变形点，使鸡蛋元件水平翻转，或者使用【变形】面板设置“缩放宽度”为－100%，如图6－85所示。

同样的，当鸡蛋行走到椭圆路径右侧端点的时候，在时间轴面板的第 202 和第 203 帧插入关键帧，把第 203 帧的鸡蛋元件水平翻转，最终鸡蛋在圆圈路径内外两侧运动的方向相反，实现如图 6－86 所示的转圈走路效果。

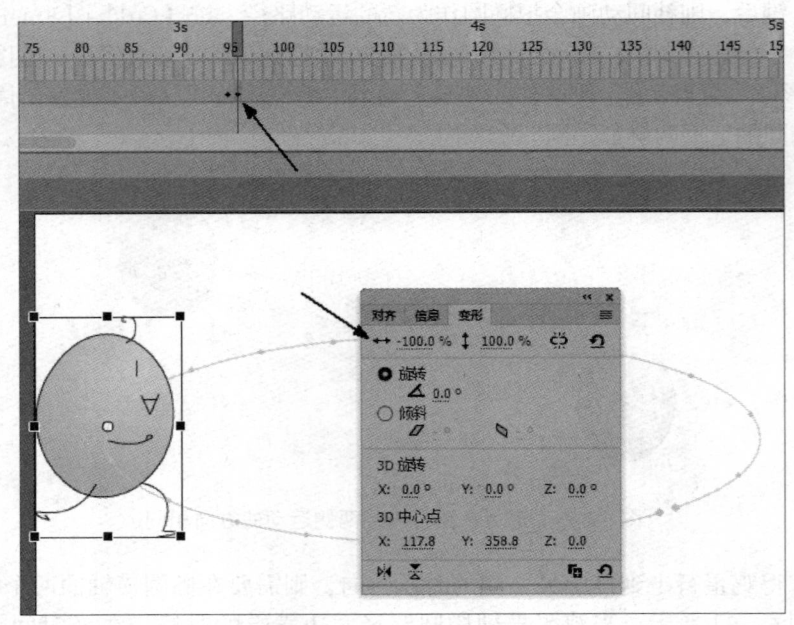

图 6－85　水平翻转元件

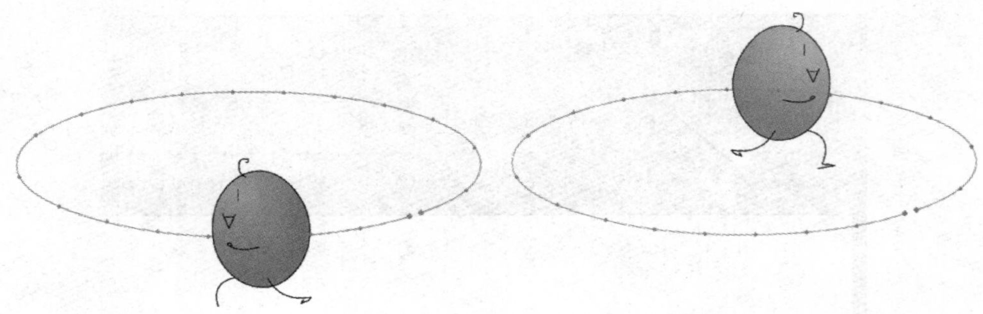
图 6－86　鸡蛋在路径内外两侧运动的方向相反

6.5　遮罩动画

遮罩层是一个特殊的图层，遮罩动画是 An 中非常重要的动画形式。遮罩层中的内容决定着被遮罩层显示的范围。我们常常看到很多炫目神奇的动画效果，而其中不少就是用最简单的“遮罩”完成的，如水波、万花筒、百叶窗、放大镜、望远镜等。

6.5.1 遮罩动画的概念和创建方法

“遮罩”，顾名思义就是遮挡住下面的对象。在 An 中“遮罩动画”是通过“遮罩层”有选择地显示位于其下方的“被遮罩层”中的内容。在一个遮罩动画中“遮罩层”只有一个，“被遮罩层”可以有多个。

“遮罩”主要有两种用途：一是用在整个场景或一个特定区域，使场景外的对象或特定区域外的对象不可见；二是用来遮罩住某一元件的一部分，从而实现一些特殊的效果。

创建遮罩动画的方法如下：

在某个图层上单击右键，在弹出菜单中单击【遮罩层】命令，则该图层就会变成遮罩层。层图标就会从普通的层图标变为遮罩层图标，系统会自动把遮罩层下面的一层关联为“被遮罩层”，在缩进的同时图标变为。如果想关联更多层被遮罩，只要把这些层拖到遮罩层下面就行了。如果想取消“遮罩层”，则右击遮罩层，再次单击【遮罩层】命令即可。如图 6－87（a）所示，“椭圆”层放在“背景”层之上，右击“椭圆”层，在快捷菜单中单击【遮罩层】命令，该层就变为遮罩层。“背景”层成为被遮罩层，只有椭圆范围内的部分呈现出来，效果如图 6－87（b）所示。在层面板上，“椭圆”层和“背景”层都被锁定，如果取消“锁定”标志，则“椭圆”层和“背景”层的显示恢复原样。

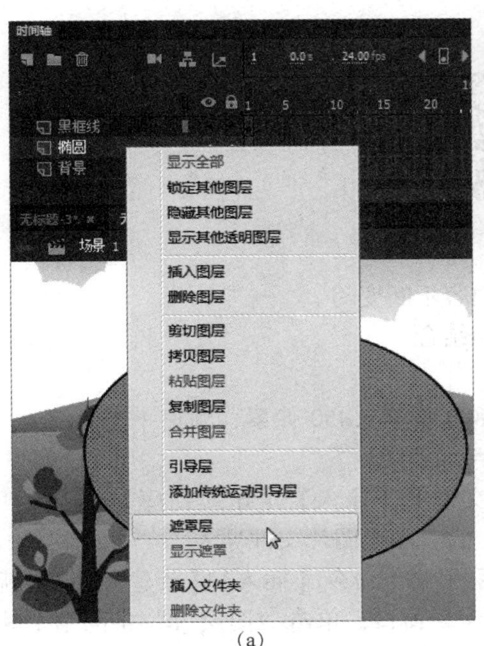

（a）

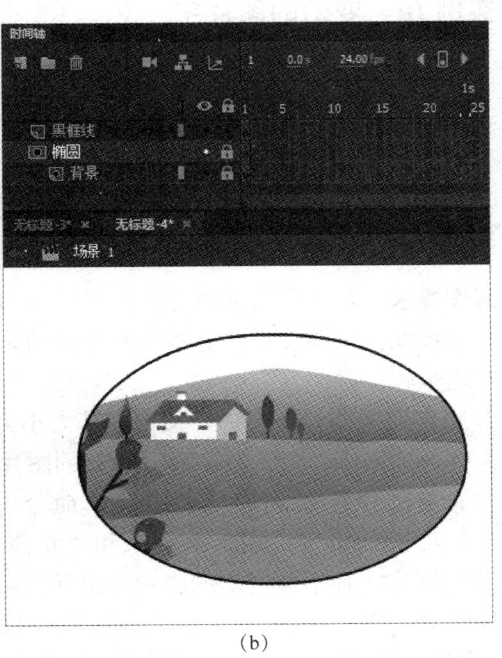

（b）

图 6－87 创建遮罩效果

（a）打开“椭圆”层的快捷菜单；（b）把“椭圆”层设为遮罩层的效果

6.5.2　构成遮罩层和被遮罩层的元素

遮罩层中的图形对象在播放时是看不到的，遮罩层中的内容可以是填充的形状，也可以把填充形状转换成图形元件、影片剪辑元件、图形组合等形式，还可以是位图、文字等。但不能使用线条笔触，很粗的线条也不行。如果一定要用线条绘制，则可以将线条转化为“填充”样式。

遮罩层的基本原理是：能够透过该图层中的对象看到“被遮罩层”中的对象及其属性（包括它们的变形效果），但是遮罩层的对象中的许多属性如渐变色、透明度、颜色和线条样式等却是被忽略的。

遮罩层不能在按钮内部，也不能用一个遮罩层试图遮蔽另一个遮罩层。

被遮罩层中的对象只能透过遮罩层中的对象呈现出来。在被遮罩层，可以使用按钮、影片剪辑、图形、位图、文字、线条等多种形式。

可以在遮罩层、被遮罩层中分别或同时使用形状补间动画、动画补间动画等动画手段，从而使遮罩动画变成一个可以施展无限想象力的创作空间。

在制作过程中，遮罩层经常挡住下层的元件，影响视线，无法编辑，可以按下遮罩层【时间轴】面板的“显示图层轮廓”按钮■，使遮罩层只显示边框，便于拖动边框调整遮罩图形的外形和位置。

实例 10　变幻的图片字

视频二维码

制作要求：在文字内部填充图片，图片的内容不断变幻。

知识技能：位图交换，遮罩层和逐帧动画的结合。

实现步骤：

（1）新建文档：新建一个文档，其大小为 800 像素 ×450 像素，帧速率为 30 fps，平台类型为 ActionScript 3.0，保存为“变幻的图片字 . fla”。

（2）把图片导入到库：采用菜单命令【文件】|【导入】|【导入到库】，选择“天空 1. jpg”“天空 2. jpg”“女孩 1. jpg”和“女孩 2. jpg”4 个图片文件导入。

（3）制作图片不断变幻的影片剪辑元件：采用菜单命令【插入】|【新建元件】，新建一个影片剪辑元件“背景变幻_MC”。在该元件的编辑窗口，单击“图层_1”中的第 1 帧，从【库】中拖入“天空 1. jpg”，如图 6 – 88 所示，在【属性】面板中，设置 $X=0$，$Y=0$，即图片左上角对齐元件编辑区的中心点。在第 6 帧、第 11 帧、第 16 帧都按【F6】键插入关键帧，在第 20 帧按【F5】键插入普通帧，即动画的结束帧。

这四个关键帧可以逐个从【库】中拖入图片文件并设置位置，还有一个简单做法就是采用“位图交换”功能。具体做法是：单击第 6 帧，单击编辑区的图片，这时的图片还是“天空 1. jpg”。在【属性】面板中，单击“交换”按钮，如图 6 – 89 所示，选择“女孩 1. jpg”，确定，编辑区的图片就变成了“女孩 1”，而且位置不变。其他几个关键帧也用交换位图的形式修改。最后，影片剪辑元件“背景变幻_MC”的内容就是四张图片轮番呈现的逐帧动画。

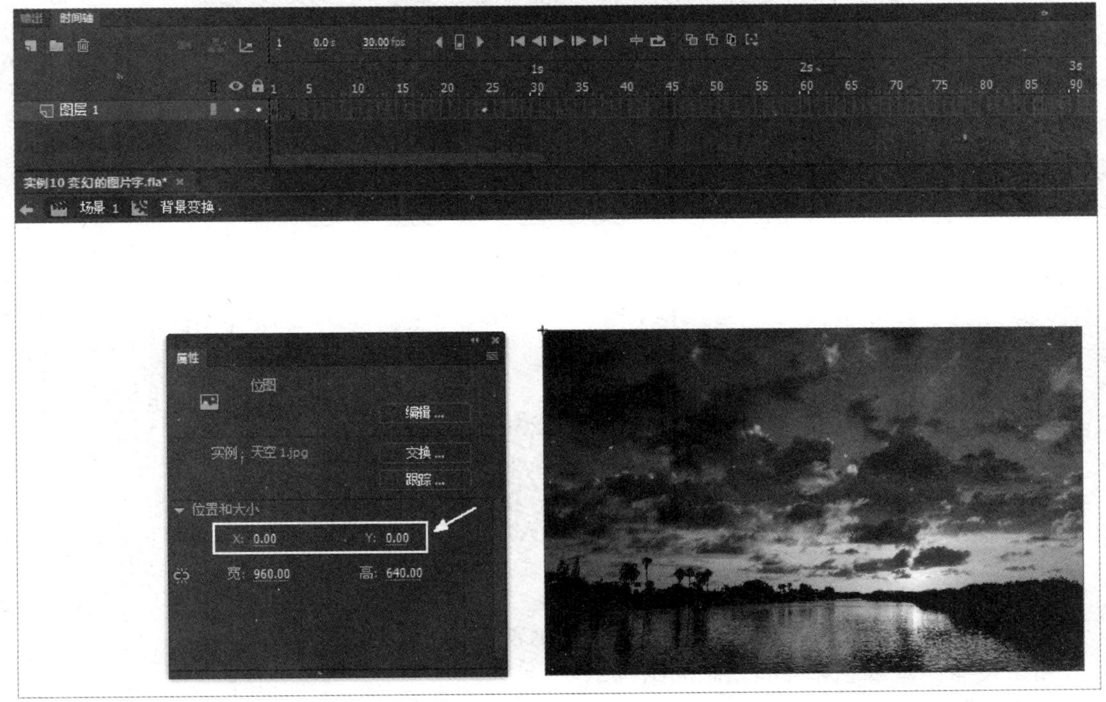

图 6 – 88　设置图片的位置

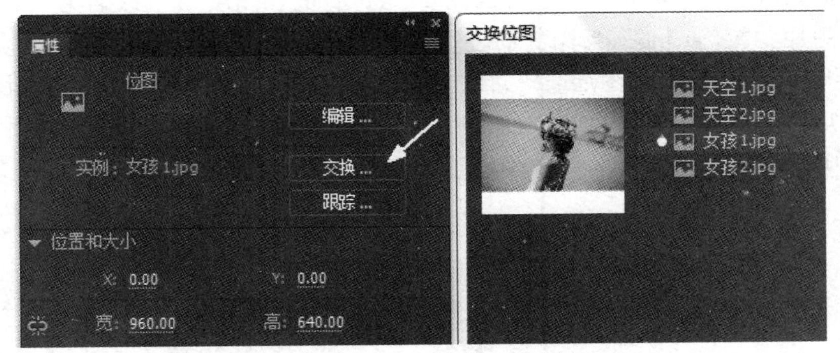

图 6 – 89　交换位图

（4）制作遮罩动画：回到“场景 1”，在“图层_1”的第 1 帧插入刚刚完成的影片剪辑元件“背景变幻_MC”。新建“图层_2”，命名为“文字”，输入“ANIMATION”，字体是 Impact，尺寸比图片略小。设置“文字”层为遮罩层，结果如图 6 – 90 所示，ANIMATION 成为图片字。

按【Ctrl】+【Enter】键测试动画，可以看到 ANIMATION 文字区域的图片不断变幻。

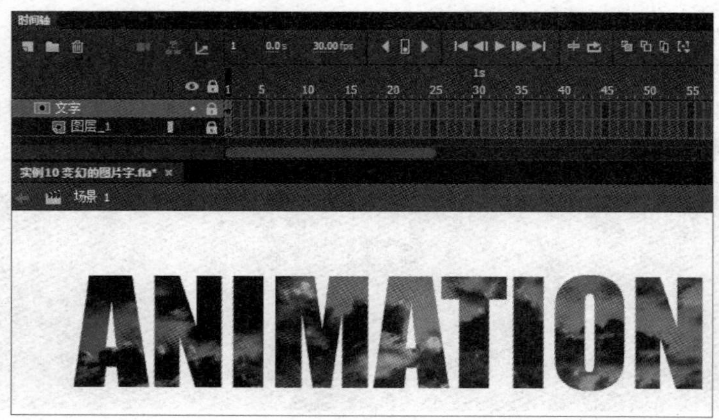

图 6－90　文字遮罩

实例 11　展开的画卷

视频二维码

制作要求：画轴向两侧移动，画卷展开，画轴与画卷的速度同步。

知识技能：遮罩层和补间动画的结合。

实现步骤：

（1）新建文档：新建一个文档，其大小为 800 像素 ×280 像素，帧速率为 24 fps，平台类型为 ActionScript 3. 0，保存为“展开的画卷 . fla”。把“图层_1”改名为“背景”，在第 1 帧导入一个图片“校门 . jpg”当作背景。

（2）绘制画卷：新建“图层_2”，改名为“画卷”，绘制半透明白色矩形，棕黄色笔触。在透明矩形框内输入棕黄色的“曲阜师范大学”，汉仪菱心体，调整大小和字间距，效果如图 6－91所示。

图 6－91　画卷的内容

（3）制作遮罩动画：新建“图层_3”，在第 1 帧采用“合并绘制”方式绘制如图 6－92（a）所示的矩形，矩形较窄，高度与半透明白色矩形相同。假设画卷展开的动画需要 60 帧，那

么就在第 60 帧按【F6】键插入一个关键帧，使用“任意变形工具”把矩形尺寸调整成能遮盖住所有文字和白色矩形，如图 6－92（b）所示。单击“图层_3”的第 1 帧，右击，在快捷菜单中选择【创建补间形状】命令，即在第 1 帧（起始帧）和第 100 帧（终止帧）之间创建了形状补间动画。然后，在“背景”层和“画卷”层的第 60 帧，按【F5】键创建普通帧，即背景和文字的显示都延长到第 60 帧。

(a)

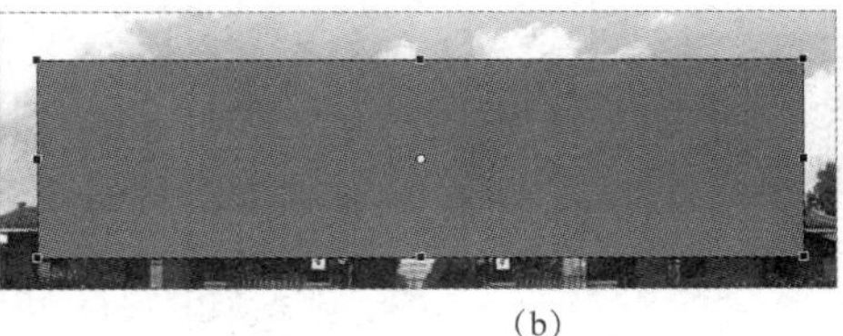

(b)

图 6－92 遮罩层的起始帧和终止帧

（a）第 1 帧的矩形；（b）第 60 帧的矩形

（4）制作“画轴”元件：新建“图层_4”，改名为“画轴右”，在文字区域的中间位置绘制一个矩形，其高度可以稍微高于半透明白色矩形。设置笔触颜色为深棕色，填充色为径向渐变，即由浅棕色（#B1703A）到深棕色（#5D300A）渐变。此时的渐变范围是圆形，如图 6－93（a）所示，而画轴是较窄的矩形，因此需要采用“渐变变形工具”拖动缩小渐变范围，如图 6－93（b）所示，渐变范围变成较窄的椭圆形。在矩形的两头添加两个深色小矩形，作为画轴的圆头，如图 6－93（c）所示。全选，然后采用菜单命令【修改】|【转换为元件】，建立一个图形元件，命名为“画轴”。

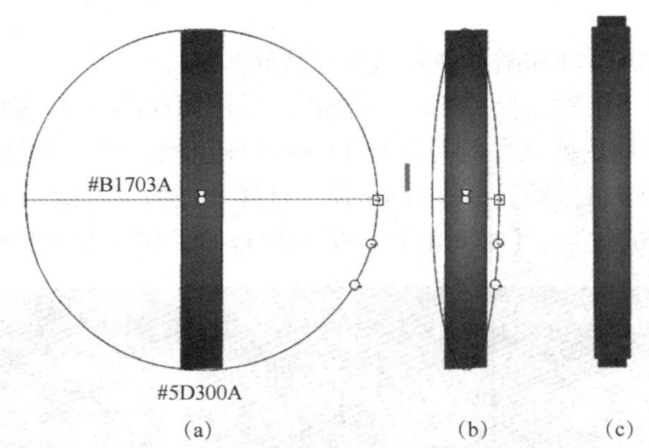

(a) (b) (c)

图 6－93 画轴的形状和渐变色

（a）默认的圆形渐变范围；（b）渐变范围为较窄的椭圆；（c）画轴的效果

（5）画轴移动：在“画轴右”图层，单击第 1 帧，右击，创建补间动画。然后单击第 60 帧，单击画轴，按向右箭头，一直移动到矩形的右侧，如图 6－94 所示。

特别提示：

画轴的起点要在画卷开始展开的位置，画轴的终点要和白色半透明矩形以及遮罩层矩形的右侧边缘基本重合，这样才能使得画轴和画卷同步运动，即矩形形状的放大和轴的运动要距离相等。

(a)

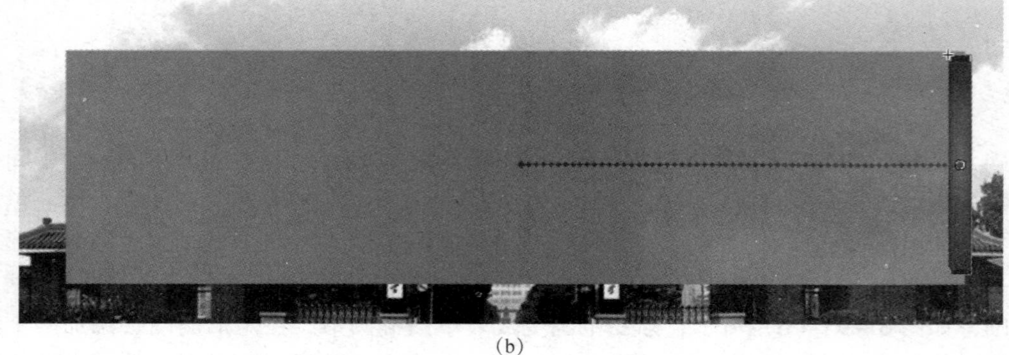

(b)

图 6－94　右轴的起点和终点状态

（a）画轴在中间；（b）画轴移到右侧

测试动画，使得右侧画轴和画卷展开速度保持同步。

新建图层，改名为“画轴左”，拖入“画轴”，采用同样的方法创建补间动画。

（6）微调动画，加静止帧：在前面添加 15 帧的静止帧，使得两个画轴首先停留一下，然后再向外运动，展开画卷，最后再停留 15 帧，这样动画的视觉效果更加合理。测试动画，即可看到画轴慢慢展开的效果。【时间轴】面板和舞台效果如图 6－95 所示。

图 6－95　画卷展开的最终效果

本章小结

本章讲解了 An 简单动画的制作，主要包括逐帧动画、补间动画、补间形状和遮罩动画的制作技巧及方法。补间动画的对象是元件或文字，默认的运动路径是直线，可以通过“任意变形工具”“选择工具”等多种方法修改运动路径，还能够将自定义的线条应用到动画的补间范围；补间形状只能针对分离的图形设置补间；遮罩层中可以是填充形状，或者由填充形状形成的组合、元件，也包括文字、位图等，一个遮罩层可以遮多个图层。

课后练习

1. 用逐帧动画制作一棵嫩芽的生长过程。
2. 用形状补间制作从圆点变成文字“落花流水”。
3. 用动画补间制作汽车开动之后，树木、楼房、街道后退的动画。
4. 把第 5 章绘制的静态纸风车变成转动的纸风车。
5. 制作补间动画：小鸟在天空飞行。
6. 制作遮罩动画：一笔一笔写字“HELLO”。

第 7 章

交互动画设计

学习目标

- 掌握 An 按钮元件的创建和编辑。
- 掌握 ActionScript 3.0 的基本语法和添加技巧。
- 能够应用简单脚本来制作交互动画。
- 能够理清动画综合实例设计的思路，了解设计的一般过程，明确设计中存在的问题并掌握解决的方法。

ActionScript 是 Adobe Flash Player 运行环境的编程语言，能够实现交互性、数据处理以及其他许多功能。当前的 ActionScript 3.0 的脚本编写功能优于 ActionScript 的早期版本，它旨在方便创建拥有大型数据集和面向对象的可重用代码库的高度复杂应用程序，而且代码的执行速度比以往更快。

7.1 ActionScript 3.0 简介

ActionScript 3.0 既包含 ActionScript 核心语言，又包含 Adobe Flash Platform 应用程序编程接口（API）。核心语言是定义语言语法以及顶级数据类型的 ActionScript 部分。ActionScript 3.0 提供对 Adobe Flash Platform 运行时（Adobe Flash Player 和 Adobe AIR）的编程访问。

7.1.1 常用术语

为了更好地理解 ActionScript 3.0，我们需要对一些常用的术语有所了解。

1. 对象

对象是现实世界中某个实际存在的事物，星球、汽车、书本、原子等，从大到小都可以看作是对象。对象可以是有形的，例如一辆汽车；也可以是无形的，例如一项计划。对象是构成世界的一个独立单位，它具有自己的静态特征和动态特征。例如，汽车是一个对象，那么汽车中的颜色、价格、型号等都是汽车对象的静态特征，而汽车可以发动，可以刹车，这些都是汽车对象的动态特征。从现实世界的对象抽象到计算机所处理的对象，汽车的静态特征就称为汽车对象的属性，而汽车的动态特征就称为汽车对象的方法。

2. 类

对象总有一些共同点，例如越野车、小轿车都是汽车，书籍、报纸、杂志都是印刷品，桌子、椅子都是家具等。我们根据对象的这些特征会把对象进行分类，例如汽车类、电器类、木器类等。对象有很多，当我们忽略它们之间非本质的区别时，就得到“类”。类是具有相同属性和方法的一组对象的集合，它为属于该类的全部对象提供了统一的抽象描述。例如，同一型号和功能的汽车都是通过同一张设计图纸设计出来的，那么这张设计图纸就是“类”，根据这个图纸设计出来的汽车就是这个类的“对象”，这些对象具有相同的属性和方法。如果对图纸进行修改，那么就会生产出另一种型号和功能的汽车。

ActionScript 3.0 中常用的内置类有 MovieClip 类、Color 类、Sound 类、Key 类、Mouse 类、Date 类、Math 类、String 类、TextField 类等，也可以自行创建类。

3. 实例

类的作用是用来创建对象的，而对象就是类的一个实例。每个实例都包含该类的所有属性和方法。例如，所有的影片剪辑都是 MovieClip 类的实例，都拥有 MovieClip 类的各种属性和方法，例如，_visible 属性和 gotoAndPlay 方法等。每个实例在脚本中都必须有一个唯一的名称，叫作实例名称，以便在脚本代码中引用。

4. 事件

在面向对象的编程中，程序被分散到了对象上。要计算机执行这些程序就需要事件来触发，就是“当某件事情发生时，就去做一些事情”。这“某件发生的事情”就是“事件”。例如“播放”按钮，当按钮按下时就播放动画，“当按钮按下时”就是按钮对象的事件。

7.1.2 语法规则

ActionScript 3.0 是一种区分大小写的语言。关键词、类名、变量名、方法名等都区分大小写，大小写不同的标识符会被视为不同。

ActionScript 3.0 用点运算符（.）提供对对象的属性和方法的访问。一是用点语法表示路径；例如表示主时间轴上的汽车轮子，用 car. wheel 来表示。其中 car 和 wheel 都是影片剪辑元件的实例名称。二是采用点语法指明对象的方法和属性。

mc1. visible = false; //影片剪辑实例 mc1 不可见

car. wheel. stop ( ); . stop ( ); //影片剪辑实例 wheel 停止播放

ActionScript 3. 0 使用分号字符 (;) 来终止语句。如果省略分号字符，则编译器假设一行代码代表一条语句。最好养成使用分号来终止语句的习惯，代码会更加易于阅读。

在 ActionScript 3. 0 中，可以使用小括号来更改表达式中的运算顺序，小括号中的运算总是最先执行；定义、调用函数时，要将所有参数放在小括号中。

动作脚本事件处理函数、类定义和函数用大括号组合在一起形成块。例如下面的鼠标事件处理函数用一对大括号 ({ }) 来组成一个程序块。

```
exit_btn.addEvent Listener(MouseEvent.CLICK,tuichu);
function tuichu(Event:MouseEvent)
{
    gotoAndPlay(1,"退出");
}
```

ActionScript 3. 0 的语句都写在帧动作中，不能添加在按钮元件或影片剪辑元件上面。本章讲解如何利用 ActionScript 脚本在 FLA 文件中创建简单的加载、播放等交互功能，不讲解编程等内容。在学完第 5 章绘图和第 6 章的简单动画之后，怎样用按钮来控制动画的播放？怎样用帧动作控制主时间轴的播放？怎样控制主时间轴上的影片剪辑元件的播放？这是本章要学习的内容。

7. 2　按钮元件的创建与编辑

利用按钮元件，可以制作响应鼠标事件或其他动作的交互按钮。用来创建按钮元件的对象可以是图形元件实例、影片剪辑实例、位图、组合、分散的矢量图形等。在按钮元件内部可以添加声音但不能在按钮的 4 个帧上添加动作脚本。想使按钮发挥作用，必须利用 ActionScript 脚本控制按钮。

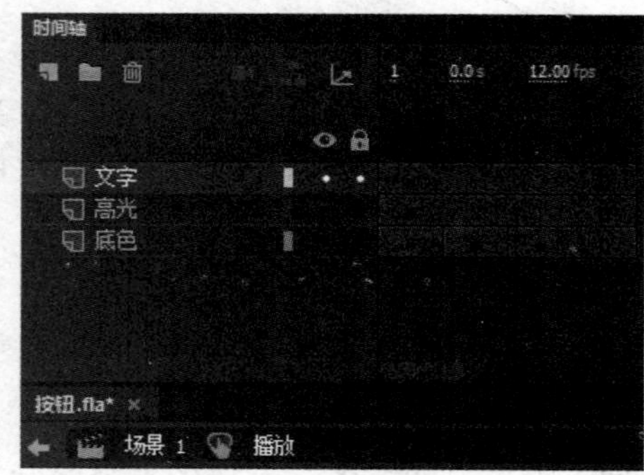

图 7 - 1　按钮元件的 4 个帧

新建的按钮元件含有内部的时间轴，有“弹起”“指针经过”“按下”和“点击” 4 个帧，这 4 个帧对应了鼠标对按钮操作的 4 种状态。如图 7 - 1 所示。

其中，“点击”帧是指对用户的点击有响应的区域，也就是“热区”。在播放期间，点击帧的内容在舞台上不可见。在制作按钮元件时经常会碰到文字按钮不容易被点击到的情况，这就是由于第 4 帧“点击”帧里做的响应区不够大造成的。通常在点击帧要绘制一个足够大的填充形状，要把前面三帧所制作的各种文字和图形都覆盖住才好。

实例1 制作“播放”“重播”按钮

视频二维码

制作要求：在动画播放中，用户经常会用到“播放”“重播”按钮来控制动画。本例要求设计“播放”“重播”两个胶囊形按钮，划过、点击按钮要有颜色的变化；这两个按钮的外观要风格一致。

知识技能：按钮的创建、复制与修改。

实现步骤：

（1）新建文档：新建一个文档，其大小为550像素×400像素，帧速率为12 fps，平台类型为ActionScript 3.0，保存为“按钮设计.fla”。

（2）新建按钮元件：利用菜单命令【插入】|【新建元件】，弹出“创建新元件”对话框，输入元件名称为“播放”，选择元件类型为“按钮”，如图7－2所示，单击“确定”按钮，进入“播放”按钮元件的编辑界面。

图7－2 新建按钮元件“播放”

（3）编辑按钮元件：在“播放”按钮元件的编辑窗口中，把“图层_1”重命名为“底色”。单击第1帧，即“弹起”帧，在舞台上绘制蓝绿色圆角矩形，笔触黑色，粗细是1。在第2帧即“指针经过”帧，按【F6】键添加关键帧，把圆角矩形改为橙红色填充。在第3帧即“按下”帧添加关键帧，把圆角矩形改为棕色填充。在第4帧即“点击”帧按【F5】键创建普通帧。

加高光使得按钮变得晶莹剔透：单击新建按钮新建图层，重命名为“高光”，将“底色”层中的圆角矩形进行复制并粘贴到当前位置，删除下方的一半，保留上方的一半，设置白色到透明的线性渐变，如图7－3所示。在第4帧按【F5】键插入普通帧。

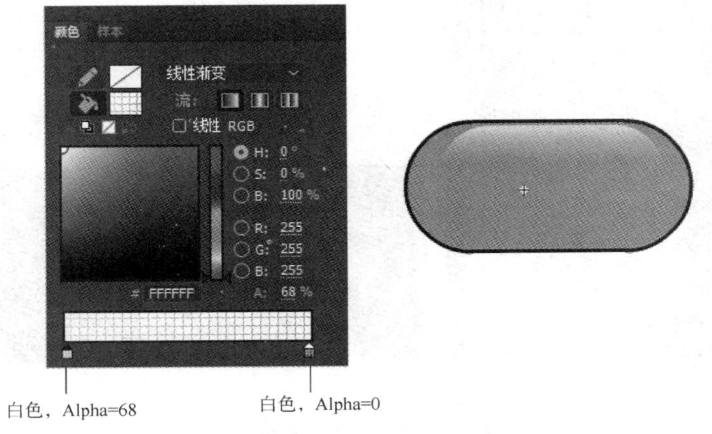

图7－3 按钮高光的透明渐变设置

加文字：新建一个图层，重命名为“文字”，在第1帧使用“文本工具”输入“播放”两个字，白色，黑体，在第4帧按【F5】键插入普通帧。

按钮的【时间轴】面板如图7-4所示，一共包括“底色”“高光”“文字”三层。当鼠标操作按钮时，文字不变，按钮的颜色发生改变。

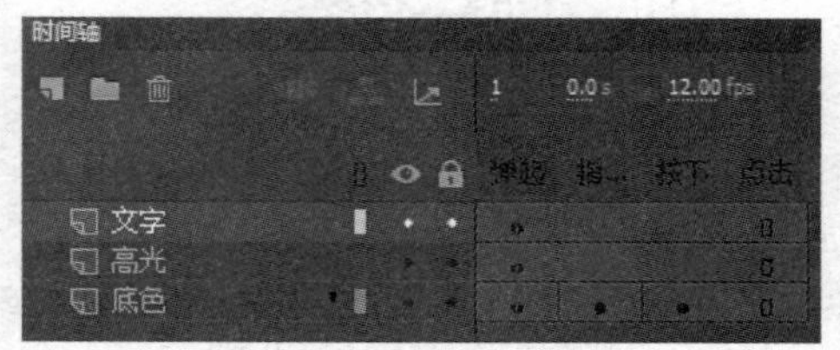

图7-4 按钮的图层和帧

图7-5中呈现了按钮的四种状态，其中“点击”帧的颜色可以任意，文字也可以删掉，本例中“点击”帧延续了“按下”帧的内容。

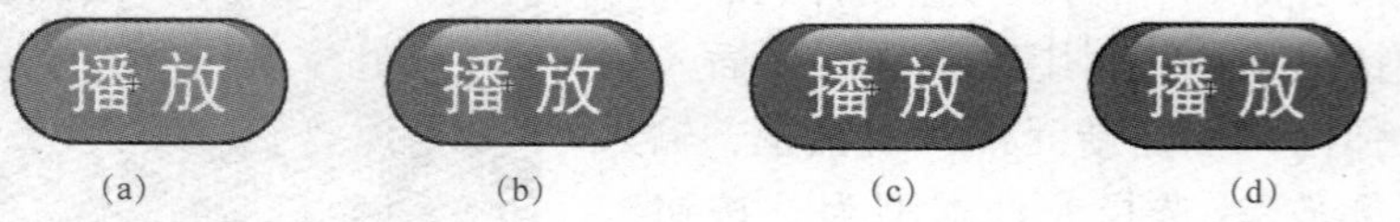

(a) (b) (c) (d)

图7-5 “播放”按钮的四种状态

(a) 弹起为蓝绿色；(b) 指针经过为橙红色；(c) 按下为棕色；(d) 点击区域

“播放”按钮做完之后，回到场景1，把【库】中的“播放”按钮元件拖放到舞台，测试动画，可以看到按钮初始状态是蓝绿色的，鼠标滑过变成橙红色，单击时按钮变成棕色。

(4) 制作“重播”按钮：利用【库】面板中元件的【直接复制】命令，可以很快做出其他类似的按钮。在【库】面板中，单击上面做好的“播放”按钮元件，右击，如图7-6 (a) 所示，在快捷菜单中选择“直接复制…”命令，打开“直接复制元件”对话框，如图7-6 (b) 所示，元件名称默认为“播放 副本”，将其改为“重播”。

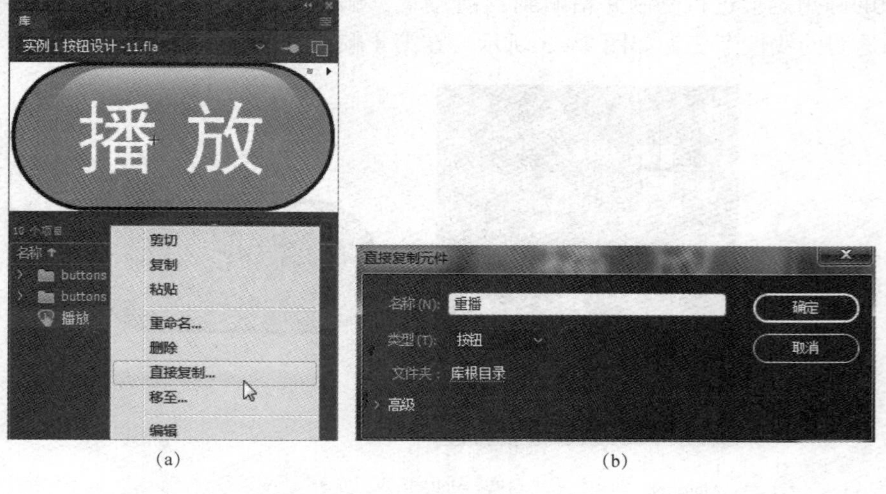

(a) (b)

图7-6 元件的直接复制

(a)【库】中元件的快捷菜单；(b)“直接复制元件”对话框

这时，【库】中出现了“重播”按钮元件。双击“重播”按钮，进入该元件的编辑窗口，如图7－7所示，只需要把“文字”层的第1帧由“播放”变为“重播”，其他层和帧保持不变即可完成。

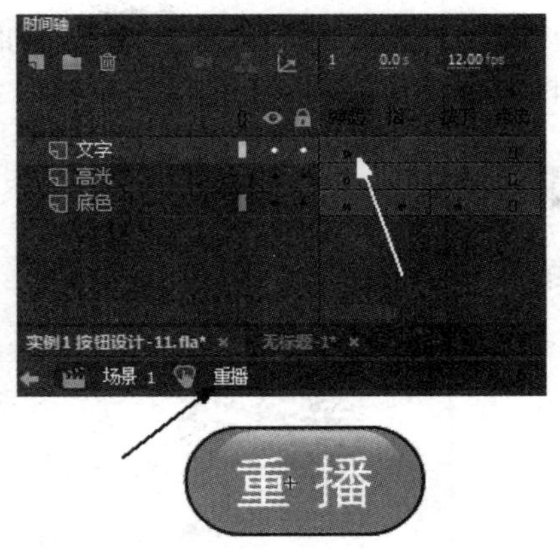

图7－7 “重播”按钮的修改

“重播”按钮做完之后，回到场景1，把【库】中的“重播”按钮元件拖放到舞台，测试动画，看看按钮是否响应鼠标事件。

特别提示：

利用菜单命令【控制】|【启用简单按钮】，能够预览按钮元件在舞台上的状态。这样无须使用【Ctrl】+【Enter】组合键进行测试，就能查看按钮元件的“弹起”“指针经过”和“按下”状态。在设计交互动画时很常用。

7.3 利用代码片段添加交互性

An 提供的【代码片段】面板帮助初学者能够轻松学会使用简单的 JavaScript 和 ActionScript 3.0，通过查看片段中的代码并遵循片段说明，有利于了解代码的结构和词汇，使得基础性的脚本编写不再困难。借助该面板，能够将代码添加到 FLA 文件以启用常用功能。比如能够控制时间轴播放头的移动，能够控制舞台上的影片剪辑元件等。

想要把代码片段添加到对象或时间轴上的某个帧，要采用以下步骤：

第一步，选择舞台上的对象或时间轴中的帧。如果选择的对象不是影片剪辑元件实例，则当应用代码片段时，An 会提示将该对象转换为影片剪辑元件，并创建一个实例名称，如图7－8所示。

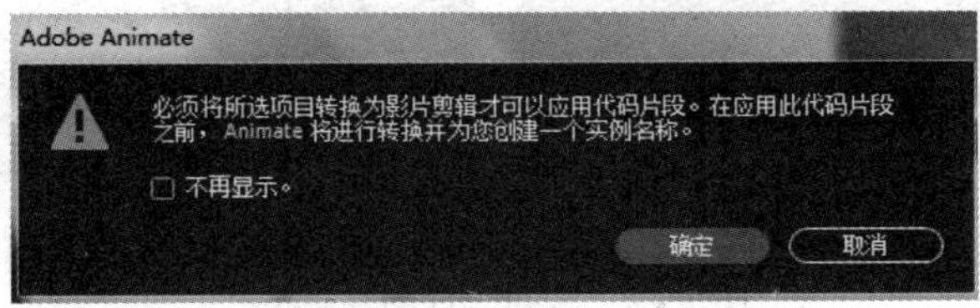

图7－8 提示转换成为影片剪辑元件

第二步，在【窗口】|【代码片段】面板中，双击要应用的代码片段。

如果选择的是舞台上的对象，An 会将该代码片段添加到【动作】面板中包含所选对象的帧中。

如果选择的是时间轴上的某一帧，An 会将代码片段只添加到那一帧。

第三步，在【动作】面板中查看新添加的代码并根据片段开头的说明替换任何必要的项。

下面通过实例来学习应用“代码片段”。

实例 2　用按钮控制转圈走路动画

视频二维码

制作要求：在鸡蛋沿椭圆路径行走的动画中，最初鸡蛋静止不动，单击“播放”按钮，鸡蛋开始沿路径走路；单击“原地”按钮，鸡蛋在原地踏步走；单击“停止”按钮，鸡蛋变成静止不动。

知识技能：多个按钮的创建，控制主时间轴的播放，控制鸡蛋走路影片剪辑时间轴的播放。

实现步骤：

（1）创建按钮：打开第 6 章的实例 9“鸡蛋转圈走路 . fla”文件，另存为“按钮控制鸡蛋转圈走路 . fla”。打开本章的实例 1“按钮设计 . fla”的【库】面板，如图 7 – 9（a）所示，选择“播放”按钮，单击右键，在快捷菜单中应用【复制】命令，复制该元件。然后回到“按钮控制鸡蛋转圈走路 . fla”的【库】面板，如图 7 – 9（b）所示，在下方的空白位置处右击，粘贴，则“播放”按钮元件就会出现在这里。

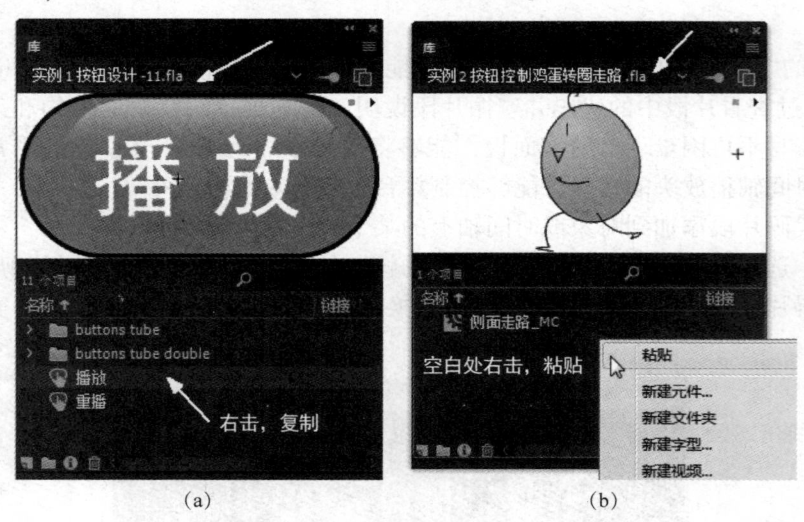

（a）　　　　　　　　　　（b）

图 7 – 9　按钮元件的复制粘贴

（a）实例 1 的【库】面板；（b）实例 2 的【库】面板

采用本章实例1的按钮复制方法，在“按钮控制鸡蛋转圈走路.fla”的【库】面板中，右键单击“播放”按钮，直接复制两个按钮元件，一个名为“原地”，一个名为“停止”，按钮上面的文字也相应改变。

（2）把按钮放入场景中：新建一个图层，改名为“按钮”。从【库】面板中把“播放”“原地”“停止”三个按钮元件放入舞台的右上角，如图7－10所示，不要和鸡蛋行走动画重叠。该层会自动延长到动画的最后一帧，即220帧。

图7－10　把按钮元件拖放入舞台

（3）设置第1帧的动画停止：动画运行最初要求鸡蛋静止不动，因此需要在第1帧添加动作。单击第1帧，打开【窗口】|【代码片段】面板，如图7－11（a）所示，在目录树中打开“时间轴导航”文件夹，双击第一个命令【在此帧处停止】，【动作】面板自动打开，如图7－11（b）所示，【动作】面板上出现了一个语句“stop();”，这个语句就表示播放到此帧停止，因为这是第1帧，所以动画的第1帧就处于停止状态。面板中的其他语句都是灰色的注释语句，编译器会忽略标记为注释的文本。初学者可以认真阅读这些语句，有助于学习ActionScrip 3.0的语法。

在【时间轴】面板上，自动生成一个新图层“Actions”，在第1帧上有“动作”标记 。动作只能添加在关键帧或者空白关键帧上。此处的第1帧就是空白关键帧，如图7－12所示。

（4）设置第1帧的鸡蛋静止：按【Ctrl】+【Enter】组合键测试影片，发现鸡蛋不再绕圈行走，但一直在原地踏步走。如果想使鸡蛋静止，则需要控制鸡蛋原地走的影片剪辑元件（“侧面走路_MC”元件实例）停止播放。在“鸡蛋走路”图层的第1帧，单击舞台上的“侧面走路_MC”元件实例，在【代码片段】面板中，如图7－13（a）所示，打开“动作”文件夹，双击【停止影片剪辑】命令，会出现提示，如图7－13（b）所示，告诉我们所选的“侧面走路_MC”元件实例缺少实例名称，An会为该实例自动创建一个实例名称。

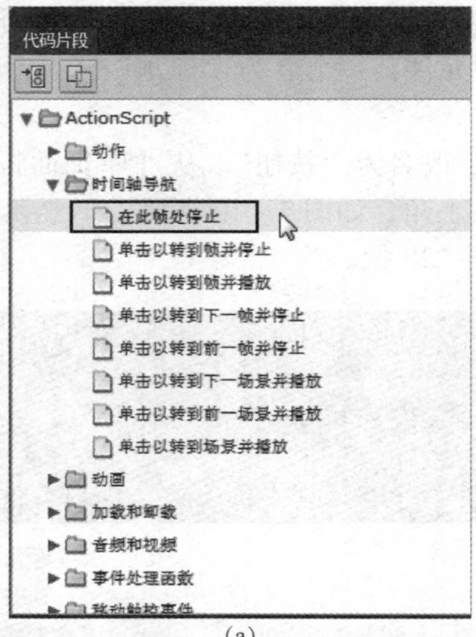

(a)

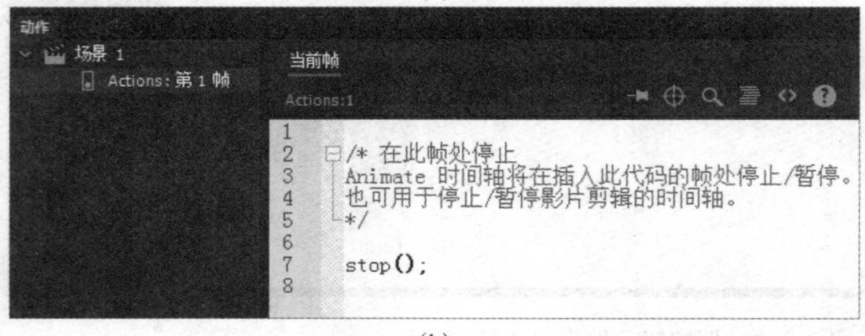

(b)

图 7－11　利用【代码片段】在第 1 帧上添加动作

（a）【代码片段】面板；（b）【动作】面板

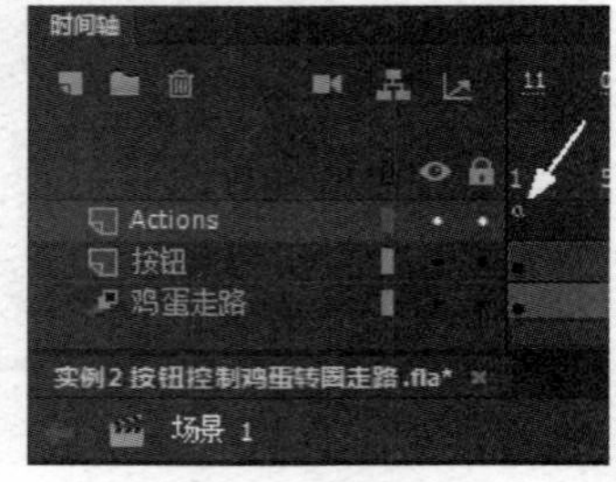

图 7－12　动作图层

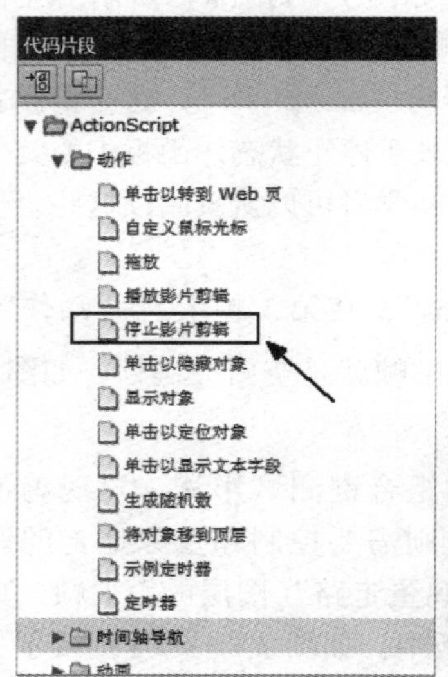

(a)

(b)

图 7－13　利用【代码片段】在给影片剪辑元件实例添加动作

（a）【代码片段】面板；（b）元件缺少实例名称的提示窗口

在提示窗口中单击“确定”按钮，则【动作】面板中自动添加了语句“movieClip_2.stop();”，如图7-14所示，movieClip_2就是“侧面走路_MC”元件的实例名。单击鸡蛋，打开【属性】面板，就能看到鸡蛋属于“侧面走路_MC”影片剪辑的实例，名为movieClip_2，如图7-15所示，这是An自动创建的名字。我们在设计动画时，如果先给影片剪辑实例取名（名称不要重复，必须是唯一的），那么在添加代码片段时就不会出现图7-13所示的提示框了。

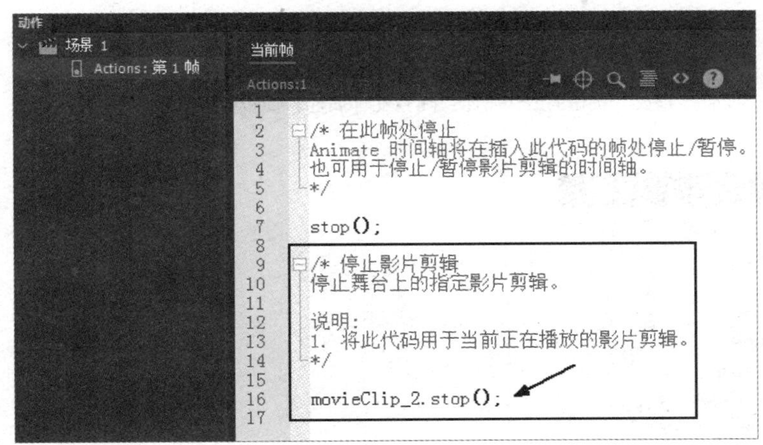

图7-14　针对影片剪辑元件实例的动作语句

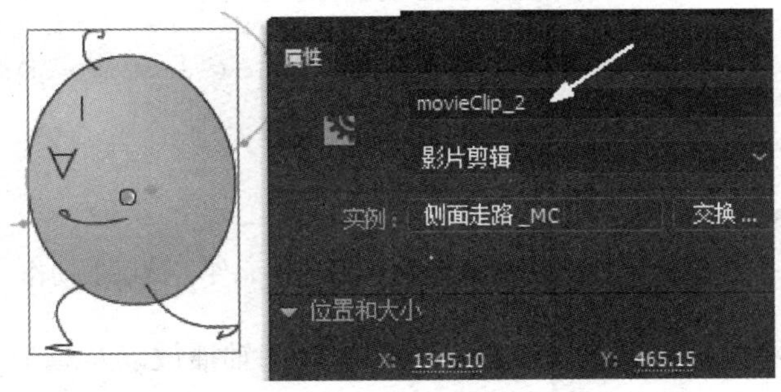

图7-15　元件实例的名字

按【Ctrl】+【Enter】组合键测试影片，发现鸡蛋静止不动了。

此时的【动作】面板中的两个语句，既控制了鸡蛋不绕着路径行走，又控制了鸡蛋元件自身不动。

(5) 用按钮来控制动画：单击“按钮”图层的第1帧，这时舞台上有三个按钮，这三个按钮的实例名称是空的，如图7-16 (a) 所示。需要给三个按钮元件命名。单击“播放”按钮，在【属性】面板中的“实例名称”的位置输入bofang_btn，如图7-16 (b) 所示。同样地给“原地”按钮元件的实例取名为yuandi_btn，给“停止”按钮元件的实例取名为tingzhi_btn。

单击“播放”按钮，在【代码片段】面板中，打开“事件处理函数”文件夹，双击“Mouse Click事件”，如图7-17所示，会在【动作】面板中添加相关代码。

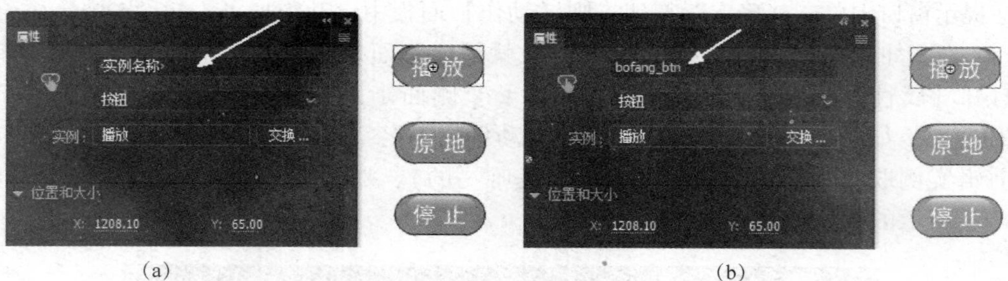

(a) (b)

图 7 – 16　给按钮元件的实例取名

（a）“播放”按钮的默认属性；（b）在【属性】面板中给“播放”按钮取名

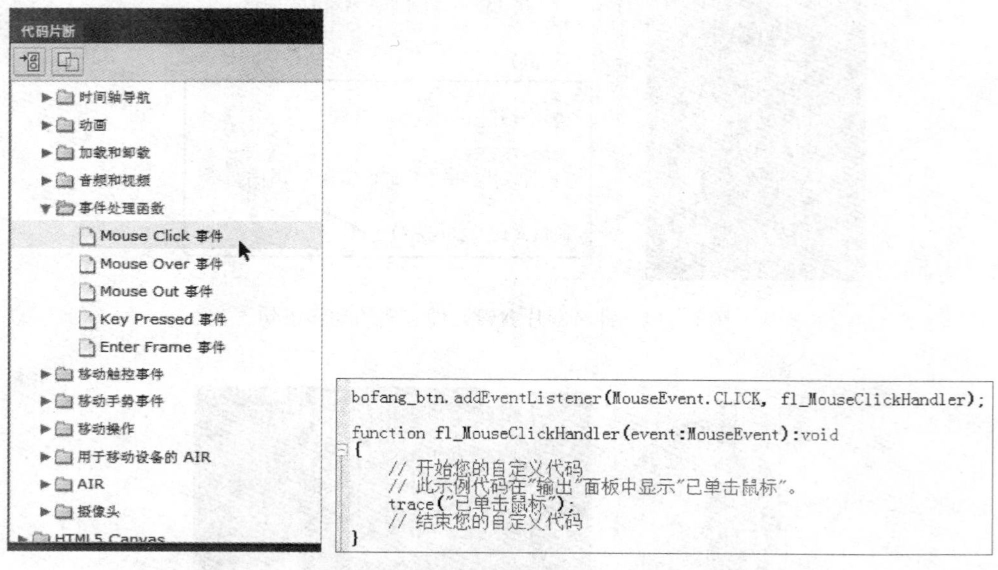

图 7 – 17　利用【代码片段】给按钮元件实例添加动作

在代码的一对大括号（｛｝）中，输入控制主时间轴播放以及鸡蛋影片剪辑播放的代码。这些代码可以如步骤（4）那样再次采用【代码片段】，也可以自己输入，具体语句如图 7 – 18 所示。

```
bofang_btn.addEventListener(MouseEvent.CLICK, fl_MouseClickHandler);

function fl_MouseClickHandler(event:MouseEvent):void
{
    play();//主时间轴鸡蛋绕圈走
    movieClip_2.play();//鸡蛋原地踏步走
}
```

图 7 – 18　“播放”按钮的动作

下面解释一下“播放”按钮添加的代码含义：bofang_btn.addEventListener(MouseEvent.CLICK,fl_MouseClickHandler);这一句是把“播放”按钮元件的实例

bofang_btn 变成一个侦听器，用来侦听鼠标的单击事件，执行 fl_MouseClickHandler 函数。fl_MouseClickHandler 函数的功能是 play( ) 和 movieClip_2. play( )，即主时间轴鸡蛋绕圈走，鸡蛋自身这个影片剪辑元件也要动起来。fl_MouseClickHandler 这个长长的函数名是 An 自定义的，我们可以修改成容易识读的函数名。

接下来给"原地"和"停止"按钮添加动作。此时可以采用与"播放"同样的方法添加。也可以不用【代码片段】面板，直接从【动作】面板复制"播放"按钮的动作语句，在此基础上修改语句即可。如图 7－19 所示，按【Ctrl】+【Enter】组合键测试影片，已经实现了用三个按钮控制动画播放。

```
yuandi_btn.addEventListener(MouseEvent.CLICK, fl_MouseClickHandler_2);

function fl_MouseClickHandler_2(event:MouseEvent):void
{
    stop();//主时间轴鸡蛋绕圈走停止
    movieClip_2.play();//鸡蛋原地踏步走
}

tingzhi_btn.addEventListener(MouseEvent.CLICK, fl_MouseClickHandler_3);

function fl_MouseClickHandler_3(event:MouseEvent):void
{
    stop();//主时间轴鸡蛋绕圈走停止
    movieClip_2.stop();//鸡蛋原地走停止
}
```

图 7－19 "原地"按钮和"停止"按钮的语句

需要注意的是，采用复制语句的方式写代码，按钮元件实例的名称需要修改，每个按钮执行的函数名称 fl_MouseClickHandler 也要修改，且要一一对应。在一个文件中，函数名称也是唯一的。如果把图 7－19 中的函数名称改成自定义的容易识读的名字，按钮的控制效果也同样能够实现，如图 7－20 所示。读者们可以自行尝试。

```
bofang_btn.addEventListener(MouseEvent.CLICK, bofang);

function bofang(event:MouseEvent):void
{
    play();//主时间轴鸡蛋绕圈走
    movieClip_2.play();//鸡蛋原地踏步走
}

yuandi_btn.addEventListener(MouseEvent.CLICK, yuandi);

function yuandi(event:MouseEvent):void
{
    stop();//主时间轴鸡蛋绕圈走停止
    movieClip_2.play();//鸡蛋原地踏步走
}

tingzhi_btn.addEventListener(MouseEvent.CLICK, tingzhi);

function tingzhi(event:MouseEvent):void
{
    stop();//主时间轴鸡蛋绕圈走停止
    movieClip_2.stop();//鸡蛋原地走停止
}
```

图 7－20 函数改名

特别提示：

所有的代码都在【动作】面板中，而且所有的代码都写在“Actions”图层第1帧上，也就是帧动作。如果熟悉了语句的编写，可以直接在“Actions”图层第1帧输入以上代码。

7.4 情景式动画课件设计实例——光合作用

情景式动画能够为学习者提供一个生动有趣的学习情景，有助于激发学习兴趣，在情景中学习，在游戏中成长。本例是一个小学科学课件，通过创设美丽的田园风光情景引入新课，通过鸡蛋哥的讲解和循环播放的动画呈现光合作用的原理。

视频二维码

7.4.1 新建文档添加场景

1. 新建文档，设定文档属性

这是非常重要的一步。本例中，新建文件，采用ActionScript 3.0，设置文档尺寸为1 280像素×720像素。帧频为30 fps，底色为默认白色。如果动画设计之初，设置的尺寸和帧频不正确，就会给以后的制作带来麻烦。保存文件，将文件命名为“光合作用.fla”。在以后的制作步骤中，需要时时保存。

2. 添加场景

内容设计是动画的内核，是学习者欣赏并学习的主要组成。在本例中，一共设计了“首页”“介绍”“光合作用”“退出”四个场景，以方便编辑修改和合作。

添加场景是利用菜单命令【窗口】|【场景】，打开【场景】面板，如图7－21（a）所示，默认情况下只有一个“场景1”，单击面板下方的“添加场景”按钮，则可以添加“场景2”“场景3”“场景4”。（此处默认的场景名称，文字和数字之间有一个空格，如果使用默认的名称，写脚本的时候要注意这个空格。）双击场景名称可以修改场景的名称，本例添加的场景如图7－21（b）所示，共有“首页”“介绍”“光合作用”“退出”四个场景。如果不添加跳转控制，这些场景会按照场景面板中的自上而下的顺序播放。这四个场景实质是共用了一条主时间轴，只不过把主时间轴分成了四段。在动画制作之初就添加场景，是为了以后准确添加跳转动作、方便编辑修改。

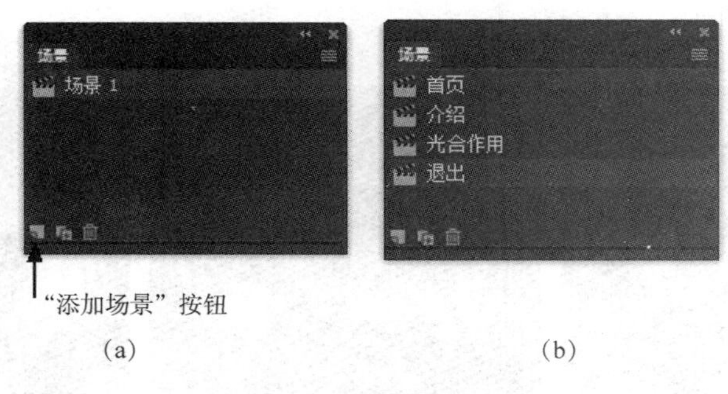

图 7-21 添加场景

(a) 默认的【场景】面板；(b) 添加场景并修改名称

7.4.2 设计制作场景

动画一共包括 4 个场景，每个场景的页面都是由图形和元件实例组成的，为了方便元件的查看、查找、编辑，在【库】面板中，为比较复杂的场景建立元件文件夹，如图 7-22 所示，新建“首页包”“介绍包”和“光合作用包”三个文件夹。

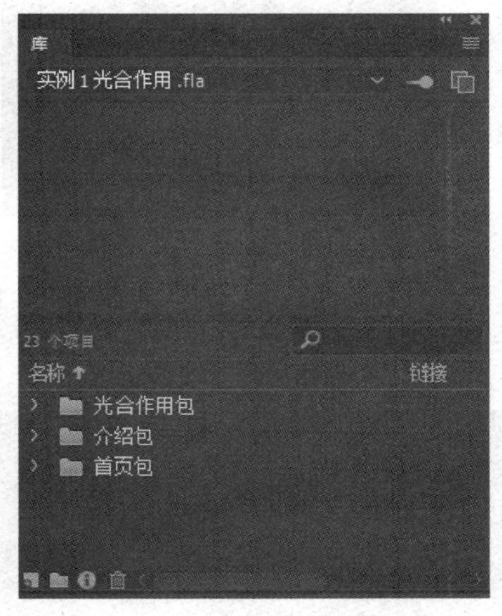

图 7-22 添加元件文件夹

1. “首页”场景

“首页”场景的设计思路如下：画面呈现一片美丽的田园风光，春光明媚，风和日丽，蓝天绿地，树木苍翠，大风车缓缓转动。出现文字动画“开讲啦”，然后鸡蛋哥进入画面，镜头拉近，进入“介绍”场景。

（1）添加田园风光背景：先把之前绘制的动画复制进来。打开第 6 章的“田园风光 - 动画 . fla”文件，如图 7-23（a）所示，按住【Shift】键选中该文件“太阳”“前面的小树”“风车”“小树小花”“背景”这五个图层的第 1 帧（不要“小鸟”图层），在快捷菜单中选择【复制帧】命令。回到本文件“光合作用 . fla”，单击“图层_1”的第 1 帧，右键单击，在快捷菜单中选择【粘贴帧】命令。这样之前绘制的动画就复制到本场景中。新建“文字”图层，输入“鸡蛋哥科学小课堂”8 个字，微软雅黑，白色，31 磅。新建图层文件夹“整个画面”，如图 7-23（b）所示，把这 6 个层拖动到文件夹下面，这样有助于图层的组织归类。折叠文件夹之后，节省图层区的空间，如图 7-23（c）所示。采用菜单命令【控制】|【测试场景】，可以看到风车在缓缓转动，蓝天、草地、白云、小花、小树等静止不变。

（2）添加文字动画，“开讲啦”由花朵变成文字：打开第 6 章的实例 6“花朵变文字. fla”，复制所有的帧，回到本文件中，新建图层，单击第 30 帧，粘贴所有的帧。新建“文字动画”文件夹，把复制过来的“花朵1”“花朵2”“花朵3”三个图层放入该文件夹中。此时的【时间轴】面板如图7－24所示。

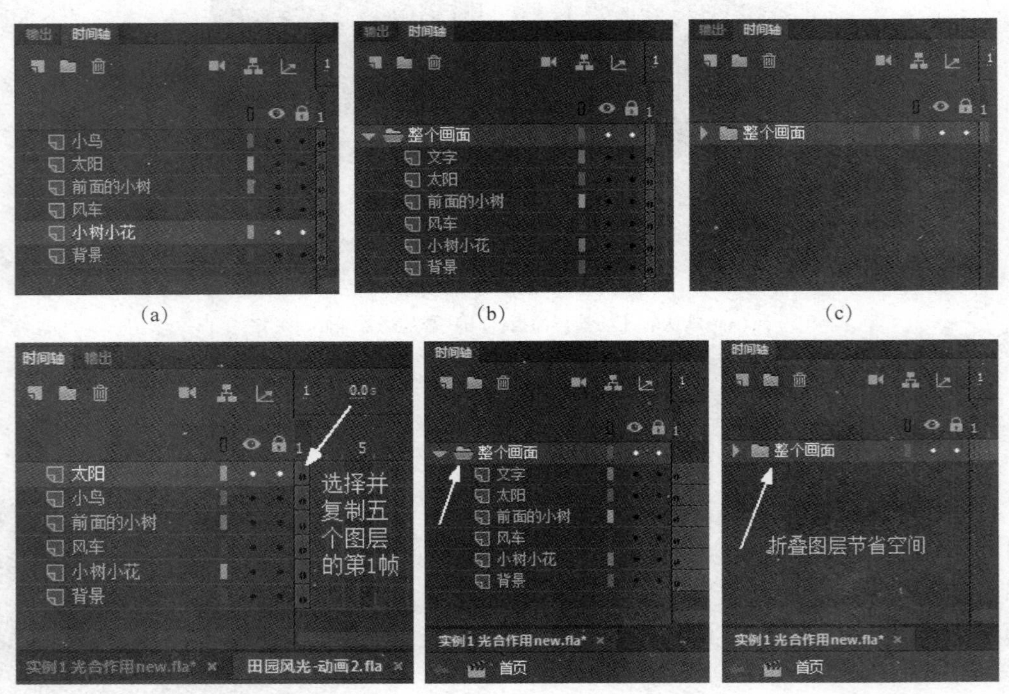

图7－23　复制并修改之前绘制的动画

（a）“田园风光”的【时间轴】面板；（b）本例的时间轴面板；

（c）折叠“整个画面”图层文件夹

图7－24　【时间轴】面板

（3）鸡蛋由远及近走入画面：文字动画结束之后加入鸡蛋。新建图层，名为“鸡蛋”。打开第6章的“鸡蛋走路．fla”文件，把鸡蛋正面行走的动画转变成影片剪辑元件“鸡蛋正面走_MC”，插入到当前文件“光合作用．fla”“首页”场景的第95帧。从第95帧到第240帧沿着一条路径运动，由小变大，如图7－25所示，然后消失在山谷里，一直到290帧。“文字动画”和“整个画面”这两个图层文件夹也跟着延长到第290帧。

图 7－25 “首页”场景的画面（鸡蛋消失之前）

2. “介绍”场景

将镜头往上推，画面变大，鸡蛋哥从山谷中出现，沿着左侧路径走过来，站住，开始说话。“欢迎来到鸡蛋哥的科学小课堂！同学们，广袤的森林通过光合作用能够增加氧气含量，被称为‘地球之肺’，让我们来学习一下光合作用吧！”。单击“学习”按钮，则进入“光合作用”场景。单击“退出”按钮，则进入“退出”场景。效果图如图 7－26 所示，【时间轴】面板如图 7－27 所示。

图 7－26 “介绍”场景的画面

图 7－27 “介绍”场景的【时间轴】面板

（1）背景放大：复制“首页”场景的“整个画面”图层文件夹的所有帧，转换成影片剪辑元件“大背景_MC”。在“介绍”场景的“图层_1”的第1帧，插入影片剪辑元件“大背景_MC”。用“任意变形工具”放大“大背景_MC”元件，形成了镜头推进的效果。重新修改背景中的太阳，使之基本保持原来大小。

（2）鸡蛋走路：新建“鸡蛋”图层，将“鸡蛋正面走_MC”元件由远及近、从小到大地走过来，用70帧，然后转变到“侧面走路_MC”从左边走到舞台中间，用50帧。然后变成“鸡蛋正面_MC”，到第145帧，转变成“鸡蛋正面说话_MC”。这些元件的转换可以采用“替换元件”的方式，为了使得鸡蛋大小一致，可以采用参考线结合“任意变形工具”调整元件实例的大小，如图7－28所示。

图7－28　用“任意变形工具”结合参考线调整元件大小一致

（3）出现文字和按钮：文字和“学习”按钮、“退出”按钮出现在本场景的最后一帧即可。注意：两个按钮要单独放在一个图层上面。同时新建一个AS层用来写脚本。

3. “光合作用”场景

在“光合作用”场景中，展示光合作用的动画，并加以文字讲解。有“重学”和“退出”按钮。单击“重学”按钮，会返回“介绍”页继续学习，单击“退出”按钮，则进入“退出”场景。效果图如图7－29所示。

图7－29　“光合作用”场景的画面

（1）绘制背景和大树：为了突出显示光合作用动画，此处的背景简化，只保留蓝天和草地。为了体现对水的吸收，大树的树干要比较粗壮。

（2）光合作用动画：太阳光线照射和水的吸收，采用的是逐帧动画制作的影片剪辑元件；二氧化碳向下移动、氧气向上移动，采用的是传统补间制作的影片剪辑元件。具体的制作方法此处不一一介绍，可以参考【库】面板中的“光合作用包”。

（3）鸡蛋和黑板进入：鸡蛋侧身进入，由侧面变正面，采用“替换”影片剪辑元件的方式来制作。鸡蛋变正面之后，黑板进入。

（4）文字遮罩显示：黑板上的文字采用了遮罩动画，动画的持续时间是65帧，比较缓和。因为这些文字是需要学习者认真阅读的，呈现速度不能太快。

（5）在本场景的最后一帧出现“重学”和“退出”按钮。

4. “退出”场景

在“退出”场景中，制作人员的相关信息从下向上以字幕的形式出现，再见画面从小到大呈现在画面中间，然后退出程序。图7-30（a）展示的是最终画面，图7-30（b）是相应的【时间轴】面板。

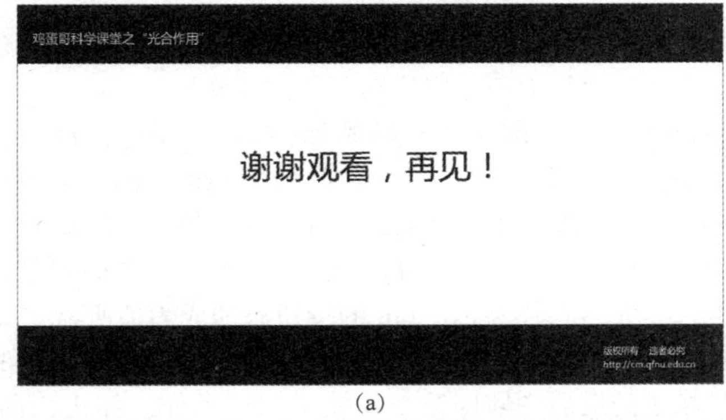

（a）

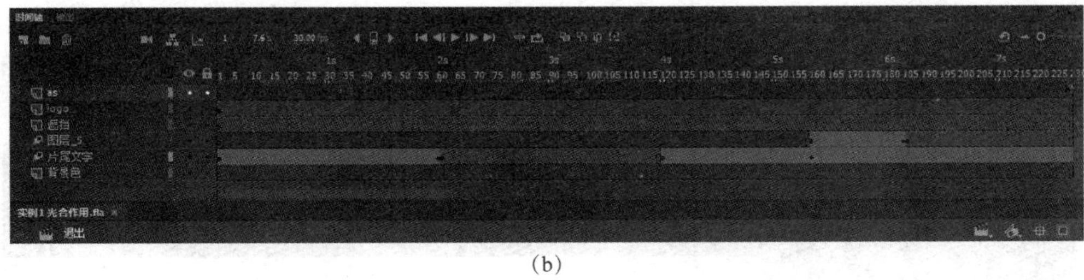

（b）

图7-30 “退出”场景

（a）“退出”场景的画面；（b）“退出”场景的【时间轴】面板

7.4.3 交互功能的实现

本例中的交互，主要体现在用按钮来控制场景的跳转。要想使学习者能够单击按钮，使按钮发挥作用，则按钮所在的帧必须添加帧动作，使动画停止播放。

所有按钮的外观风格都是一致的，可以采用之前学过的“直接复制”的方式进行制作。

要给进入场景的每个按钮元件的实例设置一个唯一的名称用于书写代码。即便是同一个“退出”按钮，由于在不同的场景、不同的帧，其实例名称也是不同的。

本例中只有三个帧有动作脚本，如图 7－31 所示，从【动作】面板的左侧可以看出，分别是“介绍”场景的第 146 帧，“光合作用”场景的第 266 帧，“退出”场景的第 230 帧，都是各自场景的最后一帧。

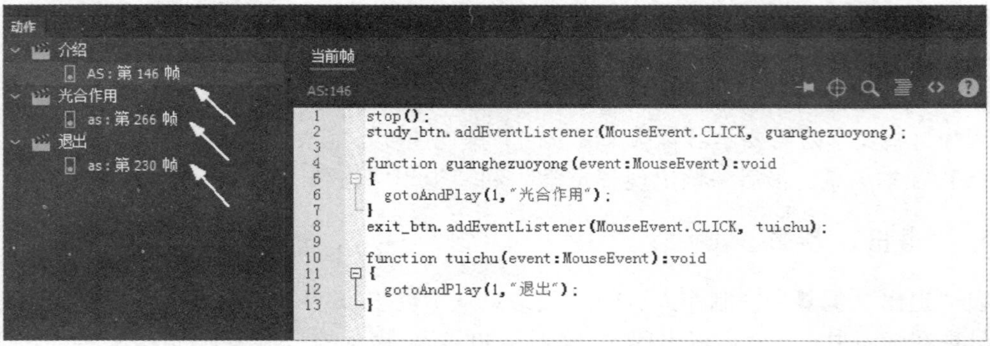

动作
介绍
AS：第 146 帧
光合作用
as：第 266 帧
退出
as：第 230 帧
当前帧
AS:146

```
stop();
study_btn.addEventListener(MouseEvent.CLICK, guanghezuoyong);

function guanghezuoyong(event:MouseEvent):void
{
  gotoAndPlay(1,"光合作用");
}
exit_btn.addEventListener(MouseEvent.CLICK, tuichu);

function tuichu(event:MouseEvent):void
{
  gotoAndPlay(1,"退出");
}
```

图 7－31　【动作】面板

“首页”场景中没有交互，之所以分开“首页”和“介绍”两个场景，是因为课件开始部分有 435 帧，在【时间轴】面板来回拖动调整比较麻烦。

在“介绍”场景的最后一帧即第 146 帧添加帧动作，停止当前时间轴播放，同时有“学习”（实例名是 study_btn）和“退出”（实例名是 exit_btn）两个按钮。如图 7－31 所示，首先停止当前时间轴的播放；然后把名为 study_btn 的按钮添加成为侦听器，如果侦听到鼠标的单击事件就触发函数 guanghezuoyong( )，这个函数的功能就是跳转到“光合作用”场景的第 1 帧；同样的做法，把名为 exit_btn 的按钮添加成为侦听器，如果侦听到鼠标的单击事件就执行函数 tuichu( )，这个函数的功能就是跳转到“退出”场景的第 1 帧。

在“光合作用”场景的最后一帧即第 266 帧添加帧动作，停止当前时间轴播放，同时有“重学”（实例名是 repeat_btn）和“退出”（实例名是 exit1_btn）两个按钮。添加的帧动作如图 7－32 所示。单击“重学”按钮，动画跳转到“介绍”场景的最后一帧，即 146 帧；单击“退出”按钮，跳转到“退出”场景的第 1 帧。

动作
介绍
AS：第 146 帧
光合作用
as：第 266 帧
退出
as：第 230 帧
当前帧
as:266

```
stop();
repeat_btn.addEventListener(MouseEvent.CLICK, chongxue);

function chongxue(Event:MouseEvent)
{
    gotoAndPlay(146,"介绍");
}
exit1_btn.addEventListener(MouseEvent.CLICK, tuichu);

function tuichu1(event:MouseEvent):void
{
  gotoAndPlay(1,"退出");
}
```

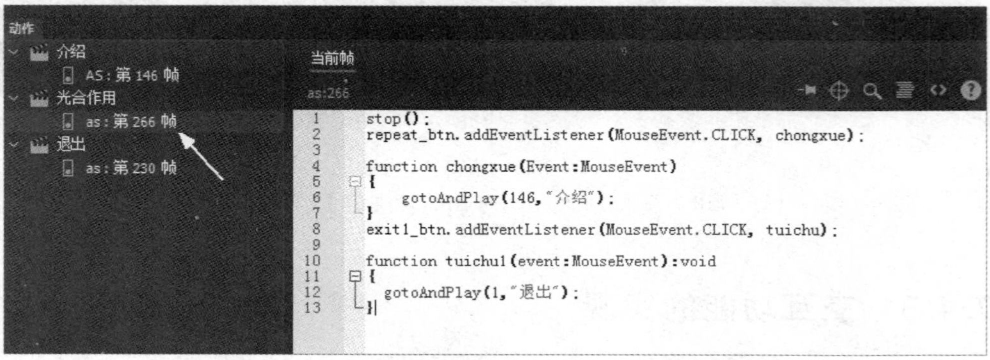

图 7－32　“光合作用”场景的最后一帧的【动作】面板

在“退出”场景的最后一帧即第 230 帧添加帧动作，如图 7－33 所示。Fscommand（“quit”）

是退出程序，要注意所有的 Fscommand 命令不能在测试影片的环境下起作用。在生成了 swf 文件之后，可以在资源管理器中运行此文件，这时就会发现动画在最后能够退出播放程序。

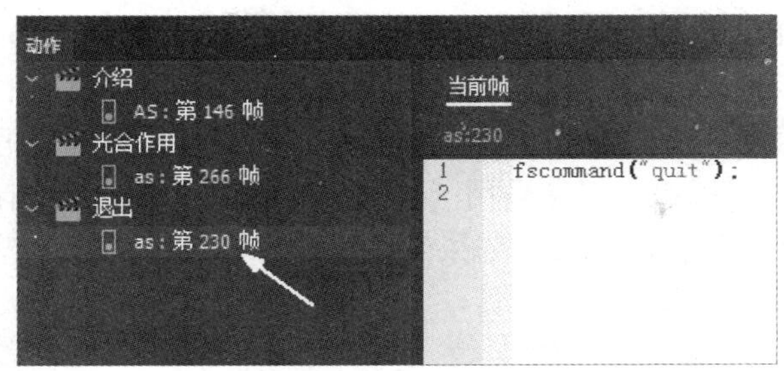

图 7-33 “退出”场景的最后一帧【动作】面板

特别提示：

动作脚本的添加可以借助【代码片段】面板自己编写修改。注意按钮元件的实例名称要唯一，哪个按钮执行哪个函数，函数的功能是跳转到哪个场景，必须做到一一对应。

7.4.4 动画的发布与修改

在动画编辑的过程中，按下【Ctrl】+【Enter】组合键即可测试影片，并生成相应的 swf 文件。多场景的动画，可以采用【控制】|【测试场景】命令。如果有按钮控制动画在不同场景之间跳转，则在测试场景的过程中按钮不起作用。根据测试的结果不断修改动画。动画的正式发布，还需要注意以下几个问题：

（1）在正式发布之前，在【库】面板中，打开右上角的折叠菜单，找到【选择未用项目】命令，用其删除未用到的元件，以减小文件的数据量。

（2）一旦发布成为 swf 文件，无论在什么环境下播放动画，文字都不会变化。即便如此，我们在发布之前还是应该为在运行时可能编辑的任何文本嵌入字体。做法是使用菜单命令【文本】|【字体嵌入】嵌入字体。如果在系统中打开 *.fla 源文件，而此系统恰好不包含动画设计时采用的字体，则会出现如图 7-34 所示的字体映射警告，默认用设备字体显示，从而会影响动画效果。

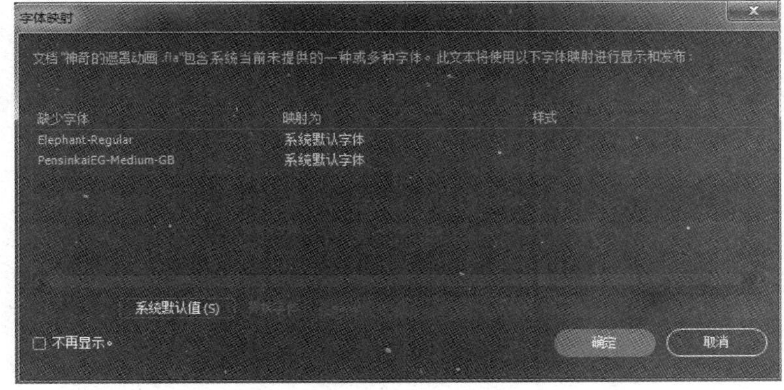

图 7-34 字体映射警告

（3）针对尺寸较大的文字，如果字数较少且无须继续编辑，则可以分离变成图形。

（4）发布的文件格式默认是＊.swf。建议在发布设置中，也选择“Windows 放映文件格式”，这样还可以发布＊.exe 的可执行文件，与＊.swf 文件相比，对播放环境的适应能力更强。比如系统中没有 Flash Player 等播放软件，也可以运行＊.exe 文件。

（5）发布完成以后，默认的 swf 文件的名字和源文件相同，路径也相同。建议发布之后把 swf 文件名字稍作改动，使之和源文件不要重名。这一点很重要，假设在两者名字相同的情况下，一旦用户改动了源程序，又采用【Ctrl】+【Enter】组合键测试影片，则原有的 swf 文件会被新生成的 swf 文件自动替换。如果编辑出错，则原有的 swf 已经不复存在。

本章小结

本章讲解了 An 动画中创建按钮元件的方法，按钮元件的复制与修改，利用 An 提供的“代码片段”实现交互，控制动画的播放。通过综合实例讲解动画设计的思路，了解设计的一般过程，明确设计中存在的问题并掌握解决的方法。

课后练习

1. 设计“播放”“停止”“返回”“退出”四个按钮，按钮的风格一致，“弹起”“指针经过”“按下”三种状态要有颜色的变化。

2. 对第 6 章“展开的画卷”动画添加“播放”和“停止”按钮，动画不要自动播放，用按钮来控制动画的播放和停止。

3. 在绘制的田园风光场景的基础上，设计并制作课件“光合作用”，包括定义、原理、发展、应用等内容版块。

下　篇

PPT课件设计篇

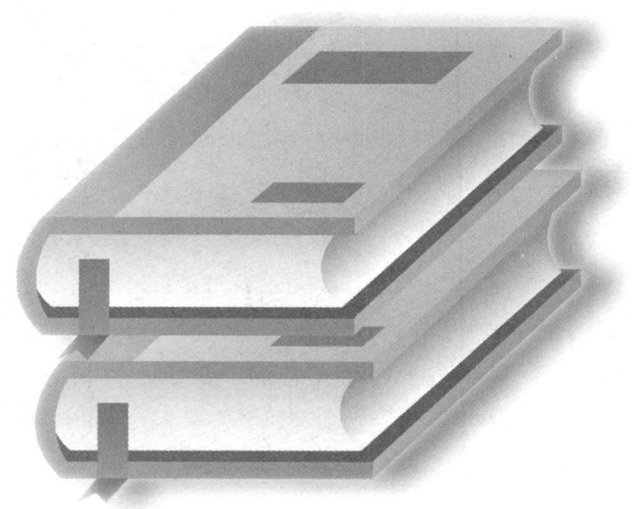

第 8 章

PPT 课件的素材设计与应用

学习目标

- 了解 PPT 课件中常用的字体搭配、文字的呈现方式以及文字美化的方法。
- 了解 PPT 课件中图片素材的常见表现形式，掌握图片的缩放、裁剪方法，图片的呈现效果以及排版方式。
- 掌握 PPT 课件中音频、视频的插入和录制方法以及 SWF 动画的加载方法。

PowerPoint（简称 PPT）是制作演讲稿、课件的最常用工具，既可以在计算机、投影等设备上输出显示，也可以打印成纸质文稿方便阅读，而且 PPT 软件简单实用，广泛应用于教育培训、产品营销、企业宣传、工作汇报、项目竞标、咨询管理等多个行业。在制作 PPT 课件的时候，既可以采用微软 Office 的 PowerPoint，也可以采用金山 WPS 演示工具，尽量选择 2010 以后的版本。本书实例采用的是微软 Office PowerPoint 2016 版本。由于 PPT 的软件操作相对简单熟悉，本教材不再单独讲解每个工具的用法，而是从课件设计的角度讲解 PPT 页面中文字、图片、图形、音频、视频、动画等构成要素的设计与处理方法。

8.1　PPT 课件中字体的选择和保存

文字是 PPT 课件中主要的信息呈现方式，意义明确，无论是标题还是关于内容的描述、分析、解释，都离不开文字。PPT 页面中的文字问题，主要在字体选择、排列以及美化三个方面。

8.1.1 输入文字

在 Office 2010 之后的版本中，单击【开始】菜单，如图 8－1 所示，就会看到“剪贴板”“幻灯片”“字体”“段落”“绘图”等可视化的命令面板，打开每个面板下方的箭头 ，则会出现相应的对话框，可以进一步设置参数。在页面中选中文字，在【开始】菜单中能够设置文字的大小、字体、颜色等属性。如果选中文字或者文本框，在【绘图工具】|【格式】菜单中能够设置文字的填充色、轮廓色，以及阴影、映像、发光等特效，如图 8－2 所示。

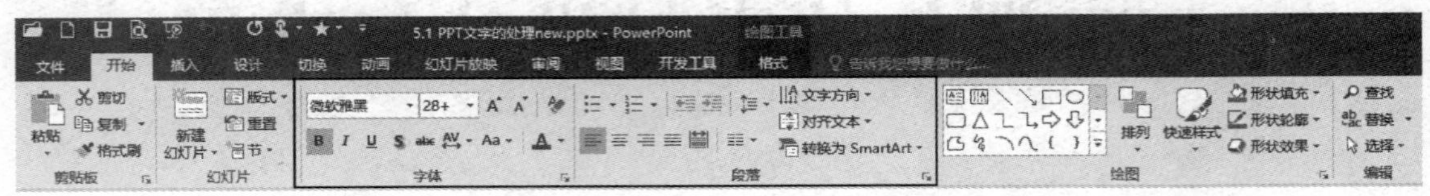

图 8－1 【开始】菜单

图 8－2 【格式】菜单

在单击【文件】|【新建】|【空白演示文稿】之后，如图 8－3 所示，会自动出现一个“标题幻灯片”版式的页面，上面有标题和副标题两个占位符，最好删除这两个占位符，然后采用“文本框”工具 输入文字。

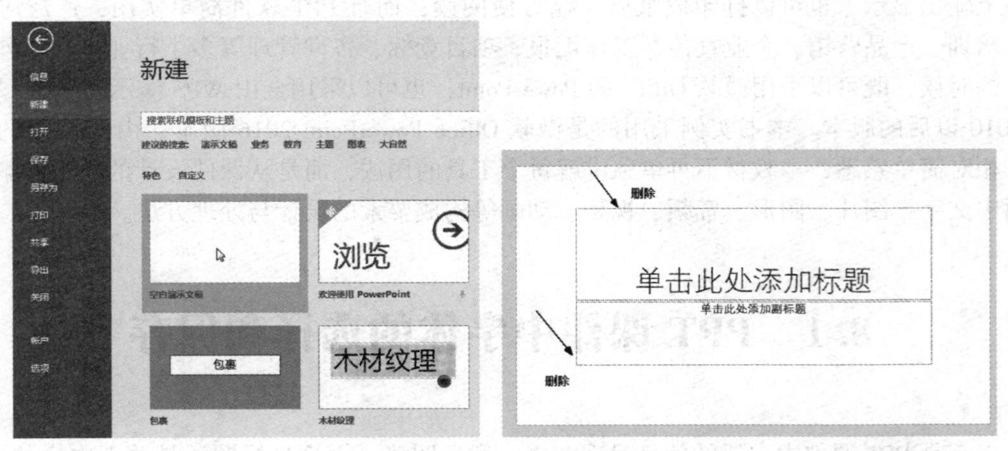

图 8－3 删除空白文稿中的占位符

在应用文本框的时候，要在 PPT 页面上画出文本框的大小，而不仅仅是单击鼠标，这

样可以自主控制文本框的宽度，即段落的宽度。文本框有横向和竖向之分，而且通过旋转文本框能够得到任意角度的文字。

8.1.2 下载并安装字体

网络上有大量的字体资源，学习者可以从“字魂网”“站长素材网”“字体下载大全”等网站下载各类字体。在资源管理器中选中多个字体文件，单击右键，在快捷菜单中选择【安装】命令，如图8－4所示，则这些字体会安装到当前计算机的系统盘中。实际上也可以选中字体文件，复制粘贴到本机 Windows \ Fonts 文件夹中来实现字体的安装。

图8－4 安装字体文件

有时候我们看到一些心仪的文字，却不知道是何种字体，可以借助在线图片字体识别网站，譬如“识字体网”帮助识别字体。首先可以针对文字进行截图，在“识字体网”利用智能拼字或者手动拼字识别，并提供相应的字体文件下载链接。网上下载的字体有商用和非商用字体之分，常见的免费商用字体有思源字体（思源黑体、思源宋体等，是由谷歌联合 Adobe 发布的全新开源字体），还有民间的字体设计师在官方思源字体的基础上开发的“思源真黑”“思源柔黑”；方正开发了丰富的字体库，可以在其官网上查询哪些是免费商用字体（方正黑体、方正书宋、方正仿宋、方正楷体四种）；站酷、文泉驿、王汉宗等都有免费商用字体提供。学习者们根据设计需要选择并下载使用，注意避免侵权。

8.1.3 不同风格的字体搭配方案

在第4章文字设计与编排中讲过，每种字体都有自己的风格，因此设计 PPT 课件的时候要根据设计主题的需要来选择恰当的字体组合。本节列举三种常见风格 PPT 的文字搭配方案，它们适用于工作总结、工作汇报、教学设计、毕业答辩等场景。

1. 商务风格 PPT 的常用字体

商务风格体现的是简洁、明确、大气、庄重、硬朗、迅捷、高效、信赖等，用色简单，字体尽可能使用无饰线体，装饰少。

经典的字体搭配1：标题文字是微软雅黑加粗，正文文字用微软雅黑或者微软雅黑 light。如图8－5所示。

经典的字体搭配2：标题文字是思源黑体加粗，正文文字用思源黑体 light，如图8－6所示。

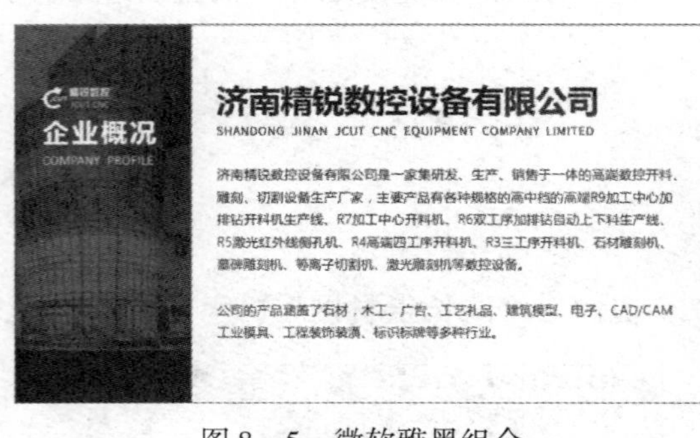

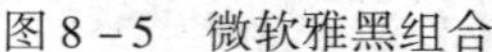
图 8－5　微软雅黑组合

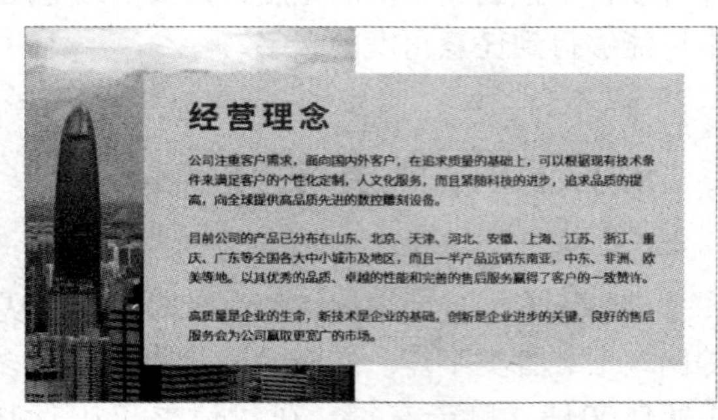

图 8－6　思源黑体组合

内容再多、文字再杂都不会影响这种字体组合的表现力。无饰线字体字形简洁有力，阅读舒适流畅，特别适合规矩整齐的排版和投影播放效果。如果是个人使用，建议用微软雅黑，这种字体能够保存到文件中。如果是商用，则使用思源黑体系列，但这种字体需要复制安装字体包，无法自动保存。

2. 党政风格 PPT 的常用字体

党政风格体现的是严肃、庄重、具有政治号召力，颜色通常是红 + 黄、红 + 灰、红 + 蓝、金色等。版式和配色的设计灵感可以从一年一度的两会专题网站中收集，比如腾讯新闻、新浪、人民网等。

经典的字体搭配 1：标题文字用书法体，正文文字用黑体或宋体。

书法体常见的有禹卫书法行书、汉仪尚魏手书、方正吕建德行楷等，书法字体要选择大气豪迈的类型。这里的黑体是泛指，主要是指规整的无饰线体文字。宋体可以是方正大标宋、方正小标宋、方正颜宋、思源宋体等。图 8－7（a）中的“新时代　新征程”采用了汉仪尚魏手书，副标题文字使用了方正小标宋；图 8－7（b）中的“不忘初心　砥砺前行”采用了禹卫书法行书，副标题文字采用了方正颜宋。

（a）

（b）

图 8－7　书法字体作为标题文字
（a）汉仪尚魏手书 + 方正小标宋；（b）禹卫书法行书 + 方正颜宋

经典的字体搭配 2：标题文字是宋体加粗，正文文字用黑体。这里的宋体可以是方正小标宋、方正大标宋、思源宋体、华康标题宋、华康俪金黑等。正文的黑体可以用微软雅黑、微软雅黑 light、思源黑体、思源黑体 light 等。图 8－8（a）的标题文字采用方正小标宋加粗，笔画饱满，字形庄重，正文文字采用微软雅黑；图 8－8（b）标题文字采用方正粗宋，庄重醒目，正文文字采用微软雅黑。

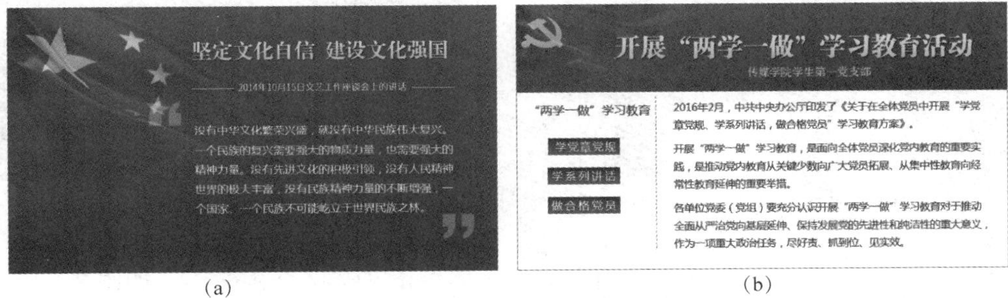

（a）　　　　（b）

图 8－8　粗宋体作为标题文字

（a）方正小标宋＋微软雅黑；（b）方正粗宋＋微软雅黑

经典的字体搭配 3：标题文字是粗黑体，正文文字用细黑体。

图 8－9（a）标题文字是思源黑体 Bold，正文文字是思源黑体 light；图 8－9（b）标题文字是方正正中黑体，正文文字是微软雅黑 light。标题和正文文字的大小粗细形成对比。

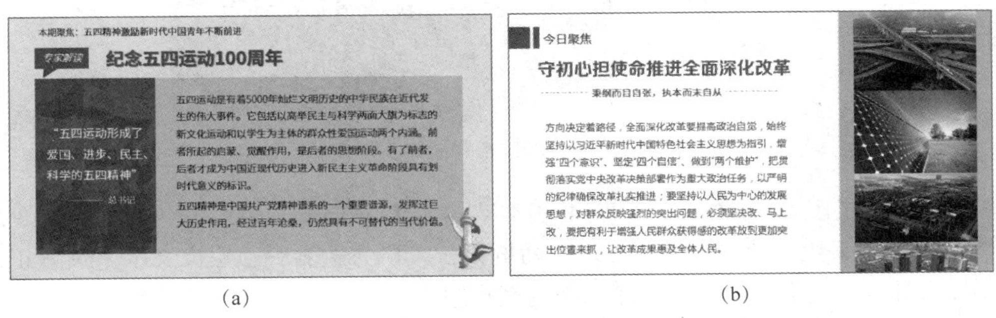

（a）　　　　（b）

图 8－9　粗黑体作为标题文字

（a）思源黑体 Bold＋思源黑体 light；（b）方正正中黑体＋微软雅黑 light

3. 中国风 PPT 的常用字体

中国风格要体现出中国传统文化特色，文字要传统、古朴、典雅，通常不用简约的无饰线体，而使用书法字体和各种饰线体。

经典的字体搭配 1：标题文字采用方正清刻本悦宋简体，正文文字采用楷体。如图 8－10 所示，方正清刻本悦宋简体字形修长，笔画微斜，刚柔并济，整齐中平添灵动秀雅，字里行间渗透着文化气息，尤其适合古典文化类的正文竖直排版。诗歌正文的楷体笔画圆润柔和，好似清风拂面一般的清新自然。

经典的字体搭配 2：标题文字采用方正颜宋简体_准，正文文字采用仿宋。如图 8－11 所示，“仓央嘉措”用方正颜宋简体_准，字形古朴浑厚，有文化气息。诗歌正文用仿宋，挺拔俊秀，清晰悦目。仿宋体尤其适合诗歌类文字的排版。

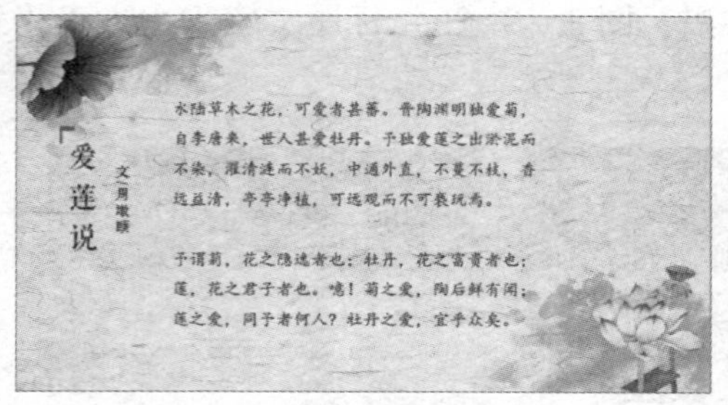

图 8－10　清刻本悦宋简体＋楷体

图 8－11　方正颜宋简体_准＋仿宋

经典的字体搭配 3：标题文字采用书法类字体，正文文字采用楷体。如图 8－12 所示，标题“绿茶”采用汉仪柏青简体，古朴典雅。

图 8－12　汉仪柏青简体＋楷体

经典的字体搭配 4：标题文字采用书法类字体，正文文字采用隶书。如图 8－13 所示，标题“洛神赋”采用吕建德行楷，字形刚劲挺拔，风格秀逸洒脱；正文文字采用方正隶变，这种字体古拙舒展，尤其适合传统诗词类内文排版。

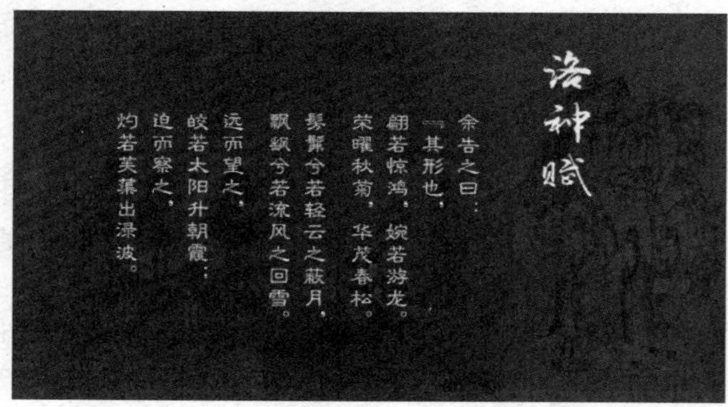

图 8－13　吕建德行楷＋方正隶变

此外，PPT 课件的风格还有很多，比如科技风格的 PPT 常使用微软雅黑系列、思源黑体系列、苹果系列等，学习者可以到苹果、海尔、小米等官网去寻找查看常用的字体搭配。汉仪菱心体在科技风格 PPT 中经常用作标题字体。科技风格最常用的字体就是无饰线的笔画粗细均匀的字体。

8.1.4 字体的准确呈现

怎样使 PPT 的文字在播放环境中准确呈现呢？如果不考虑字体的兼容性，那么费尽心思设计使用的各种字体，很可能会缺失，最终以默认的宋体呈现出来，这样 PPT 页面的显示效果就会大打折扣。为了准确还原各种文字效果，有以下三种解决办法。

1. 保存时嵌入字体

打开【文件】菜单，如图 8－14（a）所示，采用【选项】命令，弹出“PowerPoint 选项”对话框，如图 8－14（b）所示。

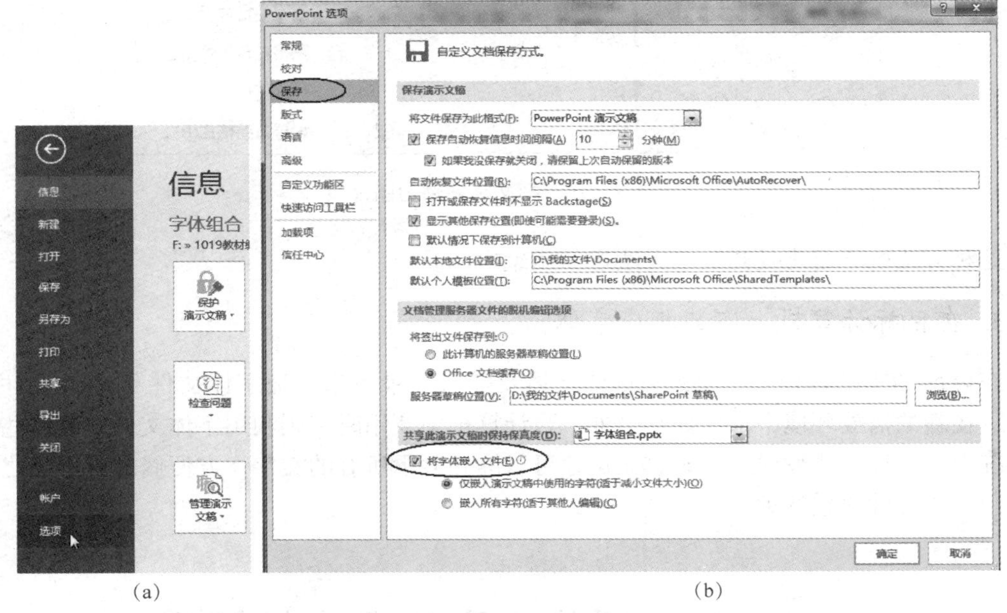

（a）　　　　（b）

图 8－14　嵌入字体的设置

（a）【选项】菜单命令；（b）“PowerPoint 选项”对话框

在 PPT 的诸多选项中，选择“保存”，在右侧的底部选中“将字体嵌入文件”复选框，采用默认的“仅嵌入演示文稿中使用的字符”即可。

特别提示：

只要选中该选项，则每次保存文件时都会保存字体，保存速度会变慢很多。因此为了提高设计效率，这一选项通常在 PPT 设计完成之后再选择。还有些字体无法随文件保存，比如思源字体系列，会出现图 8－15 所示的警告对话框。可以采用后两种方案解决这个问题。

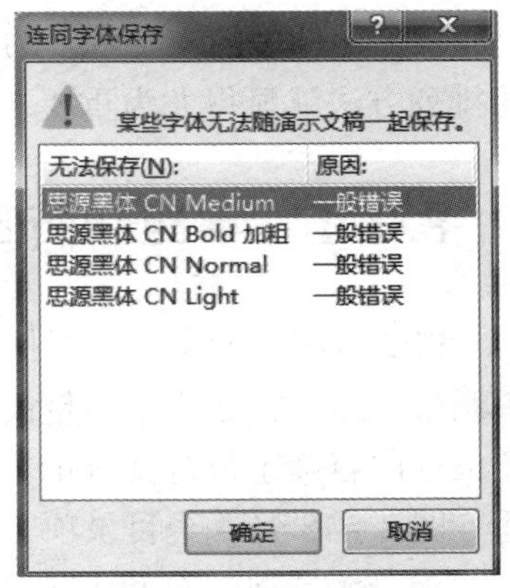

图 8－15　字体保存警告对话框

2. 把文字保存为图片

针对一些标题文字，如果不需要重新修改文字内容，则可以把文字保存为图片。如图 8－16所示，“新时代”字体是汉仪尚魏手书，而且添加了文字映像效果。选中文字，按【Ctrl】+【C】进行复制，然后在页面空白处右击后出现快捷菜单，在“粘贴选项”中选择“保存图片”，则文字会以图片的形式保存下来。

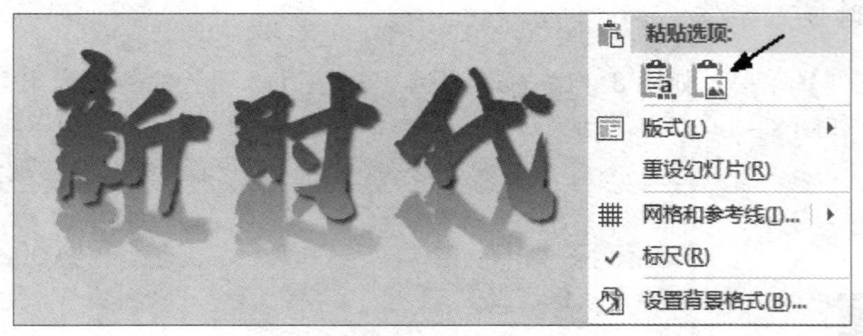

图 8－16　把文字粘贴为图片

这种方法的不足之处是文字无法进一步编辑修改。

3. 在目标计算机上安装相应字体

在设计 PPT 的过程中，用到了哪些字体要随时记录下来，把字体文件和 PPT 文件一同复制。在新的播放环境中，比如在另外一台计算机中使用时，则利用字体文件安装这些字体到系统中。这种方法最保险，确定无疑地可以准确显示所有的文字，方便修改，不足之处就是复制字体文件比较麻烦。

8.2　PPT 课件中段落文字的编排

PPT 课件中的文字较多的时候，通常以段落的形式呈现出来，字距、行距设置以及文字的排列方法就显得尤为重要。

8.2.1　字距和行距

PPT 页面上的文字要根据功能来确定字距和行距。如果是标题文字，通常只调整字距，不调整行距，标题文字尽量简单，保持在一行范围内。如果标题太长，无法放在一行中，就要根据内容确定每行文字的数量。如图 8－17 所示，中英文对齐的标题看起来更加整洁舒适。图 8－18 是 4 个目录项，中文标题文字少，字间距较宽，英文字母较多，字间距较小，中英文对齐排列。在 PPT 中针对文本框，应用“分散对齐”按钮，拖动文本框间距，能使文字在文本框中均匀分布，呈现整齐干净的外观。

济南精锐数控设备有限公司 济南精锐数控设备有限公司
SHANDONG JINAN JCUT CNC EQUIPMENT COMPANY LIMITED SHANDONG JINAN JCUT CNC EQUIPMENT COMPANY LIMITED

图 8－17 中英文标题对齐

01 说 教 材 TEACHING MATERIAL
02 说 学 生 STUDENTS
03 说 教 法 TEACHING MATHOD
04 说 过 程 TEACHING PROCESS

图 8－18 各目录项的分散对齐

使用调节字距按钮 AV 能够详细调整文字间距，如图 8－19 所示，可以使字间距变得稀疏或紧密，也可以通过其他间距(M)详细设置文字间距的数值。

图 8－19 调整字距

通常拉大行距要比增加文字大小更能造就清晰流畅的阅读效果，这一点在 PPT 页面中尤其明显。在 PPT 页面正文中，段落文字的行距通常设置为 1.2～1.5 倍。在图 8－20 中，图 8－20（a）是单倍行距，（b）图是 1.5 倍行距，图 8－20（b）的文字排版更舒适，更易于阅读。

图 8－20 设置正文的行距
（a）单倍行距；（b）1.5 倍行距

利用“设置行距”按钮 ，如图 8－21 所示，可以采用预设的行距数值。如果点开“行距选项”，可以设置多倍行距的具体数值。

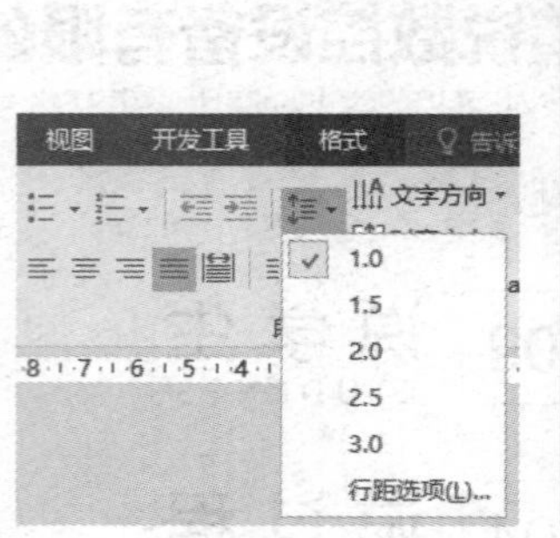

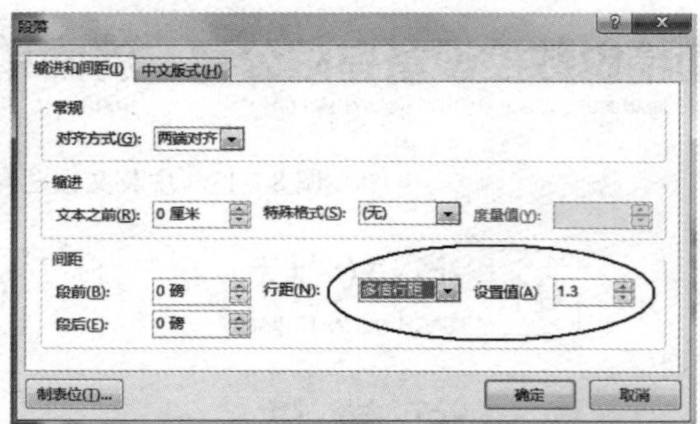

图 8－21　设置多倍行距

8.2.2　文字的排列

在第 4 章讲过文字编排的原则和方法，那些原则和方法同样适用于 PPT 课件的文字排列。此外，PPT 页面上文字的排列还要注意以下三点。

1. 单字不能成行

尽可能调整文本框的宽度，单字不要单独占用一行，标点也不能位于行首，如图 8－22 所示。

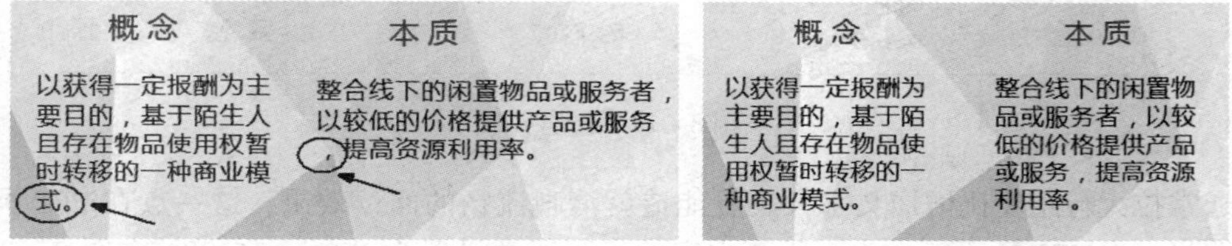

图 8－22　单字成行和标点位于行首

2. 编号和项目符号不能同时使用

如图 8－23（a）所示，同时使用数字序号和项目编号不符合排版要求，二者只能选择其一，如图 8－23（b）所示。在 PPT 2016 版本中，已经自动克服了这个问题。

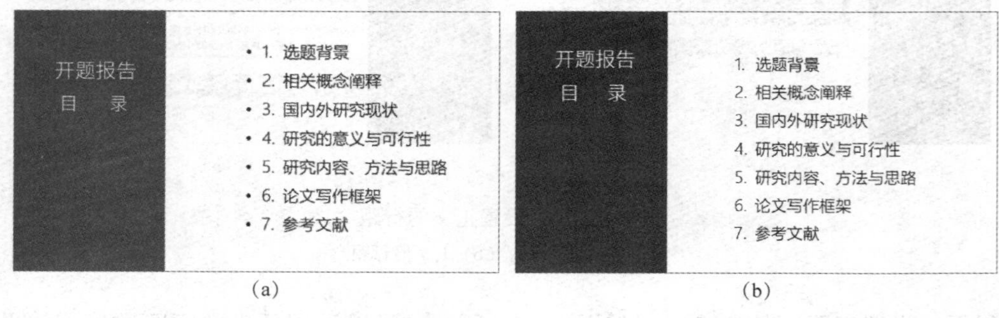

（a）　　（b）

图 8－23　项目符号和数字编号的使用

（a）项目符号和数字序号并用；（b）只用数字序号

3. 文字要段落化

PPT 内容页的信息展示区往往文字比较多，在设计页面时不能把所有文字都堆放在一起，这样显得非常繁乱，最常见的办法就是按照内容来划分段落，如图 8－24 所示，图 8－24（a）中所有的文字是一个段落；图 8－24（b）把“日照特产”分为“日照黑陶”“天下第一银杏树”“蓝莓种植业”以及“日照绿茶”四个段落，文字与图片相对应，层次分明，逻辑清楚。

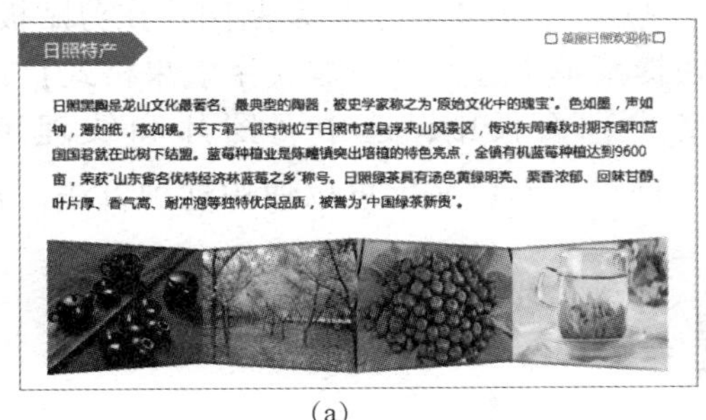

（a）

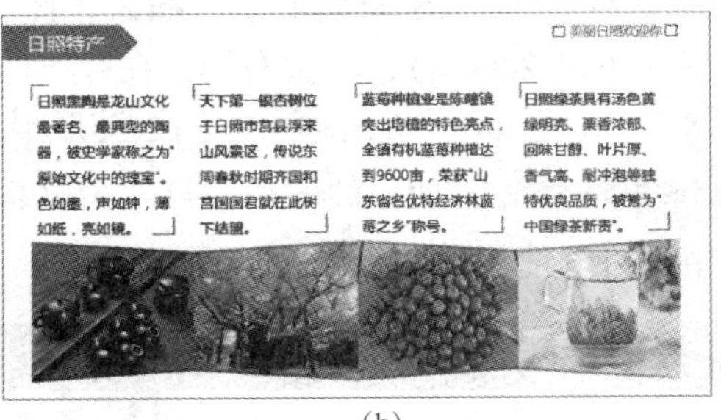

（b）

图 8－24　内容页段落划分的对比效果

（a）所有文字是一个段落；（b）文字划分为四个段落

在划分段落的时候，一是通过拉开间距体现内容的紧密关系，二是通过线条和色块来分割，如图 8－25 所示。图 8－25（a）的页面四个段落被竖线分为两部分，上部是由四个等高的小图片组成的，为了清晰显示标题，在图片上添加了半透明的黑色矩形。图 8－25（b）的页面文字段落较宽，垂直排列，四个段落中间添加了三条横线，四个小图宽度相等，同时添加了灰色的矩形作底，灰色块不仅划分了左右版面，而且增加了画面的层次感。

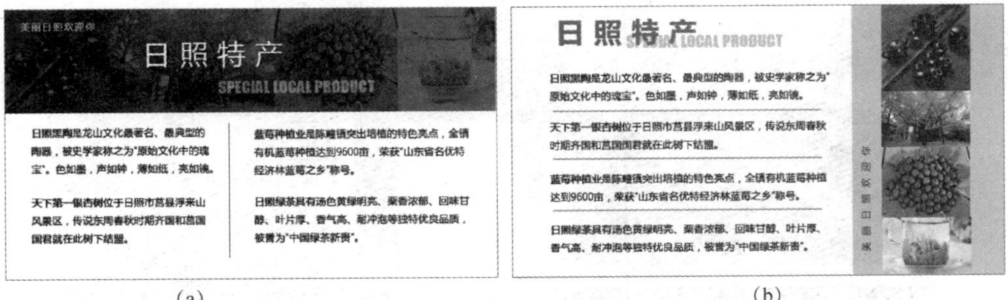

（a）　　　　（b）

图 8－25　用线条划分段落

（a）竖线划分段落；（b）横线划分段落

8.3　PPT 课件中文字的美化

文字的美化通常只针对标题文字。我们可以把标题文字设计成为图片字、渐变字、双色文字、添加映像或阴影等特效。下面针对这几种特效进行讲解。

8.3.1　图片字的设计

做法1：选中文字（不是文本框），单击【格式】菜单，应用【文本填充】中的【图片…】命令，如图8－26所示，找到本机的图片文件，确定即可。其效果图如图8－27所示。

做法2：如果PPT页面上已经插入了图片，按下【Ctrl】+【C】复制图片在剪贴板，选中文字（不是文本框），单击右键，在弹出的快捷菜单中选择【设置文字效果格式】命令，如图8－28所示，在出现的【设置形状格式】面板中，选中“图片和纹理填充” ◉ 图片或纹理填充(P)，插入的图片来自“剪贴板”即可。不仅文字可以使用这种方法，表格、单元格都可以使用剪贴板图片填充。

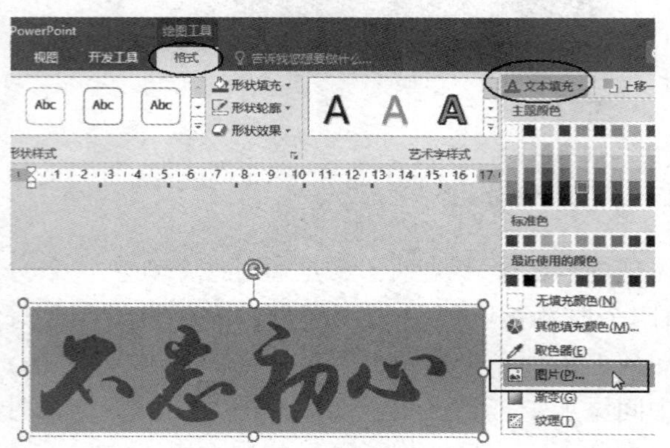

图8－26　用图片填充文字

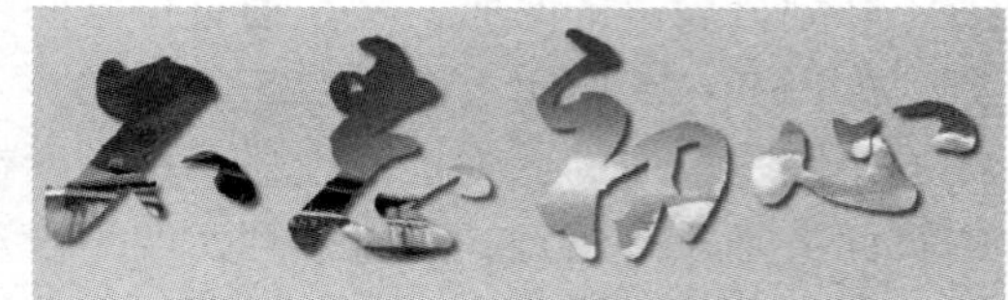

图8－27　图片字

图8－28　用剪贴板图片填充文字

做好的图片字要想变得更加醒目，可以添加阴影，呈现立体化外观。如图 8－29 所示，在【设置形状格式】面板中，单击“文字效果”图标，在“阴影”的“预设”中选择阴影的位置为“右下”。

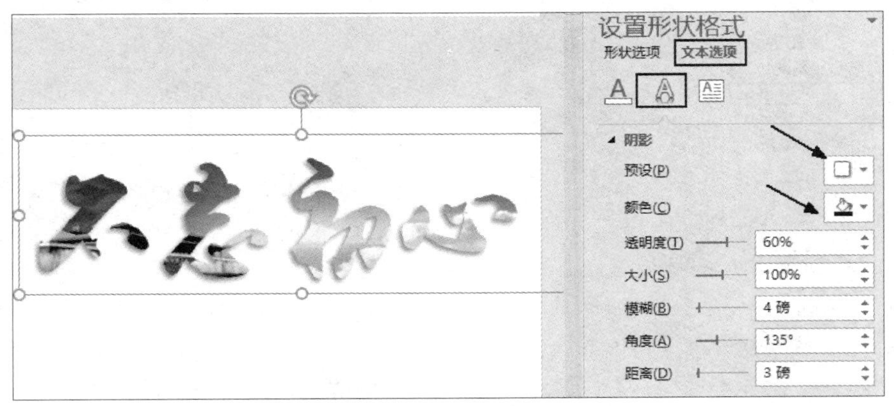

图 8－29 添加阴影

8.3.2 渐变字的设计

PPT 中的标题文字经常使用渐变字，颜色的选择要与主题相关。如图 8－30（a）所示的“不忘初心　砥砺前行”使用了红黄渐变字，图 8－30（b）的标题采用了浅黄到黄色的渐变字，增加了文字颜色的丰富性。以图 8－30（a）为例讲解设计过程。

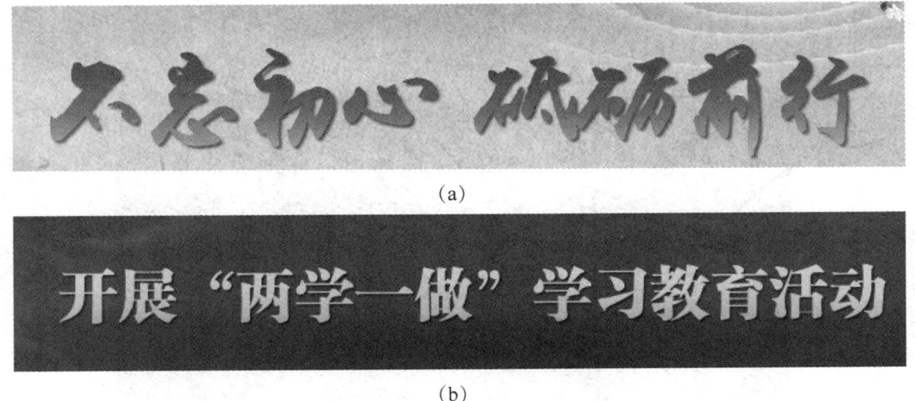

（a）

（b）

图 8－30 标题采用渐变字

（a）红黄渐变字；（b）浅黄渐变字

做法：选中“不忘初心　砥砺前行”文本框，单击右键，在弹出的快捷菜单中选择【设置形状格式】命令，在出现的【设置形状格式】面板中，选择“文本选项” 形状选项 文本选项，单击“文本填充与轮廓”按钮，选中渐变填充 渐变填充(G)，如图 8－31 所示。设置渐变的方向为“线性向下”，渐变光圈中只保留两个色标，多余的选中删除，左边色标颜色设置为红色，右边设置为金色，向右拖动左边的色标到 10% 的位置，使填充红色多一些。

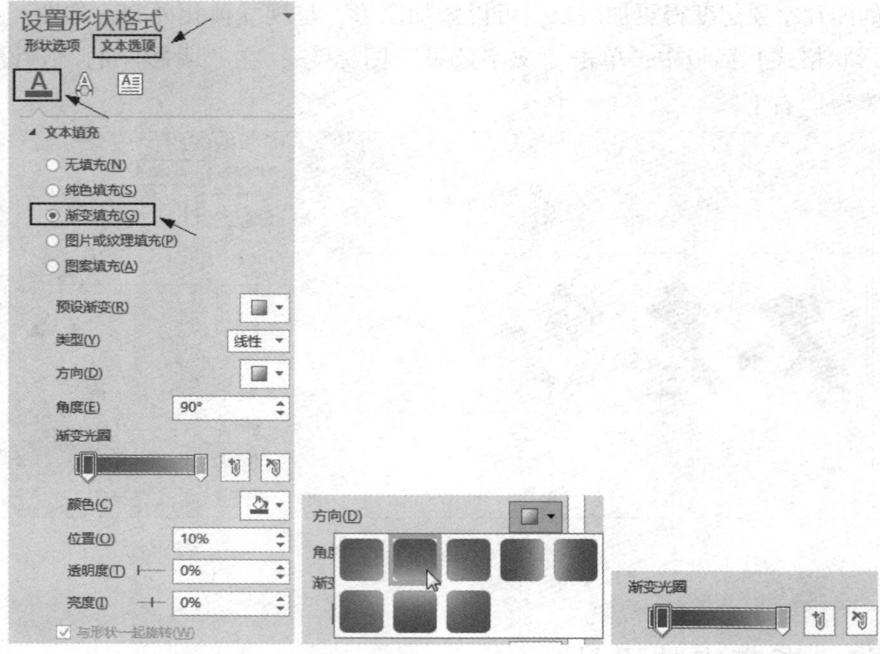

图 8－31　设置文字的渐变填充

8.3.3　添加映像效果

为标题文字添加映像特效，就仿佛是给文字添加了倒影。如图 8－32 所示，给文字设置映像和阴影效果之后更加引人注目，更有立体美感。

图 8－32　标题文字添加映像和阴影效果

做法：选中“PPT 课件设计与制作”文本框，单击右键，在弹出的快捷菜单中选择【设置形状格式】命令，在出现的【设置形状格式】面板中，选择“文本选项 形状选项 文本选项”，单击“文字效果”按钮 A，选择“映像”，如图 8－33 所示，在“预设”中设置映像的样式。

单击【格式】菜单的【文本效果】，也可以设置文字的映像、阴影等特效，如图 8－34 所示。

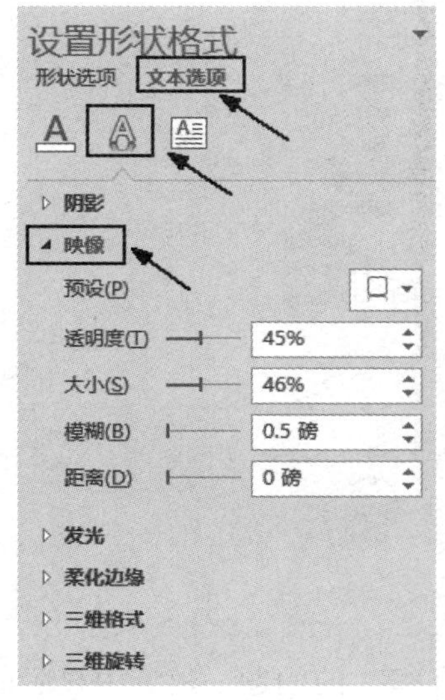

图 8－33　文本选项的映像设置

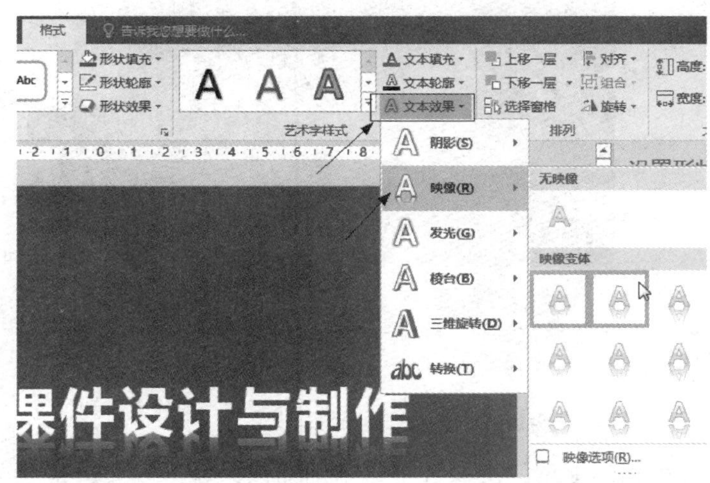

图 8－34　利用【格式】菜单设置文本效果

8.4　PPT 课件中图片的编辑

把图片添加到课件中可以使课件更加形象直观，能够很快地传达信息，表达情感。在 PPT 课件中的图片不管是主体图还是装饰图，都要清晰易读、数量合适，且与主题相关。网络上有海量的图片资源，例如“站长素材”“千图网”等，有些需要购买版权。国外还有一些免费图片网站，例如 stocksnap. io 等，可以搜索下载图片使用。

8.4.1　插入图片

在 PPT 页面中插入图片有多种方法，各有优势和不足。

1. 利用【插入】菜单

利用【插入】菜单可以插入本机图片、联机图片、屏幕截图等，如图 8－35 所示。

图 8－35　【插入】菜单

PPT 页面中的图片尺寸以厘米为单位。如图 8－36 所示两张女孩图片，单击大图，右击，在弹出的快捷菜单中单击“大小和位置” 大小和位置(Z)...，打开【设置图片格式】面板，如图所示，大图的尺寸是 16. 93 cm × 25. 4 cm。同样可以看到小图的尺寸是 10. 1 cm × 6. 73 cm，然而在资源管理器中查阅本章的素材可以看到，大图（“女孩 . jpg”）的像素数是 960 × 640，小图（“女孩大 . jpg”）的像素是 3 030 × 2 020。为什么像素大的图插入 PPT 反而更小呢？

图 8－36　图片大小和位置

根据第 1 章的图像数字化基础知识，就可以知道是“分辨率”的问题，PPT 中显示的是图片的输出尺寸而不是像素数。用 Photoshop 打开这张 3 030 ×2 020 像素的图片（“女孩大 . jpg”），在“图像大小”中可以看到此图的分辨率是 762 像素/英寸，如图 8－37 所示，这样图片最终显示的宽 × 高就是 10. 1 cm ×6. 73 cm，远远小于另一张的显示尺寸。

图 8－37　图像大小和尺寸

2. 采用屏幕截图

采用屏幕截图工具可以直接把图像插入到 PPT 页面中。例如 QQ 截图，利用快捷键【Ctrl】+【Alt】+【A】就可以选定截图的范围，尔后单击“完成”按钮，然后回到 PPT 页面中，按【Ctrl】+【V】粘贴即可。还可以使用功能更加强大的软件，如 Snipaste，利用它截图、取色、粘贴更加便捷。使用截图软件的不足之处是无法得到透明底色的图片，比如 PNG 透明底色的图片文件还应采用【插入】的方法。

8.4.2 缩放图片

改变图片大小时切记，要保持图片原有的长宽比例。做法是：选中图片，拖动图片四角的节点。使用 PPT 2016 以前的版本时需要按住【Shift】键拖动四角的节点才能保持比例缩放。如图 8－38 所示，图 8－38（a）为了能够在页面宽度范围内容纳三张图片，只好将每张图都变窄，整个画面外观比例失调。图 8－38（b）中，为了保持每张图片原有的比例，可以适当裁剪图片，只保留主体部分，还可以尝试改变页面版式，把所有图片都排列在画面中间。

（a）　　　　（b）

图 8－38　图片缩放要保持比例

（a）三个图都变窄；（b）四个图保持原有的比例

8.4.3 裁剪图片

PPT 2016 版本的“裁剪”功能比较强大。在页面上插入图片之后，选中图片，在【图片工具】|【格式】菜单中，利用裁剪工具，如图 8－39 所示，可以进行自由裁剪、将图片裁成特定的形状或按照特定比例进行裁剪。

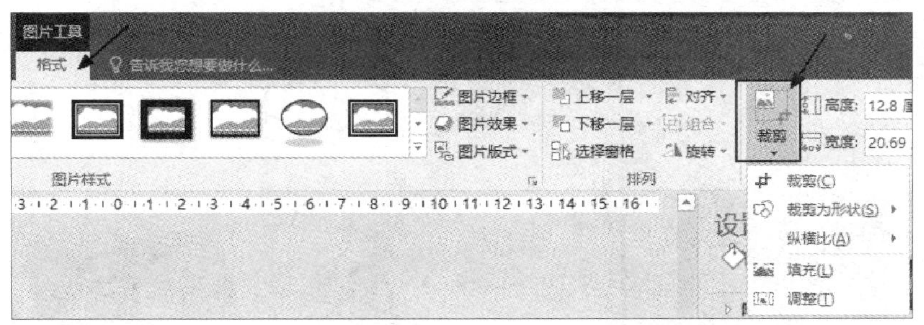

图 8－39　裁剪工具

1. 自由裁剪和比例裁剪

自由裁剪可以去除图片上与主题无关的部分，更加突出主体。在裁剪图片时，要尝试打破惯性思维，找到更恰当的与主题相搭配的角度。如图 8－40 所示，沿着三个虚线框进行纵横比为 16∶9 的裁剪，用得到的图片局部作为 PPT 背景，能够制作出不同主题的 PPT 页面，如图 8－41 所示。

图 8－40　沿虚线框对图片进行 16∶9 裁剪

图 8－41　图片局部的裁剪效果

2. 形状裁剪

利用“形状裁剪”可以把图片裁剪成特定的形状，如图 8－42 所示，一步裁剪完成后要按“裁剪”按钮 裁剪 表示结束。裁剪可以进行多次，并以此为基础进行移动缩放等，最终可以制作成图 8－43 所示的图片和页面效果。

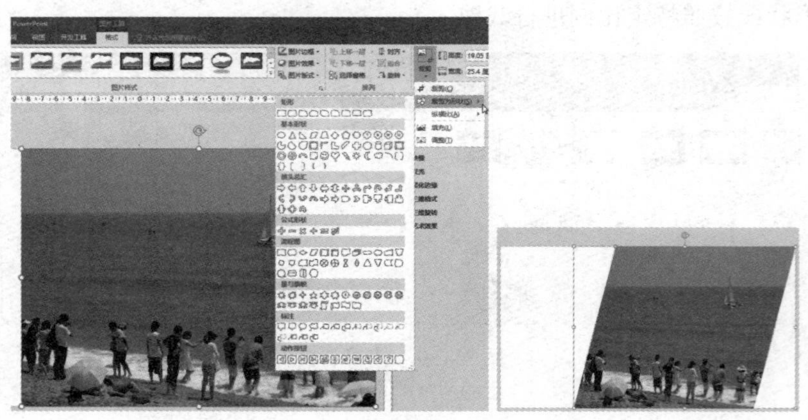

图 8－42　将图片裁剪成平行四边形

裁剪之后的图片，如果感觉不满意想要恢复原样，可以单击“重设图片”按钮 重设图片 还原图片。如果不想还原图片，想删掉裁剪的部分，则可以单击“压缩图片”按钮 压缩图片，在出现的“压缩图片”对话框中选择“删除图片的裁剪区域” ☑ 删除图片的剪裁区域(D) 即可。

图 8－43 裁剪和修改的最终效果

8.5 PPT 课件中图片的特效

PPT 页面中的图片选中以后，打开【图片工具】|【格式】菜单，如图 8－44 所示，可以看到有“删除背景”“更正”“颜色”“艺术效果”“压缩图片”“更改图片”“重设图片”，以及各种“图片样式”。本章不做逐一讲解，只讲其中几个常用的功能。

图 8－44 图片格式菜单

1. 添加样式

PPT 图片样式中有添加边框、映像、透视、阴影等效果，为图片添加样式，可以使图片的形式更加生动多样。在使用样式时要考虑整体版面的效果，不能随意使用。如图 8－45 所示，图 8－45（a）中的小图采用了“旋转 白色”样式，添加了白色边框，并旋转一定角度，增加了整体画面的层次感；图 8－45（b）中的三个图片采用了“映像圆角矩形”样式，外观统一整体，有立体感。

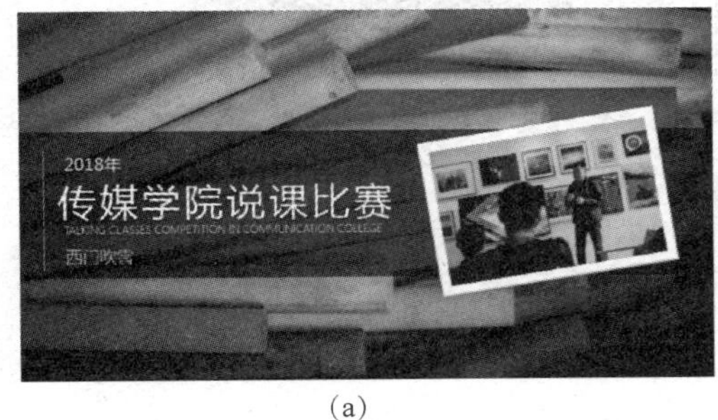

（a）

（b）

图 8－45 添加图片样式

（a）小图采用“旋转 白色”样式；（b）小图统一采用“映像圆角矩形”样式

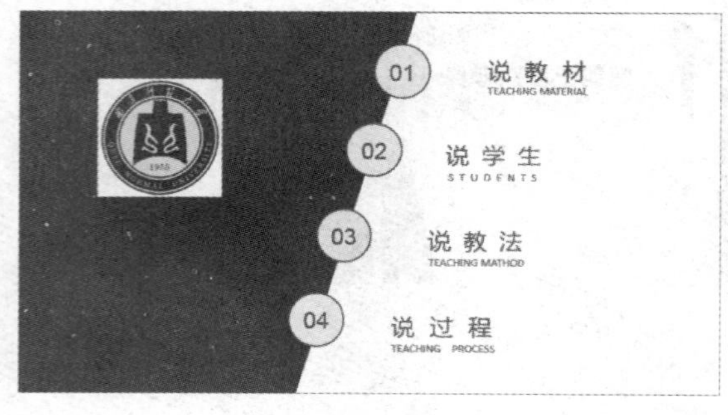

图 8－46 带白底的图标

2. 删除背景

利用【删除背景】命令，能够删除图片中不需要的部分，变成透明底。如图 8－46 中的学校标志带有白底，很明显透明底更合适。

要想使图标变成透明底，做法如下：

首先选中 PPT 页面上的图标，单击【格式】菜单中的“删除背景”按钮，则图标会被紫红色区域盖住一部分，如图 8－47 所示，图标的圆形徽章部分也带有紫红色。单击“标记要保留的区域”，多次单击徽标的紫红色覆盖部分，直到徽标上面没有紫红色，紫红色仅覆盖徽标以外的区域，如图 8－48（a）所示，然后按“保留更改”即可，这时徽标周围变成透明，如图 8－48（b）所示。

图 8－47 标记要保留的区域

（a）

（b）

图 8－48 最终的删除效果

（a）紫红色覆盖徽标之外的所有区域；（b）徽标变透明

3. 重新着色

利用【颜色】命令，能够对选中的图片重新着色，使之与页面的色调保持一致。如图 8－49（a）中的学校标志是棕色，删除了白底之后依然与当前的蓝色主色调冲突。图 8－49（b）中的图标则呈现蓝色调，图标下的文字变为白色。

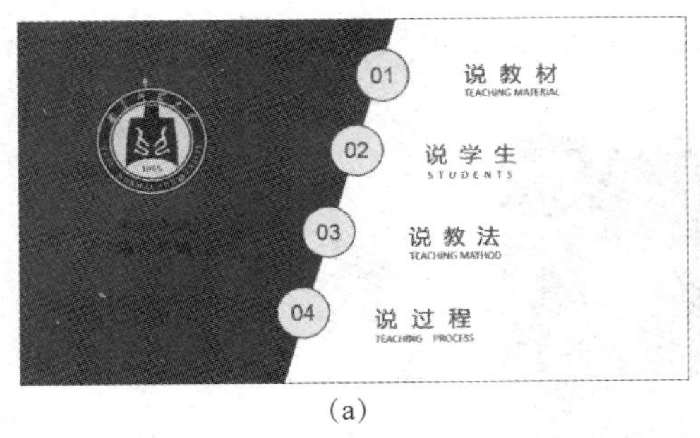

(a)

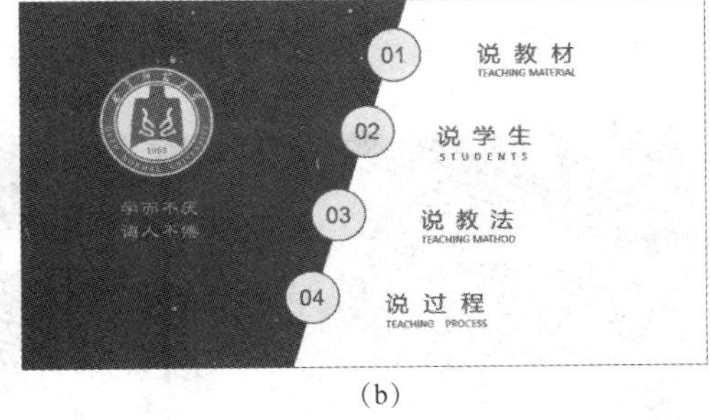

(b)

图 8－49　图标重新着色

(a) 图标的初始颜色；(b) 图标变蓝色

做法：选中图标，单击【格式】菜单中的“颜色”按钮，在与颜色设置相关的选项设置中，选择“重新着色”中的“蓝色 个性色5 浅色”，如图 8－50 所示。这时图标由原来的棕色改成了蓝色。同样的做法，“学而不厌 诲人不倦”也可以由棕色改成白色。

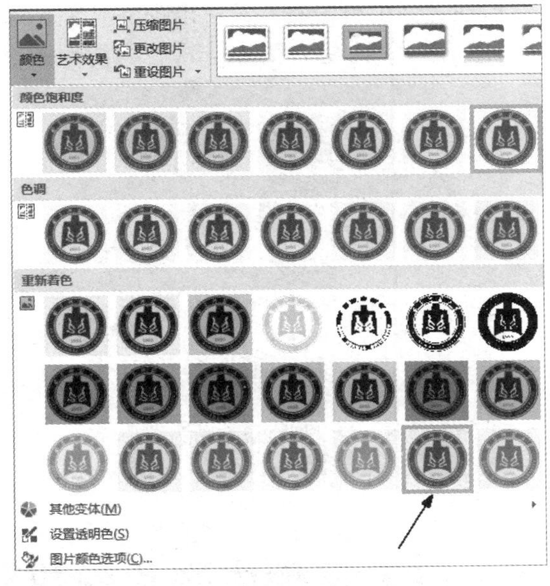

图 8－50　重新着色

4. 图标变白

图标变白的操作往往用于深色背景的页面中。有些彩色的线条文字图标放在页面上会造成颜色冲突，影响观感。如图 8－51 (a) 所示，“精锐数控”图标是一个 *.PNG 格式的透明底图片，由红色和黑色组成，放在蓝色背景图上显得较暗；把图标改为白色，如图 8－51 (b) 所示，蓝白配色更恰当。

做法：右击该图标，在快捷菜单中选择【设置图片格式】命令，在图 8－51 (c) 的【设置图片格式】面板中，选择【图片】|【图片更正】|【亮度】命令，调整其亮度为 100% 即可。

(a)

(b)

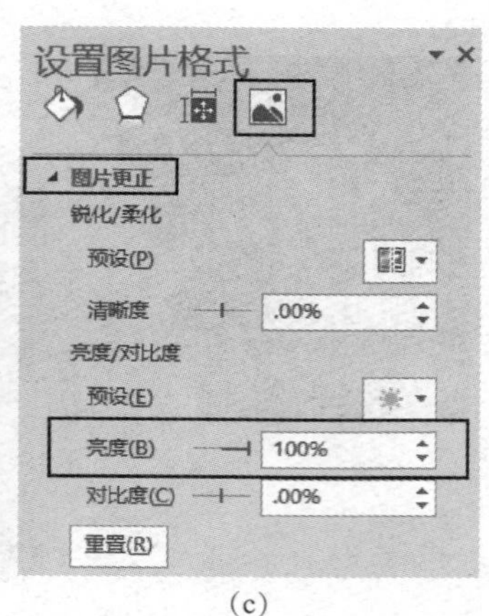

(c)

图 8－51　图标变白色

（a）图标的初始颜色；（b）图标变白色；（c）“图片更正”设置

如果图标不是图片文件的形式，而是由线条和文字的组合对象，则需要先选中该组合，按【Ctrl】+【C】复制，然后在页面中单击右键，在出现的“粘贴选项”中选择“图片”图标，如图 8－52 所示，这时组合对象转变为图片。然后再使用图 8－51（c）的亮度调整，使其变为白色。

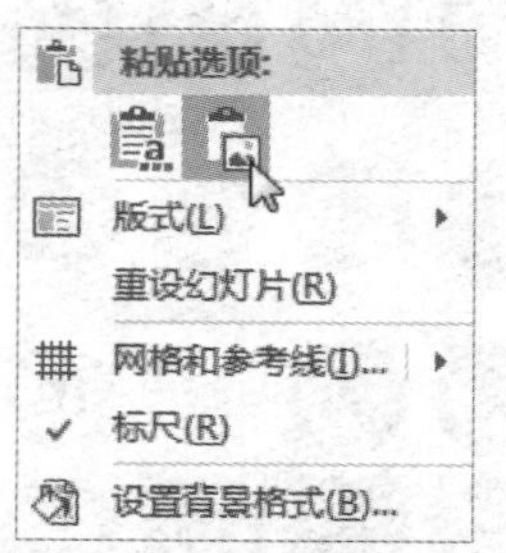

图 8－52　把对象粘贴为图片

8.6　PPT 课件中图片的排版

PPT 课件页面中插入的图片文件数量是由信息传达的需要决定的，有时是单张图，有时是多张图，在页面设计时要遵循图片排版的基本原则。

8.6.1　单个图片的排版

如果 PPT 页面上只有一张图，则这张图可以覆盖整个页面，也可以成为页面的一部分。本小节通过一些典型案例展示 PPT 页面中单图排版的常见形式。

1. 全图式

全图式是指让图片铺满整个画面，文字位于图片之上。文字这时要写在图片的空白处，文字图片才能相互配合，互不影响，如图 8 – 53（a）所示，《东栏梨花》诗句写在图片的空白处。如果图片的内容比较繁杂，可以在图片上方添加半透明渐变色块，如图 8 – 53（b）所示，使图片逐渐融入背景中。有时候可以在页面的全部或者页面的局部范围添加半透明黑色矩形，如图 8 – 53（c）、（d）所示，文字用白色，以增强图文的颜色对比。

图 8 – 53　图片铺满页面

（a）图片原图；（b）添加透明渐变白色矩形；（c）添加半透明黑色矩形；（d）中间添加半透明黑色矩形

2. 图片横向分割页面

图片横向分割页面，是指图片在页面中占一部分，以直线或者曲线的形式把页面分成上下两个功能区，一个区域中放置主题图片，另外的功能区放置说明文字。如图 8 – 54 所示，图 8 – 54（a）采用横线分割，规矩稳重，这与横线的形式特点保持一致。图片下方粗线的颜色与图片的主色保持一致，都是秋天的橙黄色，线可以贴紧图片也可以在图片下方，但不能离图片太远，以保持画面的整体效果。图 8 – 54（b）是利用曲线横向分割页面，自由灵活，与曲线的流畅自由的形式特点保持一致。曲线分割的做法有很多种，最简单的是利用 PPT 自带的“图形编辑”功能，先绘制矩形，再编辑矩形顶点，可以把矩形调整成曲线图形。

(a)　　(b)

图 8－54　图片横向分割页面

（a）用直线横向分割；（b）用曲线横向分割

3. 图片纵向分割页面

图片纵向分割页面，是指图片用直线或者曲线把版面分成左右两个功能区，分别是图片区和文字区。纵向分割需注意分割的位置和图片的样式。图 8－55（a）中丁香花图片占左侧三分之一，左图右文，图文内容相联系；图 8－55（b）中的丁香花图片尺寸较宽，右方添加了半透明白色矩形，使图片融入背景中，保证了文字的可读性；图 8－55（c）使用【格式】中的“裁剪工具”，选取一段竖直长条，图片下面添加灰色矩形，露出两侧描边，增加图片的层次感；图 8－55（d）采用灰紫色背景，相应的文字采用白色，图片下方的矩形也采用白色，露出两侧的白色描边。

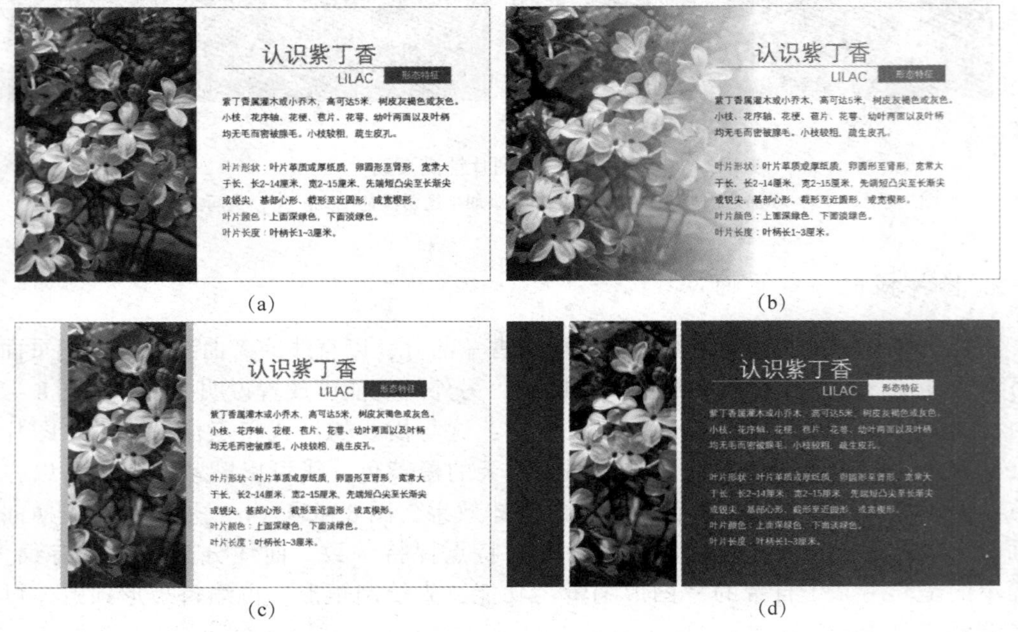

(a)　　(b)

(c)　　(d)

图 8－55　图片纵向分割页面

（a）图片在页面左侧；（b）图片融入背景；（c）长条图片；（d）深色底白色字

8.6.2 多个图片的排版

PPT 页面上如果有多个图片，在排列的时候要注意彼此之间保持对齐，间距相等。图 8-56（a）中，四个小图片上下对齐，并列紧紧靠在一起，组成了 PPT 的上半部分。图 8-56（b）中的五个小图之间有间距，间距一致，最左侧图片和最右侧图片离页面边缘的距离相等。

特别提示：

小图片的间距要小于外侧图片离页面边缘的距离（左边缘、右边缘、上边缘）。这样，既保证了小图片彼此之间的独立性，五个小图片同时又作为一个整体呈现在页面上。图 8-56（b）中的最外侧图片还要和下方的文字保持对齐。

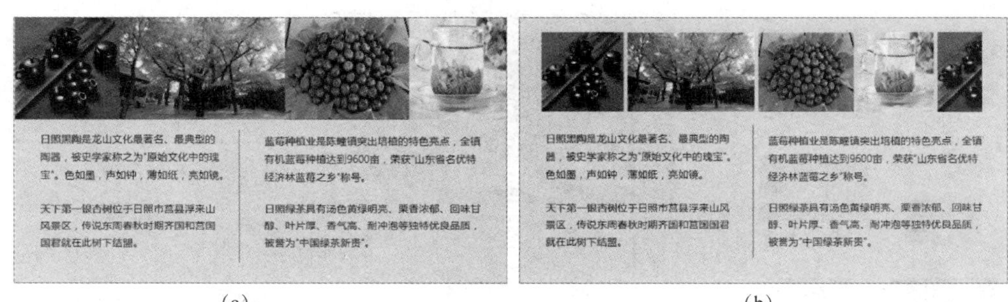

图 8-56 多个图片保持对齐且间距相等

（a）多个小图占满页面上端；（b）小图的间距要小于页边距

如果页面上的多个图片呈水平排列，则要保持高度相等；如果多个图片呈垂直排列，则要保持宽度相等。如果构图不均衡，可以添加色块或者框线来平衡画面，如图 8-57 所示，在下方两个小图的左侧添加色块充当小图，增加元素个数，使得整体画面更美观。

图 8-57 添加色块

8.6.3 利用 ShapeCollage 多图排版

如果图片数量较多，则手动排版费时费力。可以利用一款小软件 ShapeCollage 来自动排版。如图 8-58 所示，首先添加多张照片，本例添加了 20 张，最终拼成的图形选中"格"

单选按钮，拼贴尺寸改成当前 PPT 页面尺寸，图片间距也可以适当加宽，本例采用了 108%，然后单击“创建”按钮，则这 20 张图片就拼贴成了网格形状，如果对网格样式不满意，可以继续单击“创建”按钮直到满意为止。在此页面中，单击右上角的【外观】选项卡，如图 8－59 所示，设置背景色和边界色。本例选择了黑色。最后单击“储存”按钮，则这 20 张照片就拼接成了图中的样式保存为一张 Jpg 格式的文件（也可以保存 Png 或 Psd 等格式）。把这种图片插入 PPT 中，则可以制作如图 8－60 所示的全图式页面。

图 8－58 创建拼贴图

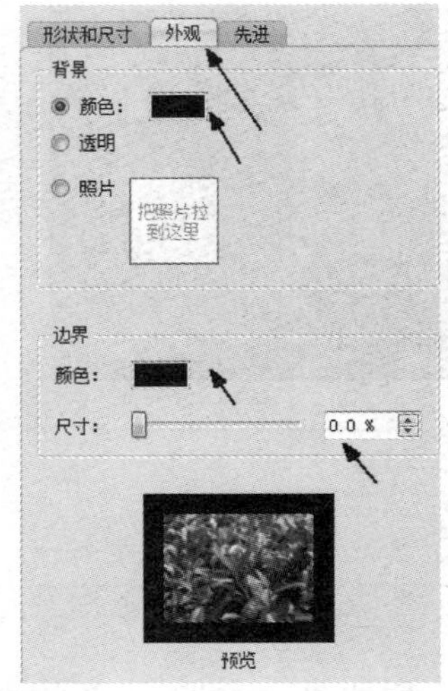

图 8－59 设置外观

图 8－60 用拼贴图作页面

8.7 PPT 课件中音频、视频和动画编辑

除了最常用的文字和图像素材之外，PPT 课件还可以录制并添加音频、视频素材，也能够插入播放 SWF 动画。音频和视频的添加，采用【插入】菜单中的“媒体”选项，如图 8－61 所示；SWF 动画的添加，需要采用【开发工具】菜单中的“控件”选项，如图 8－62所示。

图 8－61 插入媒体

图 8－62 应用控件

8.7.1 页面中插入声音

PPT 课件中的声音主要有背景音乐、解说两种。

1. 插入背景音乐

在制作在线上课等待课件或会议等待课件时，往往可以在页面中添加音乐，使得进入课堂的学生能够预先听到声音看到画面，也有助于教师检测讲课设备是否正常。在当前页上添加背景音乐，则需要采用【音频】|【PC 上的音频】命令，如图 8－63（a）所示，然后打开“插入音频”对话框，如图 8－63（b）所示，选择本地计算机中的音频文件，常用的音频文件格式有 MP3、MP4、WAV 等。

插入音频文件之后，页面中会出现小喇叭图标和音频控制面板，如图 8－64（a）所示，单击小喇叭图标，在图 8－64（b）所示的“音频工具”的“播放”选项中，可以设置自动播放，且隐藏小喇叭图标。

默认的声音是添加在当前页面上的，在播放下一页的时候声音会自动停止。如果 PPT 页面有多页滚动播放，需要在图 8－64（b）“音频工具”的“播放”选项里选中“跨幻灯片播放”“循环播放，直到停止”以及“播完返回开头”。

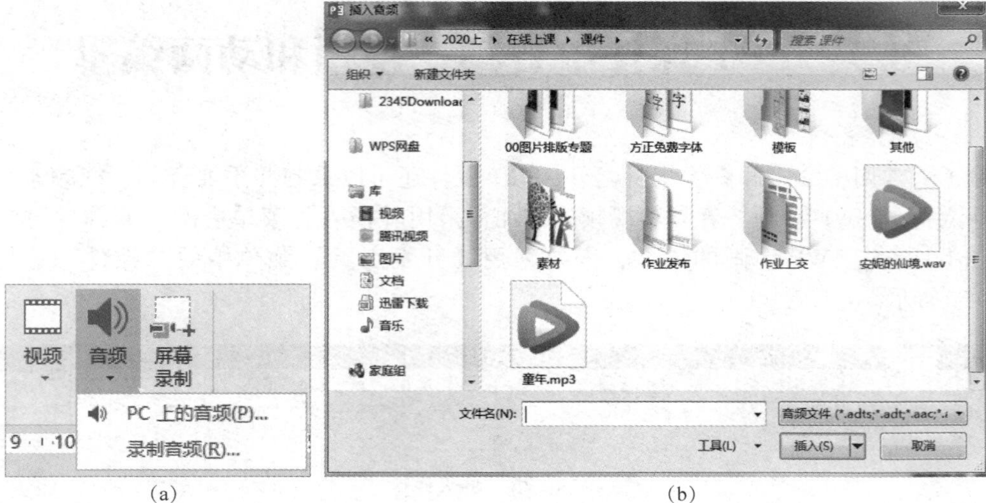

(a) (b)

图 8－63 插入音频

(a) 插入菜单的媒体选项；(b)“插入音频”对话框

(a)

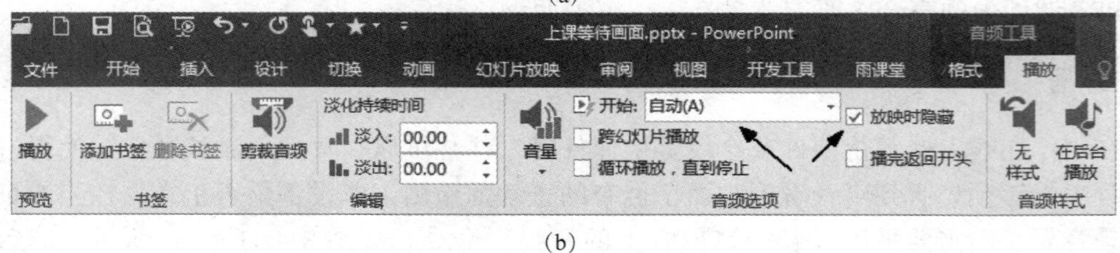

(b)

图 8－64 设置音频的播放选项

(a) 在页面上插入本地音频；(b)“音频工具”的“播放”选项

2. 插入解说

在制作自主学习型课件时，需要针对每个页面添加讲解音频。想在 PPT 页面中插入解说，如图 8－65 (a) 所示，可以在【幻灯片放映】菜单中录制旁白，即选择“录制幻灯片演示”选项，打开图 8－65 (b) 所示的对话框，选中“幻灯片和动画计时”以及“旁白、墨迹和激光笔”复选框，其中旁白就是解说。

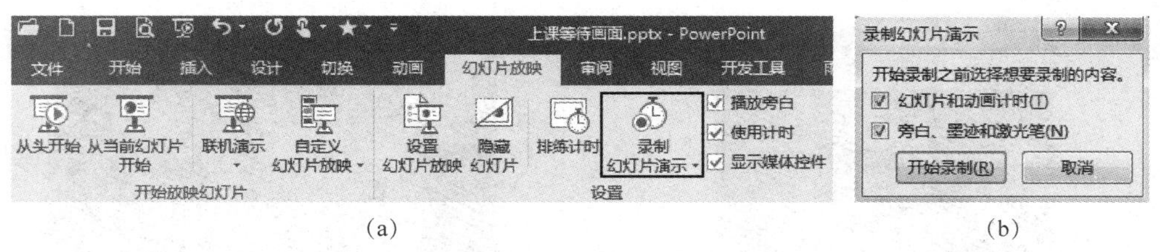

(a) (b)

图 8－65 录制旁白

(a)【幻灯片放映】菜单；(b)“录制幻灯片演示”对话框

图 8－66 切换菜单中的换片方式

采用录制旁白的办法，可以一边播放幻灯片，一边录制解说，并可以配合录制墨迹和激光笔，呈现出 PPT 讲述信息的完整过程，更适用于讲课；如果在图 8－65（b）中选中“幻灯片和动画计时”复选框，录制出来的是一个展示视频，更适用于宣传展示。每页的幻灯片会计时旁白持续的时间，这个时间就是【切换】菜单中的自动换片时间。如图 8－66 所示，本页幻灯片的解说持续了约 9 秒，如果不单击换片，则会在本页解说完成之后自动换片。

8.7.2 页面中插入视频

打开【插入】菜单的“媒体”选项栏，单击如图 8－67（a）所示的【视频】|【PC 上的视频】命令，会打开图 8－67（b）所示的“插入视频文件”对话框，允许插入的视频文件格式很多，常用的有 AVI、MP4 等。

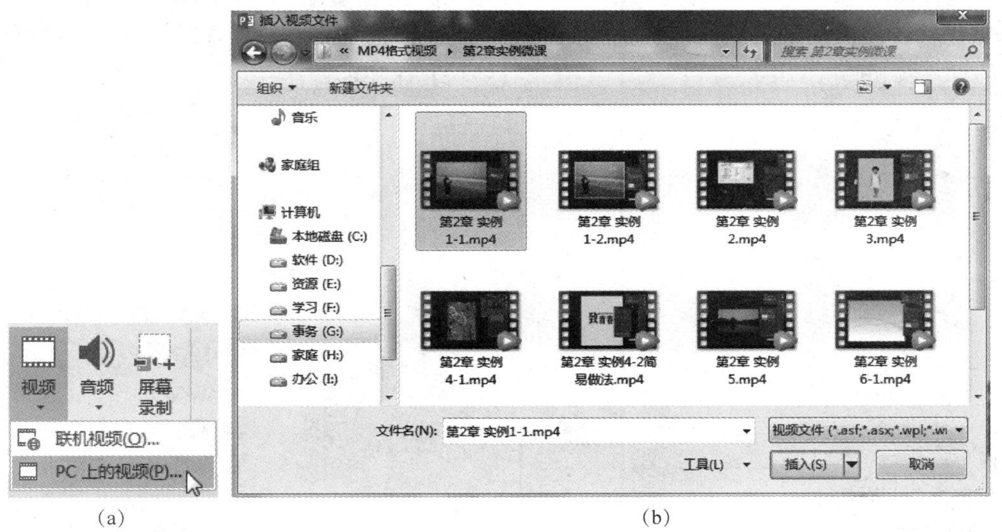

(a) (b)

图 8－67 插入视频

(a)【插入】菜单的“媒体”选项；(b)“插入视频文件”对话框

插入视频之后，如图 8－68（a）所示，默认的视频是黑色方块和播放控制条，可以调整视频在页面中的位置和呈现范围。单击“播放”按钮，或者“放映幻灯片”，则 PPT 就会播放页面上的视频文件，如图 8－68（b）所示。

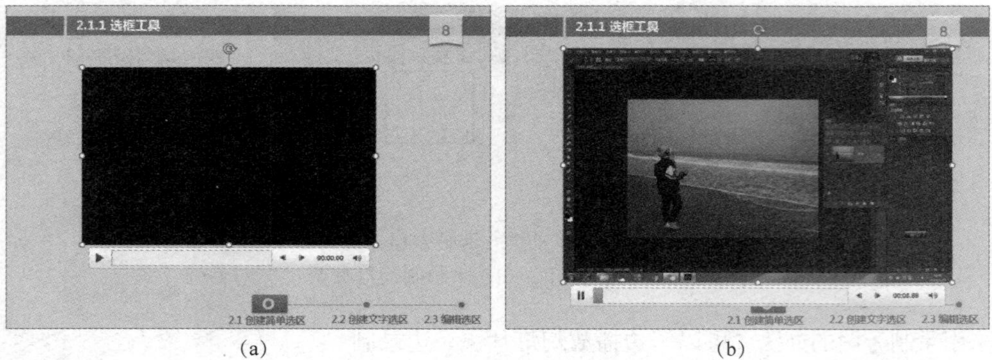

（a）　　　　（b）

图 8－68　调整页面上的视频文件

（a）调整位置和尺寸；（b）播放视频文件

8.7.3　录制音频和视频

PPT 不仅可以在页面中插入音频、视频文件，还具备录制音频、视频的功能。

1. 录制音频

在【插入】菜单中的“媒体”选项中，如图 8－63（a）所示，采用【音频】|【录制音频】命令，会打开“录制声音”对话框，如图 8－69（a）所示，可以在 PPT 当前页面录制音频，录制完成之后会自动插入到本页。右键单击小喇叭图标，在图 8－69（b）快捷菜单中把录制的声音以 M4a 格式保存到本地。例如在歌唱或朗诵的课件中，教师可以录制声音作为实例进行讲解。但录制的音频就和插入的本地音频一样，不会在【切换】菜单的换片方式中自动计时。

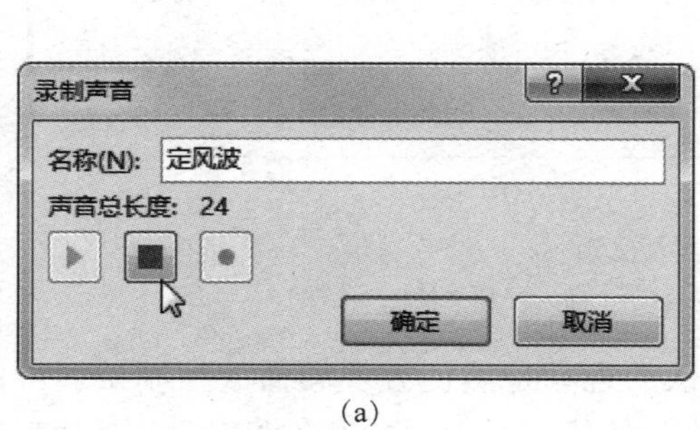

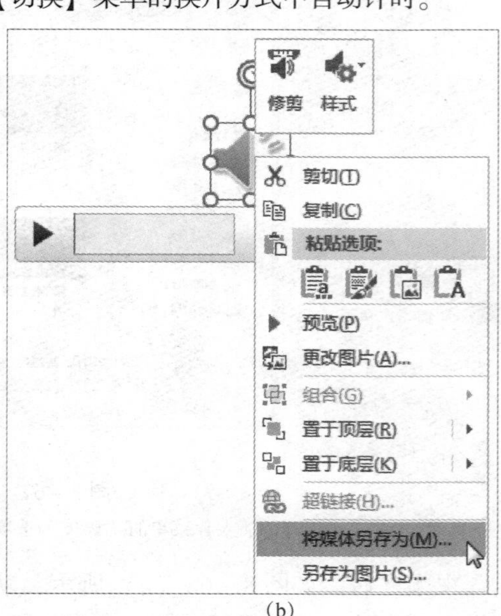

（a）　　　　（b）

图 8－69　录制音频并保存

（a）“录制声音”对话框；（b）页面音频的快捷菜单

2. 录制视频

PPT 自身还可以录制屏幕。单击【插入】菜单的【屏幕录制】命令，会打开如图 8 – 70（a）所示的录屏面板，可以选择录制的区域、是否录制音频和光标指针。录制完成之后，视频文件会自动插入到当前的 PPT 页面。此时右键单击页面中的视频文件，会出现图 8 – 70（b）所示的快捷菜单，单击【将媒体另存为】命令，可以把录制的 MP4 视频文件保存到本机中。

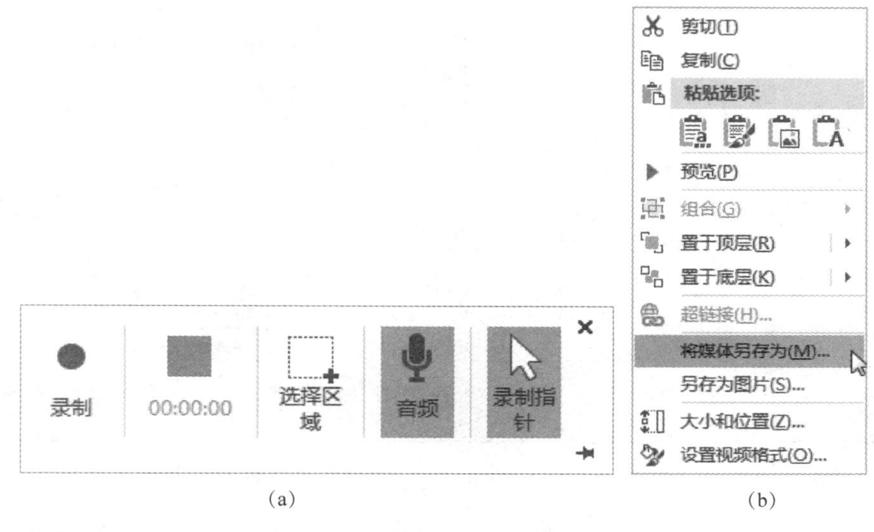

(a) (b)

图 8 – 70　屏幕录制面板

（a）屏幕录制面板；（b）页面视频的快捷菜单

8.7.4　页面中插入 SWF 动画

前面讲过 Animate 设计制作 SWF 格式的动画，设计完成的动画可以在 PPT 页面中加载播放。做法如下：

（1）把 PPT 文件和 SWF 动画文件放在同一目录下，这样便于准确找到文件。

（2）【开发工具】要在菜单栏中显示出来：默认情况下，刚安装完成 PowerPoint 之后，菜单中不显示【开发工具】。打开【文件】菜单，采用【选项】命令，则会打开如图 8 – 71 所示的“PowerPoint 选项”对话框。单击“自定义功能区”，在右侧选中“开发工具”复选框，确定，则【开发工具】显示在菜单栏中。

（3）插入 Flash 控件：在控件栏，单击“其他控件”按钮，出现【其他控件】面板，如图 8 – 72（a）所示，找到 Shockwave Flash Object 控件，确定。光标呈现十字形，然后在 PPT 当前页面上绘制一个矩形，如图 8 – 72（b）所示，这就是 SWF 动画显示的范围。

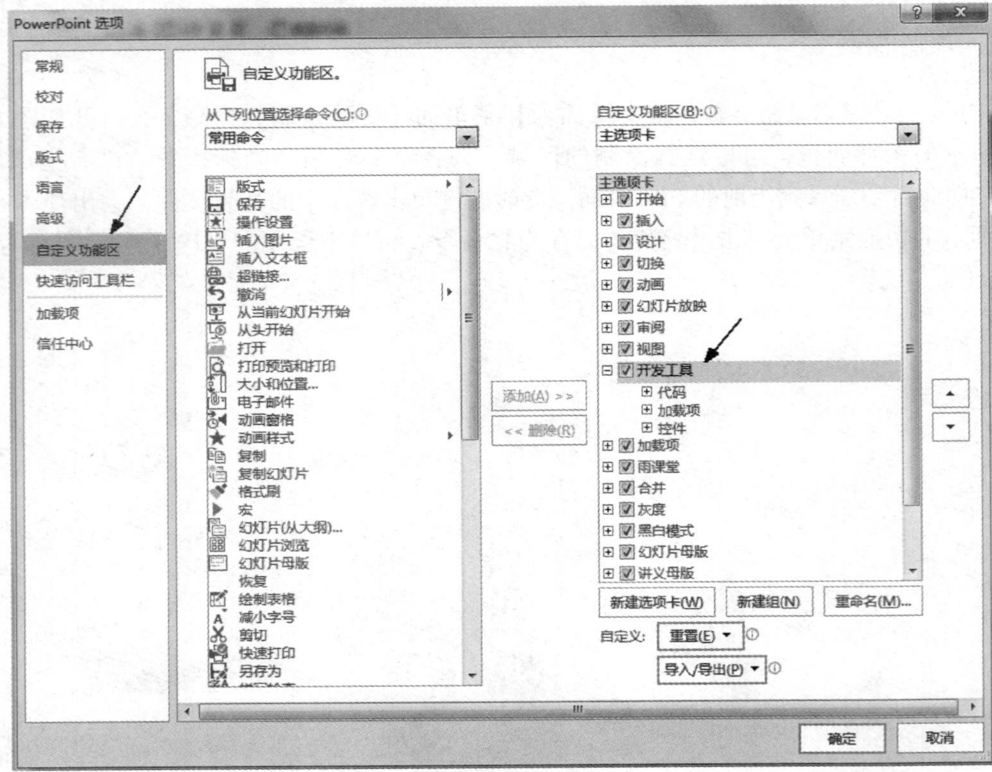

图 8－71　“PowerPoint 选项”对话框

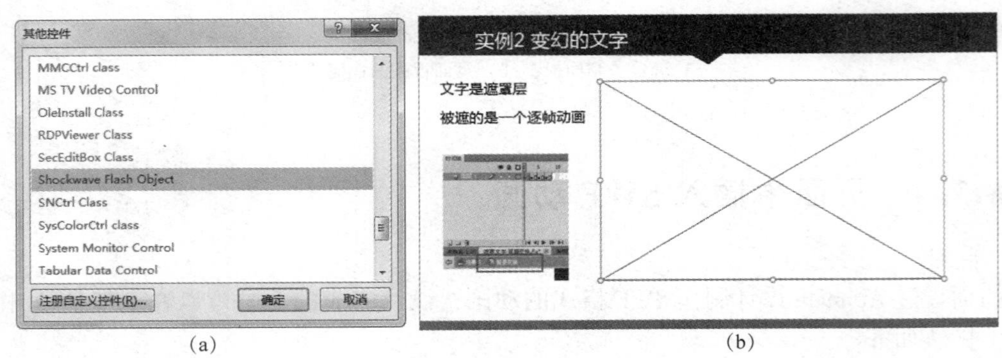

(a)　　　　　　　　　　　　　　　　　(b)

图 8－72　插入 Flash 控件

(a)【其他控件】面板；(b) 拉出动画显示的位置和大小

(4) 设置控件属性：在图 8－72 (b) 中的矩形框上单击右键，在弹出的快捷菜单中选择【属性】命令，打开图 8－73 (a) 所示的【属性】面板，找到参数“Movie”，把“Movie”的取值设置为（手动输入）SWF 动画的相对路径和文件名。本例中 SWF 动画名为“遮罩动画.swf”，由于该文件与当前的 pptx 文件在同一目录下，因此直接写文件名即可。写入 SWF 文件名（包括扩展名）之后，矩形方框区域不再是空白，呈现出动画第 1 帧的外观，如图 8－73 (b) 所示，放映本页 PPT，则 SWF 动画开始播放。如果要复制该 PPT 文件，则需要同时复制 SWF 动画文件，且保持二者的相对路径，这样才可以准确播放。

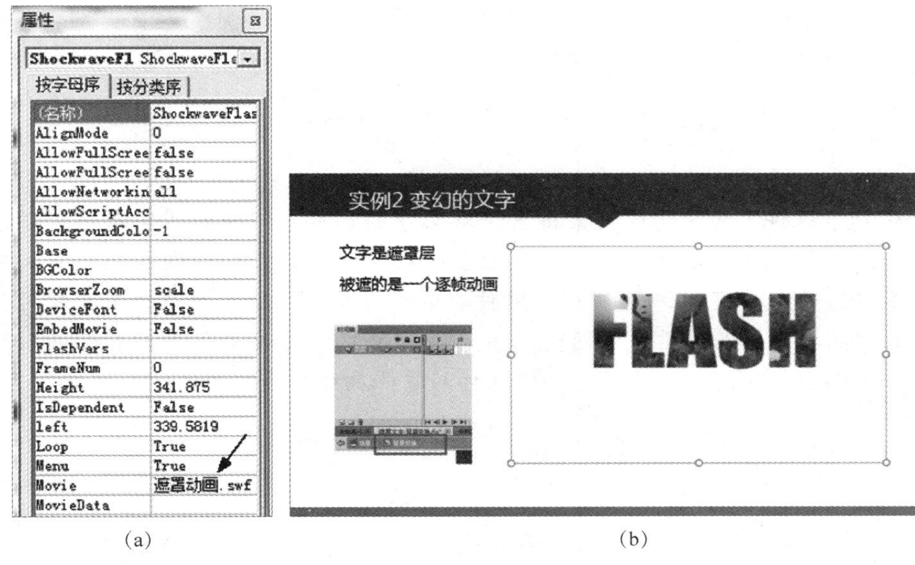

(a) (b)

图 8－73　设置控件属性加载动画

（a）控件的【属性】面板（局部）；（b）PPT 页面外观

8.7.5　把 PPT 课件创建为视频

如果要把 PPT 课件的演示过程制作成微视频，做法如下：

（1）前提条件就是 PPT 课件已设计完成。

（2）添加 PPT 自带的动画效果。

（3）在【幻灯片放映】菜单中选择【录制幻灯片演示】命令，选中“幻灯片和动画计时”以及“旁白、墨迹和激光笔”复选框。录完之后保存幻灯片。

（4）单击菜单命令【文件】|【导出】，创建视频，选择视频的质量，如图 8－74 所示，采用了“互联网质量 1 280 × 720”，使用录制的计时和旁白，单击“创建视频”，会生成 MP4 格式的视频文件保存在本地。

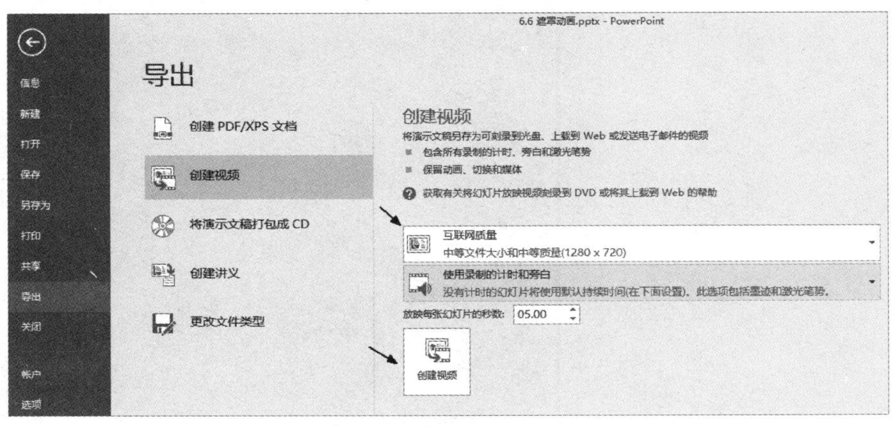

图 8－74　创建视频选项

此外，还可使用其他录屏工具如 Camtasia 等录制幻灯片的演示过程，并对得到的视频文件进行适当的编辑修改。

本章小结

本章从 PPT 课件页面的构成要素出发讲解文字的创建、常见的不同风格的字体搭配和设计方法。图片作为快捷方便传达信息的元素，常被用于 PPT 课件的美化或正文内容的展示讲解。本章通过大量实例讲解了 PPT 课件中如何加载、缩放、裁剪、美化图片，如何在页面上进行单图排版和多图排版。同时，简单讲解了 PPT 课件如何加载背景音乐和视频以及动画，如何添加解说词，这些都是 PPT 课件的重要构成要素。

课后练习

1. 采用“识字体网”，判断下面这两张图采用的字体，并从网上下载这两种字体安装到计算机中。

2. 以家乡为主题制作 PPT，介绍家乡的地理环境、美食美景、风土人情等。

第9章 PPT课件页面的版式设计

学习目标

- 了解PPT课件的页面类型和每种页面类型的常用版式。
- 掌握PPT页面版式的设计方法。
- 能够设计并制作出主题鲜明风格一致的PPT课件。

PPT课件页面设计影响着课件的艺术性，课件页面是否赏心悦目影响着学习者的兴趣以及课件的教学效果或信息传达效果。

9.1 PPT页面版式设计的流程

PPT课件的设计分内容设计和版式设计两个方面，其内容设计要符合逻辑，层次清楚；版式设计作为课件的外观呈现，就像包裹糖果的糖纸，糖果要好吃，糖纸也要好看。PPT课件页面的版式设计，首先要确定PPT页面的类型，然后确定页面的构图，最后添加文字、装饰线条、图标、图片等构成要素。

9.1.1 确定页面的类型

PPT的内容设计完成之后，要开始着手设计PPT课件的外观。PPT课件页面按照其功能可以分为首页（封面）、目录页、过渡页（转场页）、内容页、结束页等五种类型，如

图 9－1 所示。每种页面类型都有其经典的设计版式，本章会从页面类型的角度出发，展示常用的版式设计方法，并选取典型实例进行要点讲解。版式设计方法也有很多是通用的，适用于多种页面类型。

(a)　(b)　(c)　(d)　(e)　(f)

图 9－1　页面类型

(a) 封面页；(b) 目录页；(c) 转场页；(d) 内容页 1；(e) 内容页 2；(f) 结束页

9.1.2　确定页面的构图

确定了 PPT 页面类型之后，就开始着手 PPT 页面的设计。在设计时通常都要遵循先构图后要素的流程。页面的构图能呈现出页面的整体视觉感受。页面整体是横向、纵向还是中心式？页面是划分为两部分还是三部分？是曲线划分、斜线划分还是直线划分？总体来说，PPT 页面的构图形式主要分为横向分割、纵向分割和中心构图三大类。

1. 横向分割构图

横向分割构图是指页面被水平线分割成两个或多个组成部分，页面构成要素竖向排列。

如图 9－2 列出了横向分割构图的四种形式，都是色块实现对画面的分割，色块可上可下可大可小。图 9－2（a）中色块在上，色块的边界是水平线，把页面分为上下两部分；图 9－2（b）中色块也在上方，但最下面也有较细的装饰色块，以实现颜色的呼应；图 9－2（c）中色块在中间，把页面分为上中下三部分；图 9－2（d）中色块的边界是曲线。直线分割显得科学严谨，适合表现政治、经济、军事、教育等题材；曲线分割比较自由灵活，适合表现文化、艺术、娱乐等题材。

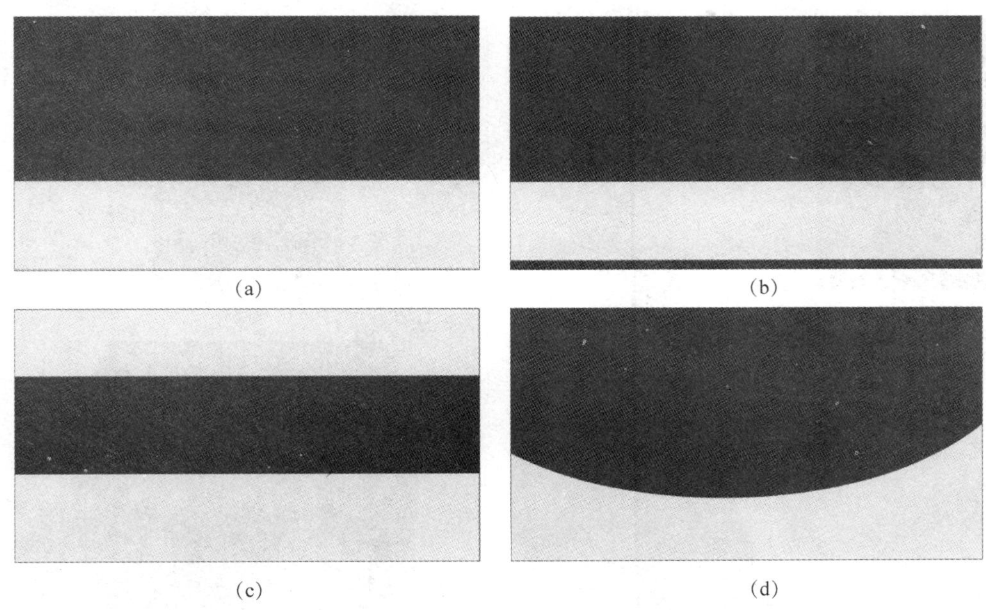

图 9－2　横向分割构图形式

（a）上下分割；（b）底部加装饰色块；（c）上中下分割；（d）曲线上下分割

不管哪种构图，在色块附近可以加细长条色块，或者添加相应的装饰线条，由此又衍生出更多形式，如图 9－3 所示，图 9－3（a）的两个色块把画面分为三部分，上端的色块中添加标题文字，下端的色块中添加导航文字或标注文字，中间是较宽大的信息展示区，上端色块下方的粗线增加了页面的设计感；图 9－3（b）中色块在中间，上下各添加了粗线。这些线条不能离色块太远，否则会影响整体感。

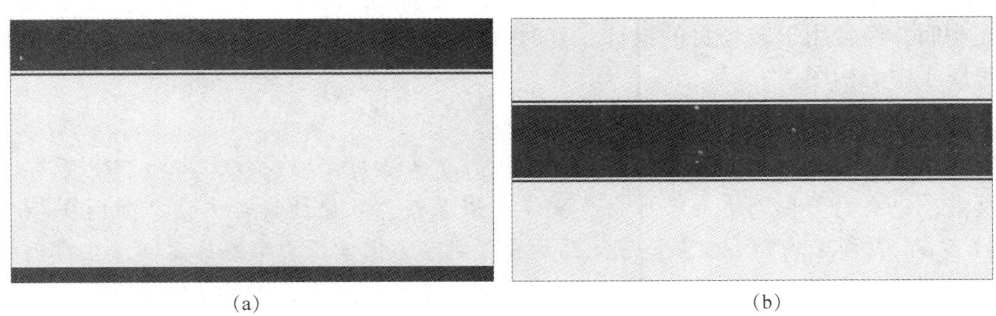

图 9－3　添加装饰线条

（a）上端色块附近加线条；（b）中间色块上下各加线条

2. 纵向分割构图

纵向分割构图是指页面被竖线分成几个并列的部分，页面构成要素横向排列。图 9－4 列出了纵向分割构图的四种形式，色块的左右位置和宽窄尺寸可以调整，色块的边线即页面的分界线可以是横线、竖线、斜线、曲线，还可以添加相应的装饰线条，也能衍生出很多版式。

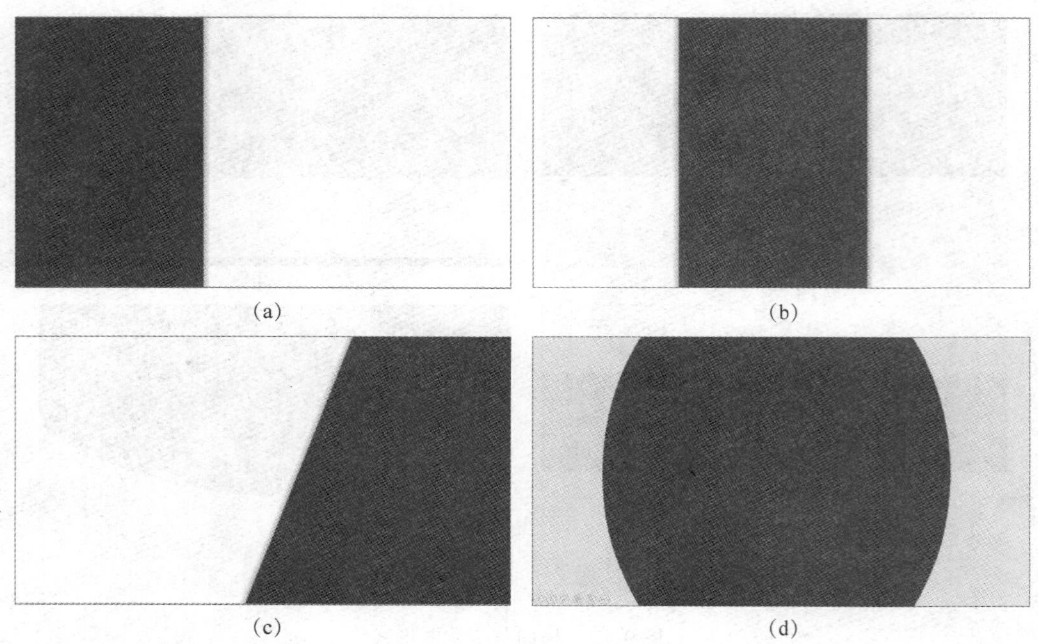

图 9－4 纵向分割构图形式

（a）左右分割；（b）左中右分割；（c）斜线分割；（d）曲线分割

3. 中心构图

中心构图是在页面中心进行重点信息的传达。图 9－5 列出了中心构图的两种形式，图 9－5（a）在页面边角添加装饰色块，中间是大量信息展示区；图 9－5（b）中少量信息呈现在中间，经常用于转场页的设计。有时候图片铺满页面，文字叠压在图片之上重点呈现，也属于中心构图。

特别提示：

用色块来划分页面是常用的做法，但色块的颜色要较深，这样才能和 PPT 原有的白底形成反差，也有利于在色块上添加白色文字，遵循颜色呼应的设计方法。如图 9－6 所示，图 9－6（a）页面上端和下端深蓝底上添加白色文字，保证了文字的易读性，在白色的信息展示区用蓝色、黑色文字皆可；图 9－6（b）中色块是浅蓝色，不能保证在投影时页面文字信息的清晰呈现。

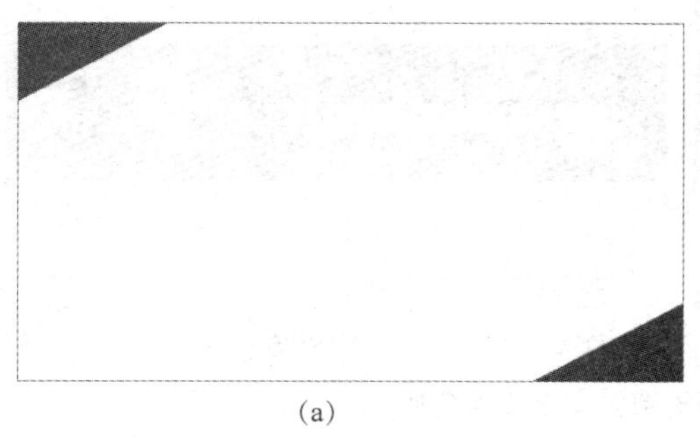

(a)

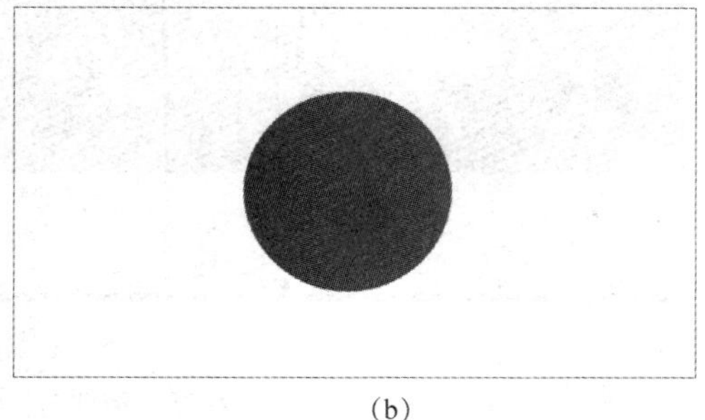

(b)

图 9－5　中心构图形式

（a）边角添加装饰；（b）信息集中在中心位置

(a)

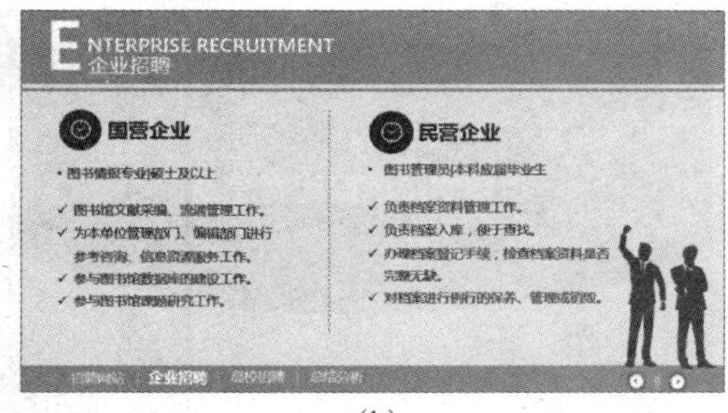

(b)

图 9－6　色块颜色深浅对比

（a）色块颜色较深；（b）色块颜色较浅

9.1.3　确定构成要素

确定了 PPT 页面构图之后，就需要考虑在画面上添加哪些要素。页面的构成要素包括文字、图形、图标、图片等。

1. 文字和图形相结合

这种版式以文字为主，图形包括色块和线条。整个页面是通过色块或线条划分功能区，把标题、正文、说明文字放置到不同的位置。色块和线条是划分版面的工具，同时也是页面的构成要素。下面以横向分割构图为例进行讲解。图 9－7 的两个页面就是以图 9－2 色块划分为基础，添加文字、色块和线条等元素。

在图 9－7（a）中，蓝色块把页面分为上下两部分，底下还有相同颜色的蓝色细长条与上部颜色形成呼应，标题文字用微软雅黑加粗，44 号，“汇报人”用微软雅黑 light，24 号，标题周围有一圈细细的白线，把标题的中英文组合成一个整体。

制作要点：白色的细线实际是一个矩形；英文是文本框，文本框的填充色与页面上端的蓝色块一致。

(a)

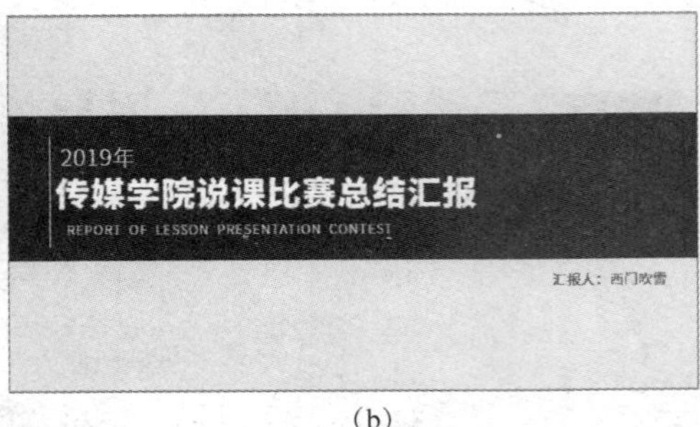

(b)

图 9－7　横线分隔构图＋文字线条色块

(a) 上端蓝色矩形添加白色文字；(b) 中间蓝色矩形添加白色文字

图 9－8 是曲线上下分割画面，图 9－8（a）的曲线色块只有一条边，形成的边界只有一条曲线；图 9－8（b）的曲线色块有两层边，由此形成的是双曲线边界。

(a)

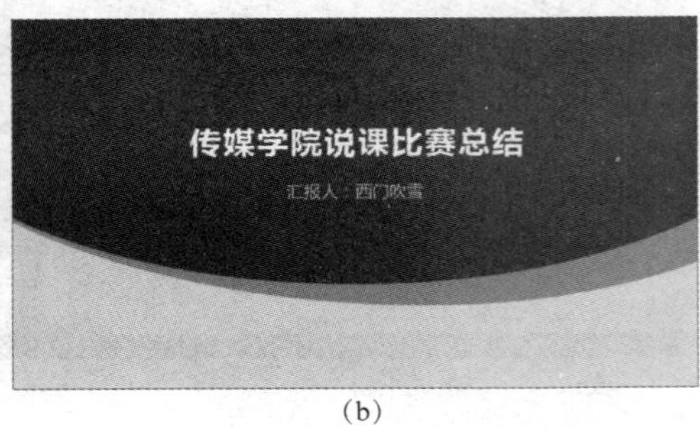

(b)

图 9－8　曲线边界

(a) 曲线单边；(b) 曲线双边

曲线双边界的做法如下：绘制两个叠加的大椭圆（可以复制椭圆，并进行微调），如图 9－9所示，椭圆比幻灯片尺寸大，但在 PPT 窗口左侧的“普通视图导航缩略图”和“幻灯片放映”模式下只看到页面以内的范围，能够实现曲线分割。把下面的椭圆设置为邻近色或对比色，旋转适当的角度，就会出现双层曲线效果。

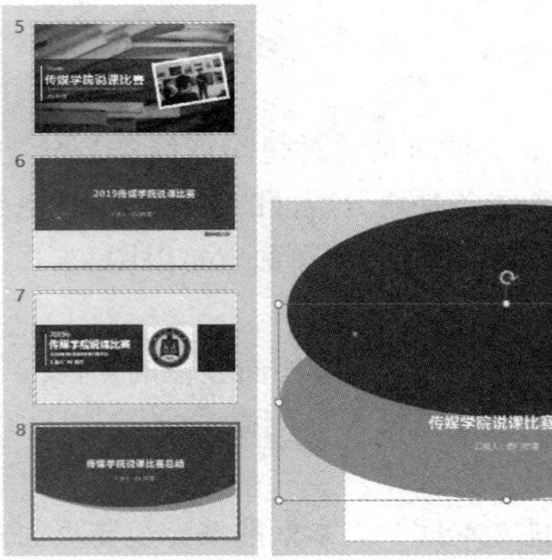

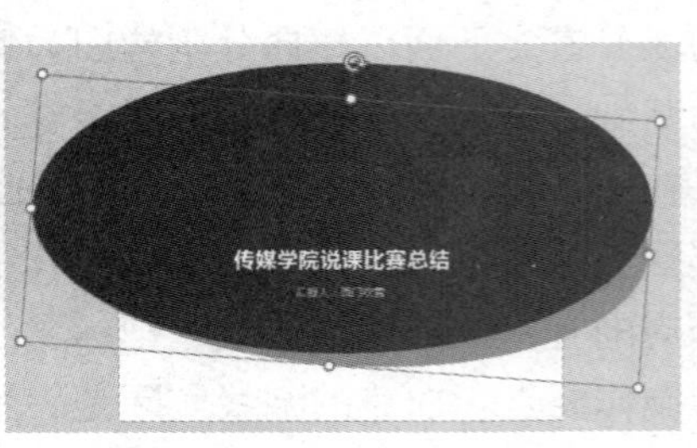

图 9－9　双层曲线的绘制过程

曲线色块也可以通过编辑矩形顶点的方式来绘制：利用 PPT 自带的图形编辑功能，先绘制矩形，在矩形的快捷菜单中采用【编辑顶点】命令，可以把矩形调整成闭合曲线形状。

2. 添加图标

图标是具有明确指示意义的计算机图形，具有高度浓缩的标识性质，能够快捷地传达信息，常见的有程序软件图标、企业或学校图标、品牌标识等。网络上透明底的图标素材很多，可以利用搜索引擎搜“png 图标”，也可以利用“pictogram2. com”“easyicon. net”等图标站点下载。也有很多图标是 JPG 格式的文件，这种文件是有底色的，当它的底色和当前的页面背景不同的时候，就显得非常生硬，就像打了补丁一样。为了避免出现这种情况，PPT 页面上的图标要采用 PNG 格式，这种文件格式能够保留透明底，很自然地融入当前的页面背景中。关于 PNG 格式的特点与用途，读者可以参考本书第 1 章第 4 节的内容。

图 9 – 10 中两个页面都添加了图标，整体页面和图标统一色调。图 9 – 10（a）中采用了图标原图，图 9 – 10（b）中采用的是较大的半透明图标，而且局部呈现。

(a)　　(b)

图 9 – 10　添加图标

（a）图标原图；（b）半透明大图标局部

3. 添加图片

页面的分割既可以采用色块，也可以采用图片。在上文讲解页面构图时，我们采用了色块划分的方法，在各种构图形式中，都可以用图片来替换色块。PPT 课件上的图片是为了更准确有效地说明主题，或者进行情境创设，因此图片的内容要和主题相关，要避免那些纯粹好玩的毫无关联的引用。图 9 – 11 所示的两个页面都是采用图片分割，图 9 – 11（a）采用了上图下文版式，图 9 – 11（b）采用了左图右文版式。图文的位置、图文在画面中所占的比例，都要根据文字的数量以及图片的内容来决定。

有时候添加图片不是为了分割画面，而是为了呈现图片内容信息或者烘托氛围，若图片铺满整个页面范围，此时就要注意图文的相互影响，保证文字的可读性以及图片的美观。如图 9 – 12（a）所示，标题文字“传媒耕耘二十年”下面的底图上正好是一些杂乱的树枝，如果底图不做处理，则势必影响标题文字的可读性和瞩目性。如果把底图处理成透明渐变效果，自然融入 PPT 首页的背景色中，则文字更加清晰，整体画面更加美观，如图 9 – 12（b）所示。

（a）　　（b）

图 9－11　添加图片

（a）上端是图片；（b）左侧是图片

（a）　　（b）

图 9－12　图片上添加文字

（a）文字受到底图的影响；（b）图片半透明渐变

具体做法如下：

（1）在 PPT 中使用“矩形”绘图工具，在底图上方添加一个等宽的矩形，高度可以比底图稍小。填充白色，无轮廓。

（2）选中该矩形，右键单击，进行“设置形状格式”操作，如图 9－13（a）所示，设置“渐变填充”，线性渐变，方向是线性向下，角度为 90°，渐变光圈有两个色标，分别是指渐变的起始色和终止色，每个色标的颜色都设置为白色。

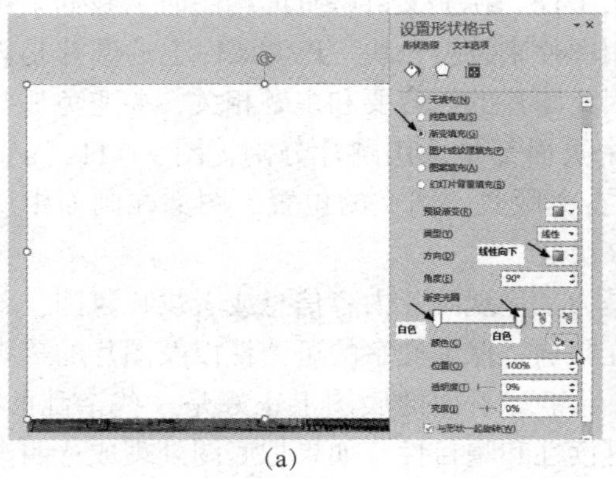

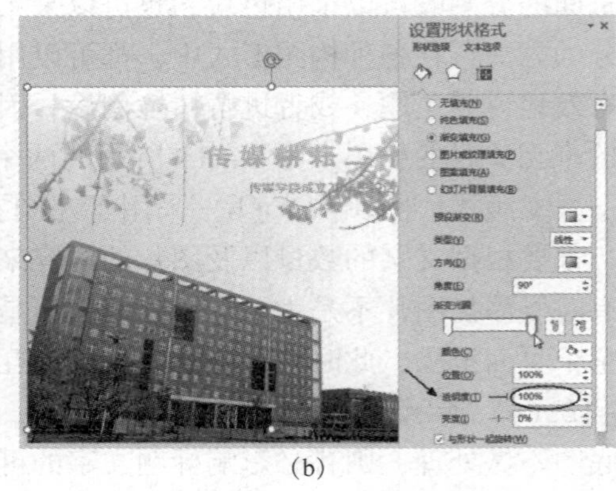

（a）　　（b）

图 9－13　设置白色矩形的半透明渐变

（a）渐变填充；（b）设置终止色标的透明度

（3）选中第二个色标，即终点色标，如图 9－13（b）所示，设置透明度为 100%，则白色矩形的下方逐渐变为透明，底图颜色显露出来。保持该矩形选中，右键单击，在快捷菜单中选择【置于底层】|【下移一层】命令，直到此矩形位于标题和副标题下方。

图片的编辑处理和排版方式相关内容可以参考第 8 章。

9.2 首页的版式设计

首页是课件的封面页，包括主标题、副标题、演讲者、所属的组织名称、系列讲座名称等，其中主标题是必不可少的要素。封面页设计要求突出主标题，弱化副标题，简约大方，最好还有设计感。如图 9－14 所示，图 9－14（a）采用了横向分割构图，上蓝下白，标题在蓝色块中，左上角是系列课件的标志，右下角是教师名称；图 9－14（b）也是横向分割构图，页面分为上中下三部分，中间部分由学校图片和蓝色块组合而成，其他的要素包括左上角的系列课件标志，中间蓝色块中是醒目的白色大标题。第 8 章和本章第 1 节中已经列举了多种封面页的版式设计实例，这些版式设计方法技巧都可以迁移到其他类型页面的设计中。

（a）

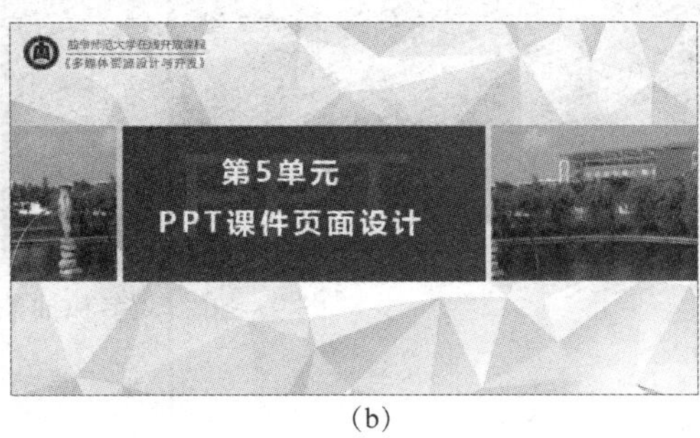

（b）

图 9－14　横向分割构图的封面页

（a）上下分割；（b）上中下分割三部分

总体来说，封面页的版式以横向分割构图和中心构图为主，以保证页面大标题的完整性。如果封面页采用纵向分隔构图，要确保图片所占宽度较窄，比例较小，不影响主题的呈现，如图 9－15 所示。

图 9－15　较小比例的图片纵向分割

9.3 目录页的版式设计

在 PPT 课件中，通常首页之后就是目录页。目录页呈现的是 PPT 课件的内容框架，通过该页面，学习者就能大致了解课件的内容和逻辑结构。目录通常是并列或递进关系，课件各个目录分支的内容主题明确，风格统一，共同服务于课件的目标叙述。目录页的设计流程和首页一致，本节选取典型实例进行讲解。

先以四个目录项为例进行目录页的设计。

图 9－16 中，左图是最简单的横向目录版式，是由文字和色块组成，四个目录项放在色块上，“目录 CONTENTS” 颜色和下方色块填充色相同。图 9－16 的右图添加了四个图标，图标内容与目录项相关。图标素材放在旋转的“泪滴形”形状上，制作过程如图 9－17 所示。右图的版式适合文字较少的情况。

图 9－16　文字和抽象图形组成的横向目录页

图 9－17　目录项图形的制作过程

图 9－18 两个页面的版式中都添加了图片，图 9－18（a）是上图下文式构图，图 9－18（b）是全图式构图，添加了半透明色块以保证文字更容易识别。图片可选取与本页内容即说课相关的学校、学生、教材、教具、教学场景等。

图 9－19 中的两个页面都是最简单常用的纵向目录页，适用范围较广，如果目录项数量或者目录项中的文字较多时，就可以采用此种版式。

图 9－20 目录页的左侧都添加了图片，其中图 9－20（a）适用于目录项数量及文字较少的情况，图 9－20（b）的目录项文字可多可少。目录项个数以及每个目录项的文字数量，都会影响到目录页的版式。

(a)

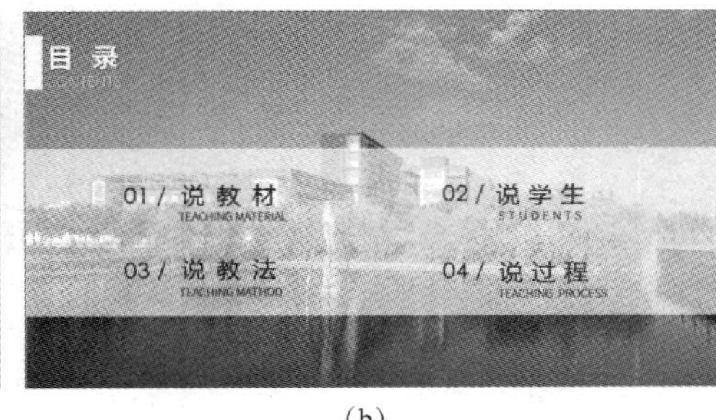

(b)

图 9－18 文字、线条和图片组成的横向目录页

（a）上图下文；（b）文字叠加在半透明色块上

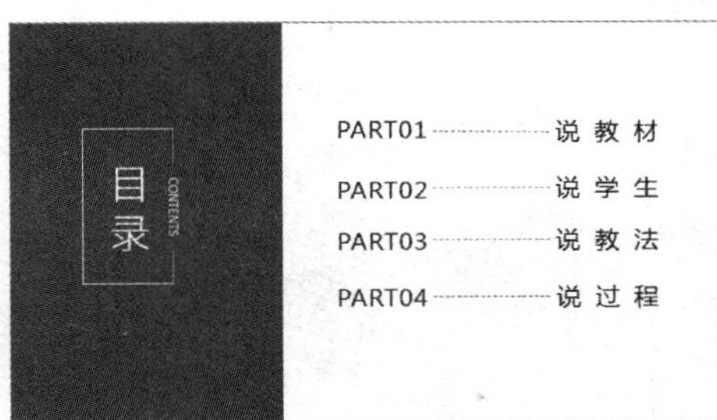

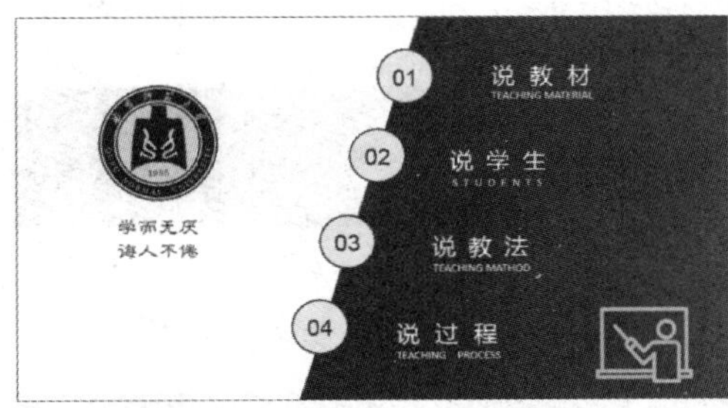

图 9－19 文字和抽象图形组成的纵向目录页

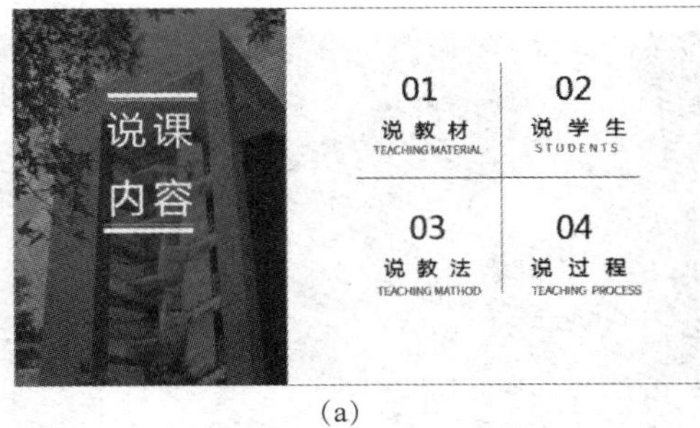

(a)

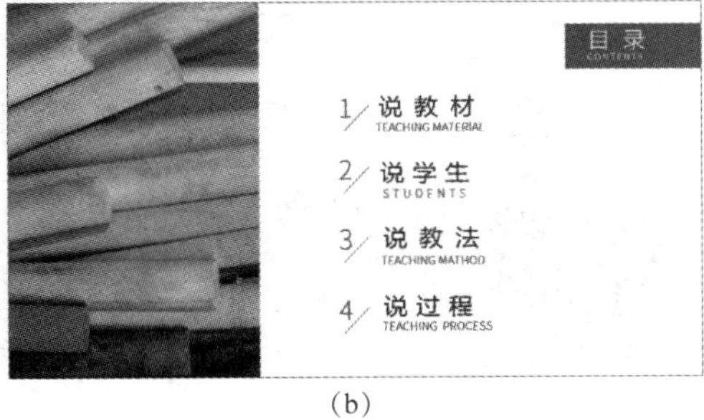

(b)

图 9－20 文字、线条和图片组成的纵向目录页

（a）目录项文字较少；（b）目录项文字可多可少

如果目录项个数较多，或者每个目录项的文字较多，则用图 9－21 所示的纵向版式是非常合适的，学习者也可以自行探索横向版式中有哪些适合这种情况。

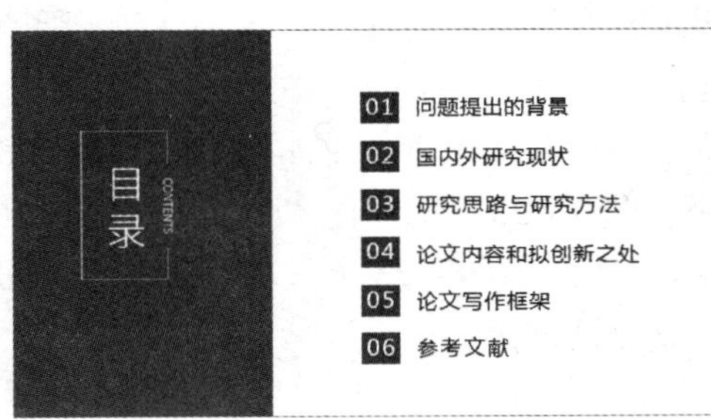

图 9－21 目录项及文字较多

9.4　转场页的版式设计

转场页又叫过渡页，指明当前页面的内容主题，有的转场页还指明了本页在整体结构中的位置。通常有两种设计方法：一是将一级标题放大，把一级标题作为一个单独的页面来设计，如图9－22所示的四个页面，一级标题“说教材”或“说教法”采用大尺寸，引人注目，同时还用小文字展示PPT课件题目信息“《平面广告设计》说课”。

图9－22　标题放大的转场页

转场页的第二种设计方法是以目录页为基础，通过改变目录项的大小或颜色来体现当前所处的位置，就像使用超级链接返回目录页一样。目录页中各目录项的格式原本都是一致的，包括字体、颜色、大小、间距、对齐等，通过改变目录项的这些属性，打破了原有的一致外观，容易造成视觉心理的紧迫感，需要引起注意。

如图9－23所示的四个页面，第二部分“说学生”发生改变，非常醒目。图9－23（a）中“说学生”项由原来的白底黑字变为蓝底白字；图9－23（b）中“说学生”项由白底黑字变为红底白字；色块的颜色尽可能与页面的色调一致。图9－23（c）和图9－23（d）改变了目录项的位置和颜色，颜色与原有的颜色形成明显对比。

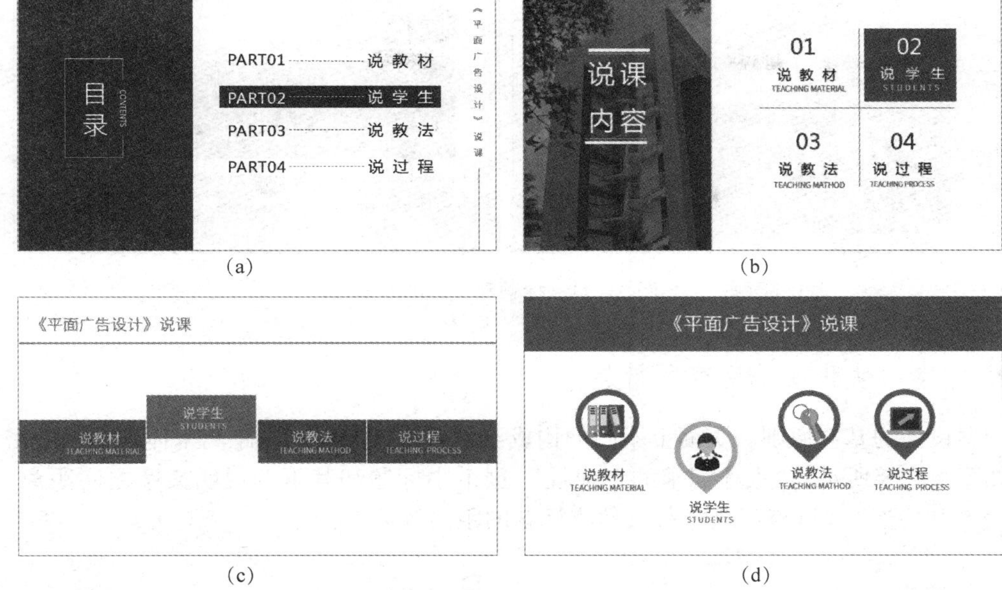

(a) (b) (c) (d)

图9－23 目录项颜色或位置

(a) 蓝底白字；(b) 红底白字；(c) 暗黄底白字；(d) 泪滴形由绿变黄

9.5 内容页的版式设计

PPT 课件任何类型的页面，都需要利用有形或无形的线条、色块把版面划分成几个功能区，从而使得文字有组织有层次，图片和文字成为一个有机的整体。对于课件的内容页来说，通常包括两个组成部分：目录结构导航区和信息展示区。目录结构导航区，主要呈现课件的内容目录项和指明当前的位置；信息展示区则主要通过文本、图形、图像、动画、视频等多种形式来呈现内容。

内容页的设计要遵循以下几个原则。

1. 标题和正文形成对比

PPT 课件内容页中，不同的文字样式体现出不同的功能。标题要突出显示，标题的层次要清晰，正文要整齐有序。例如在图 9－24 的两个页面中，中文标题用微软雅黑，40 号，蓝色；正文的普通文字都是微软雅黑 light，20 号，黑色；右上角的课件标题是微软雅黑，18 号，灰色。在 PPT 各个内容页面中，每一级标题或正文的字体、大小、颜色要保持统一。

图 9－24　标题和正文的对比

2. 文字组块化或采用容器封装

依据设计的基本原则，页面上不同的构成要素通过彼此之间的距离来体现关系的密切程度。如图 9－25 所示，“人才需求的专业性”这个小标题和其下的说明文字之间距离较近，但与“福利待遇”“城市等级”等其他小标题的距离较远。

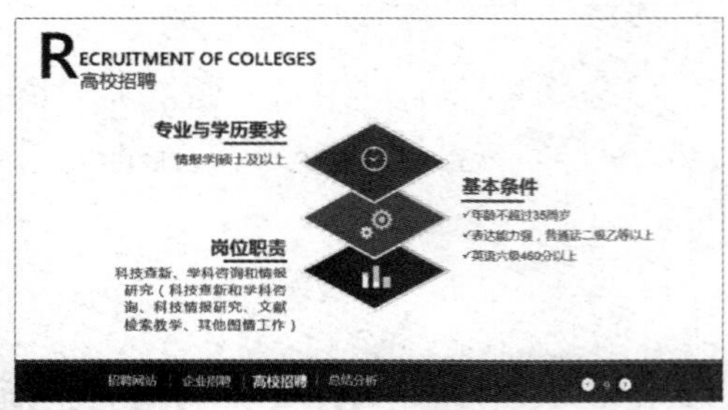

图 9－25　正文的组块化

在内容页面上，如果把文字装进合适的容器，文字以组块化的形式出现，更加便于信息的组织和整理。如图 9－26 所示，图 9－26（a）中的页面文字放在垂直分布的三个矩形框中，排列整齐，副标题叠压在边框上，既增大了信息量，又节省了空间，而且标题、副标题、正文的位置、尺寸、颜色各不相同，三种文字功能得以明确区分。图 9－26（b）中页面的正文信息是横向排列，每个矩形框的首行都是副标题，层级感也是非常清楚的。

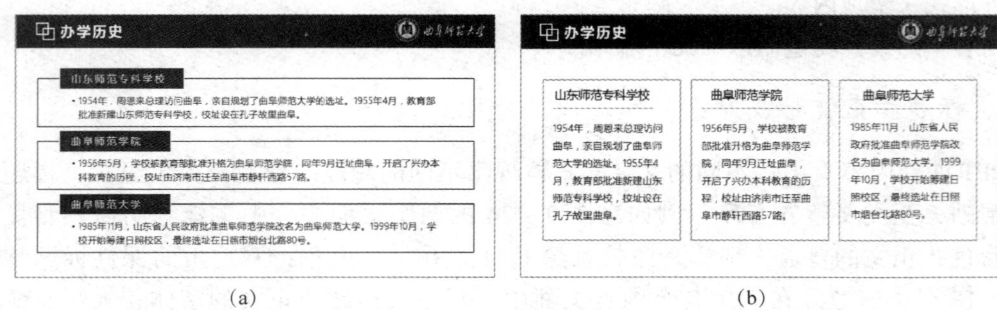

图 9－26　文字用容器封装

（a）竖直排列的三个矩形框；（b）横向排列的三个矩形框

封装文字的容器是多种多样的，可以是不同形状的线框、色块，也可以采用 SmartArt “组织结构图”来划分段落组织文字。如图 9－27 所示，单击【插入】|【SmartArt】命令，则出现“选择 SmartArt 图形”对话框，可以从中选择恰当的图形作为容器，这样制作简单快捷。图 9－26（a）的三个矩形框就是采用了 SmartArt 的“垂直框列表”。

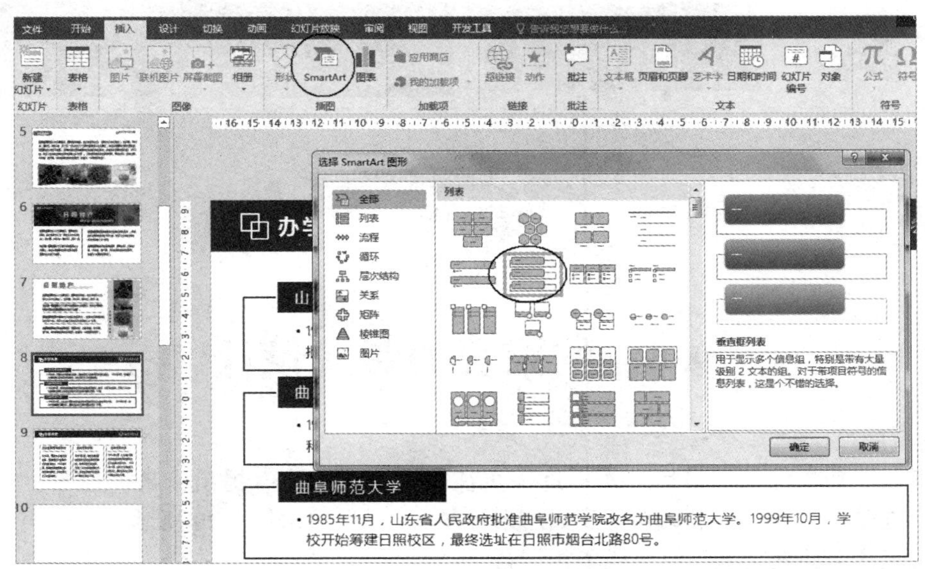

图 9－27 使用 SmartArt 组织结构图

要注意，并不是所有的文字都可以封装到容器中。在图 9－26 中，如果文字划分为 4 个段落，放在图 9－26（a）的版式中，就会出现 8 条横线，这样的页面线条太多，不合适；如果放在图 9－26（b）中，则每个矩形线框就会变窄，也不合适。这种情况可以直接采用横线来划分段落，不要添加其他装饰。因此要根据文字的数量和内容结构来选用恰当的版式和容器。

3. 页面之间风格一致

课件的内容页是课件最重要的部分。标题和正文形成对比，把文字划分段落或放进容器，都是单个页面的设计原则。对 PPT 课件所有的内容页面来说，不仅各层页面要保持相对一致，而且尽可能使层级内的知识点划分清楚，如章节的标题、小标题与重点内容等，要做到排列有序，字体统一，重点突出，风格一致，不能随心所欲，杂乱无章。

如图 9－28 所示，(a)、(b) 两个页面的标题和正文的字体、大小都一致。标题都在左上角，都是文字叠加在色块上面。图 9－28（a）用了湖蓝色，色块的颜色用“取色器”取自页面配图，体现出日照海滨城市的特色；图 9－28（b）的标题色块用了砖红色，右侧的半透明色块也是砖红色，取自左下角配图“陶鬶”的主体色。这两个页面中的图片都是方形图，排列规矩整齐，图 9－28（b）中不整齐的部分用半透明砖红色补充。右上角都添加了浅灰色课件标题“美丽日照欢迎你”。两个页面风格一致，标题色块又有差异，有区分，体现出各自的内容特点。

PPT 内容页的信息组成是多种多样的，有文字、图片，还有图形、图表等。总体来说，页面的布局要在平衡中求变化，要错落有致，切忌逐一堆砌，更不能使得页面非常拥挤，要适当留出空白，留出呼吸的空间。

(a)　　(b)

图 9－28　页面版式风格一致

（a）蓝色基调；（b）红色基调

9.6　结束页的版式设计

结束页是 PPT 课件的最后一页。这一页往往是表达感谢、提出未来的愿景、提供联系方式期待增进联系等。结束页和封面页的设计基本一致。如图 9－29 所示，两个页面呈现的都是致谢信息，都是文字和色块线条相结合。

图 9－29　文字和抽象图形相结合的结束页

图 9－30 中两个结束页面都添加了图标。图 9－30（a）色块的颜色与图标一致，图 9－30（b）上部添加了校门图片，文字可以与图标颜色或校门颜色保持一致。

(a)　　(b)

图 9－30　文字和图标图片相结合的结束页

（a）色块与图标同色；（b）文字与图标同色

图 9－31 中两个结束页面都添加了联系方式的相关信息。地址、电话、电邮、QQ 等信息前面都添加了相关的图标，显得更加形象生动。

图 9－31 添加联系方式的结束页

9.7 应用或修改设计模板

网络上有大量的 PPT 模板资源可以利用，比如“优品 PPT”“51PPT”“OfficePlus”等可提供免费的模板资源，而“演界网”“PPTstore”等可提供优质的 PPT 付费资源。针对网络上下载的资源，学习者可以根据设计主题进行选择。工作汇报、教学培训、推广营销、党政工作等不同行业、不同用途需要选择恰当的模板。比如打开“经典商务报告－简约扁平－黑绿－PPT 模板 . pptx”文件，可以看到该文件一共 15 页 PPT，包括首页、目录页、转场页、内容页和结束页五种类型，有的文字和图形可修改，有的不能修改，如图 9－32 所示，左上角和右下角的绿色三角形不能选中，无法修改，这是因为两个绿色三角形是在幻灯片母版中设计的。幻灯片母版控制着整个 PPT 课件的外观，包括颜色、字体、背景、效果等。为了改变颜色，可以单击【视图】菜单，如图 9－33 所示，使用【幻灯片母版】命令，会打开【幻灯片母版】窗口，如图 9－34 所示，在左侧的浏览窗口中有多个母版样式，找到两个相对的绿色三角形母版，选中三角形，在【格式】面板中修改填充色为蓝色即可。修改完成之后，回到【幻灯片母版】窗口，如图 9－35 所示，单击“关闭母版视图”图标，则回到原来的【普通视图】窗口，继续在蓝色三角形的页面上添加文字等元素即可。

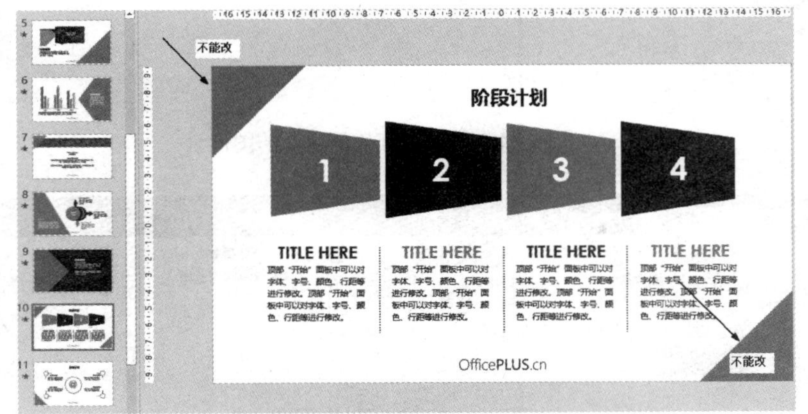

图 9－32 下载的模板文件中的页面

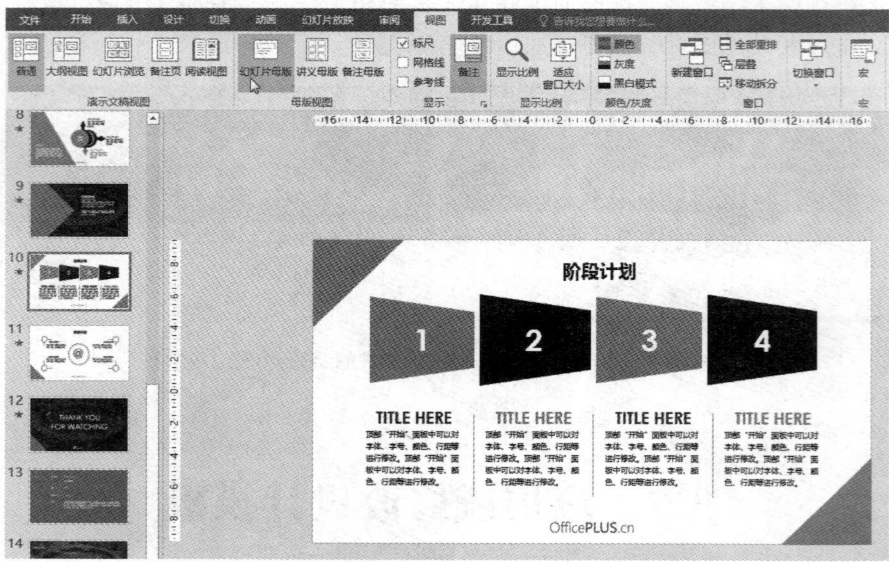

图 9－33 【视图】菜单

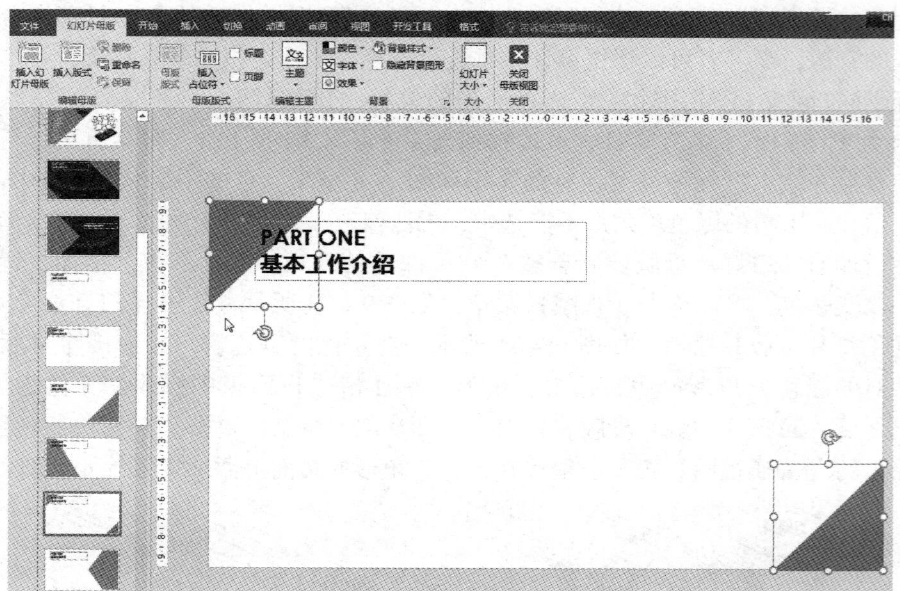

图 9－34 修改幻灯片母版中的图形

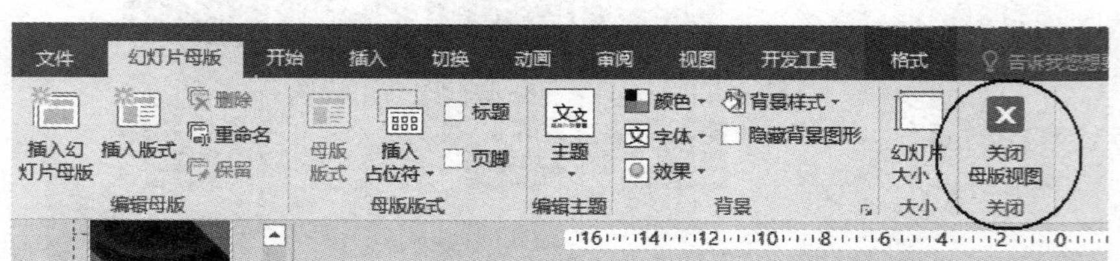

图 9－35 关闭母版视图

如果想把自己设计的页面存成固定的样式，也可以采用【幻灯片母版】方式，在幻灯片母版上插入文字、形状或图标等内容，则这些内容就会自动显示在所有应用该母版的页面上。新建一个文件，单击【视图】菜单的“幻灯片母版”图标，如图 9 – 36 所示，在幻灯片母版的空白版式中，删除页面上“日期”“页脚”等所有的占位符，单击【开始】菜单，在左上角输入单元标题，右上角添加学院课程标记，最下面添加彩色矩形长条。这三个要素是空白页面固定的样式。

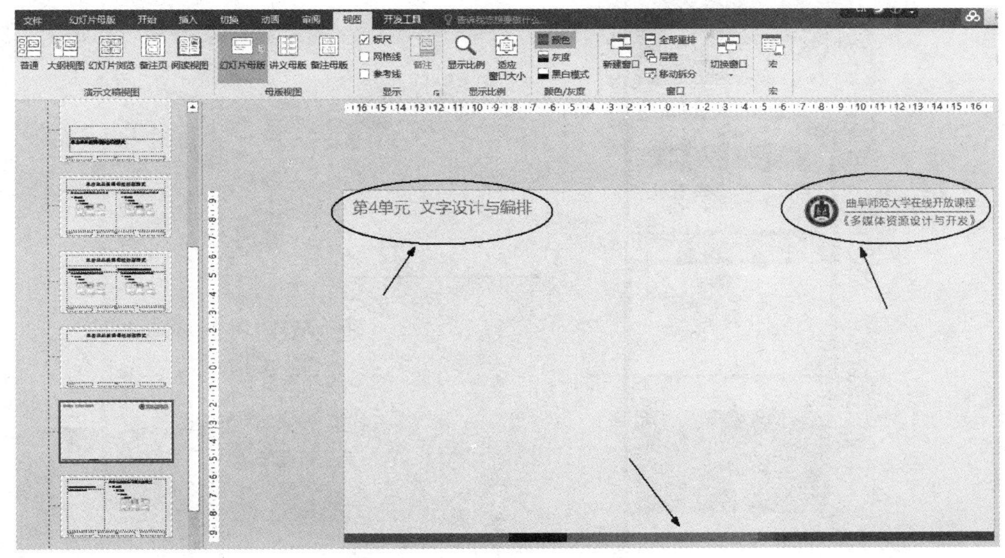

图 9 – 36 编辑空白版式的母版

回到【幻灯片母版】视图，单击“关闭母版视图”图标，这时回到【普通视图】窗口，发现依然是一页空白页面。右击空白页面上的空白位置（不要单击占位符），在出现的快捷菜单中选择【版式】|【空白】选项，如图 9 – 37 所示，这时页面就会自动添加单元标题、图标、矩形彩条三种要素，在空白位置创建文本就可以了。

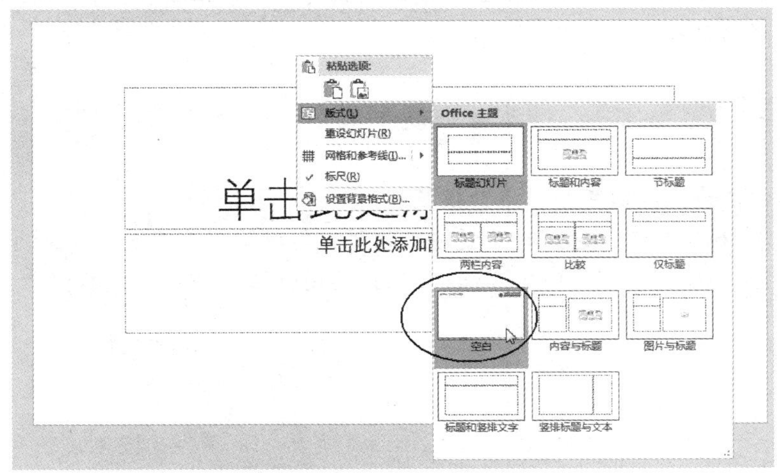

图 9 – 37 应用空白版式

如果复制了其他文件的幻灯片页面，如图 9 – 38 所示，复制了“经典商务报告 – 简约扁平 – 黑绿 – PPT 模板 . pptx”中的两个页面，回到当前文件的导航缩略图位置，右键单击，会出现“使用目标主题”和“保留源格式”等选项，如果采用“保留源格式”，则这两个页面中所应用的母版也会自动复制到当前文件的【幻灯片母版】视图中。

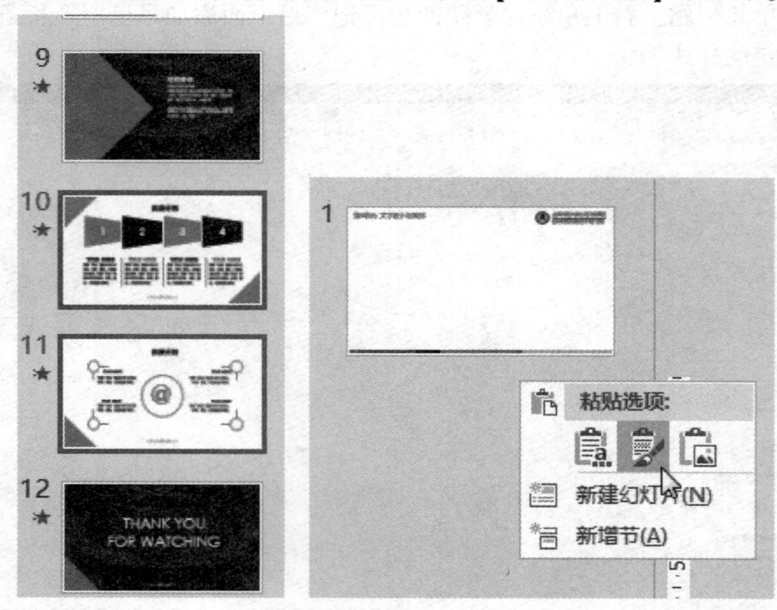

图 9 – 38　幻灯片的粘贴选项

本章小结

本章从 PPT 课件的页面类型入手讲解版式设计的流程和方法，并列举了常见的版式实例。针对一些典型实例，讲解了 PPT 软件的使用技巧。PPT 课件所有类型的页面设计都要符合平面设计的基本原则，图文展示清楚，满足信息传达的基本要求，在此基础上保证画面的美观，符合读者的认知习惯。

课后练习

以自己的学校为主题创建社团活动模板。

要求：使用 16:9 比例，包含封面页、目录页、转场页、内容页、结束页 5 种页面类型，页面形式要丰富，要凸显学校特色，有设计感、实用性强，作品整体不少于 20 页。